"十三五"普通高等教育本科系列教材

（第二版）

混凝土结构设计

主　编　薛建阳　王　威
参　编　门进杰　朱佳宁
主　审　童岳生

中国电力出版社
CHINA ELECTRIC POWER PRESS

内 容 提 要

本书为“十三五”普通高等教育本科系列教材。

本书是根据我国最新颁布的国家（行业）标准《混凝土结构设计规范》（GB 50010—2010）、《高层建筑混凝土结构技术规程》（JGJ 3—2010）、《建筑结构荷载规范》（GB 50009—2012）及相关科研成果编写而成的。全书分为5章，主要内容包括梁板结构设计、单层厂房结构设计、框架结构设计、高层建筑结构设计概论、附录等。各主要章节都配有必要的小结、思考题和习题，并编入了新的例题，将第一版中的设计实例也按照新规范重新进行了计算，便于学生自学和掌握混凝土结构的设计原理与方法。

本书可作为普通高等学校土木工程专业的教材，也可供相关工程技术人员设计、施工时参考。

图书在版编目（CIP）数据

混凝土结构设计/薛建阳，王威主编．—2版．—北京：中国电力出版社，2017.1（2023.2重印）

“十三五”普通高等教育本科规划教材

ISBN 978-7-5123-9940-2

Ⅰ.①混… Ⅱ.①薛… ②王… Ⅲ.①混凝土结构－结构设计－高等学校－教材 Ⅳ.①TU370.4

中国版本图书馆CIP数据核字（2016）第255113号

中国电力出版社出版、发行

（北京市东城区北京站西街19号 100005 http：//www.cepp.sgcc.com.cn）

廊坊市文峰档案印务有限公司印刷

各地新华书店经售

*

2011年1月第一版

2017年1月第二版 2023年2月北京第三次印刷

787毫米×1092毫米 16开本 16.75印张 409千字

定价 **55.00** 元

扫一扫

本书拓展资源

前　言

本书自第一版问世以来，得到了广大读者的青睐，收到了许多关于改进教材内容的意见，对我们很有帮助。另外，国家（行业）标准《混凝土结构设计规范》（GB 50010—2010）、《高层建筑混凝土结构技术规程》（JGJ 3—2010）、《建筑结构荷载规范》（GB 50009—2012）等都已颁布实施，为使广大读者更加全面地了解新修订国家标准的相关内容，并进行工程应用，本书在第一版的基础上对其进行了全面修订，主要开展了以下工作：

（1）按照 GB 50009—2012 规定的荷载组合原则、JGJ 3—2010 中高层建筑的适用高度和高宽比，以及 GB 50010—2010 中关于混凝土保护层厚度、钢筋级别、设计方法、构造措施等的新规定，修订了本书的部分内容和设计实例。

（2）更新了吊车、风荷载的相关参数。

（3）增加了混凝土框架结构重力二阶效应的计算方法。

（4）梁板结构设计中，增加了对双向板极限平衡法的论述；高层建筑结构设计概论中，增加了对高层建筑结构设计特点的论述。

为学习贯彻落实党的二十大精神，本书根据《党的二十大报告学习辅导百问》《二十大党章修正案学习问答》，在数字资源中设置了“二十大报告及党章修正案学习辅导”栏目，以方便师生学习。

西安建筑科技大学的部分教师参与了本书的修订工作，其中薛建阳修订第 1、5 章，王威修订第 2 章，朱佳宁修订第 3 章，门进杰修订第 4 章，研究生周婷婷参与第 4 章例题的编写。全书由薛建阳、王威统稿并任主编。

西安建筑科技大学童岳生教授再次审阅了全书并提出宝贵意见，在此表示诚挚的谢意。

由于编者水平所限，本书仍会存在不足和疏漏，恳请广大读者不吝指正。

编　者

2016 年 11 月

第一版前言

为贯彻落实教育部《关于进一步加强高等学校本科教学工作的若干意见》和《教育部关于以就业为导向深化高等职业教育改革的若干意见》的精神，加强教材建设，确保教材质量，中国电力教育协会组织制订了普通高等教育“十一五”教材规划。该规划强调适应不同层次、不同类型院校，满足学科发展和人才培养的需求，坚持专业基础课教材与教学急需的专业教材并重、新编与修订相结合。本书为新编教材。

混凝土结构是土木工程中广泛使用的一种结构。本书介绍了房屋建筑工程中混凝土结构的设计方法，内容包括绪论、梁板结构设计、单层厂房结构、框架结构、高层建筑结构设计概论等，是根据现行有关国家标准和规范编写的。本书作为土木工程专业本科生的主干课程教材，对常用知识单元和混凝土结构整体设计进行了较全面的阐述，着重理论与实践相结合，力求对基本概念论述清楚，使读者通过对有关内容的学习，熟练掌握结构分析方法；书中给出了计算方法和实用设计步骤，力求做到能具体应用；特别是对各主要结构附有完整的工程设计实例，有利于初学者对基本概念的理解和设计方法的掌握。为了便于学习，大部分章有小结、思考题和习题，这对学生自学理解、巩固掌握、熟练应用相关知识都是有益的，能提升教学与学习效果。

本书是由西安建筑科技大学的教师组织编写的，其中薛建阳编写第 1、5 章，王威编写第 2 章，朱丽华编写第 3 章，邓明科编写第 4 章，附录由王威、邓明科整理。全书由薛建阳、王威任主编。

西安建筑科技大学资深教授童岳生先生审阅了全书，并提出了许多宝贵的意见和建议，在此表示衷心感谢！

本书在编写过程中参考了大量的国内外文献，引用了一些学者的资料，这在本书末的参考文献中已予列出，在此向其作者表示感谢！

希望本书能为读者的学习和工作提供帮助。鉴于作者水平有限，书中难免有错误及不妥之处，敬请广大读者批评指正！

编　者

2010 年 4 月

目　录

第1章　总　　述

1.1　结构的组成及分类

结构有多种分类方法，根据所使用材料的不同可分为木结构、砌体结构、钢筋混凝土结构、钢结构、钢－混凝土组合结构、塑料结构、膜结构等。按主体结构形式的不同可分为混合结构、排架结构、框架结构、剪力墙结构、框架－剪力墙结构、筒体结构、拱结构、网架结构、壳体结构、桁架结构和索结构等。混凝土结构是指以混凝土为主要材料制成的结构，它在现代工程结构中得到了非常广泛的应用。

建筑结构由竖向承重结构、水平承重结构和下部承重结构三部分组成。竖向承重结构中主要的结构构件有墙、柱等，承受竖向荷载和水平荷载；水平承重结构有楼盖结构、屋盖结构和楼梯等，主要承受竖向荷载；下部承重结构则包括房屋中的地基和基础。

1.2　结构的选型与布置原则

1.2.1　结构选型

结构选型包括上部结构选型和地基基础选型，主要根据建筑物的功能要求、建筑场地的工程地质条件、现场施工条件、工期要求和环境要求，经综合分析比较加以确定，做到既满足使用要求，结构受力性能好，又施工方便，经济合理。

1.2.2　结构布置

结构布置包括定位轴线布置、结构构件布置和设置变形缝。

定位轴线用来确定结构构件的水平位置，一般有横向定位轴线和纵向定位轴线，当建筑平面形状复杂时，还可能有斜向定位轴线。

结构构件的布置应使得在满足使用要求的前提下，沿结构的平面和竖向尽可能简单、规则、对称，避免承载力和刚度发生突变。荷载的传递路线应当明确，结构计算简图简明且易于确定。

变形缝包括伸缩缝、沉降缝和防震缝。变形缝的设置应满足相关设计规范的要求。伸缩缝可以防止由于温度变化引起的温度应力超过材料的抗拉强度而产生过大裂缝或变形。当建筑物的平面尺寸较大时，应考虑设置伸缩缝。在地基土的压缩性较大且不均匀或者建筑体型复杂、房屋高度或荷载差异较大时，应在适当部位用沉降缝将其划分为若干个独立的结构单元。在地震区，为避免强震发生时建筑物的各结构单元因体形不同发生相互碰撞而导致房屋破坏，应考虑设置防震缝。由于变形缝的设置会给建筑使用和建筑平面及立面处理带来不少麻烦，因此应通过平面布置、结构构造和施工措施尽量不设缝或少设缝。

1.3 结 构 分 析

结构分析就是根据已确定的结构方案和计算简图，采用科学合理的分析方法准确地计算出结构在各种荷载或作用下的内力，以便进行构件截面的配筋设计。

组成混凝土结构的两种主要材料——钢筋和混凝土的材料性能差别很大，钢筋为弹塑性材料，而混凝土的拉、压强度极不相同，在裂缝出现后更成为各向异性体。钢筋混凝土结构在荷载作用下的受力过程和受力性能十分复杂，非线性特征十分明显，在设计时很难通过非常简单的计算求出其真实的内力。因此，在实际工程应用时，应采用合适的结构分析方法，力图求得能够反映结构实际受力状态的内力，以进行科学合理且有相当精确度的设计。

1.3.1 结构分析的基本原则

混凝土结构应进行整体作用效应分析，必要时尚应对结构中受力状况特殊部位进行更详细的分析。结构分析中所采用的各种近似假定和简化，均应有理论、试验依据或经工程实践验证。

1. 结构的计算简图

在确定结构计算简图时，应注意以下问题：

（1）应能代表实际结构的体型和几何尺寸。

（2）边界条件和连接方式（刚接、铰接、弹性嵌固等）应能反映结构的实际受力状况，并应有相应的构造措施加以保证。

（3）截面尺寸、计算参数和材料性能应能符合结构的实际情况。

（4）荷载（或作用）的数值、位置及其组合应与结构的实际受力情况相吻合。

（5）应考虑施工偏差、初始应力、变形状况等对结构受力性能的影响。

（6）计算结果的精度应符合工程设计的要求。

2. 结构分析的基本条件

任何结构分析均应满足力学平衡条件和变形协调条件，并采用合理的材料本构关系或构件单元的受力一变形关系。

（1）力学平衡条件。无论结构整体或其中一部分，在进行力学分析时，都必须满足力学平衡条件。

（2）变形协调条件。结构或其各部分在荷载作用下，其变形应是协调的，在边界、支座及节点等处的变形应能相互吻合。

（3）本构关系。构成结构的材料或单元在荷载作用下将产生应力和应变，应力与应变之间存在着确定的对应关系，即本构关系，而描述这种关系的数学模型即为本构模型。

1.3.2 结构分析方法和手段

混凝土结构应根据结构类型、材料性能和受力特点等选择合理的分析方法。目前常用的结构分析方法有以下五种。

1. 弹性分析方法

弹性分析方法假定结构材料均为理想的弹性体，变形模量和截面刚度均为常数，可用于混凝土结构的承载能力极限状态和正常使用极限状态的作用效应分析。混凝土杆系结构（构件长度大于截面高度的 3 倍）常为高次超静定结构，宜按空间体系进行结构的整体分析，且宜考虑杆件受力后弯曲、轴向、剪切和扭转变形对结构内力分布的影响，但在一般情况下，可以作一定程度的简化以方便计算。

混凝土杆系结构的内力可采用解析法、有限单元法、差分法等分析方法求得。对体型规则的结构，可采用各种有效的简化分析方法，如连续梁可采用力矩分配法；竖向荷载作用下框架的内力分析可采用迭代法、分层法和弯矩分配法；水平荷载作用下框架的内力分析可采用反弯点法、D 值法等。

考虑到混凝土结构开裂后刚度的减小，对梁、柱构件可分别取用不同的刚度折减值，且不再考虑刚度随作用效应而变化。在此基础上，结构的内力和变形仍可采用弹性方法进行分析。

2. 塑性内力重分布分析方法

由于混凝土结构的弹塑性性质，在一定条件下可以采用考虑塑性内力重分布的分析方法对超静定混凝土结构进行设计。该方法能够充分发挥结构潜力、节约材料、简化设计和方便施工，在工程设计中已广泛采用。

房屋建筑中的钢筋混凝土连续梁和连续单向板宜采用考虑塑性内力重分布的分析方法，其内力值可由弯矩调幅法确定。框架、框架－剪力墙结构以及双向板等经过弹性分析求得内力后，也可对支座或节点弯矩进行调幅，并确定相应的跨中弯矩。按考虑塑性内力重分布的分析方法设计的结构和构件，尚应满足正常使用极限状态的要求或采取有效的构造措施。对于直接承受动力荷载的结构以及要求不出现裂缝或处于严重侵蚀环境等情况下的结构，不应采用考虑塑性内力重分布的分析方法。

3. 塑性极限分析方法

塑性极限分析方法又称塑性分析法或极限平衡法，可用于混凝土板、连续梁、框架的承载能力极限状态设计，特别是对于周边有梁或墙支承的双向板设计，计算和构造设计均简便易行，可保证结构的安全，且满足正常使用极限状态的要求。

4. 弹塑性分析方法

弹塑性分析方法以钢筋混凝土的实际力学性能为依据，引入相应的本构关系后，可进行结构受力全过程分析，详尽地反映结构从开始受力直至破坏各个阶段的内力、变形和裂缝发展，而且可以较好地解决各种体形和受力复杂结构的分析问题。目前主要用于重要、复杂结构工程的分析和罕遇地震作用下的结构分析。

5. 试验分析方法

结构或其部分体形不规则和受力状态复杂，又无恰当的简化分析方法时，可采用试验分析的方法，对结构的承载能力极限状态和正常使用极限状态进行分析或复核。试验分析方法可以验证理论分析的准确性，测定计算模型中的待定参数，改进和完善设计结果。试验时，应对试件的形状、尺寸和数量，材料的品种和性能指标，支承和边界条件，加载的方式、数值和过程，量测项目和测点布置等做出周密考虑，以确保试验结果的有效和准确。

目前，计算机作为一种重要的计算工具已广泛应用于工程结构分析中。为保证计算结果的正确性，结构分析所采用的电算程序应经严格的考核和验证，其技术条件必须符合规范及有关标准的规定。对每一项电算的结果都应作必要的判断和校核，保证其运算的可靠性，才能用于工程设计。

此外，在现代混凝土结构中，由于温度、收缩、地基不均匀沉降等间接作用在超静定结构中引起约束应力，导致现浇混凝土结构产生裂缝，因此对结构混凝土所处环境的温度变化以及混凝土收缩、徐变随时间变化和支座变形等间接作用对结构产生的影响，应给予必要的关注。但是间接作用下结构的效应分析十分复杂，无法用一般的线弹性分析方法解决，这方面的研究正在探索中。

1.4 本课程的主要内容及特点

1.4.1 主要内容

本课程为土木工程专业的重要课程，其主要内容包括：

(1) 梁板结构设计：主要介绍钢筋混凝土整体式单向板肋梁楼盖、整体式双向板肋梁楼盖、无梁楼盖和楼梯等结构的布置原则和设计计算方法等。

(2) 单层厂房结构设计：主要介绍单层厂房结构的组成及其布置，主要构件的选型，排架结构的内力分析方法、内力组合以及排架柱、牛腿和柱下独立基础的受力性能及其设计方法，钢筋混凝土屋架、吊车梁的设计要点，节点连接构造及预埋件设计等。

(3) 框架结构设计：主要介绍钢筋混凝土框架结构的用途、结构布置方案及要点，计算简图和荷载的确定，结构内力和侧移计算方法，荷载效应组合及构件截面设计方法，构造要求及多层框架基础设计等。

(4) 高层建筑结构设计概论：主要介绍高层建筑结构的定义、分类、设计特点，高层建筑的结构体系及其受力特点，高层建筑结构的总体布置及一般要求，楼盖及基础选型等。

1.4.2 本课程的特点

(1) 本课程的实践性较强，有利于学生工程素质和实践能力的培养。一方面通过本课程的学习，掌握混凝土结构设计的基本理论和方法；另一方面通过课程设计、毕业设计、现场参观实习等实践性教学环节，增加学生的工程经验，培养学生综合运用理论知识解决实际工程问题的能力。

(2) 结构设计是一项综合性很强的工作，有利于学生工程设计能力的培养。在形成结构方案、构件选型、材料选用、计算简图和分析方法确定、形成配筋构造和施工方案等过程中，除满足安全、适用、经济、耐久等设计原则外，尚应综合考虑各方面因素，充分发挥设计者的主动性和创造性，通过对结构使用功能、材料供应、施工条件、工程造价等各项指标的分析比较，选择最佳的设计方案。

(3) 注重结构方案以及构造措施在结构设计中的作用。结构设计由结构方案、结构计算和构造措施三部分组成。混凝土结构的设计离不开计算，但结构方案的选择及采取的构造措施往往是保证结构可靠性的关键内容。因为一般的计算方法都对实际工程结构进行了简化并只考虑结构的荷载效应，其他因素如混凝土的收缩、徐变以及温度变化的影响等难以用计算来考虑，由此带来的影响必须有相应的构造措施来保证。

本章小结

(1) 混凝土结构是指以混凝土为主要材料并根据需要配置钢筋制成的结构，是土木工程中应用最为广泛的一种结构形式。建筑结构包括竖向承重结构、水平承重结构和下部承重结构三部分。

（2）结构选型应力求做到既满足使用要求，结构受力性能好，又施工方便、经济合理。结构的布置应沿着平面和竖向简单、规则、对称，避免承载力和刚度突变。

（3）目前混凝土结构设计中常用的分析方法主要有弹性分析方法、塑性内力重分布分析方法、塑性极限分析方法、弹塑性分析方法和试验分析方法。结构分析所采用的电算程序应经严格的考核和验证后才能用于工程设计。

（4）混凝土结构设计课程的实践性和综合性较强，有利于培养学生的工程素质和创新实践能力。在学习中，对于结构的分析计算以及结构方案和构造措施都应给予足够的重视。

思考题

1. 建筑结构由哪些部分组成？如何进行分类？
2. 结构选型和结构布置时应注意哪些问题？
3. 在混凝土结构设计中，常用的计算分析方法有哪些？各有何特点？

第 2 章 梁板结构设计

2.1 概 述

楼盖是房屋建筑中的水平承重结构，对于保证建筑结构的承载力和整体刚度有重要作用。楼盖属梁板结构，其设计原理和方法可用于类似的桥面结构、筏板基础、水池和楼梯等许多结构物的设计。本章主要阐述房屋建筑中楼盖和楼梯的设计。

2.1.1 楼盖结构选型

在房屋建筑中，混凝土楼盖的造价占土建总造价的 20%～30%；在钢筋混凝土高层建筑中，混凝土楼盖的自重占总自重的 50%～60%。楼盖对于建筑效果和建筑隔声、隔热有直接影响。因此，选择合适的楼盖结构形式，对于整个建筑物的使用和技术经济指标至关重要。

房屋建筑中常见的现浇混凝土楼盖结构形式有单向板肋梁楼盖、双向板肋梁楼盖、无梁楼盖、密肋楼盖、井式楼盖和扁梁楼盖等，见图 2-1。其中单向板和双向板肋梁楼盖应用最为普遍。

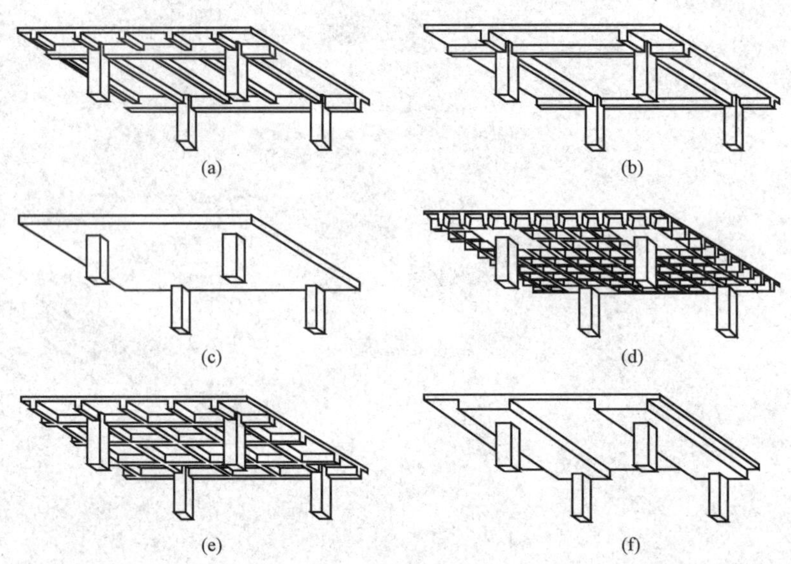

图 2-1 楼盖结构类型

(a) 单向板肋梁楼盖；(b) 双向板肋梁楼盖；(c) 无梁楼盖；(d) 密肋楼盖；(e) 井式楼盖；(f) 扁梁楼盖

按施工方法，可将混凝土楼盖分为现浇、装配式和装配整体式三种。现浇混凝土楼盖整体刚度大，抗震性能好，对不规则平面和开洞的适应性强，在地震区应用较多，其缺点是需要大量模板，工期也长。装配式混凝土楼盖主要由多孔板及槽形板等铺板组成，其施工进度快，但整体刚度差，在混合结构房屋中应用较多。装配整体式混凝土楼盖是在铺板上做混凝土现浇层，兼有现浇楼盖和装配式楼盖的优点。

设计中一般根据房屋的性质、用途、平面尺寸、荷载大小、抗震设防烈度以及技术经济指标等因素综合考虑，选择合适的楼盖结构形式。

本章内容主要为现浇混凝土楼盖的设计。

2.1.2 单向板与双向板

现浇肋梁楼盖一般由板、次梁和主梁组成，见图2-1（a）、（b）。板的四周可支承于次梁、主梁或墙上。因梁的刚度比板大很多，所以分析板时可略去梁的竖向变形，而梁作为板的固定支承。因此，现浇肋梁楼盖中的板一般按四边支承板分析。

在竖向荷载作用下，四边支承板的板截面内将产生弯矩、剪力和扭矩。为简化计算，略去扭矩不计，设想板由两个方向的板条所组成，并认为各相邻板条之间没有相互影响。在两方向板条的交点处，板的挠度相等，见图2-2。对于板中间部分两个相互垂直的单位宽度板条［见图2-2（b）］，根据中点处两方向板条挠度相等及竖向荷载平衡条件，可得

$$\begin{cases}\alpha_1 \dfrac{q_1 l_1^4}{EI_1} = \alpha_2 \dfrac{q_2 l_2^4}{EI_2} \\ q = q_1 + q_2\end{cases} \tag{2-1}$$

式中：q、q_1、q_2 分别为板单位面积上的竖向均布荷载及均布荷载 q 在两个方向的分配值；l_1、l_2、I_1、I_2 分别为两个方向板条的跨度和截面惯性矩；α_1、α_2 为挠度系数，根据板条两端的支承情况而定，两端简支时，$\alpha_1 = \alpha_2 = 5/384$。

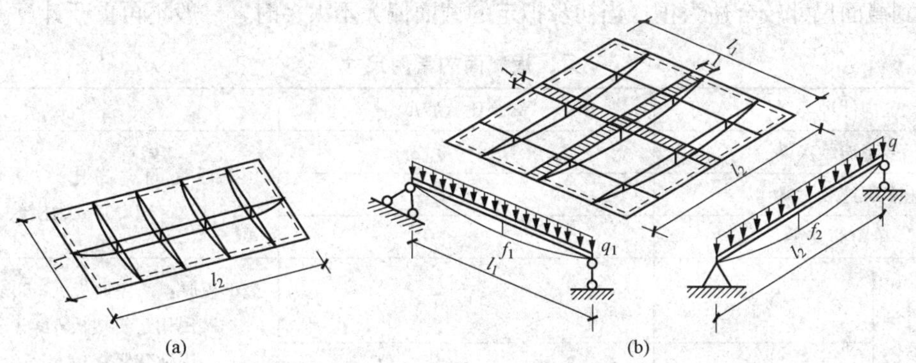

图2-2 四边支承板的变形

忽略钢筋在两个方向的位置高低及数量不同等影响，取 $I_1 = I_2$，则由式（2-1）可得

$$q_1 = \frac{\alpha_2 l_2^4}{\alpha_1 l_1^4 + \alpha_2 l_2^4} q = k_1 q, \quad q_2 = \frac{\alpha_1 l_1^4}{\alpha_1 l_1^4 + \alpha_2 l_2^4} q = k_2 q \tag{2-2}$$

下面以两个方向板条端部支承情况相同为例予以分析，这时 $\alpha_1 = \alpha_2$，则由式（2-2）可得

$$k_1 = \frac{(l_2/l_1)^4}{1+(l_2/l_1)^4}, \quad k_2 = \frac{1}{1+(l_2/l_1)^4} \tag{2-3}$$

以 $l_2/l_1 = 2$ 代入式（2-3），可得 $k_1 = 0.941$，$k_2 = 0.059$。可见，当板的长短跨度之比大于2时，则沿长跨方向所分配的荷载小于6%，对板的计算结果影响不大，可以略去不计；这样的四边支承板，荷载大部分是沿板的短跨方向（l_1 方向）传递，其受力情况基本上为单向板。以 $l_2/l_1 = 0.5$ 代入式（2-3），则得 $k_1 = 0.059$，$k_2 = 0.941$，荷载绝大部分沿 l_2 方向传递（此时 l_2 为短跨）。当介于上述两种情况之间时，板面上的荷载将沿两个方向传递，其中任一方向的受力均不应忽略，此种板双向受力而为双向板。因此，对于四边支承板，实际使用时以下式作为双向板的条件：取

$$0.5 < l_2/l_1 < 2 \tag{2-4}$$

其中 l_1 和 l_2 为板平面两个方向的计算跨度。

应当注意，式（2-4）是按四边支承板的分析结果得出的。如果板仅是两个对边支承，而另两个对边为自由边，则这样的板无论平面两个方向的长度如何，均属于单向板，板的荷载全部单向传递到两对边的支座上。

我国的《混凝土结构设计规范》（GB 50010—2010）规定：两对边支承的板应按单向板计算。对于四边支承的板，当长边与短边长度之比小于或等于 2.0 时，应按双向板计算；当长边与短边长度之比大于 2.0 但小于 3.0 时，宜按双向板计算；当按沿短边方向受力的单向板计算时，应沿长边方向布置足够数量的构造钢筋；当长边与短边长度之比大于或等于 3.0 时，可按沿短边方向受力的单向板计算，并沿长边方向布置构造钢筋。

单向板单向受力，单向弯曲（及剪切），受力钢筋单向配置。双向板双向受力，双向弯曲（及剪切），受力钢筋双向配置。

2.1.3 梁、板截面尺寸

梁、板截面尺寸应满足承载力和刚度要求。初步设计阶段可根据工程经验（见表 2-1）拟定，若开始拟定的截面尺寸偏小，则可能出现超筋梁或挠度不满足要求，此时应重新估算截面尺寸，直至满足要求；若截面尺寸偏大，则可能出现构造配筋或挠度很小，宜减小截面尺寸并重新计算，直到截面尺寸较合适为止。当初步拟定的截面偏大不太多时，一般不再重新计算。

表 2-1 梁、板截面的常用尺寸

构件种类		高跨比（h/l）	备 注
多跨连续次梁		1/18～1/12	梁截面的宽高比（b/h）一般为 1/3～1/2，b 以 50m 为模数
多跨连续主梁		1/14～1/8	
单跨简支梁		1/14～1/8	
单向板	简支	≥1/35	最小板厚： 屋面板 h≥60mm 民用建筑楼板 h≥60mm 工业建筑楼板 h≥70mm 行车道下的楼板 h≥80
	连续	≥1/40	
双向板	四边简支	≥1/45	高跨比 h/l 中的 l 取短向跨度 板厚一般宜为 80mm≤h≤160mm
	多跨连续	≥1/50	
密肋板	单跨简支	≥1/20	高跨比 h/l 中的 h 为肋高 板厚：当肋间距≤700mm 时，h≥40mm；当肋间距>700mm 时，h≥50mm
	多跨连续	≥1/25	
悬臂板		≥1/12	板的悬臂长度≤500mm，h≥60mm 板的悬臂长度>500mm，h≥80mm 板的悬臂长度为 1200mm，h≥100mm
无梁楼板	无柱帽	≥1/30	h≥150mm
	有柱帽	≥1/35	

2.1.4 现浇整体式楼盖结构内力分析方法

现浇整体式楼盖通常为由梁板所组成的超静定结构，其内力可按弹性理论及塑性理论进行分析。按塑性理论分析内力，使内力分析与截面计算在受力阶段相协调，结果比较经济，但一般情况下结构的裂缝较宽，变形较大。

在现浇钢筋混凝土肋梁楼盖中，板和次梁通常按塑性理论分析内力，而主梁则按弹性理论分析内力。这是因为主梁为楼盖中的主要构件，为保证使用中有较好的性能，主梁需要有较大的安全储备，正常使用阶段对挠度及裂缝控制较严。

2.2 受弯构件塑性铰和结构内力重分布

混凝土超静定结构按塑性理论计算结构内力，是基于结构的内力重分布，而明显的内力重分布主要是由塑性铰转动引起的。因此，在介绍塑性理论方法之前，本节先介绍受弯构件的塑性铰和结构内力重分布。

2.2.1 受弯构件的塑性铰

1. 塑性铰的形成

现以跨中作用集中荷载的简支梁［见图 2-3（a)］为例，说明塑性铰的形成。梁内受拉纵筋为热轧钢筋，且配筋率合适而为适筋梁。当加载到受拉钢筋屈服［见图 2-3（c）中的 A 点］时，弯矩为 M_y，相应的曲率为 φ_y。此后如荷载少许增加，则受拉钢筋屈服伸长，裂缝继续向上开展，截面受压区高度减小，内力臂增加，从而截面弯矩略有增加，但截面曲率增加颇大，梁跨中塑性变形较集中的区域犹如一个能够转动的“铰”，称之为塑性铰。可以认为，这是受弯构件的受弯屈服现象。

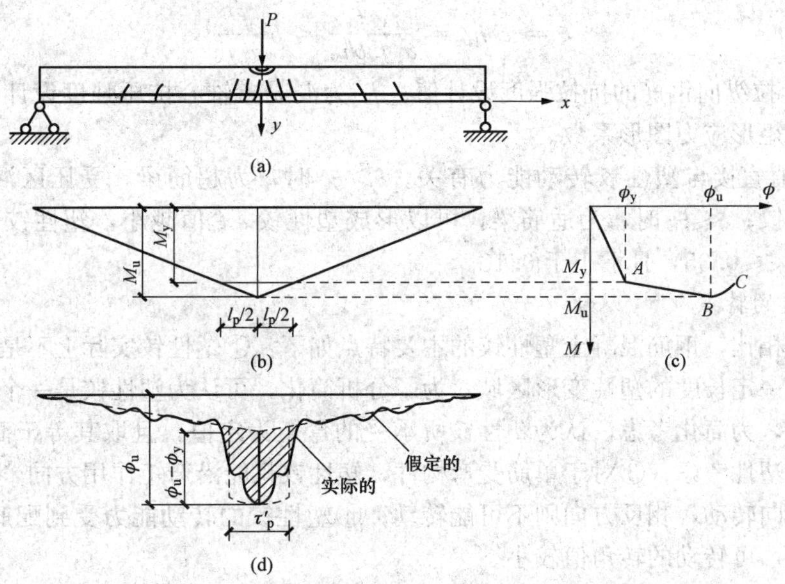

图 2-3 钢筋混凝土受弯构件的塑性铰

（a）构件；（b）弯矩图；（c）M-ϕ 曲线；（d）曲率分布

2. 塑性转角及塑性铰的转动能力

理论上可以认为梁弯矩图上相应于 $M \geqslant M_y$ 的部分为塑性铰的范围，相应的长度 l_p 称为塑性铰长度，见图 2-3（b）。图 2-3（d）中实线为曲率的实际分布，虚线为计算时假定的曲率分布，将曲率分为弹性部分和塑性部分（图中的阴影部分）。塑性转角 θ_p 理论上可由塑性曲率的积分来计算，实用上可将塑性曲率用等效矩形来代替，矩形的宽度为塑性铰的等效长度。

设塑性铰截面屈服时的曲率为 φ_y，屈服后某一阶段（相应的 $M<M_u$）的曲率为 φ_p，这时相应的塑性铰等效长度为 $\bar{l}'_p$，则塑性铰转角 θ_p 为

$$\theta_p=(\varphi_p-\varphi_y)\bar{l}'_p \tag{2-5}$$

塑性铰转动后，截面受压区混凝土压应变不断增大，最后使混凝土受压而破坏。到达这种程度时，可认为塑性铰已破坏。从受拉纵筋屈服开始，直到受压区混凝土压坏为止，这一过程的塑性转动为塑性铰的转动能力，即极限转角。将破坏时塑性铰截面的曲率用 φ_u 表示［见图 2-3（c）］，这时塑性铰等效长度用 $\bar{l}_p$ 表示，则塑性铰的极限转角 θ_{pmax} 为

$$\theta_{pmax}=(\varphi_u-\varphi_y)\bar{l}_p \tag{2-6}$$

影响塑性铰转动能力的因素主要为钢筋种类、受拉纵筋配筋率以及混凝土的极限压缩变形。当受拉纵筋为软钢（HPB300、HRB335、HRB400、RRB400、HRB500 级钢筋）时，塑性铰转动能力较大；当受拉纵筋配筋率较低时，塑性铰的转动能力较大。混凝土的极限压缩变形除与混凝土的强度等级有关外，箍筋用量多或受压区纵筋较多时，都能增加混凝土的极限压缩变形。一般情况下受拉纵筋采用 HPB300、HRB335、HRB400、HRB500 级钢筋，在常用混凝土强度等级以及通常配筋率等条件下，受拉纵筋配筋率对塑性铰转动能力具有决定性的作用。

受拉纵筋配筋率 ρ 的大小直接影响受压区高度 x。对于单筋矩形截面受弯构件，有

$$\xi=x/h_0=\frac{A_s f_y}{\alpha_1 f_c b h_0}=\rho\frac{f_y}{\alpha_1 f_c}$$

式中：f_y 为受拉纵向钢筋的抗拉强度设计值；f_c 为混凝土轴心抗压强度设计值；α_1 为混凝土受压区等效矩形应力图形系数。

因此，ξ 值直接与塑性铰转动能力有关。$\xi>\xi_b$ 时，为超筋梁，受压区混凝土先压坏，不会形成塑性铰；$\xi\leqslant\xi_b$ 时，为适筋梁，可以形成塑性铰。ξ 值越小，塑性铰的转动能力越大。一般要求 $\xi\leqslant0.35$，且不小于 0.10。

3. 塑性铰的特点

与理想铰相比，钢筋混凝土塑性铰的主要特点如下：①塑性铰实际上不是集中于一个截面，而是具有一定长度的塑性变形区域，为了分析简化，可认为塑性铰是一个截面；②塑性铰能承受弯矩，为简化考虑，认为塑性铰所承受的弯矩为定值，且取其等于截面屈服弯矩，即作为理想弹塑性考虑；③对于单筋受弯构件，塑性铰只能沿弯矩作用方向，绕不断上升的中和轴发生单向转动，相反方向则不可能转动；④塑性铰的转动能力受到配筋率等的限制，与理想铰相比，可转动的转角值较小。

2.2.2 超静定结构的塑性内力重分布

1. 塑性内力重分布的过程

在混凝土超静定结构中，某截面出现塑性铰后，结构中引起内力重分布，使结构中的内力分布规律（弯矩图等）不同于按弹性理论即一般力学方法计算所得的结果。此外，在混凝土超静定结构中，构件受拉区出现裂缝、混凝土徐变以及结构支座的沉降等均会引起结构的内力重分布，但这些因素所引起的内力重分布一般很小，对结构设计影响不大，明显的内力

重分布主要为塑性铰的影响，称为塑性内力重分布。

现以图 2-4（a）所示矩形等截面两跨连续梁为例，说明内力重分布的过程。根据梁截面尺寸及所配受拉钢筋数量等，梁中间支座及跨中截面所能承受的弯矩值分别以 M_{By}、M_{ABy}、M_{BCy}表示，且设 $M_{ABy}=M_{BCy}=M_{By}$；梁为适筋梁，截面出现塑性铰后具有较大的转动能力。另外，梁中配有足够的抗剪箍筋，保证梁截面达到极限弯矩之前不会发生斜截面剪切破坏。

加载初期，混凝土出现裂缝之前，结构基本上为弹性体系，梁的内力符合按弹性理论计算的结果，弯矩图如图 2-4（a）所示，支座及跨中截面的 M-P 关系分别按图 2-5 中直线 1、2 变化。

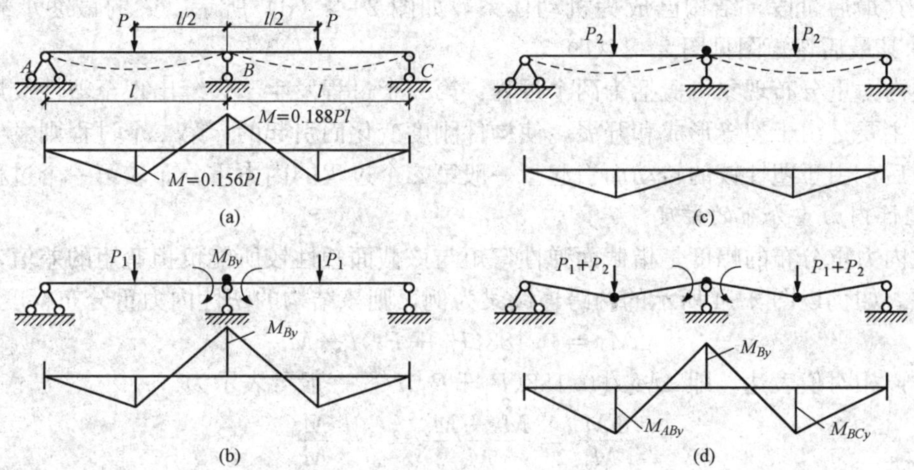

图 2-4　两跨连续梁内力变化过程

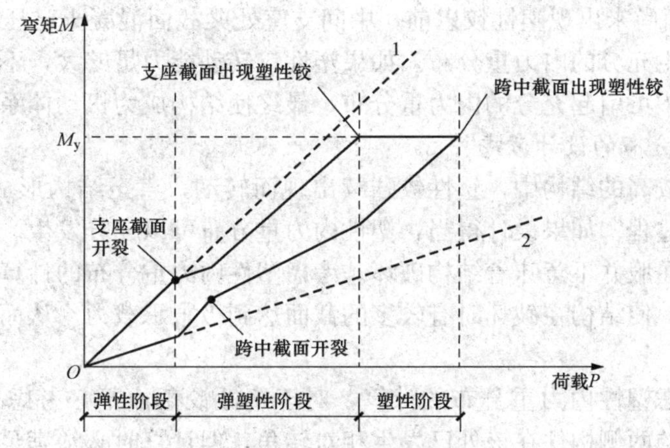

图 2-5　两跨连续梁内力变化图

1、2—支座、跨中截面弯矩按弹性规律变化

加载至中间支座处梁截面受拉区混凝土开裂，而跨中截面尚未出现裂缝。由于中间支座处梁截面刚度有所降低，使该处梁截面弯矩的增长率低于弹性分析结果（即 M-P 关系不再沿直线 1 变化），而跨中截面弯矩的增长率则大于弹性分析结果（即 M-P 关系在直线 2 之

上）。这时梁中已发生了内力重分布。随着荷载继续增大，梁跨中也出现裂缝，结构又一次发生内力重分布。此阶段始于支座截面出现裂缝，结束于支座截面即将出现塑性铰，其 M-P 关系见图 2-5 中的弹塑性阶段。

继续加载至中间支座处梁截面受拉纵筋屈服，该截面首先出现塑性铰，这时相应的外荷载值为 P_1，弯矩图见图 2-4（b）。两跨连续梁原为一次超静定结构，由于中间支座处梁截面出现了塑性铰，则梁由超静定结构变为静定结构，如图 2-4（c）所示。此后再继续加载，直至梁跨中截面刚刚出现塑性铰，设其荷载增值为 P_2，这一过程中中间支座处梁截面弯矩保持不变而为 M_{By}（见图 2-5 中的水平线），由各跨荷载增值 P_2所引起的弯矩，则由 AB 和 BC 两个简支梁分别负担，中间支座处塑性铰发生转动，跨中截面弯矩分别达到 M_{ABy} 和 M_{BCy}。在这最后阶段，结构已成为机动体系，如图 2-4（d）所示。梁的最终承载能力为 P_1+P_2，其最后弯矩图见图 2-4（d）。

上述内力重分布现象可概括为两个过程：第一个过程发生于裂缝出现至塑性铰形成以前的阶段，主要是由于裂缝形成和开展，使构件刚度变化而引起的；第二个过程则发生于塑性铰形成以后，由于塑性铰的转动而引起。一般第二个过程的内力重分布较第一个过程显著。

2. 塑性内力重分布的幅度

塑性内力重分布的幅度是指截面弹性弯矩与该截面塑性铰所能负担弯矩的差值，通常简称为调幅。如仍以图 2-4 所示的两跨连续梁为例，则该结构的塑性内力重分布幅度为

$$\Delta M_y = 0.188(P_1 + P_2)l - M_{By}$$

通常以相对值表达，即 $\Delta M_y/[0.188(P_1+P_2)l]$。一般可表示为

$$\frac{\Delta M_y}{M_e} = \frac{M_e - M_y}{M_e} = 1 - \frac{M_y}{M_e} \tag{2-7}$$

式中：M_y 为塑性铰所能负担的弯矩；M_e 为该截面弹性弯矩。

调整值 ΔM_y 越大，则塑性铰的转角值 θ_p 越大。如果 θ_p 值超过了塑性铰的转动能力 θ_{pmax}，则在跨中截面尚未出现塑性铰以前，中间支座处梁截面混凝土已压坏，如此结构发生局部破坏而不能发生充分的内力重分布。如果塑性铰转动能力足够大，不致因塑性铰过分转动而破坏，则结构中可引起充分的内力重分布，最终使结构成为机动体系而整体破坏。

3. 塑性内力重分布的设计考虑

在超静定次数较高的结构中，塑性铰陆续出现而转动，直至结构形成机动体系而破坏，是一个比较漫长的过程。如果设计得当，塑性内力重分布可以充分发生。因此对超静定结构而言，一个截面的屈服并不意味着结构破坏。考虑塑性内力重分布的计算方法，能更正确地估计结构的承载力，使结构在破坏时有较多的截面达到极限承载力，从而充分发挥结构的潜力，取得经济效果。

超静定结构考虑塑性内力重分布的计算，对于塑性铰截面不必考虑须满足变形连续条件，因塑性铰截面的两侧构件在该处已发生相对转角，但计算时必须满足平衡条件。如仍以图 2-4 所示的两跨连续梁为例，则整个结构承载能力极限状态时的平衡条件为

$$\frac{1}{2}M_{By} + M_{ABy} = \frac{1}{4}(P_1 + P_2)l = M_0$$

$$\frac{1}{2}M_{By} + M_{BCy} = \frac{1}{4}(P_1 + P_2)l = M_0$$

式中：M_0 为相应的简支梁跨中弯矩。

对于跨中央作用一个集中荷载的每跨梁，写出普遍形式则为

$$\frac{1}{2}(M_A+M_B)+M_{AB}=\frac{1}{4}Pl \tag{2-8}$$

式中：M_A、M_B、M_{AB}分别为A支座、B支座及跨中截面弯矩设计值，此处均取绝对值；P为外荷载设计值。

在结构实际设计中，必须考虑正常使用阶段结构的裂缝宽度和变形大小。以上分析的是到达机动体系的整个结构承载能力极限状态。如果这时的内力重分布幅度过大，则结构在使用阶段的裂缝及变形会较大而不符合使用要求。因此，内力重分布的幅度应有所限制，一般调幅幅度不应超过25%，钢筋混凝土板的负弯矩调幅幅度不宜大于20%。

2.3　单向板肋梁楼盖设计

2.3.1　单向板肋梁楼盖结构布置

1. 主梁及次梁

单向板肋梁楼盖由板、次梁、主梁以及竖向承重的柱或墙等构成。房屋平面两个方向一般都布置梁，一个方向的梁支承在柱上，将楼盖上的荷载最终传给柱子，这类梁称为主梁；房屋平面另一个方向的梁与主梁相交，将楼盖上的荷载传给主梁，这类梁称为次梁。在单向板肋梁楼盖中，板区格平面的长边与短边尺寸之比至少大于2，板上荷载主要沿板区格短向传递给次梁。次梁的间距即为板的跨度，主梁的间距即为次梁的跨度。

当楼面上有较大设备荷载或者需要砌筑墙体时，应在其相应位置布置承重梁。当楼面开有较大洞口时，也需在洞口四周布置边梁。

2. 结构平面布置方案

单向板肋梁楼盖中常见的结构平面布置方案有以下三种：

(1) 主梁沿房屋横向布置。主梁横向布置，次梁纵向布置，板的四边支承于次梁、主梁或砌体墙上，如图2-6（a）所示。根据设计经验及经济效果，板的跨度一般以1.7～2.7m为宜，次梁跨度常取4～6m，主梁跨度取5～8m。这种房屋主梁与柱构成横向框架体系，增强了房屋的横向侧移刚度。由于主梁与外纵墙垂直，不妨碍外纵墙开设较大的窗洞，有利于解决室内采光。

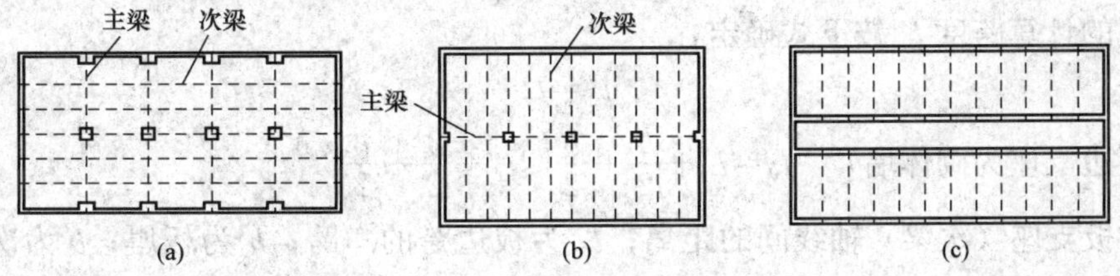

图2-6　单向板肋梁楼盖布置方案

(2) 主梁沿房屋纵向布置。主梁纵向布置，次梁横向布置，如图2-6（b）所示。这种布置适用于横向柱距大于纵向柱距较多时，为了减少主梁的截面高度，取主梁沿纵向布置。与前一种布置方案相比，房屋的横向侧移刚度较差。

(3) 只布置次梁。只布置次梁，不设主梁，如图2-6（c）所示。这种布置适用于房屋

中间有走廊、纵墙间距较小的情况。

2.3.2 单向板肋梁楼盖按弹性理论方法计算结构内力

1. 计算简图

（1）板。板可取1m宽的板带作为其计算单元（见图2-7），故板截面宽度$b=1000$mm。板为支承在次梁或砌体墙上的多跨板，为简化计算，将次梁或砌体墙作为板的不动铰支座，故多跨板就属于一般结构力学中的连续梁（梁宽$b=1000$mm）。

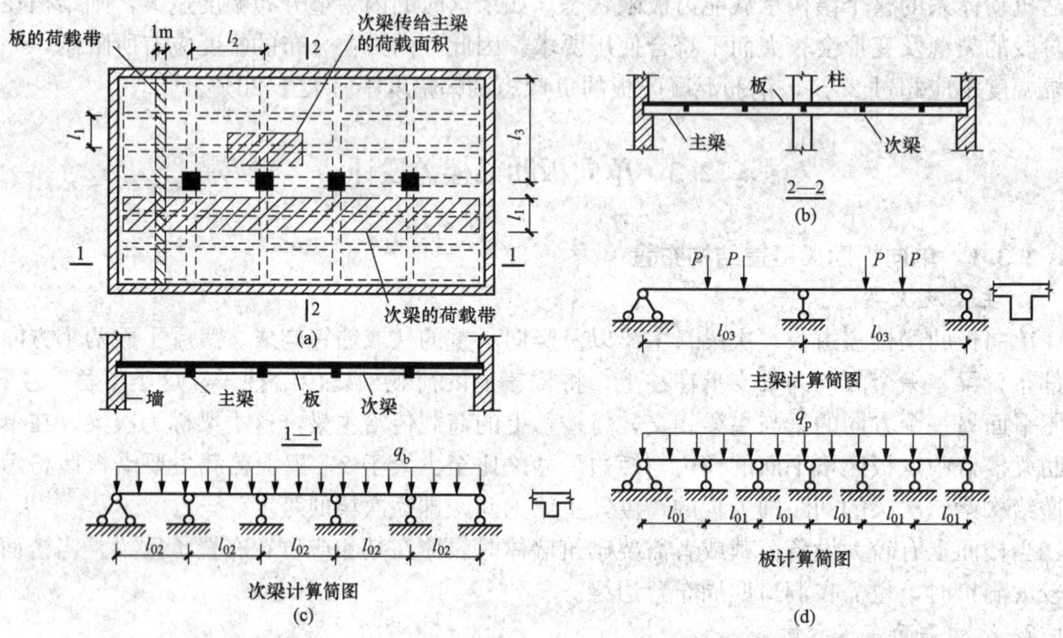

图2-7 单向板肋梁楼盖计算简图

在一般楼盖设计中，楼面活荷载按均布考虑，其值可根据房屋的使用情况由《建筑结构荷载规范》（GB 50009—2012）确定。因此，连续板所承受的荷载为均布荷载，其中包括板自重。内力分析中，将恒载与活载分开考虑。

按弹性理论分析时，连续板的跨度取相邻支座中心间的距离，见图2-8。对于边跨，当边支座为砌体墙时，原则上取至砌体墙支承反力合力处，实用上取至距砌体墙内边缘一定距离处。故板的计算跨度l_0按下式确定：

中间跨
$$l_0=l_c \tag{2-9a}$$

边跨（边支座为砌体墙）
$$l_0=l_n+\frac{h}{2}+\frac{b}{2}\leqslant l_n+\frac{a}{2}+\frac{b}{2} \tag{2-9b}$$

式中：l_c为板支座（次梁）轴线间的距离；l_n为板边跨的净跨；h为板厚；b为次梁截面宽度；a为板在砌体墙上的支承长度，通常为120mm；边跨的l_0取两个计算值中的较小值。

（2）次梁。次梁支承在主梁上，当主梁线刚度$i_{主}$与次梁线刚度$i_{次}$之比$i_{主}/i_{次}\geqslant 8$时，可认为主梁是次梁的不动铰支座，次梁可按连续梁分析内力；当不满足这个条件时，应取交叉梁系进行分析。如次梁端部支承在砌体墙上，则端部一般按简支考虑。

作用在次梁上的荷载为次梁左右两侧各半跨板上的板自重以及活荷载，此外还有次梁的自重，故次梁承受的为均布荷载，如图2-7（c）所示。内力分析时，恒载与活载分开考虑。

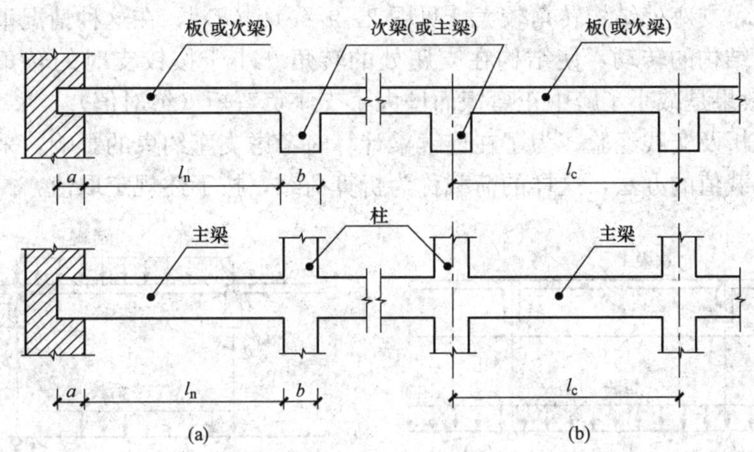

图 2-8 连续梁、板的计算跨度

(a) 边跨；(b) 中间跨

多跨梁（次梁或主梁）的计算跨度（见图 2-8）按下述规定取值：

中间跨 $$l_0=l_c \tag{2-10a}$$

边跨（边支座为砌体墙）$$l_0=1.025l_n+\frac{b}{2}\leqslant l_n+\frac{a}{2}+\frac{b}{2} \tag{2-10b}$$

式中：l_c 为支座轴线间的距离，次梁的支座为主梁，主梁的支座为柱子；l_n 为梁边跨的净跨；b 为主梁或柱子截面宽度；a 为梁在砌体墙上的支承长度，对于次梁通常为 240mm，对于主梁则为 370mm；边跨的 l_0 取两个计算值中的较小值。

（3）主梁。主梁的计算简图根据梁与柱的线刚度比值而定。一般结构中柱的线刚度较小，对主梁的转动约束不大，可将柱子作为主梁的不动铰支座，这样主梁仍按支承在柱子或砌体墙上的连续梁分析。当梁、柱节点两侧梁的线刚度之和与节点上下柱的线刚度之和的比值小于 3 时，则应考虑柱对主梁的转动约束作用，这时应按框架结构进行内力分析。

主梁上作用着由次梁传来的集中荷载及主梁自重。相对而言，后者与前者相比影响较小，因此实用上为简化分析，将主梁自重也作为集中荷载处理。作用在主梁上的主梁自重集中荷载的个数及作用点位置与次梁传来的集中荷载的个数及作用位置相同，每个主梁自重集中荷载值等于长度为次梁间距的一段主梁自重。计算次梁对主梁作用的集中荷载值时，可不考虑次梁的连续性，每个集中荷载所考虑的范围如图 2-7 所示。内力分析中，将恒载与活载分开考虑。

主梁的计算跨度仍按式（2-10）确定。

2. 板和次梁的折算荷载

以上对板和次梁所取计算简图是连续梁（包括连续板，以下同），即假定梁或板支承在不动的铰支座上。实际上在现浇钢筋混凝土肋梁楼盖中，次梁对板的转动变形、主梁对次梁的转动变形都有一定的约束作用。约束作用来自支座（次梁或主梁）的抗扭刚度，考虑这种支座的抗扭刚度影响而进行连续梁的内力分析，计算时比较复杂，因此实用上为了简化分析，仍按一般连续梁分析计算，但采用折算荷载以考虑支座的转动约束作用。

对于多跨连续梁，在各跨恒载作用下，支座处连续梁的转角很小，特别是等跨及各跨恒载相同时，$\theta=0$ [见图 2-9（b)]，在这种情况下支座抗扭刚度并不影响结构内力。但某跨有活荷载作用时，支座处结构转角较大［见图 2-9（c）、（d）］，在这种情况下支座的抗扭刚度将部分地阻碍结构的转动，使结构在支座处的转角 θ' 小于按铰支时的转角 θ［见图 2-9（c）、（d）］，其效果是减小了跨中正弯矩而增大了支座负弯矩（绝对值）。

根据理论分析及实践经验，为了在连续梁计算时考虑支座约束的影响，采用增大恒载值及相应地减小活载值的办法，这样的荷载称为折算荷载，按下述规定取值：

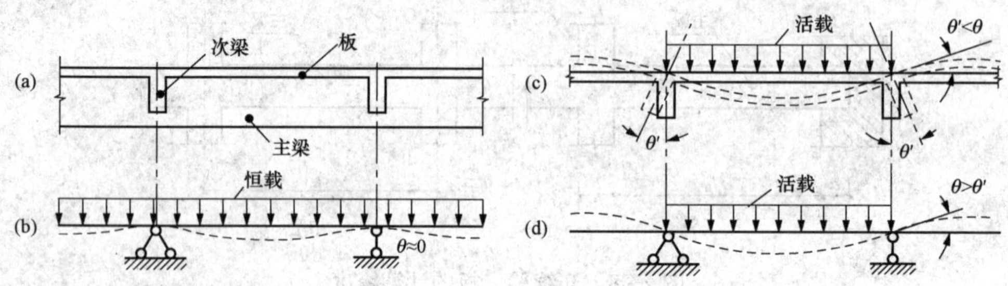

图 2-9 次梁抗扭刚度对板的影响

对于板：

折算恒载 $$g'=g+\frac{1}{2}q \tag{2-11a}$$

折算活载 $$q'=\frac{1}{2}q \tag{2-11b}$$

对于次梁：

折算恒载 $$g'=g+\frac{1}{4}q \tag{2-12a}$$

折算活载 $$q'=\frac{3}{4}q \tag{2-12b}$$

式中：g、q 为实际恒载和活载。

采用折算荷载后，对于作用活荷载的跨，荷载总值不变，因 $g'+q'=g+q$；而邻跨的折算恒载大于实际恒载 g，如此则减小了有活荷载跨跨中正弯矩及增大了支座负弯矩（绝对值），其效果相当于考虑支座的约束影响。

3. 活荷载不利布置

对于连续梁，某跨的作用荷载（恒载和活载）对本跨所产生的内力较大，对邻近跨所产生的内力较小，对于更远的跨则影响甚小，如图 2-10 所示。因此在楼盖设计中，当连续梁的实际跨数超过五跨时均按五跨计算，实际跨数不足五跨时则按实际跨数考虑。对于超过五跨的等跨或跨度相差不超过 10%且各跨受荷情况相同的连续梁，所取五跨为实际连续梁两端部分的各两跨，即图 2-10 中的 1、2 跨；其余各跨均为中间跨，即图 2-10 中的 3 跨。因此，实际等跨连续梁中端部各两跨的内力按 1、2 跨取值，而其余各跨的内力均按 3 跨取值。

连续梁上恒载每跨都有，活荷载则按不利情况布置。根据图 2-10 所示内力图的特点和不同组合的效果，可知活荷载的不利布置规律为：

（1）求某跨跨中最大正弯矩时，除了必须在该跨布置活荷载外，每隔一跨也应布置活荷载。

（2）求某跨跨中最小正弯矩（或负弯矩）时，该跨不布置活荷载，而在左、右两相邻跨布置活荷载，然后隔跨布置。

(3) 求某支座截面最大负弯矩（绝对值）时，应在该支座左、右两跨布置活荷载，然后隔跨布置。

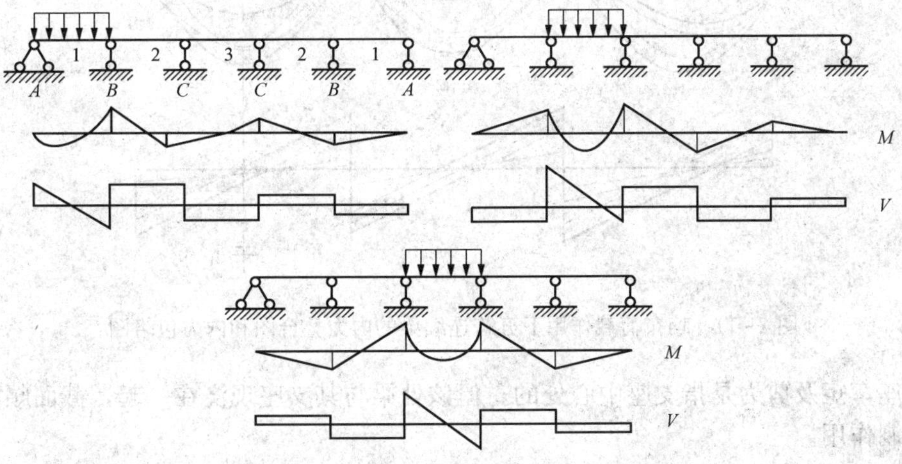

图 2-10 活荷载在不同跨间时的弯矩图和剪力图

(4) 求某支座左、右边截面的最大剪力（绝对值）时，活荷载的布置方式与求该支座截面最大负弯矩（绝对值）时的布置相同。

根据上述规律，对于图 2-10 所示的五跨连续梁，当求第 1、3、5 跨（自左往右计数）跨中最大正弯矩或第 2、4 跨跨中最小正弯矩（或负弯矩）时，应将活荷载布置在第 1、3、5 跨；而求 B 支座截面最大负弯矩（绝对值）时，应将活荷载布置在第 1、2、4 跨等。

4. 内力计算

连续梁在各种荷载作用下，可按一般结构力学方法计算内力。当连续梁的各跨跨度相等或相差不超过 10%时，则根据计算结果，已列出均布荷载和几种集中荷载作用下的内力系数（见附录 B），计算时可直接查用。

5. 内力包络图

将恒载在各截面所产生的内力与各相应截面最不利活荷载布置时所产生的内力相叠加，便可得出各截面可能出现的最不利内力。例如，承受均布荷载的五跨连续梁，根据活荷载的不同布置情况，每一跨都可画出四个弯矩图形，分别对应于跨中最大正弯矩、跨中最小正弯矩（或负弯矩）和左、右支座截面的最大负弯矩（绝对值）。当端支座为简支时，边跨可只画出四个弯矩图形。把这些弯矩图绘于同一坐标图上，称为弯矩叠合图［见图 2-11（a）］，这些图的外包线所形成的图形称为弯矩包络图［见图 2-11（a）中的粗实线］，它完整地给出了各截面可能出现的弯矩设计值的上、下限。

同样，可画出剪力叠合图和剪力包络图，如图 2-11（b）所示。

6. 控制截面及其内力

所谓控制截面是指对受力钢筋计算起控制作用的截面。对于梁跨以内，则分别取包络图中正弯矩最大值及负弯矩最大值（绝对值）进行配筋计算，弯矩最大值所在截面即为控制截面。在现浇钢筋混凝土肋梁楼盖中，支座处通常是包络图中梁内力最大处，但一般并不是控制截面。因为按弹性理论计算连续梁、板内力时，计算跨度取支座中心线间的距离，故计算

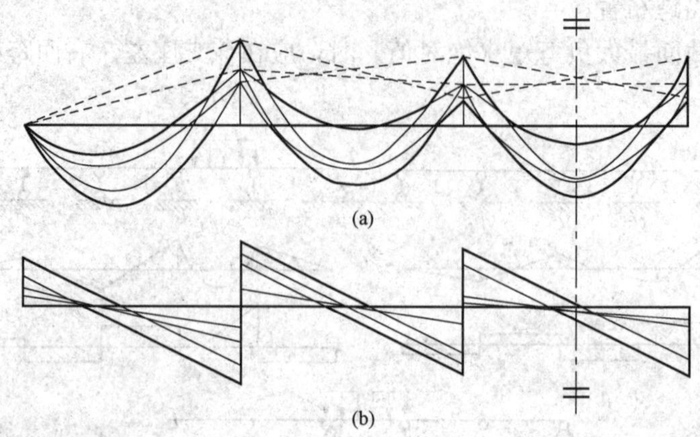

图 2-11　均布荷载作用下五跨连续梁的内力叠合图和内力包络图

所得的支座弯矩及剪力是指支座中心处的，但该处梁与其支座现浇在一起，截面颇大，对配筋不起控制作用。

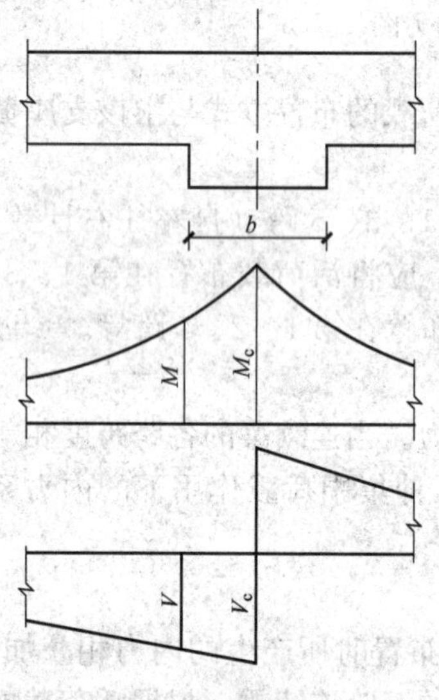

图 2-12　支座边缘的内力值

在支座处起控制作用的是支座边缘处的梁截面，虽然支座边缘处梁的内力稍小于支座中心线处的，但此处仅是梁截面高度部分，需要的钢筋较多，因此应按支座边缘处包络图中的内力进行配筋计算，如图 2-12 所示。

支座边缘处的弯矩值 M 可按下式计算，即

$$M = M_c - V_0 \frac{b}{2} \tag{2-13}$$

式中：M_c 为支座中心处的弯矩；V_0 为按单跨简支梁计算的支座中心处剪力；b 为支座宽度。

支座边缘处的剪力值 V 可按下式计算：

当为均布荷载时为

$$V = V_c - (g + q) \frac{b}{2} \tag{2-14a}$$

当为集中荷载时为

$$V = V_c \tag{2-14b}$$

式中：V_c 为支座中心处的剪力；g、q 为作用在梁上的均布恒载、活载值。

2.3.3　单向板肋梁楼盖按塑性理论方法计算结构内力

板和次梁承受的为均布荷载，主梁上作用的为集中荷载，荷载值的计算同前面弹性理论方法中所述。梁、板按塑性理论分析的一般方法，不再赘述。本处仅介绍弯矩调幅法。

1. 弯矩调幅法

目前，钢筋混凝土超静定结构考虑塑性内力重分布的计算方法有极限平衡法、塑性铰法、变刚度法、强迫转动法、弯矩调幅法以及非线性全过程分析方法等，但只有弯矩调幅法计算简单，为多数国家的设计规范所采用。我国行业标准《钢筋混凝土连续梁和框架考虑内力重分布设计规程》（CECS 51—1993）也主要推荐用弯矩调幅法计算钢筋混凝土连续梁、板和框架的内力。

所谓弯矩调幅法，就是对结构按弹性方法所算得的弯矩值和剪力值进行适当调整，用以考虑结构因非弹性变形所引起的内力重分布。与式（2-7）同理，截面弯矩调整的幅度用下式表示：

$$\beta=1-\frac{M_a}{M_e} \tag{2-15}$$

式中：β为弯矩调幅系数；M_a为调整后的弯矩设计值；M_e为按弹性方法计算所得的弯矩设计值。

根据试验研究以及实践经验，应用弯矩调幅法进行结构内力分析，在设计中须遵循下述规定：

（1）受力钢筋宜采用 HRB400、HRB500、HRBF400、HRBF500 级热轧钢筋，也可采用 HPB300、HRB335、HRBF335、RRB400 级钢筋；混凝土强度等级宜在 C25～C45 范围内选用。

（2）截面的弯矩调幅系数β一般不宜超过 0.25，对于板不宜超过 0.20。由于钢筋混凝土结构的截面塑性转动能力是有限的，因此弯矩调幅系数β应与截面的塑性转动能力相适应，即调整弯矩所需要的截面塑性转角θ_p不得超过该截面的允许塑性转角［θ_p］。如果弯矩调整幅度过大，结构在达到设计所要求的内力重分布前，将因塑性铰的转动能力不足而发生破坏，从而导致结构承载力降低。另外，将β控制在 0.25（对于梁）或 0.20（对于板）以内，一般可以避免结构在正常使用阶段出现塑性铰。

（3）弯矩调整后的梁端截面受压区相对高度ξ不应超过 0.35，也不宜小于 0.10；如果截面按计算配有受压钢筋，在计算ξ时，可考虑受压钢筋的作用。

如前所述，ξ是影响截面塑性转动能力的主要因素，ξ值越小，塑性铰的转动能力越大，故要求$\xi\leqslant0.35$；但考虑到截面配筋率较小时，调整弯矩有可能增加结构在使用阶段的裂缝宽度，而要求ξ不宜小于 0.10 就能在多数情况下使结构满足使用阶段的裂缝宽度要求。此外，配置受压钢筋可以提高截面的塑性转动能力，因此在计算截面的ξ值时，可考虑受压钢筋的作用。

（4）调整后的结构内力必须满足静力平衡条件，即连续梁、板各跨两支座弯矩的平均值与跨中弯矩值M_l之和不得小于简支梁弯矩值M_0的 1.02 倍（见图 2-13），即

$$(M_A+M_B)/2+M_l\geqslant1.02M_0 \tag{2-16}$$

另外，连续梁、板各控制截面的弯矩值不宜小于简支梁最大弯矩值的 1/3，如对承受均布荷载的梁，则可表示为$M\geqslant\frac{1}{24}(g+q)l^2$。

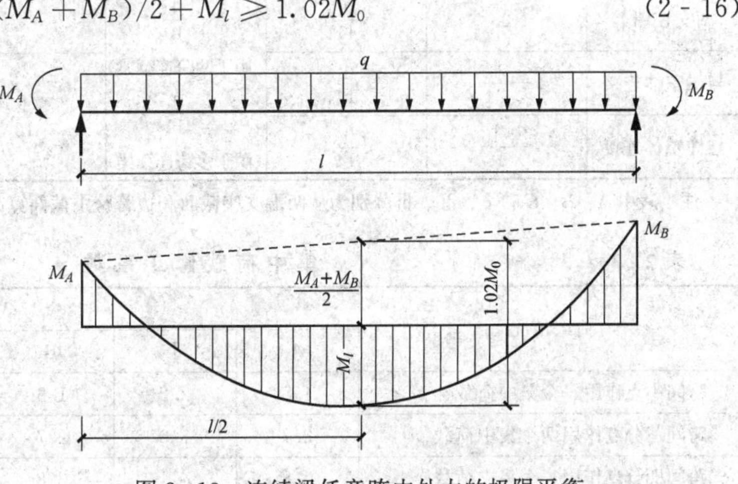

图 2-13　连续梁任意跨内外力的极限平衡

（5）为了防止结构在实现弯矩调整所要求的内力重分布前发生剪切破坏，应在可能产生塑性铰的区段适当增加箍筋数量，即将按 GB 50010—2010 中斜截面受剪

承载力计算所需要的箍筋数量增大 20%。增大的区段为：当为集中荷载时，取支座边至最近一个集中荷载之间的区段；当为均布荷载时，取距支座边为 $1.05h_0$ 的区段，此处 h_0 为梁截面的有效高度。

此外，为了减少构件发生斜拉破坏的可能性，配置的受剪箍筋配筋率的下限值应满足下列要求：

$$\rho_{sv}=\frac{A_{sv}}{bs}\geqslant 0.36\frac{f_t}{f_{yv}} \tag{2-17}$$

式中：ρ_{sv} 为受剪箍筋配筋率；A_{sv} 为箍筋的横截面面积；b 为梁截面宽度；s 为箍筋间距；f_t 为混凝土轴心抗拉强度设计值；f_{yv} 为箍筋的抗拉强度设计值。

（6）按弯矩调幅法设计的结构，必须满足正常使用阶段变形及裂缝宽度的要求，在使用阶段不应出现塑性铰。

2. 用弯矩调幅法计算等跨连续梁、板内力

按弯矩调幅法进行分析并遵循上述有关规定，对承受均布荷载或间距相同、大小相等的集中荷载的连续梁、板，根据计算结果分析并考虑到设计方便，控制截面内力可直接按下列公式计算。

（1）等跨连续梁各跨跨中及支座截面的弯矩设计值。

承受均布荷载时为

$$M=\alpha_{mb}(g+q)l_0{}^2 \tag{2-18}$$

承受间距相同、大小相等的集中荷载时为

$$M=\eta\alpha_{mb}(G+Q)l_0 \tag{2-19}$$

式中：g、q 分别为沿梁单位长度上的永久荷载设计值、可变荷载设计值；G、Q 分别为集中永久荷载设计值、可变荷载设计值；α_{mb} 为连续梁考虑塑性内力重分布的弯矩系数，按表 2-2采用；η 为集中荷载修正系数，根据一跨内集中荷载的不同情况按表 2-3 采用；l_0 为计算跨度，根据支承条件按表 2-4 采用。

表 2-2　　连续梁考虑塑性内力重分布的弯矩系数 α_{mb}

端支座支承情况	截面					
	端支座	边跨跨中	离端第二支座	离端第二跨跨中	中间支座	中间跨跨中
	A	Ⅰ	B	Ⅱ	C	Ⅲ
搁支在墙上	0	$\frac{1}{11}$	$-\frac{1}{10}$（用于两跨连续梁）			
与梁整体连接	$-\frac{1}{24}$	$\frac{1}{14}$				
与柱整体连接	$-\frac{1}{16}$	$\frac{1}{14}$	$-\frac{1}{11}$（用于多跨连续梁）	$\frac{1}{16}$	$-\frac{1}{14}$	$\frac{1}{16}$

注　表中 A、B、C 和Ⅰ、Ⅱ、Ⅲ分别为从两端支座截面和边跨跨中截面算起的截面代号。

表 2-3　　集中荷载修正系数 η

荷载情况	截面					
	A	Ⅰ	B	Ⅱ	C	Ⅲ
跨间中点作用一个集中荷载	1.5	2.2	1.5	2.7	1.6	2.7
跨间三分点作用两个集中荷载	2.7	3.0	2.7	3.0	2.9	3.0
跨间四分点作用三个集中荷载	3.8	4.1	3.8	4.5	4.0	4.8

表 2-4　　　梁、板计算跨度 l_0

支承情况	计算跨度	
	梁	板
两端与梁（柱）整体连接	净跨长 l_n	净跨长 l_n
两端搁置在砌体墙上	$1.05l_n \leqslant l_n + a$	$l_n + h \leqslant l_n + a$
一端与梁（柱）整体连接，另一端搁置在砌体墙上	$1.025l_n \leqslant l_n + \frac{a}{2}$	$l_n + \frac{h}{2} \leqslant l_n + \frac{a}{2}$

注　表中 h 为板的厚度；a 为梁或板在砌体墙上的支承长度。

（2）等跨连续梁的剪力设计值。

承受均布荷载时为

$$V = \alpha_{vb}(g + q)l_n \tag{2-20}$$

承受间距相同、大小相等的集中荷载时为

$$V = \alpha_{vb}n(G + Q)l_n \tag{2-21}$$

式中：l_n 为净跨，各跨取各自的净跨；α_{vb} 为考虑塑性内力重分布的剪力系数，按表 2-5 采用。

表 2-5　　　连续梁考虑塑性内力重分布的剪力系数 α_{vb}

荷载情况	端支座支承情况	截面				
		A 支座内侧	B 支座外侧	B 支座内侧	C 支座外侧	C 支座内侧
		A_{in}	B_{ex}	B_{in}	C_{ex}	C_{in}
均布荷载	搁支在墙上	0.45	0.60	0.55	0.55	0.55
	梁与梁或梁与柱整体连接	0.50	0.55			
集中荷载	搁支在墙上	0.42	0.65	0.60	0.55	0.55
	梁与梁或梁与柱整体连接	0.50	0.60			

注　表中 A_{in}、B_{ex}、B_{in}、C_{ex}、C_{in}分别为支座内、外侧截面的代号。

（3）承受均布荷载的等跨连续单向板，各跨跨中及支座截面的弯矩设计值按下式计算：

$$M = \alpha_{mp}(g + q)l_0^2 \tag{2-22}$$

式中：g、q 分别为沿板单位长度上的永久荷载设计值、可变荷载设计值；l_0 为板的计算跨度，按表 2-4 采用；α_{mp} 为单向连续板考虑塑性内力重分布的弯矩系数，按表 2-6 采用。

表 2-6　　连续板考虑塑性内力重分布的弯矩系数 α_{mp}

端支座支承情况	截面					
	端支座	边跨跨中	离端第二支座	离端第二跨跨中	中间支座	中间跨跨中
	A	Ⅰ	B	Ⅱ	C	Ⅲ
搁支在墙上	0	$\frac{1}{11}$	$-\frac{1}{10}$ (用于两跨连续梁)	$\frac{1}{16}$	$-\frac{1}{14}$	$\frac{1}{16}$
与梁整体连接	$-\frac{1}{16}$	$\frac{1}{14}$	$-\frac{1}{11}$ (用于多跨连续梁)			

应当指出，表 2-2 和表 2-6 中的弯矩系数以及表 2-5 中的剪力系数适用于均布活荷载与均布恒载的比值 $q/g>3$ 的等跨连续梁、板，也适用于相邻两跨跨度相差小于 10%的不等跨连续梁、板，但在计算跨中弯矩和支座剪力时，应取本跨的跨度值；计算支座弯矩时，应取相邻两跨的较大跨度值。

3. 按塑性理论计算内力中几个问题的说明

(1) 计算跨度。按弹性理论计算连续梁、板内力时，计算跨度一般取支座中心线之间的距离。按塑性理论计算时，由于连续梁、板的支座边缘截面形成塑性铰，故计算跨度应取两支座塑性铰之间的距离。因此，对两端与梁或柱整体连接的梁、板，其计算跨度应取净跨长；对一端与梁或柱整体连接，另一端支承在砌体墙上的梁、板，其计算跨度原则上应取此端的塑性铰截面（支座边缘）至另一端支座中心线之间的距离，如表 2-4 所示。

在塑性铰截面处，结构不再满足变形连续条件，因此可以采用净跨，如此各跨并不连续。采用净跨后，由式（2-18）～式（2-22）所得支座处的截面内力，就是支座边缘处的内力，可由此直接计算所需纵筋数量。

(2) 荷载及内力。次梁对板、主梁对次梁的转动约束作用，以及活荷载的不利布置等因素，在按弯矩调幅法分析结构时均已考虑。式（2-18）、式（2-19）以及式（2-22）所给出的为跨中最大正弯矩和支座边缘最大负弯矩（绝对值），这时对所计算的本跨而言，均布置有活荷载，如此 $g'+q'=g+q$。因此计算时不需再考虑折算荷载，直接取用全部实际荷载。

因为内力系数是按均布荷载或间距相同、大小相等的集中荷载作用下考虑塑性内力重分布以后的内力包络图给出的，所以对承受上述荷载的等跨或跨度相差不大于 10%的连续梁、板，不需再进行荷载的最不利组合，一般也不需再绘出内力包络图。

(3) 适用范围。按塑性理论方法计算结构内力，使内力分析与截面配筋计算在受力阶段上相协调，结果比较经济，但一般情况下结构的裂缝较宽、变形较大。因此，下列情况下的超静定结构不适于采用塑性理论进行结构内力分析：直接承受动力荷载作用的结构；轻质混凝土结构及其他特种混凝土结构；受侵蚀性气体或液体严重作用的结构；预应力混凝土结构和二次受力的叠合结构。

2.3.4 单向板肋梁楼盖的配筋计算及构造要求

梁、板内力求得后，即可按受弯构件进行配筋计算。如构件截面尺寸按表 2-4 所规定的要求确定，则一般不需进行构件挠度及裂缝宽度验算。此处仅对整体式肋梁楼盖中梁、板设计的一些特点加以说明。

1. 板的配筋计算及构造要求

（1）板的配筋计算。在荷载作用下，板在支座处由于负弯矩而使板的上部开裂，跨中则由于正弯矩而使板的下部开裂，这样板内的压力轴线形成拱形（见图 2-14），从而对支座（次梁）产生水平推力。如果板的四周与梁整体连接，且梁具有足够的刚度，则板的支座难以自由转动，将对板产生反作用的水平推力。因此，板的工作性能具有一定的拱作用效应，板内各截面的弯矩有所降低。根据有关规范规定，对四周与梁整体连接的板区格计算所得的弯矩值，可根据下列情况予以减少：

1）中间跨的跨中截面及中间支座截面为 20%。

2）边跨的跨中截面及从楼板边缘算起的第二支座截面：当 $l_b/l<1.5$ 时为 20%，当 $1.5\leqslant l_b/l\leqslant 2$ 时为 10%。l 为垂直于楼板边缘方向的计算跨度，l_b 为沿楼板边缘方向的计算跨度，见图 2-15。

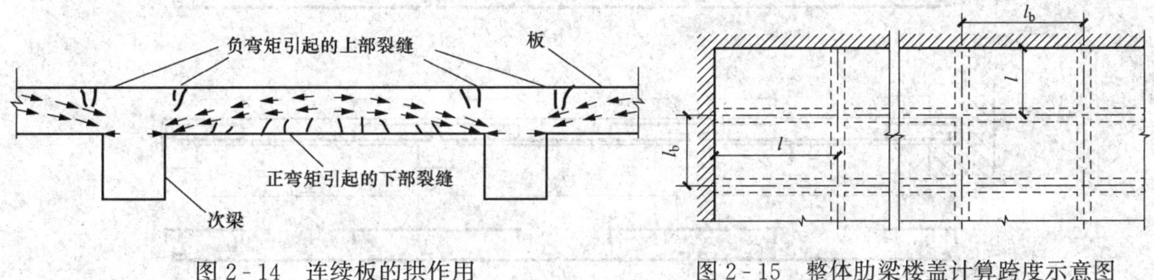

图 2-14　连续板的拱作用　　图 2-15　整体肋梁楼盖计算跨度示意图

3）角区格不应减少。从上述 2）款的条件可知，对于单向板肋梁楼盖，因 $l_b/l>2$，故边跨的跨中截面及从楼盖边缘算起的第二支座截面，其弯矩是不能折减的。

上述规定适用于单向板肋梁楼盖以及双向板肋梁楼盖中的板，同时也适用于按弹性理论及按塑性理论计算所得的弯矩。因此，将前面内力分析所得板的控制截面正弯矩或负弯矩，按上述规定乘以折减系数，然后据此进行配筋计算。

板通常不配置箍筋，楼盖结构中的板一般也不配置用于抗剪的弯起钢筋，所以板可以按不配置箍筋的一般板类受弯构件进行斜截面受剪承载力验算。

（2）板中配筋构造。

1）板中受力钢筋。板的受力钢筋一般采用 HRB400、HRB500 级钢筋，也可采用 HPB300、HRB335 级钢筋，常用直径为 6、8、10、12mm。对于支座负钢筋，为便于施工架立，宜采用较大直径的钢筋。

板中受力钢筋的间距一般不小于 70mm；当板厚 $h\leqslant 150$mm 时，不宜大于 200mm；当板厚 $h>150$mm 时，不宜大于 $1.5h$，且不宜大于 250mm。

连续板中受力钢筋的配置可采用弯起式［即钢筋一端弯起或两端同时弯起，见图 2-16（a）］，也可采用分离式［见图 2-16（b）］。弯起式配筋可先按跨中正弯矩确定其钢筋直径和间距，然后在支座附近将一部分跨中钢筋弯起，并伸过支座后作负弯矩钢筋使用，如果不满足要求可另外配置钢筋。伸入支座的跨中正弯矩钢筋，间距不得大于 400mm，截面面积不应小于该方向跨中正弯矩钢筋截面面积的 1/3。弯起钢筋弯起的角度一般采用 30°，当板厚 $h>120$mm 时，可采用 45°。采用弯起式钢筋配筋，应注意相邻两跨跨中及中间支座钢筋直径和间距的相互配合，间距变化应有规律，钢筋直径的种类不宜过多，以利施工。弯起式配筋锚固好、节约钢筋，但施工复杂。

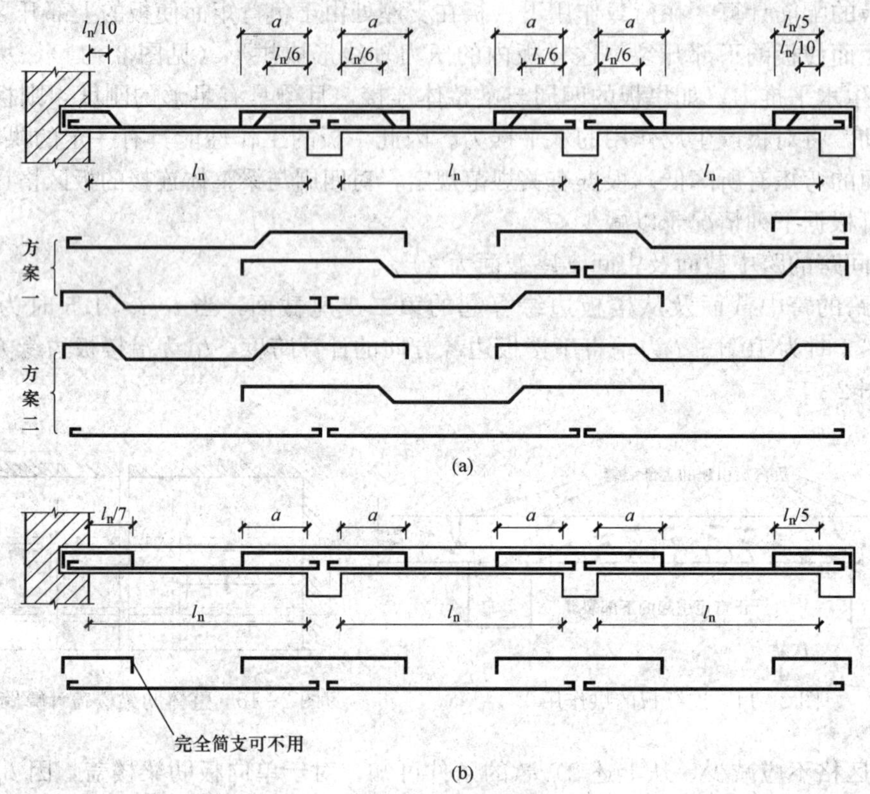

图 2-16 连续板受力钢筋两种配置方式
（a）弯起式；（b）分离式

分离式配筋时，跨中正弯矩钢筋宜全部伸入支座，支座负弯矩钢筋另行设置。支座负弯矩钢筋向跨内的延伸长度应满足覆盖负弯矩图和钢筋锚固的要求。分离式配筋其锚固性能较差，且用钢量稍高，但施工方便。当板厚 $h<120$mm，且所受动荷载不大时，也可采用。

为了保证锚固可靠，板底钢筋一般采用半圆弯钩。但对于上部负弯矩钢筋，为保证施工时不致改变有效高度和位置，宜做成直钩以便支撑在模板上，直钩部分的钢筋长度为板厚减去保护层厚度。

连续板受力钢筋的弯起和截断一般可不按弯矩包络图确定而按图 2-16 所示要求处理。图 2-16 中的 a 值，当 $q/g\leqslant 3$ 时 $a=l_n/4$，当 $q/g>3$ 时 $a=l_n/3$。如果板相邻跨度相差超过 20%或各跨荷载相差较大时，应按弯矩包络图确定钢筋的弯起点和截断点。

2）板中构造钢筋。

分布钢筋：分布钢筋是与受力钢筋垂直布置的钢筋，其作用是浇筑混凝土时固定受力钢筋的位置，抵抗收缩和温度变化产生的内力，承担并分布板上局部荷载产生的内力。单向板中单位长度上的分布钢筋，其截面面积不宜小于单位宽度上受力钢筋截面面积的 15%，且不宜小于该方向板截面面积的 0.15%；分布钢筋的间距不宜大于 250mm，直径不宜小于 6mm。对于集中荷载较大的情况，分布钢筋的截面面积应适当增加，其间距不宜大于

200mm。分布钢筋应均匀布置于受力钢筋的内侧，且在受力钢筋的弯折处须布置分布钢筋。

嵌固在承重砌体墙内的现浇板的上部构造钢筋：在这种板的受力方向，由于砌体墙的嵌固作用而使板内产生负弯矩，引起板面受拉开裂。在垂直于板跨方向的嵌固边，部分荷载将就近传至砌体墙上，引起板顶产生平行于墙面的裂缝。在板角部分，除因传递荷载使板两向受力引起负弯矩外，由于温度收缩影响而产生的角部拉应力也可能在板角处引起斜向裂缝，如图2-17（a）所示。

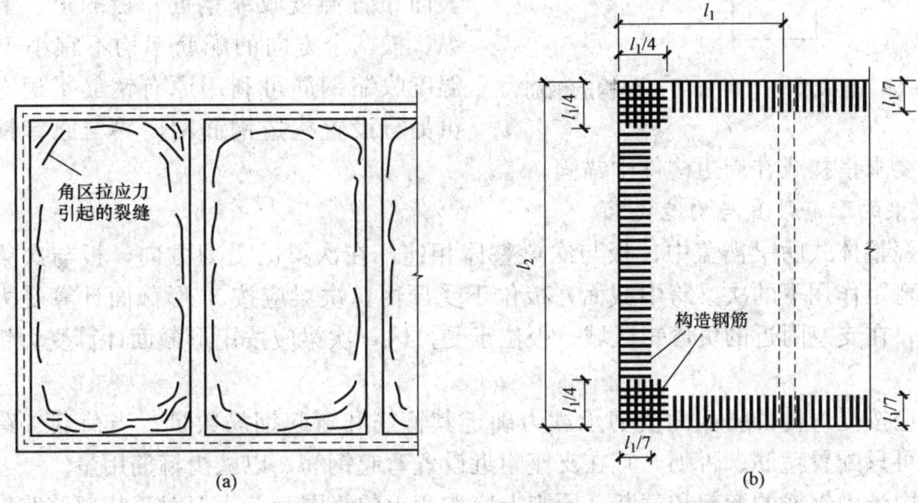

图2-17　板嵌固在承重砌体墙内时的板面裂缝分布及上部构造钢筋

为了防止上述裂缝，在板的上部应配置构造钢筋［见图2-17（b）］，并应符合下列规定：

a. 钢筋间距不宜大于200mm、直径不宜小于8mm（包括弯起钢筋在内），其伸入板内的长度从墙边算起不宜小于$l_1/7$（l_1为单向板的跨度或双向板的短跨跨度）。

b. 对两邻边均嵌固于墙内的板角部分，应双向配置上部构造钢筋，其伸入板内的长度从墙边算起不宜小于$l_1/4$。

c. 沿板的受力方向配置的板边上部构造钢筋，其截面面积不宜小于该方向跨中受力钢筋截面面积的1/3；沿非受力方向配置的上部构造钢筋，可根据实践经验适当减少。

现浇楼盖周边与混凝土梁或混凝土墙整体浇筑的板的上部构造钢筋：在这种板的板边上部应设置垂直于板边的构造钢筋，其直径不宜小于8mm，间距不宜大于200mm，截面面积不宜小于板跨中相应方向纵向钢筋截面面积的1/3；该钢筋自梁边或墙边伸入板内的长度，在单向板中不宜小于受力方向板计算跨度的1/5，在双向板中不宜小于板短跨方向计算跨度的1/4；在板角处该钢筋应沿两个垂直方向布置或按放射状布置；当柱角或墙的阳角突出到板内且尺寸较大时，也应沿柱边或墙的阳角边布置构造钢筋，该构造钢筋伸入板内的长度应从柱边或墙边算起。上述构造钢筋应按受拉钢筋锚固在梁内、墙内或柱内。

与梁肋垂直的板的上部构造钢筋：在现浇单向板肋梁楼盖中，板的受力钢筋与主梁的肋平行，在靠近主梁附近，部分荷载将由板直接传递给主梁，因而会产生一定的负弯矩，并使板与主梁相接处产生板面裂缝。为此，应沿梁肋方向配置间距不大于200mm且与梁肋垂直的上部构造钢筋，其直径不宜小于8mm，且单位长度内的总截面面积不宜小于板中单位宽度内受力钢筋截面面积的1/3，伸入板内的长度从梁边算起每边不宜小于板计算跨度l_0的

1/4，如图 2-18 所示。

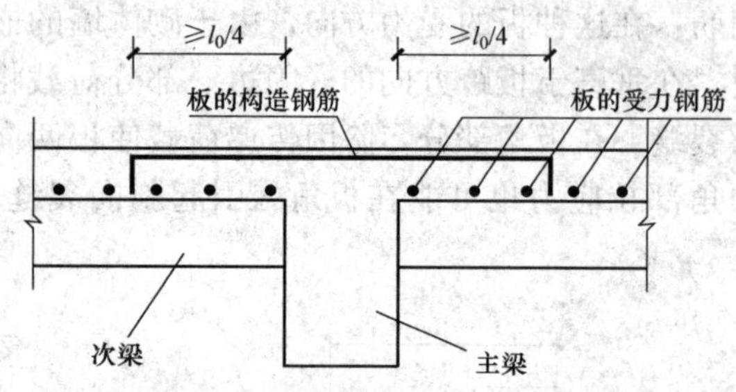

图 2-18 与梁肋垂直的板的上部构造钢筋

温度收缩钢筋：混凝土收缩和温度变化会在现浇楼板内引起约束拉应力，可能使现浇板产生温度收缩裂缝。为了减少这种裂缝，在温度、收缩应力较大的现浇区域内，钢筋间距宜取为 150～200mm，并应在板的未配筋表面布置温度收缩钢筋。板的上、下表面沿纵、横两个方向的配筋率均不宜小于 0.1%。温度收缩钢筋可利用原有钢筋贯通布置，也可另行设置构造钢筋网，并与原有钢筋按受拉钢筋的要求搭接或在周边构件中锚固。

2. 次梁的配筋计算与构造要求

在现浇整体式肋梁楼盖中，板与次梁整体相连，在次梁的受力方向，板与次梁共同工作。在正弯矩作用下的次梁跨中截面，板位于受压区，次梁应按 T 形截面计算受力钢筋的截面面积；在支座附近的负弯矩区域，板位于受拉区，次梁应按矩形截面计算受力钢筋的截面面积。

次梁应按受弯构件斜截面受剪承载力确定其箍筋和弯起钢筋数量，当荷载、跨度较小时，一般可只配置箍筋；否则，宜在支座附近设置弯起钢筋，以减少箍筋用量。

次梁中受力钢筋的弯起和截断，原则上应按弯矩包络图确定。但对于相邻跨跨度相差不超过 20%、承受均布荷载，且活载与恒载之比 $q/g \leqslant 3$ 的次梁，可参照已有设计经验布置钢筋，如图 2-19 所示。

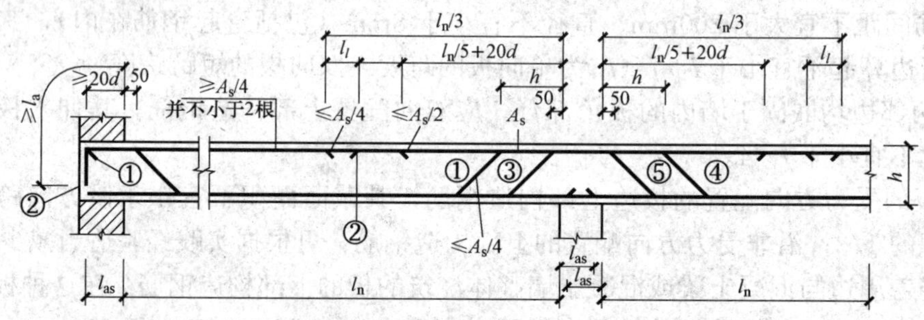

图 2-19 次梁的配筋构造

l_n—净跨；l_l—纵筋的搭接长度，当与架立筋搭接时取 150～200mm，当与受力钢筋搭接时取 1.2l_a（l_a 为受拉钢筋的锚固长度）；l_{as}—纵筋在支座内的锚固长度；d—纵筋直径；h—梁截面度

3. 主梁的配筋计算与构造要求

计算主梁受力钢筋时，跨中正弯矩钢筋按 T 形截面计算，支座负弯矩钢筋按矩形截面计算。当跨中出现负弯矩时，跨中负弯矩钢筋也应按矩形截面计算。

因为主梁一般是按弹性理论计算内力，故计算主梁支座处的受力钢筋时，应注意取用支座边缘处的主梁弯矩。在主梁的支座处截面，板、次梁以及主梁的负弯矩钢筋互相交叉，板和次梁的负筋在上，主梁的负筋在下（见图 2-20），致使主梁在支座处附近的截面有效高度 h_0 有所降低。所以，当主梁的负钢筋为单排时，取 $h_0=h-(60\sim65)$mm；当为双排时，取

$h_0 = h-(80 \sim 85)\mathrm{mm}$。

主梁主要承受集中荷载，剪力图呈矩形。如在斜截面受剪承载力计算中，拟利用弯起钢筋抵抗部分剪力，则应使跨中有足够的纵筋可供弯起，以使抗剪承载力图完全覆盖剪力包络图。若跨中可供弯起的纵筋根数不够，则应在支座处设置专门抗剪的鸭筋。

主梁内受力纵筋的弯起和截断应根据弯矩包络图进行布置，并通过绘制抵抗弯矩图来检查受力钢筋布置是否合适。

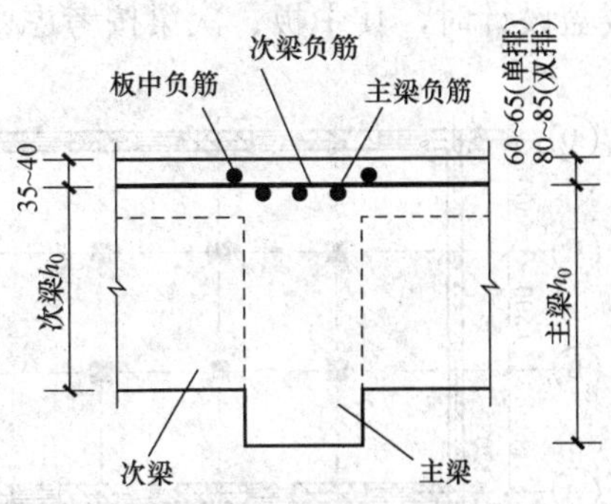

图 2 - 20　主梁支座处的截面有效高度

在次梁与主梁相交处，次梁顶面在支座负弯矩作用下将产生裂缝［见图 2 - 21（a)］，致使次梁主要通过其支座截面剪压区将集中荷载传给主梁梁腹。试验表明，作用在梁截面高度范围内的集中荷载将产生垂直于梁轴线的局部应力，荷载作用点以上的主梁腹内为拉应力，以下为压应力。这种效应约在集中荷载作用处两侧各 0.5～0.65 倍梁高范围内逐渐消失。由该局部应力等所产生的主拉应力在梁腹部可能引起斜裂缝。为防止这种局部破坏的发生，应在主、次梁相交处的主梁内设置附加横向钢筋［见图 2 - 21（b)］，且宜优先采用附加箍筋。

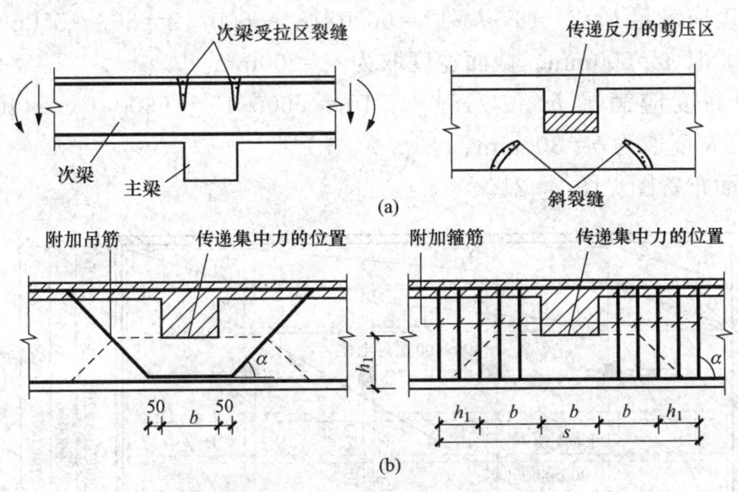

图 2 - 21　附加横向钢筋布置

b—次梁宽度；h_1—次梁底面到主梁底面的高度

附加箍筋应布置在长度为 $s(s=2h_1+3b)$ 的范围内，见图 2 - 21（b)。附加横向钢筋所需的总截面面积应按下式计算：

$$A_{sv} \geqslant \frac{F}{f_{yv}\sin\alpha} \tag{2-23}$$

式中：A_{sv}为承受集中荷载所需的附加横向钢筋总截面面积，当采用附加吊筋时，A_{sv}应为左、右弯起段截面面积之和；F 为作用在梁的下部或梁截面高度范围内的集中荷载设计值；α 为附加横向钢筋与梁轴线间的夹角。

2.3.5　单向板肋梁楼盖设计例题

某多层厂房的建筑平面如图 2 - 22 所示，环境类别为一类，楼梯设置在旁边的附属房屋内。楼面均布可变荷载标准值为 $8kN/m^2$，楼盖采用现浇钢筋混凝土单向板肋梁楼盖。进行楼盖设计时，其中板、次梁按考虑塑性内力重分布设计，主梁按弹性理论设计。

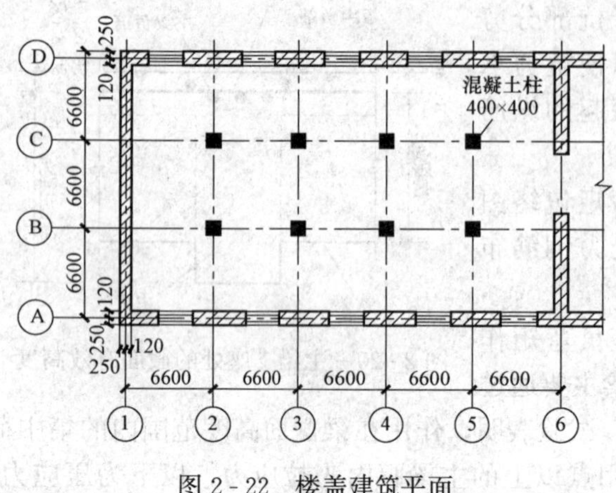

图 2-22 楼盖建筑平面

1. 设计资料

（1）楼面做法：水磨石面层；钢筋混凝土现浇板；20mm 石灰砂浆抹底。

（2）材料：混凝土强度等级为 C30；梁、板受力钢筋采用 HRB400 级钢筋，梁箍筋、板构造筋采用 HRB335 级钢筋。

2. 楼盖的结构平面布置

主梁沿横向布置，次梁沿纵向布置。主梁的跨度为 6.6m，次梁的跨度为 6.6m，主梁每跨内布置两根次梁，板的跨度为 2.2m，$l_{02}/l_{01}=6.6/2.2=3$，因此按单向板设计。

按跨高比条件，要求板厚 $h \geqslant 2200/40=55$mm，对工业建筑的楼盖板，要求 $h \geqslant 80$mm，取板厚 $h=80$mm。

次梁截面高度应满足 $h=l_0/18 \sim l_0/12=6600/18 \sim 6600/12=367 \sim 550$mm。考虑到楼面可变荷载比较大，取 $h=500$mm。截面宽度取为 $b=200$mm。

主梁的截面高度应满足 $h=l_0/15 \sim l_0/10=6600/15 \sim 6600/10=440 \sim 660$mm，取 $h=650$mm。截面宽度取为 $b=300$mm。

楼盖结构平面布置图见图 2-23。

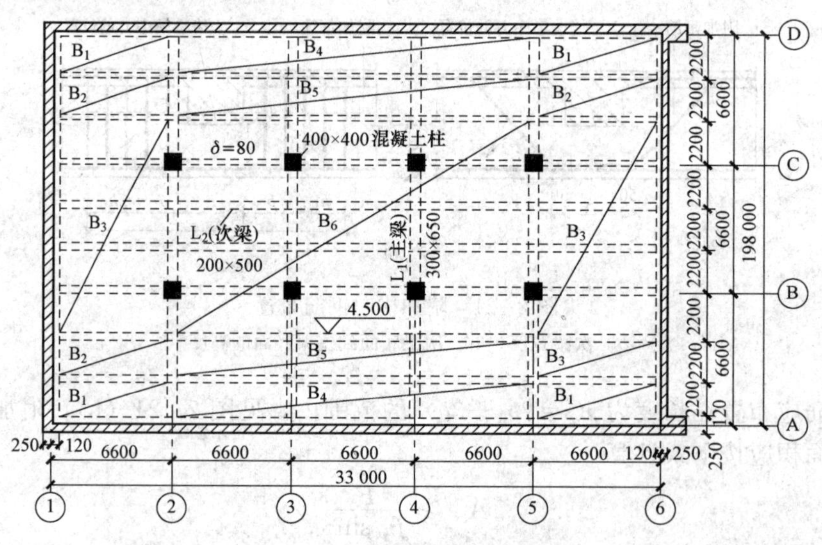

图 2-23 楼盖结构平面布置图

3. 板的设计

如前所述，轴线①～②、⑤～⑥的板属于边区格单向板；轴线②～⑤的板（除边跨外）属于中间区格单向板。

（1）荷载。

板的永久荷载标准值

水磨石面层	$0.65kN/m^2$
80mm厚钢筋混凝土板	$0.08\times25=2kN/m^2$
20mm厚石灰砂浆	$0.02\times17=0.34kN/m^2$
小计	$2.99kN/m^2$
板的可变荷载标准值	$8kN/m^2$

永久荷载分项系数取1.2；因楼面可变荷载标准值大于$4.0kN/m^2$，所以可变荷载分项系数应取1.3。于是板的荷载设计值如下：

永久荷载设计值为　$g=2.99\times1.2=3.59kN/m^2$

可变荷载设计值为　$q=8\times1.3=10.4kN/m^2$

荷载总设计值为　$g+q=13.99kN/m^2$

近似取为$g+q=14.0kN/m^2$。

（2）计算简图。次梁截面为200mm×500mm，现浇板在墙上的支承长度不小于100mm，取板在墙上的支承长度为120mm。按塑性内力重分布方法计算内力，板的计算跨度如下：

边跨：

$$l_0=l_n+h/2=2200-100-120+80/2=2020mm<l_n+\frac{a}{2}=2200-100-120+\frac{120}{2}=2040mm$$

取$l_0=2020mm$。

中间跨：

$$l_0=l_n=2200-200=2000mm$$

因跨度相差小于10%，可按等跨连续板计算。取1m宽板带作为计算单元，计算简图如图2-24所示。

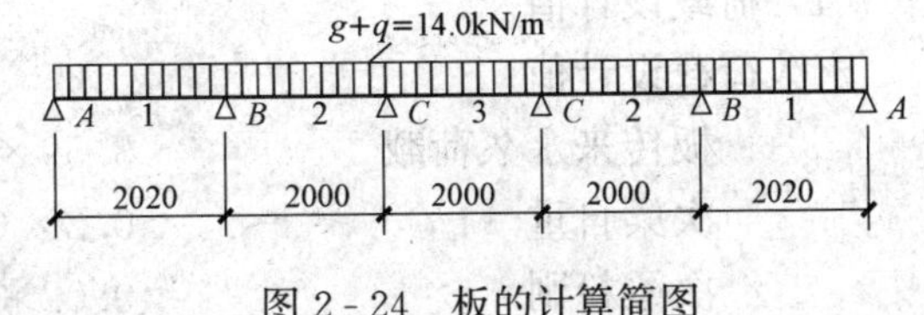

图2-24　板的计算简图

（3）弯矩设计值。由表2-6可查得板的弯矩系数α_m分别为：边跨中1/11；离端第二支座−1/11；中间跨1/16；中间支座−1/14。故

$$M_1=-M_B=(g+q)l_{01}^2/11=14.0\times2.02^2/11=5.19kN\cdot m$$

$$M_C=-(g+q)l_{01}^2/14=-14.0\times2.0^2/14=-4.00kN\cdot m$$

$$M_2=M_3=(g+q)l_{01}^2/16=14.0\times2.0^2/16=3.50kN\cdot m$$

这是对端区格单向板而言的，对于中间区格单向板，其M_C和M_2以及M_3应乘以0.8，分别为

$$M_C=0.8\times(-4.0)=-3.2kN\cdot m$$

$$M_2=M_3=0.8\times3.5=2.8kN\cdot m$$

（4）正截面受弯承载力计算。环境类别为一类，C30混凝土，板的最小保护层厚度$c=15mm$。板厚80mm，$h_0=80-20=60mm$；板宽$b=1000mm$；C30混凝土，$\alpha_1=1.0$，$f_c=14.3N/mm^2$；HRB400级钢筋，$f_y=360N/mm^2$。板配筋计算的过程列于表2-7。

表 2-7 **板的配筋计算**

截面		1	B	2、3	C
弯矩设计值（kN·m）		5.19	−5.19	3.50	−4.00
$\alpha_s=M/(\alpha_1 f_c b h_0^2)$		0.101	0.101	0.068	0.078
$\xi=1-\sqrt{1-2\alpha_s}$		0.106	0.106	0.070	0.081
轴线①～②、⑤～⑥	计算配筋（mm²）$A_s=\xi b h_0 \alpha_1 f_c/f_y$	252.6	252.6	166.8	193.0
	实际配筋（mm²）	ϕ8@190 $A_s=265$	ϕ8@190 $A_s=265$	ϕ6/8@190 $A_s=207$	ϕ6/8@190 $A_s=207$
轴线②～⑤	计算配筋（mm²）$A_s=\xi b h_0 \alpha_1 f_c/f_y$	252.6	252.6	0.8×166.8=133.4*	0.8×193.0=154.4*
	实际配筋（mm²）	ϕ6/8@150 $A_s=262$	ϕ6/8@150 $A_s=262$	ϕ6@150 $A_s=189$	ϕ6@150 $A_s=189$

* 对轴线②～⑤间的板带，其跨内截面 2、3 和支座截面的弯矩设计值都可折减 20%。为了方便，近似对钢筋面积乘以 0.8。

计算结果表明，支座截面的ξ均小于 0.35，符合塑性内力重分布的要求；$A_s/bh=189/(1000\times80)=0.24\%$，此值大于 $0.45f_t/f_y=0.45\times1.43/360=0.18\%$，同时大于 0.2%，满足最小配筋率的要求。

4. 次梁设计

按考虑塑性内力重分布方法计算内力。根据本车间楼盖的实际使用情况，楼盖的次梁和主梁的可变荷载不考虑梁从属面积的荷载折减。

（1）荷载设计值。

永久荷载设计值

板传来永久荷载	$3.59\times2.2=7.90$kN/m
次梁自重	$0.2\times(0.5-0.08)\times25\times1.2=2.52$kN/m
次梁粉刷	$0.02\times(0.5-0.08)\times2\times17\times1.2=0.34$kN/m
小计	$g=10.76$kN/m

可变荷载设计值为

$$q=10.4\times2.2=22.88\text{kN/m}$$

荷载总设计值为

$$g+q=33.64\text{kN/m}$$

（2）计算简图。次梁在砖墙上的支承长度为 240mm。主梁截面为 300mm×650mm。计算跨度如下：

边跨：

$$l_0=l_n+a/2=6600-120-300/2+240/2$$

$$6450\text{mm}<1.025l_n=1.025\times6330=6488\text{mm}$$

取 $l_0=6450$mm。

中间跨：

$$l_0 = l_n = 6600 - 300 = 6300\text{mm}$$

因跨度相差小于10%，可按等跨连续梁计算。次梁的计算简图见图2-25。

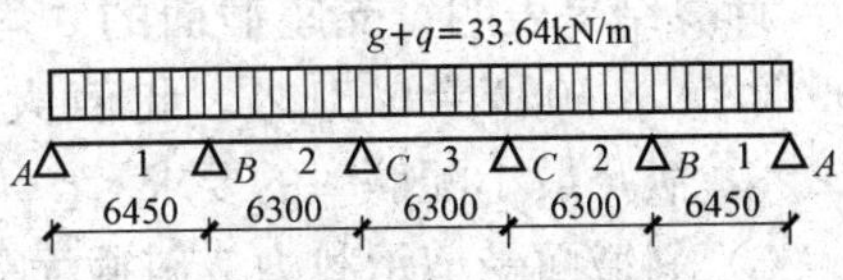

图2-25 次梁计算简图

(3) 内力计算。由表2-2、表2-5可分别查得弯矩系数和剪力系数。

弯矩设计值：

$$M_1 = -M_B = (g+q)l_0^2/11 = 33.64 \times 6.45^2/11 = 127.23\text{kN/m}$$

$$M_2 = M_3 = (g+q)l_0^2/16 = 33.64 \times 6.3^2/16 = 83.45\text{kN/m}$$

$$M_C = -(g+q)l_0^2/14 = -33.64 \times 6.3^2/14 = -95.37\text{kN/m}$$

剪力设计值：

$$V_A = 0.45(g+q)l_{n1} = 0.45 \times 33.64 \times 6.33 = 95.82\text{kN}$$

$$V_{Bl} = 0.60(g+q)l_{n1} = 0.60 \times 33.64 \times 6.33 = 127.76\text{kN}$$

$$V_{Br} = V_c = 0.55(g+q)l_{n2} = 0.55 \times 33.64 \times 6.3 = 116.56\text{kN}$$

(4) 承载力计算。

1) 正截面受弯承载力。正截面受弯承载力计算时，跨内按T形截面计算，翼缘宽度取值如下：

边跨：

$$b'_f = l_0/3 = 6450/3 = 2150 < b + s_n = 2200$$

第二跨和中间跨：

$$b'_f = l_0/3 = 6300/3 = 2100 < b + s_n = 2200$$

除支座B截面纵向钢筋按两排布置外，其余截面均布置一排。

环境类别为一类，C30混凝土，梁的最小保护层厚度c=25mm。一排纵向钢筋h_0=500−35=465mm，二排纵向钢筋h_0=500−60=440mm。

C30混凝土，$\alpha_1 = 1.0$，$\beta_c = 1$，$f_c = 14.3\text{N/mm}^2$，$f_t = 1.43\text{N/mm}^2$；纵向钢筋采用HRB400级钢，f_y=360N/mm²，箍筋采用HRB335级钢，f_{yv}=300N/mm²。正截面承载力计算公式列于表2-8。经判别跨内截面均属于第一类T形截面。

表2-8 次梁正截面受弯承载力计算

截面	1	B	2、3	C
弯矩设计值 (kN·m)	127.23	−127.23	83.45	−95.37
$\alpha_s=M/(\alpha_1 f_c b h_0^2)$或$\alpha_s=M/(\alpha_1 f_c b'_f h_0^2)$	0.019	0.230	0.013	0.154
$\xi=1-\sqrt{1-2\alpha_s}$	0.019	0.265<0.35	0.013	0.168<0.35
$A_s=\xi b h_0 \alpha_1 f_c/f_y$或$A_s=\xi b'_f h_0 \alpha_1 f_c/f_y$	754.5	926.3	504.2	620.6
弯矩设计值 (mm²)	2⌀18+1⌀18（弯）A_s=763	3⌀18+1⌀16（弯）A_s=964	2⌀14+1⌀16（弯）A_s=509	2⌀16+1⌀16（弯）A_s=603

计算结果表明，支座截面的 ξ 均小于 0.35，符合塑性内力重分布的要求：$A_s/(bh)=509/(200\times500)=0.51\%$，此值大于 $0.45f_t/f_y=0.45\times1.43/360=0.18\%$，同时大于 0.2%，满足最小配筋率的要求。

2）斜截面受剪承载力。斜截面受剪承载力计算包括截面尺寸的复核、腹筋计算和最小配箍率验算。

验算截面尺寸：

$$h_w=h_0-h_f'=440-80=360\text{mm}$$

因 $h_w/b=360/200=1.8<4$，截面尺寸按下式验算：

$$0.25\beta_c f_c bh_0=0.25\times1\times14.3\times200\times440=314.60\times10^3N>V_{max}=130.19\text{kN}$$

截面尺寸满足要求。

计算所需腹筋：

采用Φ6 双肢箍筋，计算支座 B 左侧截面。$V_{cs}=0.7f_tbh_0+f_{yv}\dfrac{A_{sv}}{s}h_0$，可得到箍筋间距为

$$s=\frac{f_{yv}A_{sv}h_0}{V_{Bl}-0.7f_tbh_0}=\frac{300\times56.6\times440}{127.76\times10^3-0.7\times1.43\times200\times440}=156.70\text{mm}$$

调幅后受剪承载力应加强，梁局部范围内将计算的箍筋面积增加 20%或箍筋间距减小 20%。现调整箍筋间距，$s=0.8\times156.70=125\text{mm}$，最后取箍筋间距 $s=130\text{mm}$。为方便施工，沿梁长不变。

验算配箍率下限值：

弯矩调幅时要求的配箍率下限为

$$0.3f_t/f_{yv}=0.3\times1.43/300=0.14\%$$

实际配箍率为

$$\rho_{sv}=A_{sv}/(bs)=56.6/(200\times130)=0.217\%>0.14\%$$

满足要求。

5. 主梁设计

主梁按弹性方法计算内力。

(1) 荷载设计值。为简化计算，将主梁自重等效为集中荷载。

次梁传来的永久荷载　　　$10.75\times6.6=70.95\text{kN}$

主梁自重（含粉刷）

$[(0.65-0.08)\times0.3\times2.2\times25+2\times(0.65-0.08)\times0.02\times2.2\times17]\times1.2$
$=12.31\text{kN}$

永久荷载设计值　　$G=70.95+12.31=83.26\text{kN}$，取 $G=83\text{kN}$

可变荷载设计值　　$Q=22.88\times6.6=151\text{kN}$

(2) 计算简图。主梁按连续梁计算，端部支承在砖墙上，支承长度为 370mm；中间支承在 400mm×400mm 的混凝土柱上。其计算跨度如下：

边跨：$l_n=6600-200-120=6280\text{mm}$，因 $0.025l_n=157\text{mm}<a/2=185\text{mm}$，取 $l_0=1.025l_n+b/2=1.025\times6280+400/2=6637\text{mm}$，近似取 $l_0=6640\text{mm}$。

中跨：$l_0=6600\text{mm}$。

主梁的计算简图见图 2-26。因跨度相差不超过 10%，故可利用附表 B-2 计算内力。

(3) 内力设计值及包络图。

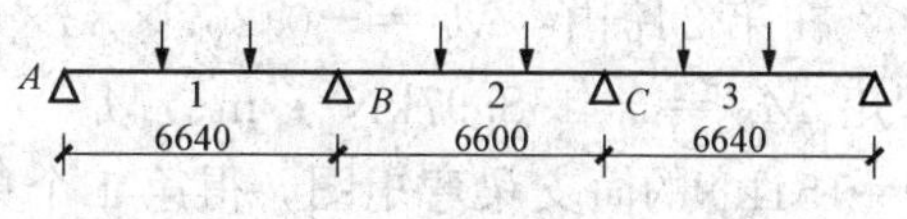

图 2-26 主梁计算简图

1) 弯矩设计值。

弯矩 $M=k_1Gl_0+k_2Ql_0$

式中：系数 k_1、k_2 由附表 B-2 查得。

$$M_{1,\max}=0.244\times83\times6.64+0.289\times151\times6.64$$
$$=134.47+289.76=424.23\text{kN}\cdot\text{m}$$
$$M_{B,\max}=-0.267\times83\times6.64-0.311\times151\times6.64$$
$$=-147.15-311.82=-458.97\text{kN}\cdot\text{m}$$
$$M_{2,\max}=0.067\times83\times6.60+0.200\times151\times6.64$$
$$=36.70+200.53=237.23\text{kN}\cdot\text{m}$$

2) 剪力设计值。

剪力 $V=k_3G+k_4Q$

式中：系数 k_3、k_4 由附表 B-2 查得。

$$V_{A,\max}=0.733\times83+0.866\times151=60.84+130.77=191.61\text{kN}$$
$$V_{Bl,\max}=-1.267\times83-1.311\times151=-105.16-197.96=-303.12\text{kN}$$
$$V_{Br,\max}=1.0\times83+1.222\times151=83.00+184.52=267.52\text{kN}$$

3) 弯矩、剪力包络图。

a. 弯矩包络图。

(a) 第 1、3 跨有可变荷载，第 2 跨没有可变荷载。

由附表 B-2 知，支座 B、C 的弯矩值为

$$M_B=M_C=-0.267\times83\times6.64-0.133\times151\times6.64=-280.50\text{kN}\cdot\text{m}$$

在第 1 跨内以支座弯矩 $M_A=0$、$M_B=-280.50\text{kN}\cdot\text{m}$ 的连线为基线，作 $G=83\text{kN}$、$Q=151\text{kN}$ 的简支梁弯矩图，得第 1 个集中荷载和第 2 个集中荷载作用点处的弯矩值分别为

$\frac{1}{3}(G+Q)l_0+\frac{M_B}{3}=\frac{1}{3}\times(83+151)\times6.64-\frac{280.50}{3}=424.42\text{kN}\cdot\text{m}$（与前面计算的 $M_{1\max}=424.23\text{kN}\cdot\text{m}$ 接近）

$$\frac{1}{3}(G+Q)l_0+\frac{2M_B}{3}=\frac{1}{3}\times(83+151)\times6.64-\frac{2\times280.50}{3}=330.92\text{kN}\cdot\text{m}$$

在第 2 跨内以支座弯矩 $M_B=-280.50\text{kN}\cdot\text{m}$、$M_C=-280.50\text{kN}\cdot\text{m}$ 的连线为基线，作 $G=83\text{kN}$、$Q=0$ 的简支梁弯矩图，得集中荷载作用点处的弯矩值为

$$\frac{1}{3}Gl_0+M_B=\frac{1}{3}\times83\times6.60-280.50=-97.90\text{kN}\cdot\text{m}$$

(b) 第 1、2 跨有可变荷载，第 3 跨没有可变荷载。

第 1 跨内：在第 1 跨内以支座弯矩 $M_A=0$、$M_B=-458.97\text{kN}\cdot\text{m}$ 的连线为基线，作 $G=83\text{kN}$、$Q=151\text{kN}$ 的简支梁弯矩图，得第 1 个集中荷载和第 2 个集中荷载作用点处的弯矩值分别为

$$\frac{1}{3}(G+Q)l_0+\frac{M_B}{3}=\frac{1}{3}\times(83+151)\times6.64-\frac{458.97}{3}=364.93\text{kN}\cdot\text{m}$$
$$\frac{1}{3}(G+Q)l_0+\frac{2M_B}{3}=\frac{1}{3}\times(83+151)\times6.64-\frac{2\times458.97}{3}=211.94\text{kN}\cdot\text{m}$$

在第 2 跨内：$M_C=-0.267\times83\times6.60-0.089\times151\times6.60=-234.96\text{kN}\cdot\text{m}$。以支座弯矩 $M_B=-458.97\text{kN}\cdot\text{m}$、$M_C=-234.96\text{kN}\cdot\text{m}$ 的连线为基线，作 $G=83\text{kN}$、$Q=151\text{kN}$的简支梁弯矩图，得第 1 个集中荷载和第 2 个集中荷载作用点处的弯矩值分别为

$\frac{1}{3}(G+Q)l_0+M_C+\frac{2}{3}(M_B-M_C)=\frac{1}{3}\times(83+151)\times6.60-234.96+\frac{2}{3}\times(234.96-458.97)=130.5\text{kN}\cdot\text{m}$

$$\frac{1}{3}(G+Q)l_0+M_C+\frac{1}{3}(M_B-M_C)=\frac{1}{3}(83+151)\times6.60-234.96+\frac{1}{3}\times(-458.97+234.96)=205.17\text{kN}\cdot\text{m}$$

（c）第 2 跨有可变荷载，第 1、3 跨没有可变荷载。

由附表 B - 2 知，支座 B、C 的弯矩值为

$$M_B=M_C=-0.267\times83\times6.64-0.133\times151\times6.64=-280.5\text{kN}\cdot\text{m}$$

第 2 跨两集中荷载作用点处的弯矩值为

$\frac{1}{3}(G+Q)l_0+M_B=\frac{1}{3}\times(83+151)\times6.60-280.50=234.3\text{kN}\cdot\text{m}$（与前面计算的 $M_{2,\max}=237.23\text{kN}\cdot\text{m}$ 接近）

第 1、3 跨两集中荷载作用点处的弯矩值分别为

$$\frac{1}{3}Gl_0+\frac{1}{3}M_B=\frac{1}{3}\times83\times6.64-\frac{1}{3}\times280.50=90.21\text{kN}\cdot\text{m}$$

$$\frac{1}{3}Gl_0+\frac{2}{3}M_B=\frac{1}{3}\times83\times6.64-\frac{2}{3}\times280.50=-3.29\text{kN}\cdot\text{m}$$

弯矩包络图如图 2 - 27（a）所示。

b. 剪力包络图。

（a）第 1 跨：

$V_{A,\max}=191.61\text{kN}$；过第 1 个集中荷载后为 $191.61-83-151=-42.39\text{kN}$；过第 2 个集中荷载后为 $-42.39-83-151=-276.39\text{kN}$。

$V_{Bl,\max}=-303.12\text{kN}$；过第 1 个集中荷载后为 $-303.12+83+151=-69.12\text{kN}$；过第 2 个集中荷载后为 $-69.12+83+151=164.88\text{kN}$。

（b）第 2 跨：

$V_{Br,\max}=267.52\text{kN}$；过第 1 个集中荷载后为 $267.52-83-151=33.52\text{kN}$。

当可变荷载仅作用在第 2 跨时，$V_{Br}=1.0\times83+1.0\times151=234\text{kN}$；过第 1 个集中荷载后为 $234-83-151=0$。

剪力包络图如图 2 - 27（b）所示。

（4）承载力计算。

1）正截面受弯承载力。

跨内按 T 形截面计算，因 $h'_f/h_0=80/615=0.13>0.1$，翼缘计算宽度按下式计算：

边跨： $b'_f=l_0/3=6640/3=2213\text{mm}<b+s_n=6600\text{mm}$

中间跨： $b'_f=l_0/3=6600/3=2200\text{mm}<b+s_n=6600\text{mm}$

B 支座截面按矩形截面计算，取 $h_0=650-80=570\text{mm}$。

跨内负弯矩截面按矩形截面计算，取 $h_0=650-60=590\text{mm}$。

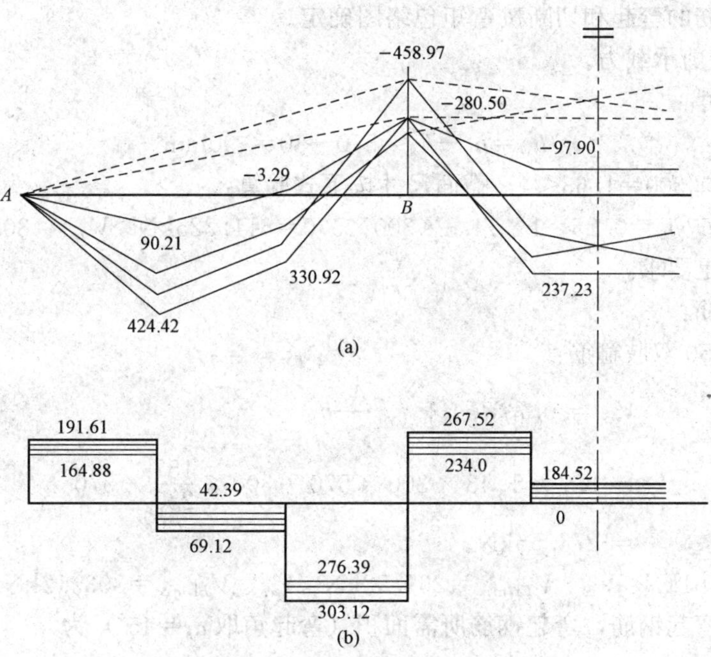

图 2-27 主梁的内力包络图

(a) 弯矩包络图；(b) 剪力包络图

B 支座边的弯矩设计值为

$$M_B = M_{B,\max} - V_0 b/2 = -458.97 + 234 \times 0.40/2 = -412.17\text{kN} \cdot \text{m}$$

纵向受力钢筋除 B 支座截面为 2 排外，其余均为 1 排。跨内截面经判别都属于第一类 T 形截面。正截面受弯承载力的计算过程列于表 2-9。

表 2-9 主梁正截面承载力计算

截面	1	B	2	
弯矩设计值（kN·m）	424.23	−412.17	237.23	−97.90
$\alpha_s = M/(\alpha_1 f_c b h_0^2)$ 或 $\alpha_s = M/(\alpha_1 f_c b'_f h_0^2)$	$\frac{424.23\times10^6}{1\times14.3\times2213\times615^2}$ $=0.035$	$\frac{412.17\times10^6}{1\times14.3\times300\times570^2}$ $=0.2957$	$\frac{237.23\times10^6}{1\times14.3\times2200\times615^2}$ $=0.020$	$\frac{97.90\times10^6}{1\times14.3\times300\times590^2}$ $=0.065$
$\gamma_s = (1+\sqrt{1-2\alpha_s})/2$	0.982	0.820	0.990	0.966
$A_s = M/(\gamma_s f_y h_0)$	1951.2	2449.5	1082.4	477.1
选配钢筋（mm²）	2⌀22+3⌀25（弯） $A_s=2233$	2⌀25+3⌀25（弯） $A_s=2455$	2⌀22+⌀25（弯） $A_s=1251$	2⌀25 $A_s=982$

主梁纵向钢筋的弯起和切断按弯矩包络图确定。

2）斜截面受剪承载力。

验算截面尺寸：

$$h_w = h_0 - h'_f = 570 - 80 = 490\text{mm}$$

因 $h_w/b = 490/300 = 1.63 < 4$，截面尺寸按下式验算：

$$0.25\beta_c f_c b h_0 = 0.25 \times 1 \times 14.3 \times 300 \times 570 = 611.325\text{kN} > V_{max} = 303.12\text{kN}$$

截面尺寸满足要求。

计算所需腹筋：

采用Φ10@250 双肢箍筋：

$$\begin{aligned} V_{cs} &= 0.7 f_t b h_0 + f_{yv} \frac{A_{sv}}{s} h_0 \\ &= 0.7 \times 1.43 \times 300 \times 570 + 300 \times \frac{157}{250} \times 570 \\ &= 278.56\text{kN} \end{aligned}$$

$V_{A,max} = 191.61\text{kN} < V_{cs}$、$V_{Br,max} = 267.52\text{kN} < V_{cs}$、$V_{Bl,max} = 303.12\text{kN} > V_{cs}$，支座 B 截面左边尚需配置弯起钢筋，弯起钢筋所需面积（弯起角取 $\alpha_s = 45°$）为

$$A_{sb} = \frac{V_{Bl,max} - V_{cs}}{0.8 f_y \sin\alpha_s} = \frac{(303.12 - 278.56) \times 10^3}{0.8 \times 360 \times 0.707} = 120.62\text{mm}^2$$

主梁剪力图呈矩形，在 B 截面左边的 2.2m 范围内需布置 3 排弯起钢筋才能覆盖此最大剪力区段，现分 3 批弯起第 1 跨跨中的Φ25 钢筋，$A_{sb} = 491\text{mm}^2 > 120.62\text{mm}^2$。

验算最小配箍率：

$$\rho_{sv} = \frac{A_{sv}}{bs} = \frac{157}{300 \times 250} = 0.21\% > 0.24 \frac{f_t}{f_{yv}} = 0.11\%$$

满足要求。

次梁两侧附加横向钢筋的计算：

次梁传来的集中力 $F_l = 70.95 + 151 \approx 222\text{kN}$，$h_1 = 650 - 500 = 150\text{mm}$，附加箍筋布置范围 $s = 2h_1 + 3b = 2 \times 150 + 3 \times 200 = 900\text{mm}$。取附加箍筋 $\phi 8$@200 双肢，则在长度 s 内可布置附加箍筋的排数 $m = 900/200 + 1 = 6$ 排，次梁两侧各布置 3 排。另加吊筋 1Φ18，$A_{sb} = 254.5\text{mm}^2$，由式（2-23）可得

$$2 f_y A_{sb} \sin\alpha + mn f_{yv} A_{sv1} = 2 \times 360 \times 254.5 \times 0.707 + 6 \times 2 \times 300 \times 50.3 = 310.6 \times 10^3\text{kN} > F_l$$

满足要求。

因主梁的腹板高度大于 450mm，需在梁侧设置纵向构造钢筋，每侧纵向构造钢筋的截面面积不应小于腹板面积的 0.1%，且其间距不大于 200mm。现每侧配置 2Φ14，308/(300×570)=0.18%>0.1%，满足要求。

主梁边支座下需设置梁垫，计算从略。

6. 绘制施工图

板配筋、次梁配筋图和主梁配筋图、弯矩包络图及抵抗变矩图分别见图 2-28～图2-30。

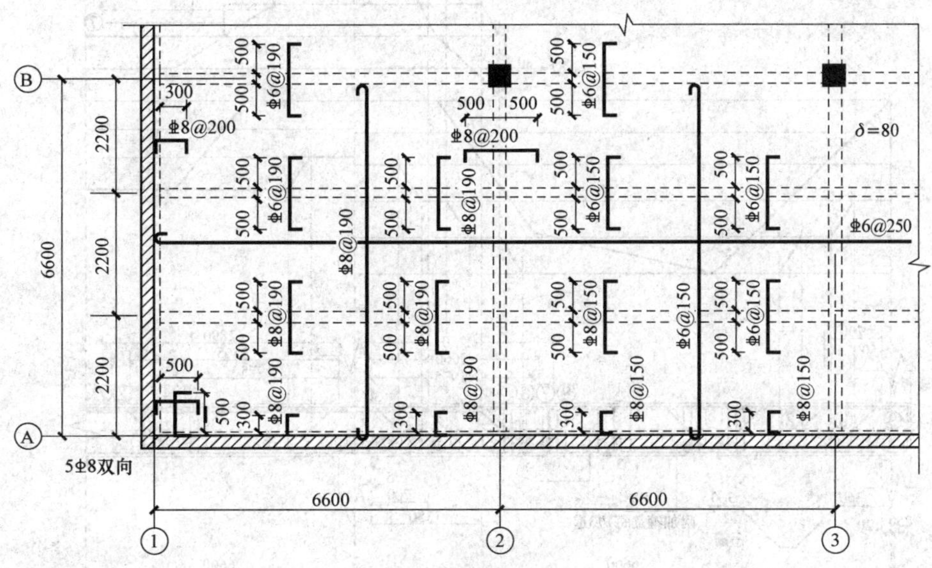

图 2-28 板配筋图

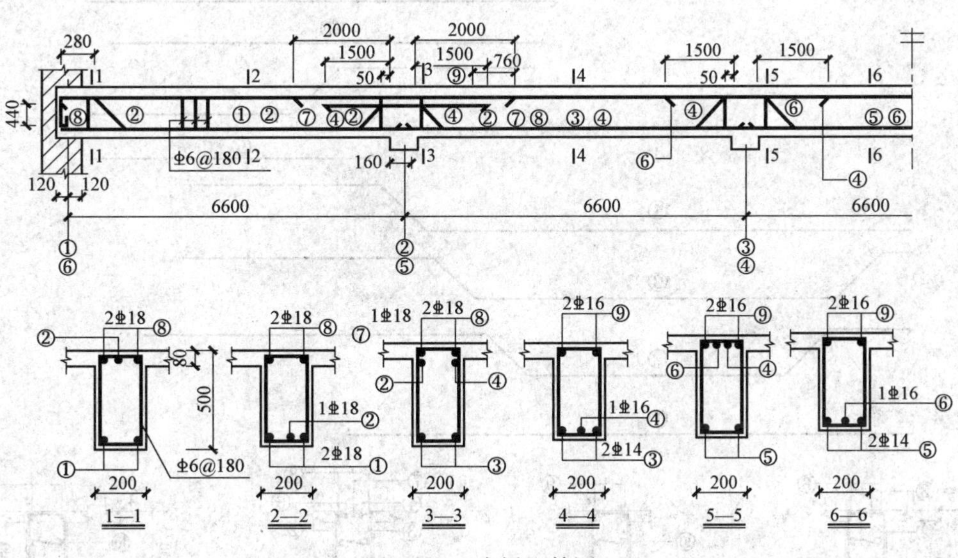

图 2-29 次梁配筋图

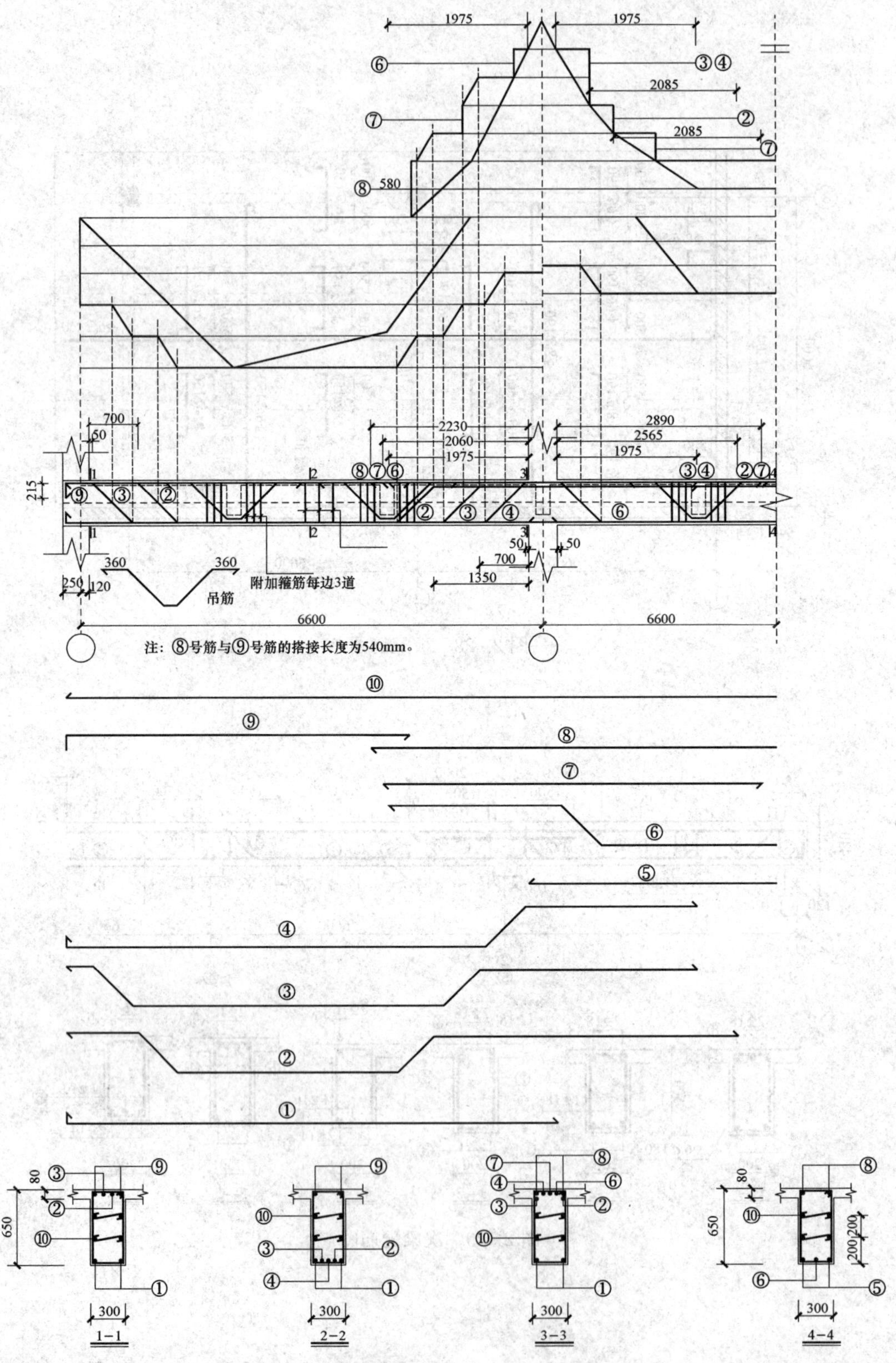

图 2-30　主梁配筋图、弯矩包络图及抵抗弯矩图

2.4 双向板肋梁楼盖设计

在本章2.1节中已论述了双向板的判别方法。从理论上讲，凡两个方向上的受力都不能忽略的板均称为双向板。双向板的支承方式可以是四边支承、三边支承或两邻边支承。板面上的荷载可以是均布荷载、局部荷载或线性分布荷载。板的平面形状可以是矩形、圆形、三角形或其他形状。在双向板肋梁楼盖中，常见的是均布荷载作用下的四边支承双向矩形板。因此，本节主要阐述四边支承双向矩形板肋梁楼盖的设计方法。

2.4.1 双向板肋梁楼盖按弹性理论计算结构内力

1. 单块矩形双向板（单区格双向板）

双向板的板厚与其跨度相比一般较小，同时假定板为各向同性弹性板，则双向板可按弹性薄板小挠度理论计算。在均布荷载作用下，单块矩形双向板按弹性薄板小挠度理论计算是相当繁杂的。为了实用方便，根据板四周的支承情况和板两个方向跨度的比值，将按弹性理论的计算结果制成数字表格，供设计时查用。附表C给出了均布荷载作用下，六种不同支承条件单块矩形双向板的最大弯矩系数和最大挠度系数。按附表C计算板的弯矩时，采用下述公式，即

$$m = \text{表中弯矩系数} \times pl^2 \tag{2-24}$$

式中：m为跨中或支座处板截面单位宽度内的弯矩值；p为作用在板上的单位面积荷载值，kN/m^2；l为板的较小跨度。

附表C中的系数是按泊松比$\mu=0$得来的。当$\mu\neq0$时，挠度系数不变，支座处负弯矩仍可按式（2-24）计算，而跨内正弯矩按下式计算：

$$\begin{cases} m_x^{(u)} = m_x + \mu m_y \\ m_y^{(u)} = m_y + \mu m_x \end{cases} \tag{2-25}$$

式中：m_x、m_y为$\mu=0$时的弯矩值，对于混凝土材料，可取$\mu=0.2$。

2. 多跨连续双向板（多区格双向板）

多跨连续双向板的精确计算相当复杂，在实际工程中多采用实用计算法。实用计算法的基本思路是设法将多跨连续板中的每区格板等效为单区格板，如此可利用上述表格计算。此法假定支承梁不产生竖向位移且不受扭；同时还规定双向板肋梁楼盖各区格沿同一方向的最小跨度与最大跨度之比不小于0.75，以免产生较大误差。

（1）板跨中最大正弯矩计算。与连续梁活荷载不利布置规律相似，计算连续双向板中某区格板的跨中最大正弯矩时，应在本区格内以及在其左右前后每隔一区格布置活荷载，形成棋盘式的活荷载布置，如图2-31（a）所示。有活载作用区格的均布荷载为$g+q$，无活载作用区格的均布荷载仅为g。此时活载作用的各区格板内均分别产生跨中最大正弯矩。如果将棋盘式活载错位布置，则另外一些区格内均分别产生跨中最大正弯矩。所以任一区格板的计算均相同，不必每区格板分别考虑不利布置。

为了利用单区格板的计算表格，须将多区格连续板等效为单区格双向板。为此须将棋盘式荷载分成两种情况：第一种是各区格均为同样荷载，其值均为$g+q/2$，如图2-31（c）所示；第二种是各相邻区格分别作用反向荷载，其值均为$q/2$，如图2-31（d）所示。第一种荷载情况下的所有中间部位区格板，其四周支承均可近似地作为固定，按四边固定板查表

计算；对边区格及角区格板，其内部支承作为固定，外部支承根据具体情况作为简支（支承在砌体墙上）或固定（支承在梁上），按相应支承情况的单区格板查表计算。第二种荷载情况下的所有中间部位区格板，其四周支承均可近似地作为简支，按四边简支板查表计算；对边区格及角区格，其内部支承作为简支，外部支承根据具体情况确定。

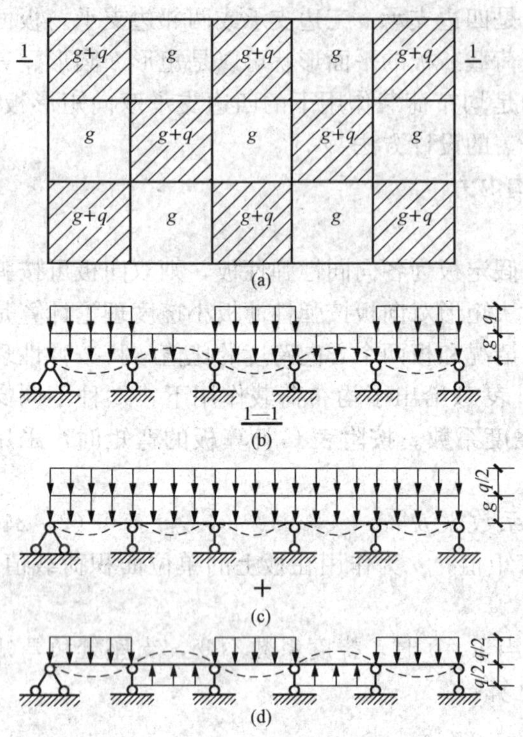

图 2-31 棋盘式荷载布置

将上述两种荷载作用下板的内力相加，即为最后的计算结果。例如，对于所有内部区格板，取荷载为 $g+q/2$，按四边固定板计算跨中弯矩；再取荷载为 $q/2$，按四边简支板计算跨中弯矩；两者相加即得板的跨中最大正弯矩。

（2）支座处板最大负弯矩计算。这时理论上活荷载的不利布置比较复杂，计算也繁琐。为了简化计算，近似地将恒载及活荷载作用在所有区格板上，则各内部区格板均按四边固定板计算支座弯矩；对于边区格和角区格板，内部支承按固定考虑，外部边界支承按实际情况考虑，然后按单区格双向板计算各支座的负弯矩。

3. 双向板楼盖支承梁内力计算

作用在双向板支承梁上的荷载，理论上应为板的支座反力，按此法求作用在支承梁上的荷载比较复杂。通常根据荷载就近向板支承边传递的原则按下述方法近似确定：从板区格的四角作 45°分角线与平行于长边的中线相交，将每一区格板分为四块，每块小板上的荷载就近传递至其支承梁上。因此，除梁自重（均布荷载）和直接作用在梁上的荷载（均布或集中荷载）外，沿板区格长边方向传给支承梁的荷载为梯形分布，短边方向支承梁上为三角形分布，如图 2-32 所示。如果双向板楼盖有主梁和次梁，则次梁传给主梁的为集中荷载。

对于等跨或跨度相差不超过 10%的连续支承梁，当一整个跨内作用三角形分布荷载时，内力系数可由有关设计手册中查得。当跨内为梯形荷载或其他形式荷载时，可根据固端弯矩相等的原则求得等效均布荷载，按等效均布荷载查表求得支座处截面弯矩，然后按跨内实际作用荷载用平衡条件计算梁的剪力以及跨内截面弯矩。

2.4.2 钢筋混凝土双向板极限承载力分析

1. 试验研究的主要结果

四边简支双向板在均布荷载作用下的试验研究表明：

（1）在裂缝出现之前，双向板基本处于弹性工作阶段。矩形双向板沿长跨的最大正弯矩并不发生在跨中截面，因为沿长跨的挠度曲线弯曲最大处不在跨中，而在离板边约 1/2 短跨跨长处。四边简支的正方形或矩形双向板，当荷载作用时，板的四角有翘起的趋势。因此，板传给四边支座的压力沿边长不是均匀分布的，而是中部大、两端小。

（2）两个方向配筋相同的四边简支矩形板，在均布荷载作用下，板底的第一批裂缝出现

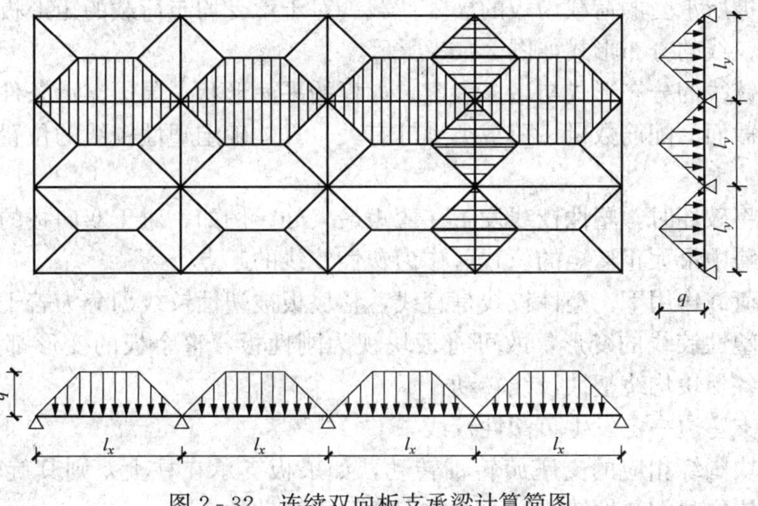

图 2-32 连续双向板支承梁计算简图

在板中部，裂缝走向平行于长边，这是由于短跨跨中正弯矩大于长跨跨中正弯矩；随着荷载增加，裂缝逐渐延伸，并向四角扩展，与板边大体成45°夹角，如图 2-33（a）所示。当短跨跨中截面受力钢筋屈服后，裂缝明显扩展，形成塑性铰，所负担的弯矩不再增加。荷载继续增加，板内产生内力重分布，其他处与裂缝相交的钢筋陆续达到屈服，板底主裂缝明显地将整块板划分为四个板块。即将破坏时，板顶面近四角处出现了大致垂直于板对角线走向的裂缝，大体呈环状，如图 2-33（b）所示。

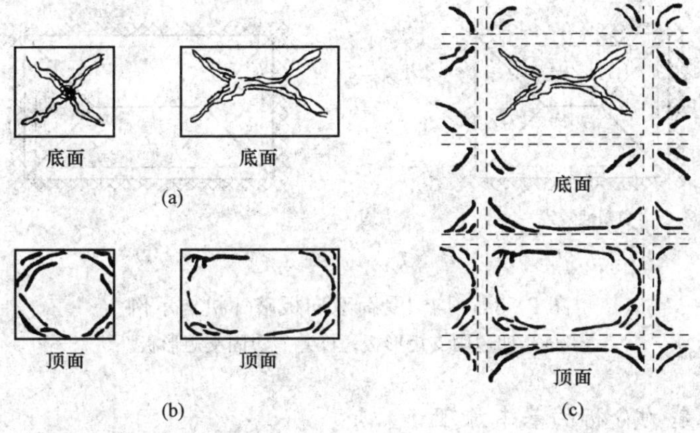

图 2-33 双向板破坏时的裂缝分布

对于周边与支承梁整浇的双向板，由于支承处负弯矩的作用，在板顶将出现沿支承边走向的裂缝［见图 2-33（c）］，有时这种裂缝的出现早于跨中。随着荷载的不断增加，沿支承边的板截面也陆续出现塑性铰。

2. 塑性铰线及其确定

板中连续的一些截面均出现塑性铰，连成一起则称为塑性铰线，其基本性能与塑性铰相同。塑性铰线通常也称为屈服线。由正弯矩引起的可称为正屈服线，由负弯矩引起的则称为负屈服线。当板中出现足够数量的塑性铰线后，板成为机动体系，达到其承载能力极限状态而破坏，这时板所承受的荷载为板的极限荷载。对于承受均布荷载的矩形板，板区格成为机动体系时塑性铰线的分布形式如图 2-33 所示。

板中塑性铰线的分布形式与诸多因素，如板的平面形状，周边支承条件，纵、横两个方向跨中及支座截面的配筋数量、荷载类型等有关。具体确定塑性铰线的位置时，通常根据下述规律判别：

（1）板即将破坏时，塑性铰线发生在弯矩最大处。例如，对于双向板的较短跨，根据弹性理论得出的跨中最大正弯矩的位置可作为塑性铰线的起点。

（2）分布荷载作用下，塑性铰线是直线，整块板被塑性铰线划分为若干个板块。板块内的变形小于沿塑性铰线的变形，故可将板块视为刚性板，整个板的变形都集中在塑性铰线上。破坏时，各板块均绕塑性铰线转动。

（3）固定支座边一定发生负塑性铰线。

（4）各板块围绕相应的支座旋转轴转动，如果板支承在柱上，则其旋转轴一定通过该柱。两相邻板块之间的塑性铰线必通过它们之间旋转轴的交点。

（5）塑性铰线上的扭矩和剪力均极小，可认为等于零。因此，外荷载仅由塑性铰线上的受弯承载力来承受，并假定在旋转过程中此受弯承载力保持不变。

（6）整块板达到极限状态时，理论上存在很多破坏机构，但最危险的是相应于极限荷载为最小的，这种情况下的塑性铰线位置是最危险的。

根据上述规律，可确定双向板塑性铰线的大致位置。一些常见双向板的塑性铰线分布见图 2-34。

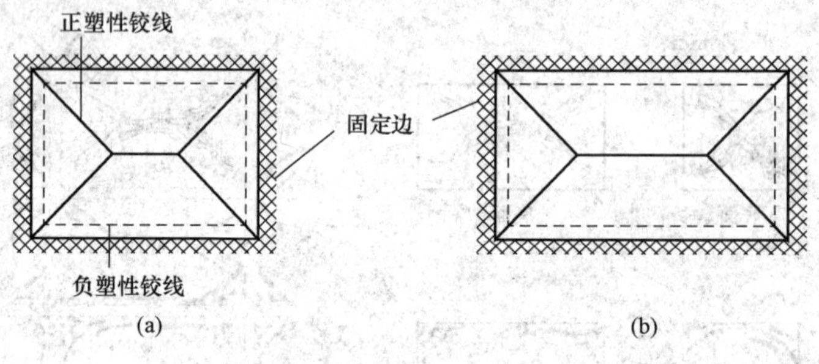

图 2-34 均匀受荷双向板破坏机构示例

（a）四边固支矩形板；（b）三边固支矩形板

3. 结构极限承载力分析的基本原理

在荷载作用下，逐渐加载直至整个结构变成几何可变体系，变形无限制地增长，从而丧失承载能力而达到破坏，这种状态称为结构承载能力极限状态。结构极限分析所取的阶段，就是这种极限状态。

（1）结构极限分析须满足的三个条件。

1）极限条件，即当结构达到极限状态时，结构任一截面的内力都不能超过该截面的承载能力。对于理想弹塑性材料，极限条件也称屈服条件。

2）机动条件，即在极限荷载作用下结构丧失承载能力时的运动形式，此时整个结构应是几何可变体系。

3）平衡条件，即外力（包括支座反力）和内力处于平衡状态。平衡条件既可用力的平衡方程表达，也可假设虚位移用虚功方程表示，后者在形式上是能量方程，本质上仍是平衡方程。

(2) 结构极限分析的具体解法。在结构极限分析时，如果上述三个条件同时满足，则得到的解答就是结构的真实极限荷载。对于复杂结构，同时满足三个条件的真实解答一般难以直接求得，故工程中常采用近似方法求解，即上限解法和下限解法。

1) 上限解法。此法仅满足机动条件及平衡条件。上限解法通常也称为塑性铰线理论或屈服线理论，利用功能方程求解时称为机动法或功能法，直接建立平衡方程求解时称为极限平衡法。

用上限解法求钢筋混凝土板的极限荷载时，一般是在板面布置一定形式的塑性铰线（其具体位置用若干待定参数表示），使板成为机动体系；然后建立功能方程或平衡方程，据此可得到含有若干待定参数的极限荷载表达式或板块平衡方程组，求出待定参数，并代入极限荷载表达式或任一板块的平衡方程式，即可求得极限荷载值。如此求得的塑性铰线位置对应于最危险的破坏机构，相应的极限荷载为上限解中的最小值。

在一般情况下，上限解法求得的荷载值大于真实的极限荷载值。这是由于结构并不满足极限条件，有的截面内力值可能超过该截面所能负担的内力。对于双向板，由于整块板存在着穹顶与薄膜作用的有利影响，按塑性铰线法求得的值并不是真正的上限值。试验结果表明，板的实际破坏荷载都大于按塑性铰线法算得的值。

2) 下限解法。此法仅满足极限条件及平衡条件。一般是选取内力分布场，这种内力分布场满足平衡条件及力的边界条件，同时又满足结构的极限条件，即所选取的内力场中任何一处都不超过该截面所能负担的内力。对于钢筋混凝土板，实际使用的下限解法有两种：一种是直接选取弯矩分布方程，内力与外力相平衡，由此可计算板的极限荷载；另一种是板带法，此法形式上是对板面荷载选取某种方式的分配，然后分别取板带在相应荷载下列出平衡方程，本质上仍是属于选取板的弯矩方程。

在一般情况下，下限解法求得的荷载值也不是真实的极限荷载值，而是小于真实解。这是由于结构并不满足机动条件，并未达到破坏阶段。由于结构的可能内力分布场有很多个，因此理论上应选取多个内力分布场，分别计算得出结果，选取其中最大的一个荷载值作为极限荷载的近似值。

(3) 结构的极限分析与极限设计。当结构构件的截面尺寸、材料强度等已定时，则截面所能负担的内力已知，经过分析求出结构所能负担的极限荷载值，这称为结构极限分析。当结构上所作用的荷载值已知时，根据荷载作用下的结构内力值，去确定结构构件的截面尺寸及材料强度等，则称为极限设计。

以上所述的结构极限承载力分析的三个条件以及各种解法，都是从极限分析的角度去论述的，即如何去求已知结构的极限荷载值。实际上，对于钢筋混凝土结构，以上所述同样适用于结构的极限设计。

4. 机动解法

图 2-35 所示为四边固定矩形板，板沿两个方向正交配筋。短跨方向的单位板宽跨中截面的极限弯矩为 m_y，长跨方向为 m_x，两个方向的支座截面极限弯矩分别为 m'_x、m''_x、m'_y、m''_y。求该板所能负担的均布极限荷载 p。

支座截面负塑性铰线用虚线表示；因板各控制截面的极限弯矩不同，故跨中正塑性铰线的确切位置未知，须用三个待定几何参数 x_1、x_2、y 来表示塑性铰线的位置，如图 2-35 所

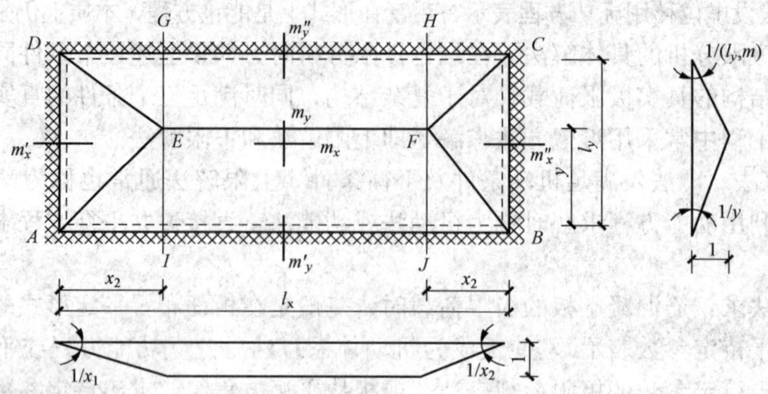

图 2-35 四边固定矩形板的破坏机构

示。图中竖线 GI 和 HJ 为辅助线，不是塑性铰线。设板 E、F 两点产生向下的单位虚位移 l，于是整个板产生向下的位移，板面荷载 P 随之做外功。与此同时，各刚性板块绕支座塑性铰线及跨中塑性铰线产生转角，沿塑性铰线的弯矩随之做内功。根据外功 W 与内功 U 相等可列出功能方程。

矩形板在均布荷载作用下的近似计算。在实际工程设计中，对于承受均布荷载的矩形板，板的正塑性线可采用一种固定的分布形式，即板角部的斜向塑性铰线与板边夹角取 45°。这样可简化计算，且满足工程设计的精度要求。为了使最后的计算公式简洁，将沿塑性铰线内力弯矩用总弯矩表达，即

正塑性铰线 $$M_x=m_x l_y,\ M_y=m_y l_x \tag{2-26}$$

负塑性铰线 $$M'_x=m'_x l_y,\ M''_x=m''_x l_y,\ M'_y=m'_y l_x,\ M''_y=m''_y l_x \tag{2-27}$$

$$\alpha=\frac{m_y}{m_x},\ \beta'_x=\frac{m'_x}{m_x},\ \beta''_x=\frac{m''_x}{m_x},\ \beta'_y=\frac{m'_y}{m_y},\ \beta''_y=\frac{m''_y}{m_y} \tag{2-28}$$

根据虚功原理，可得

$$M_x+M_y+\frac{1}{2}\left(M'_x+M''_x+M'_y+M''_y\right)=\frac{1}{24}pl_y^2\left(3l_x-l_y\right) \tag{2-29}$$

对于承受均布荷载的四边简支板，在式（2-29）中令 $M'_x=M''_x=M'_y=M''_y=0$，则可得相应公式。

5. 极限平衡法

与机动法相似，用极限平衡法求板的极限荷载时，首先须选取板的破坏机构图形，然后对每个板块建立平衡方程，求解联立方程组可得极限荷载。

（1）最危险的破坏机构已知时。当板的最危险破坏机构已知（如用机动法已求得破坏机构）时，由其中任一板块的平衡可求得极限荷载。仍以图 2-35 所示四边形固定矩形板为例，如取板块 ADE，且选取直角坐标系与板的支承边重合，如图 2-36 所示。由 $\sum M_x=0$，则得

$$\left(1+\beta'_x\right)m_x l_y=\frac{1}{2}x_1 l_y p\times\frac{1}{3}x_1$$

其中 $$x_1=\frac{Y^2}{2\alpha X}\sqrt{1+\beta'_x}\left[\sqrt{\alpha}\left(\frac{X}{Y}\right)\sqrt{\frac{1}{\alpha}\left(\frac{Y}{X}\right)^2+3}-1\right]$$

将 x_1 代入上式，经整理后得到的极限荷载表达式与机动解法完全相同。因此，通常用极限平衡法对机动法的计算结果进行校核。

(2) 最危险的破坏机构未知时。当板的最危险破换机构图形未知时，应首先假设一个含有待定几何参数 x_1、x_2、y_1 的破坏机构图形（与图 2-35 相应，但这里用 y_1 表示 y），并选取直角坐标系与板的支承边重合，如图 2-37 所示。然后对所有板块列平衡方程，例如由板块①对支座边缘取矩可得

$$m_y l_x+\beta''_y m_y l_x=p\left[\frac{1}{2}(l_x-x_1-x_2)y_2^2+\frac{1}{6}x_1 y_2^2+\frac{1}{6}x_2 y_2^2\right]$$

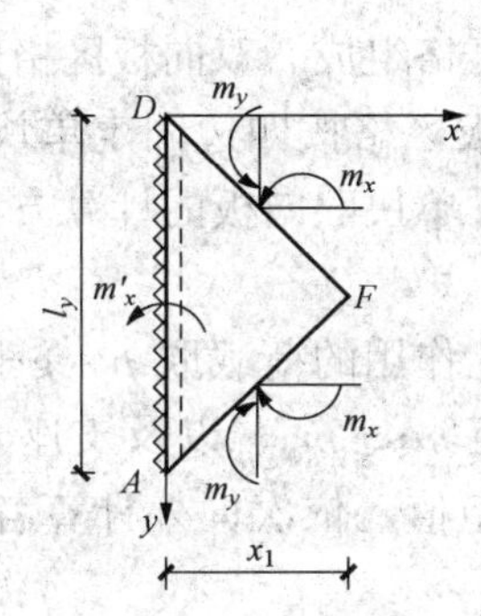

图 2-36　板块平衡

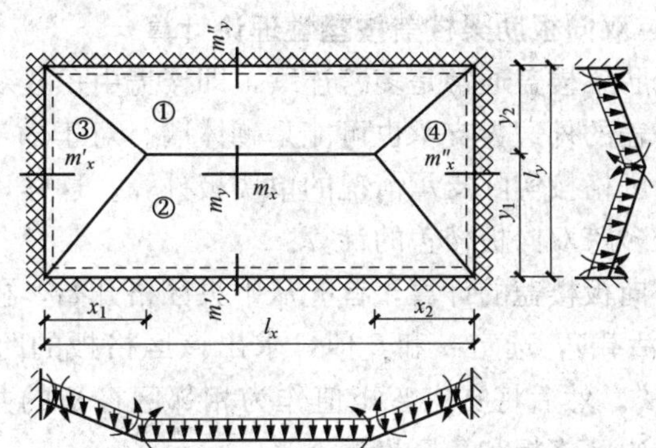

图 2-37　四边固定矩形板的极限平衡

同理可写出板块②、③、④的平衡方程，经整理后四个板块的平衡方程如下：

$$\begin{cases}(1+\beta''_y)\ m_y l_x=p y_2^2\left[\frac{1}{2}l_x-\frac{1}{3}(x_1+x_2)\right]\\(1+\beta'_y)\ m_y l_x=p y_1^2\left[\frac{1}{2}l_x-\frac{1}{3}(x_1+x_2)\right]\\(1+\beta'_x)\ m_x l_y=p\ \frac{1}{6}x_1^2 l_y\\(1+\beta''_x)\ m_x l_y=p\ \frac{1}{6}x_2^2 l_y\end{cases}\tag{2-30}$$

联立求解上式，可得

$$\begin{cases}x_1=\sqrt{\frac{6m_x(1+\beta'_x)}{p}},\quad x_2=\sqrt{\frac{m_x(1+\beta''_x)}{p}}\\y_1=\frac{1}{2}Y\sqrt{1+\beta'_y},\quad y_2=\frac{1}{2}Y\sqrt{1+\beta''_y}\end{cases}\tag{2-31}$$

将式 (2-31) 代入式 (2-30) 中的任一式，可求得 m_x 或 p。如代入式 (2-30) 的第一式，并取 $m_y=\alpha m_x$，经整理后得

$$m_x^2-\frac{Y^2}{24\alpha}p\left[1+\frac{2}{3}\frac{1}{\alpha}\left(\frac{Y}{X}\right)^2\right]m_x+\frac{1}{64}\frac{Y^4}{\alpha^2}p^2=0$$

由上式可解得

$$m_x=\frac{p}{24\alpha}Y^2\left[\sqrt{3+\frac{1}{\alpha}\left(\frac{Y}{X}\right)^2}-\frac{1}{\sqrt{\alpha}}\left(\frac{Y}{X}\right)\right]^2$$

或

$$p=\frac{24\alpha m_x}{Y^2}\frac{1}{\left[\sqrt{3+\frac{1}{\alpha}\left(\frac{Y}{X}\right)^2}-\frac{1}{\sqrt{\alpha}}\left(\frac{Y}{X}\right)\right]^2}$$

其中

$$X=\frac{2l_x}{\sqrt{1+\beta_x'}+\sqrt{1+\beta_x''}},\ Y=\frac{2l_y}{\sqrt{1+\beta_y'}+\sqrt{1+\beta_y''}}$$

机动法和极限平衡法都是选取满足机动条件的破坏机构，仅在数学运算上有所不同，故解式完全相同，由此也说明功能方程实质上就是平衡方程。

2.4.3 双向板肋梁楼盖按塑性理论计算

双向板肋梁楼盖通常是多跨连续，即楼盖由一些双向板区格组成。双向板区格四周支承在梁上，楼盖的外边界支承也可能是砌体墙。对于内部双向板区格按四边固定单块板计算，边区格及角区格按实际支承情况的单块板计算。这样，掌握了单块双向板的计算方法，就可将其应用于多跨双向板楼盖的计算。

整个双向板楼盖的计算，首先从中央区格开始，板区格上作用的荷载取 $p=g+q$（g 为恒载，q 为活载），选定 α 和 β 值，求出该区格板的跨中弯矩 m_x、m_y，以及支座弯矩 m_x'、m_x''、m_y'、m_y''。然后将支座弯矩值作为相邻区格板的共界弯矩值，依次向外计算各区格板，直至楼盖的边区格板和角区格板。

2.4.4 双向板肋梁楼盖的配筋计算与构造要求

双向板肋梁楼盖中关于梁的配筋及构造，与单向板肋梁楼盖中梁的配筋及构造基本相同，不再叙述。下面仅说明双向板的配筋计算及构造要求。

1. 板的配筋计算

在双向板肋梁楼盖中，当板区格四周有现浇梁与其整体连接时，就会在板内引起拱作用，从而使板的内力有所降低，关于这方面的问题已在单向板肋梁楼盖中叙述过。板内受力钢筋数量按降低后的弯矩值计算确定。

由于板下部受力钢筋纵横叠置，故计算时在两个方向应分别采用各自的截面有效高度 h_{0x}和 h_{0y}。考虑到短跨方向的弯矩比长跨方向大，故应将短跨方向的钢筋放在长跨方向钢筋的外侧。截面有效高度一般按下列规定取值：

短跨：l_y 方向为

$$h_{0y}=h-20\text{mm}$$

长跨：l_x 方向为

$$h_{0x}=h-30\text{mm}$$

式中：h 为板厚，mm。

由单位宽度的截面弯矩设计值 m，按下式计算受拉钢筋面积 A_s：

$$A_s=\frac{m}{\gamma_s h_0 f_y} \tag{2-32}$$

式中：γ_s 为内力臂系数，可近似地取 0.9～0.95。

2. 板的配筋构造

双向板的受力钢筋沿板区格平面纵、横两个方向配置，配筋方式有弯起式和分离式两种，与单向板中配筋方式类似。

当按弹性理论方法计算时，其跨内正弯矩不仅沿板长变化，且沿板宽向两边逐渐减小，但计算所得的弯矩值是中间板带部分的最大弯矩值。在板靠近支承边的边板带部分，弯矩较小，配筋可以减少。考虑到施工方便，将板在 l_x、l_y 方向各分为三个板带（见图2-38），两边板带的宽度为较小跨度 l_y 的 1/4。中间板带内按计算值配筋，两边板带内则按计算值的 1/2 配筋，但每米宽度内不得少于 4 根。对于承担负弯矩的钢筋，则沿支座边缘均匀配置，这是考虑到板四角有扭矩存在。

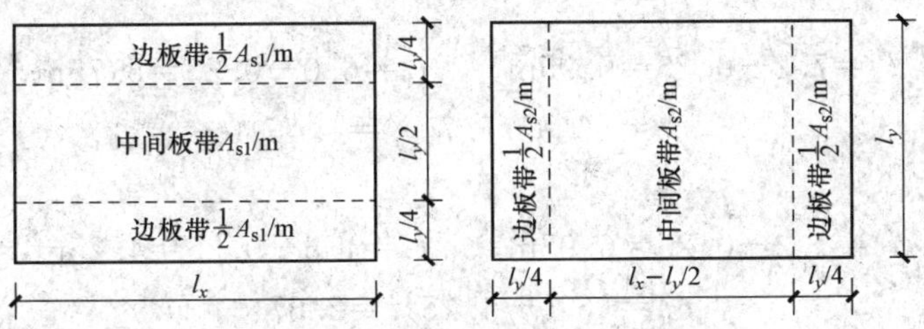

图2-38 中间板带与边板带的正弯矩钢筋配置

当双向板按塑性理论计算时，其配筋应符合内力计算的假定，跨内正弯矩钢筋可沿全板均匀配置。支座上的负弯矩钢筋按计算值沿支座均匀配置。

当双向板按板带法分析时，在各板带的宽度范围内分别配置所需要的钢筋。

受力钢筋的直径、间距和弯起点、切断点的位置，以及沿墙边、墙角处的构造钢筋，均与单向板肋梁楼盖的有关规定相同。

2.4.5 双向板肋梁楼盖设计实例

某宾馆建筑的楼盖结构平面布置见图2-39。楼板厚度为 120mm，两个方向肋梁宽度均为 250mm，纵、横向梁截面高度分别为 700mm 和 600mm。楼面恒载（包括楼板、楼板面层及吊顶抹灰等）为 4.1kN/m^2，楼面活荷载为 2.0kN/m^2。混凝土强度等级为 C25（$f_c=11.9\text{N/mm}^2$），钢筋为 HPB300 级（$f_y=270\text{N/mm}^2$）。要求按塑性理论计算内力并配置钢筋。

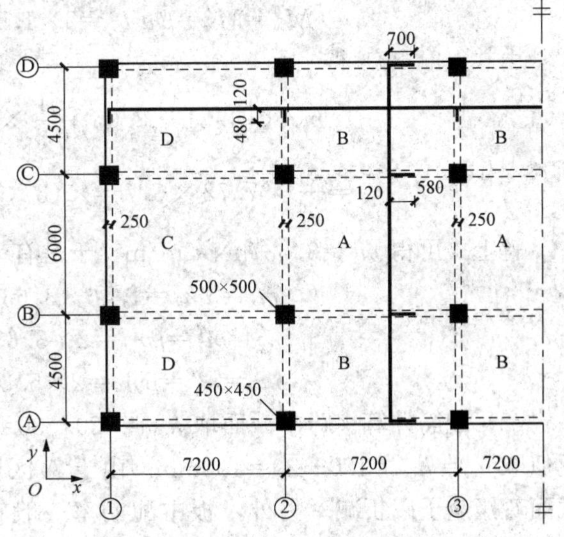

图2-39 楼盖结构平面图

将楼盖划分为 A、B、C、D 四种区格板，每种区格板均取

$$m_y=\alpha m_x$$

$$\alpha=(l_x/l_y)^2$$

$$\beta'_x=\beta''_x=\beta'_y=\beta''_y=\beta=2.0$$

式中：l_y 为短跨跨长；l_x 为长跨跨长。

将跨内正弯矩区钢筋在离支座边 $l_y/4$ 处截断 1/2，则跨内正塑性铰线上的总弯矩 M_x、M_y 应按下式计算：

$$M_x=\left(l_y-\frac{l_y}{4}\times 2\right)m_x+\frac{l_y}{4}\times\frac{m_x}{2}\times 2=\left(l_y-\frac{l_y}{4}\right)m_x$$

同理

$$M_y=\left(l_x-\frac{l_y}{4}\right)m_y$$

作用于板面上的荷载设计值为

$$p=1.2\times4.1+1.4\times2.0=7.72\text{kN/mm}^2$$

板的计算跨度：

区格 A、C 为

$$l_x=7.2-0.25=6.95\text{m},\quad l_y=6.0-0.25=5.75\text{m}$$

$$\alpha=(6.95/5.75)^2=1.46$$

区格 B、D 为

$$l_x=7.2-0.25=6.95\text{m},\quad l_y=4.5-0.25=4.25\text{m}$$

$$\alpha=(6.95/4.25)^2=2.67$$

1. 中央区格板 A

（1）弯矩计算。跨内正塑性铰线上的总弯矩为

$$M_x=\frac{3}{4}l_ym_x=\frac{3}{4}\times5.75m_x=4.31m_x$$

$$M_y=(l_x-l_y/4)m_y=(6.95-5.75/4)\times1.46m_x=8.05m_x$$

支座边负塑性铰线上的总弯矩为

$$M'_x=M''_x=\beta m_xl_y=2\times5.75m_x=11.5m_x$$

$$M'_y=M''_y=\beta m_yl_x=2\times1.46\times6.95m_x=20.29m_x$$

由式（2-29）得

$$m_x\times\left[4.31+8.05+\frac{1}{2}\times(11.5\times2+20.29\times2)\right]$$

$$=\frac{1}{24}\times7.72\times5.75^2\times(3\times6.95-5.75)$$

解上式可得 $m_x=3.637\text{kN}\cdot\text{m/m}$，于是有

$$m_y=\alpha m_x=1.46\times3.637=5.310\text{kN}\cdot\text{m/m}$$

$$m'_x=m''_x=\beta m_x=2\times3.637=7.274\text{kN}\cdot\text{m/m}$$

$$m'_y=m''_y=\beta m_y=2\times5.31=10.62\text{kN}\cdot\text{m/m}$$

（2）配筋计算。跨中截面取 $h_{0x}=120-30=90\text{mm}$，$h_{0y}=120-20=100\text{mm}$；支座截面近似取 $h_{0x}=h_{oy}=120-20=100\text{mm}$。由于 A 区格板四周均有整浇梁支承，故其跨中及支座截面弯矩应予以折减。另外，板中配筋率一般较低，故近似地取内力臂系数 $r_s=0.9$ 进行计算。

y 方向跨中 $$A_s=\frac{0.8m_y}{\gamma_sh_{0y}f_y}=\frac{0.8\times5.31\times10^6}{0.9\times100\times270}=175\text{mm}^2/\text{m}$$

y 方向支座 $$A_s=\frac{0.9m'_y}{\gamma_sh_{0y}f_y}=\frac{0.9\times10.62\times10^6}{0.9\times100\times270}=393\text{mm}^2/\text{m}$$

故 y 方向跨中选 $\phi6@150(A_s=189\text{mm}^2/\text{m})$，支座选 $\phi10@200(A_s=393\text{mm}^2/\text{m})$。

x 方向跨中 $$A_s=\frac{0.8m_x}{\gamma_sh_{0x}f_y}=\frac{0.8\times3.637\times10^6}{0.9\times90\times270}=133\text{mm}^2/\text{m}$$

x 方向支座　　$A_s=\dfrac{0.8m'_x}{\gamma_s h_{0x} f_y}=\dfrac{0.8\times7.274\times10^6}{0.9\times100\times270}=239\text{mm}^2/\text{m}$

故 x 方向跨中选 $\phi6@150(A_s=189\text{mm}^2/\text{m})$，支座选 $\phi6@100(A_s=283\text{mm}^2/\text{m})$。

2. 边区格板 B

(1) 弯矩计算。

$$M_x=\frac{3}{4}l_y m_x=\frac{3}{4}\times4.25m_x=3.19m_x$$

$$M_y=\left(l_x-\frac{1}{4}l_y\right)m_y=(6.95-4.25/4)\times2.67m_x=15.72m_x$$

$$M'_x=M''_x=\beta m_x l_y=2\times4.25m_x=8.5m_x$$

$$M'_y=\beta m_y l_x=2\times2.67\times6.95m_x=37.11m_x$$

$$M''_y=m''_y l_x=10.62\times6.95m_x=73.81\text{kN}\cdot\text{m/m}$$

由式 (2-29) 得

$$m_x\left[3.19+15.72+\frac{1}{2}(8.5\times2+37.11)\right]+\frac{1}{2}\times73.81=\frac{1}{24}\times7.72\times4.25^2\times(3\times6.95-4.25)$$

由上式得 $m_x=1.295\text{kN}\cdot\text{m/m}$，于是有

$$m_y=\alpha m_x=2.67\times1.295=3.458\text{kN}\cdot\text{m/m}$$

$$m'_x=m''_x=2\times1.295=2.590\text{kN}\cdot\text{m/m}$$

$$m'_y=\beta m_y=2\times3.458=6.916\text{kN}\cdot\text{m/m}$$

$$m''_y=10.620\text{kN}\cdot\text{m/m}$$

(2) 配筋计算。B区格板四周均有梁支承，其跨中和支座截面弯矩均可折减。沿 y 方向，因 $l_b/l=6.95/4.25=1.64>1.5$，故折减系数取 0.9。截面配筋计算如下：

y 方向跨中　　$A_s=\dfrac{0.9m_y}{\gamma_s h_{0y} f_y}=\dfrac{0.9\times3.458\times10^6}{0.9\times100\times270}=128\text{mm}^2/\text{m}$

y 方向边支座　　$A_s=\dfrac{m'_y}{\gamma_s h_{0y} f_y}=\dfrac{6.916\times10^6}{0.9\times100\times270}=285\text{mm}^2/\text{m}$

考虑到边支座为弹性支承，故宜适当增大跨中截面配筋而减少支座截面配筋。跨中和支座截面均选 $\phi8@200(A_s=251\text{mm}^2/\text{m})$。沿 x 方向，B区格板属中间跨，故其跨中及支座截面的弯矩均可降低 20%。

x 方向跨中　　$A_s=\dfrac{0.8m_x}{\gamma_s h_{0x} f_y}=\dfrac{0.8\times1.295\times10^6}{0.9\times90\times270}=43\text{mm}^2/\text{m}$

x 方向 B-B 板共界支座　$A_s=\dfrac{0.8m'_x}{\gamma_s h_{0x} f_y}=\dfrac{0.8\times2.59\times10^6}{0.9\times90\times270}=95\text{mm}^2/\text{m}$

x 方向 B-D 板共界支座，因 D 区格板属于角区格板，支座截面弯矩不应折减，故

$$A_s=\frac{m''_x}{\gamma_s h_{0x} f_y}=\frac{2.59\times10^6}{0.9\times90\times270}=118\text{mm}^2/\text{m}$$

x 方向跨中截面选 $\phi8@200(A_s=251\text{mm}^2/\text{m})$，两对边支座均选 $\phi8@200(A_s=251\text{mm}^2/\text{m})$。

3. 边区格板 C

(1) 弯矩计算。

$$M_x=\frac{3}{4}l_y m_x=\frac{3}{4}\times5.75m_x=4.31m_x,\ M_y=8.05m_x$$

$$M_x' = \beta m_x l_y = 2\times5.75m_x = 11.5m_x$$

$$M_x'' = 7.274\times5.75 = 41.826\text{kN}\cdot\text{m}$$

$$M_y' = M_y'' = \beta m_y l_x = 2\times1.46\times6.95m_x = 20.294m_x$$

由式（2-29）得

$$m_x[4.31+8.05+\frac{1}{2}\times(11.5+20.294\times2)]+\frac{1}{2}\times41.826$$

$$=\frac{1}{24}\times7.72\times5.75^2\times(3\times6.95-5.75)$$

由上式得 $m_x=3.637\text{kN}\cdot\text{m/m}$，则

$$m_y=\alpha m_x=1.46\times3.637=5.310\text{kN}\cdot\text{m/m}$$

$$m_y'=m_y''=2\times5.310=10.620\text{kN}\cdot\text{m/m}$$

$$m_x'=\beta m_x=2\times3.637=7.274\text{kN}\cdot\text{m/m}$$

$$m_x''=7.274\text{kN}\cdot\text{m/m}$$

（2）配筋计算。C区格板四周均有梁支承，且 $l_b/l=5.75/6.95=0.83<1.5$，故对跨中及 x 方向第二内支座弯矩均可折减20%。因D区格板属角区格板，故对C-D板共界支座截面弯矩不折减。

y 方向跨中 $$A_s=\frac{0.8m_y}{\gamma_s h_{0y} f_y}=\frac{0.8\times5.310\times10^6}{0.9\times100\times270}=175\text{mm}^2/\text{m}$$

y 方向边支座 $$A_s=\frac{m_y'}{\gamma_s h_{0y} f_y}=\frac{10.620\times10^6}{0.9\times100\times270}=437\text{mm}^2/\text{m}$$

故 y 方向跨中截面选取 $\phi6@150$（$A_s=189\text{mm}^2/\text{m}$），支座截面选 $\phi10@180$（$A_s=436\text{mm}^2/\text{m}$）。

在 x 方向，考虑到边支座实际为弹性支座，故宜适当增大跨中配筋而减小边支座配筋。参考A区格板的配筋后，对跨中及边支座截面均选 $\phi6@150$。

4. 角区格板D

（1）弯矩计算。

$$M_x=\frac{3}{4}l_y m_x=3.19m_x$$

$$M_y=(l_x-l_y/4)m_y=15.72m_x$$

$$M_x'=\beta m_x l_y=8.5m_x$$

$$M_x''=2.59\times4.25=11.008\text{kN}\cdot\text{m}$$

$$M_y'=\beta m_y l_x=37.11m_x$$

$$M_y''=10.62\times6.95=73.809\text{kN}\cdot\text{m}$$

由式（2-29）得

$$m_x[3.19+15.72+\frac{1}{2}\times(8.5+37.11)]+\frac{11.008+73.809}{2}$$

$$=\frac{1}{24}\times7.72\times4.25^2\times(3\times6.95-4.25)$$

由上式得 $m_x=1.295\text{kN}\cdot\text{m/m}$，则

$$m_y=\alpha m_x=2.67\times1.295=3.458\text{kN}\cdot\text{m/m}$$

$$m_x'=2\times1.295=2.590\text{kN}\cdot\text{m/m}$$

$$m_x''=2.590\text{kN}\cdot\text{m/m}$$

$$m_y'=2\times3.458=6.916\text{kN}\cdot\text{m/m}$$

$$m_y''=11.496\text{kN}\cdot\text{m/m}$$

（2）配筋计算。D区格板为角区格板，可不进行弯矩折减。截面配筋计算如下：

y方向跨中 $$A_s=\frac{m_y}{\gamma_s h_{0y} f_y}=\frac{3.458\times10^6}{0.9\times100\times270}=142\text{mm}^2/\text{m}$$

y方向边支座 $$A_s=\frac{m_y'}{\gamma_s h_{0y} f_y}=\frac{6.916\times10^6}{0.9\times100\times270}=285\text{mm}^2/\text{m}$$

故y方向跨中和支座截面均选$\phi8@200(A_s=251\text{mm}^2/\text{m})$。

x方向跨中 $$A_s=\frac{m_x}{\gamma_s h_{0x} f_y}=\frac{1.295\times10^6}{0.9\times90\times270}=59\text{mm}^2/\text{m}$$

x方向边支座 $$A_s=\frac{m_x'}{\gamma_s h_{0x} f_y}=\frac{2.59\times10^6}{0.9\times90\times270}=106\text{mm}^2/\text{m}$$

故x方向跨中和支座截面均选$\phi8@200(A_s=251\text{mm}^2/\text{m})$。

考虑到D区格两个边支座为弹性支承，故在上述配筋中增大了跨中截面配筋而减小了支座截面配筋，以调整理论计算与实际受力情况的差别。

整个板的配筋图见图2-40。

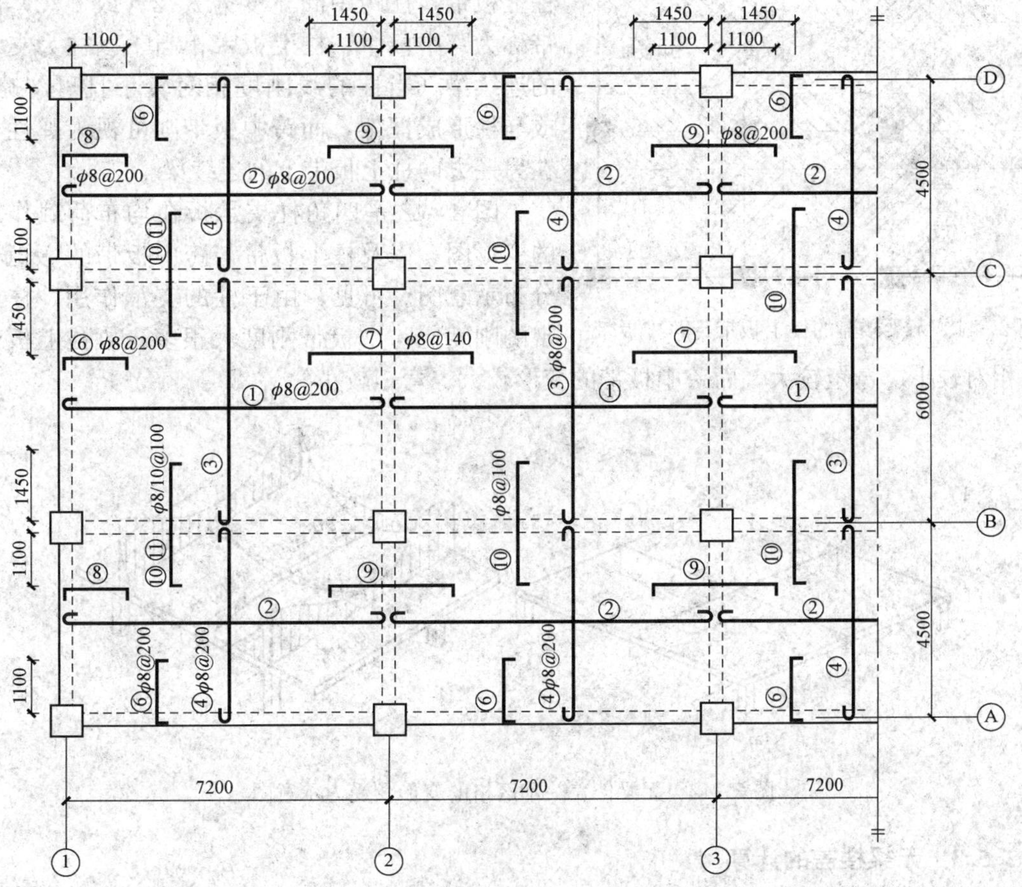

图2-40 板的配筋平面图

2.5 无 梁 楼 盖

2.5.1 一般说明

无梁楼盖由板、柱等构件组成，楼面荷载直接由板传给柱及柱下基础。因此，这种结构缩短了传力路径，增大了楼层净空，且节约施工模板。但楼板较厚，楼盖材料用量较多；楼盖的抗弯刚度较小，柱子周边的剪应力集中，可能会引起板的冲切破坏。无梁楼盖多用于书库、冷藏库、商店等要求空间较大的房屋。

无梁楼盖按楼盖结构形式，可分为平板型和双向密肋型；按有无柱帽，可分为无柱帽轻型无梁楼盖和有柱帽无梁楼盖两种。

无梁楼盖四周可设悬臂板或不设。设悬臂板可减小边跨跨中弯矩和柱的不平衡弯矩，且可减少柱帽类型，在冷库建筑中应用较多。

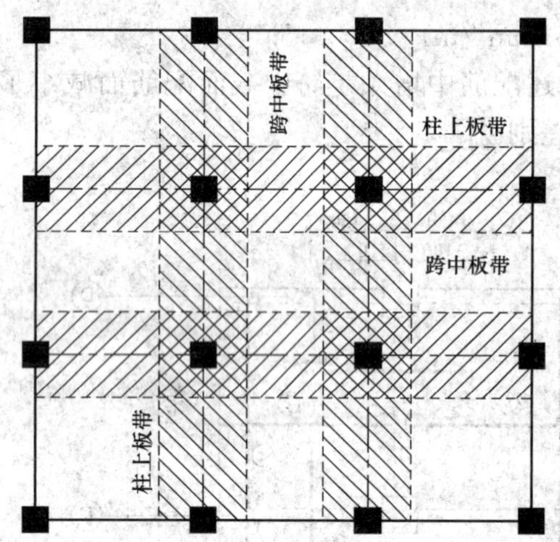

图 2-41 无梁楼盖的柱上板带与跨中板带

2.5.2 无梁楼盖的受力性能

无梁楼盖属点支承的板式结构，板的受力可视为支承在柱上的交叉板带体系，如图 2-41 所示。柱轴线两侧各 $l_x/4$（或 $l_y/4$）宽的板带称为柱上板带，柱距中间宽度为 $l_x/2$（或 $l_y/2$）的板带称为跨中板带。柱上板带相当于以柱为支承点的连续梁（当柱的线刚度相对较小且可忽略时）或与柱形成框架，而跨中板带则可视为弹性支承在另一方向柱上板带上的连续梁。

图 2-42 是四角柱支承板在均布荷载作用下的变形图，以及柱上板带与跨中板带的弯矩横向分布示意图。可见，由于柱的支承作用，柱上板带的刚度比跨中板带刚度大很多，故柱上板带的变形相对较小、弯矩较大，而跨中板带的变形较大、弯矩较小。

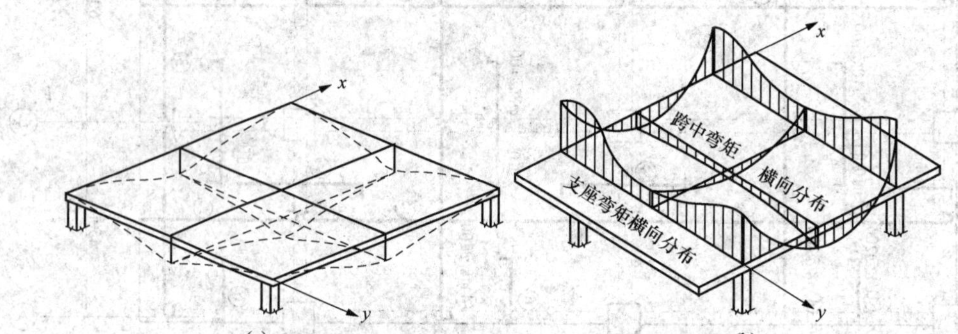

图 2-42 无梁楼盖一个区格的变形及受力示意图

2.5.3 无梁楼盖的计算

现浇无梁楼盖可按弹性理论或塑性理论计算内力。按弹性理论计算一般采用两种近似方法，即经验系数法和等代框架法。这两种方法仅在无梁楼盖具有较规则柱网的情况下才能应用。

2.5.4　柱帽设计

在无梁楼盖中，全部楼面荷载是通过板柱联结面上的剪力传递给柱子的。由于板柱联结面的面积不大，而楼面荷载往往很大，无梁楼盖可能因板柱联结面抗剪能力不足而发生破坏，破坏是沿柱周边产生45°方向的斜裂缝，板与柱之间发生错位，这种破坏称为冲切破坏，如图2-43所示。

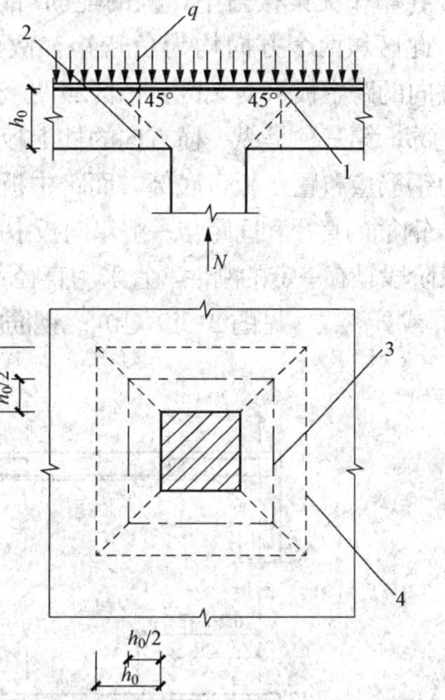

为了增大板柱联结面的面积，提高抗冲切承载力，避免冲切破坏，通常在柱顶设置柱帽。常用的矩形柱帽有三种形式：第一种是无顶板柱帽［见图2-44（a)］，用于荷载较小的情况；第二种是折线型柱帽［见图2-44（b)］，用于荷载较大的情况，这种柱帽可使从板到柱的传力过程更为平缓，但施工较麻烦；第三种是有顶板柱帽［见图2-44（c)，这种柱帽的传力性能稍次于第二种，但施工较为简单。三种柱帽的尺寸要求见图2-44，其中l为相应的区格长度，C为柱通过柱帽反向冲切线与楼板交点的宽度。

图2-43　集中反力作用下板受冲切承载力的计算

1—冲切破坏椎体的斜截面；2—临界截面；3—临界截面的周长；4—冲切破坏椎体的底面线

柱帽形式及尺寸确定之后，应对楼板进行受冲切承载力验算。

2.5.5　截面设计与配筋构造

1. 截面的弯矩设计值

截面设计时，对竖向荷载作用下有柱帽的板，考虑到板的穹顶作用，除边跨和边支座外，所有截面的计算弯矩值均可降低20%。

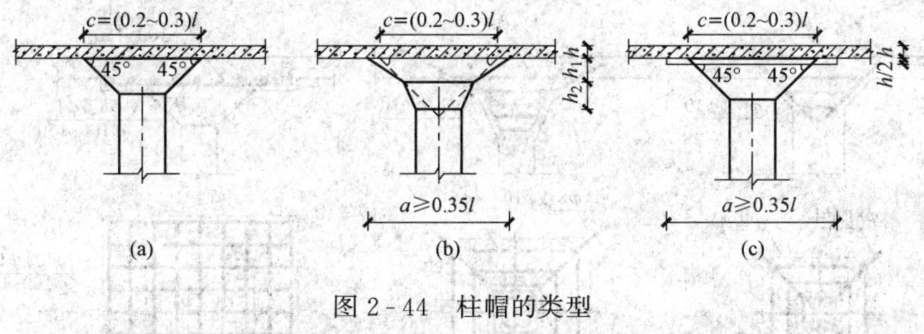

图2-44　柱帽的类型

板的截面有效高度取值与双向板类似。同一区格板在两个方向同号弯矩作用下，由于两个方向的钢筋叠置在一起，故应分别取各自的截面有效高度。当为正方形区格板时，可取两个方向截面有效高度的平均值以简化计算。

2. 板的厚度

无梁楼盖一般做成等厚度板。板的厚度除应满足承载力要求外，还需满足刚度要求，即在荷载作用下的挠度应满足正常使用要求。当板的厚度满足表 2-1 的要求时，可不验算板的挠度。

3. 配筋构造

在整个无梁楼盖中，板的配筋可以划分为三种区域：第一种是纵、横方向的柱上板带交叉区，此区域两个方向均为负弯矩，故两个方向的受力钢筋都应布置在板的顶部；第二种是纵、横方向的跨中板带交叉区，该区域两个方向均为正弯矩，所以两个方向的受力钢筋都应布置在板的底部；第三种是纵、横方向的柱上板带与跨中板带交叉区，此时柱上板带方向产生正弯矩，其受力钢筋应布置在板带底部，而跨中板带方向则产生负弯矩，其受力钢筋应布置在板的顶部。

钢筋的直径和间距与一般双向板中的要求相同，但对于支座上承受负弯矩的钢筋，为保证其在施工阶段具有一定的刚性，宜采用直径不小于 12mm 的钢筋。配筋方式可选用弯起式［见图 2-45（a）］或分离式［见图 2-45（b）］。钢筋的弯起、截断点的位置须满足图 2-45的要求。

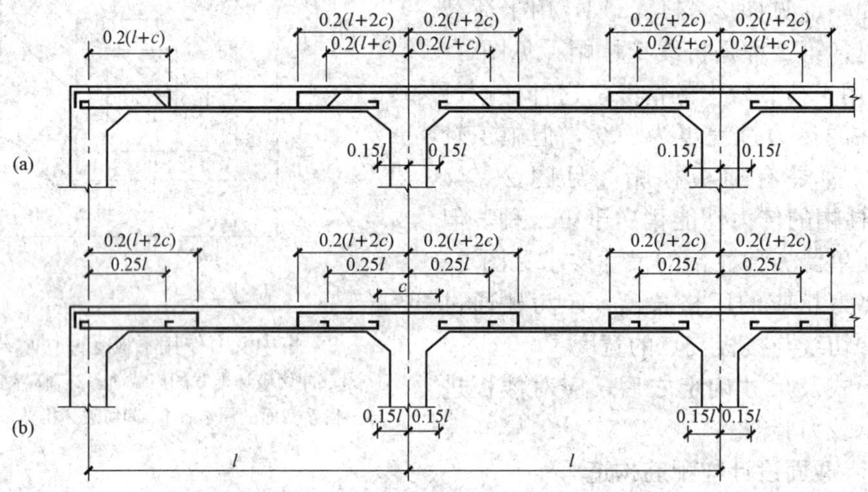

图 2-45　无梁楼盖板的配筋构造

无梁楼盖中柱帽的受弯承载力，如按图 2-46 所示的构造要求配筋，可不必另行验算。

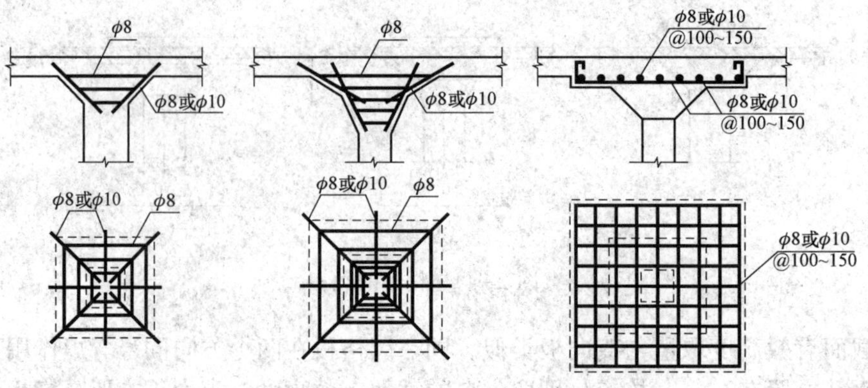

图 2-46　柱帽配筋构造

2.6 楼 梯

楼梯是多、高层房屋的竖向通道，其平面布置、踏步尺寸等由建筑设计确定。本节主要介绍楼梯的结构计算及构造特点。

2.6.1 楼梯的结构类型

目前，应用较多的有梁式楼梯、板式楼梯、折板悬挑式及螺旋式楼梯，如图 2-47 所示。

梁式楼梯由踏步板、斜梁、平台板及平台梁组成，见图 2-47（a）。踏步板支承斜梁上，斜梁再支承于平台梁上。作用于楼梯上的荷载先由踏步板传给斜梁，再由斜梁传至平台梁。当梯段较长时，梁式楼梯较为经济，因而广泛用于办公楼、教学楼等建筑中，但这种楼梯施工比较复杂，外观也显得比较笨重。

板式楼梯是斜放的踏步（梯段）板，板端支承在平台梁上，见图 2-47（b）。作用于踏步板上的荷载直接传至平台梁。当梯段跨度较小（一般在 3m 以内）时，采用板式楼梯较为合适，如住宅房屋一般采用这种楼梯。板式楼梯的下表面平整，施工简捷，外观也较轻巧，但斜板较厚，为跨度的 1/30～1/25。

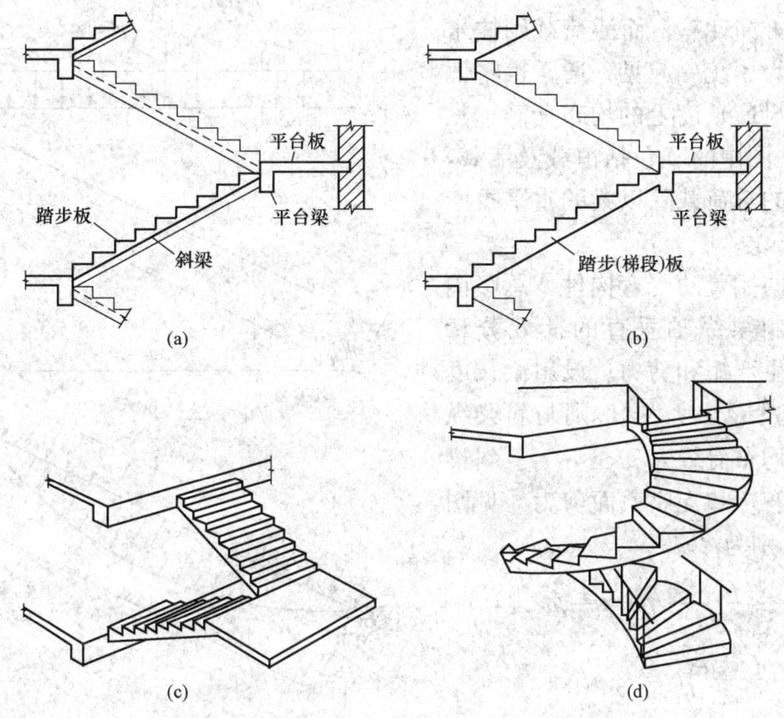

图 2-47 楼梯类型

（a）梁式楼梯；（b）板式楼梯；（c）折板悬挑式楼梯；（d）螺旋式楼梯

除上述两种基本形式的楼梯外，在一些居住和公共建筑中，也可采用折板悬挑和螺旋式楼梯。折板悬挑式楼梯具有悬臂的梯段和平台，支座仅设在上下楼层处［见图 2-47（c）］，当建筑中不宜设置平台梁和平台板的支承时，可予采用。螺旋式楼梯［见图 2-47（d）］用于建筑上有特殊要求的地方，一般多在不便设置平台的场合，或者在需要有特殊的建筑造型时采用。这两种楼梯属空间受力体系，内力计算比较复杂，造价较高，施工也麻烦。

2.6.2 梁式楼梯的计算

梁式楼梯的计算包括踏步板、斜梁、平台板及平台梁的计算，分述如下。

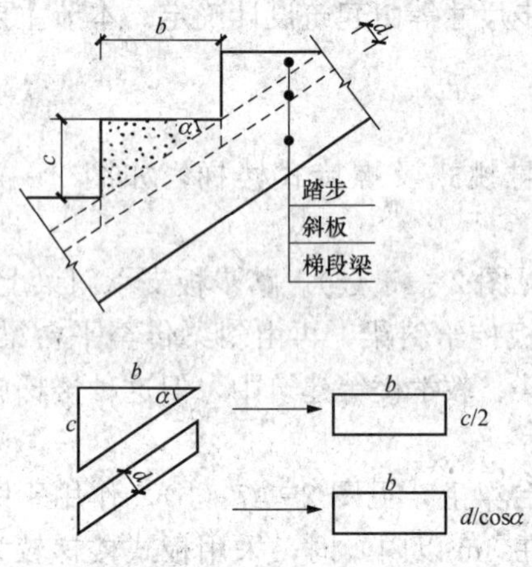

图 2-48 踏步板截面换算

1. 踏步板的计算

梁式楼梯的踏步板为两端斜支在梯段斜梁上的单向板。取一个踏步作为计算单元，其截面形式为梯形，如图 2-48 所示。为简化计算，板的折算高度近似按梯形截面的平均高度采用，即 $h=c/2+d/\cos\alpha$，其中 c 为踏步高度，d 为板厚，α 为楼梯倾斜角。这样，踏步板就可按截面宽度为 b、高度为 h 的矩形板进行内力及配筋计算。应当指出，这种受弯的假定同实际受力情况不一致，但配筋计算结果偏于安全。

2. 斜梁的计算

楼梯斜梁两端支承在平台梁上，一般按简支梁计算。作用在斜梁上的荷载为踏步板传来的均布荷载，其中恒载（包括踏步板、斜梁等自重重力荷载）按倾斜方向计算，而活荷载则按水平方向计算。为了统一起见，通常也将恒载换算成水平投影长度上的均布荷载，见图 2-49（a）。图中的 p 包括恒载及活载，其值等于梁上的总荷载除以梁的水平投影长度 l。

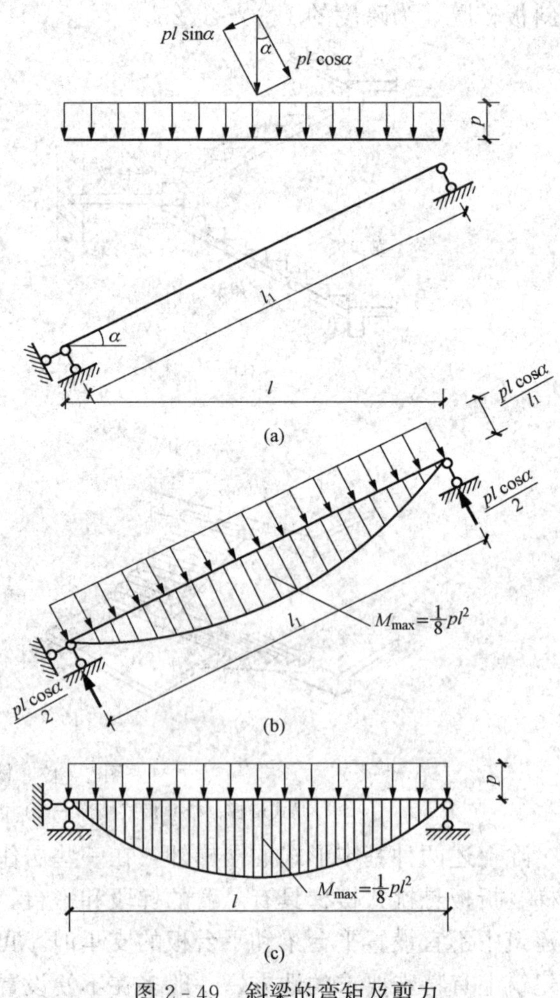

图 2-49 斜梁的弯矩及剪力

斜梁是斜向搁置的受弯构件，总竖向荷载 pl 中与斜梁纵轴垂直的荷载分量 $pl\cos\alpha$ 使梁产生弯矩和剪力。设斜梁长度为 l_1，其水平投影长度为 l，则与斜梁纵轴垂直作用的均布荷载为 $pl\cos\alpha/l_1$。斜梁跨中截面最大弯矩和支座截面剪力［见图 2-49（b）］分别为

$$M_{max}=\frac{1}{8}\left(\frac{pl\cos\alpha}{l_1}\right)l_1^2=\frac{1}{8}pl^2$$

$$V=\frac{1}{2}\left(\frac{pl\cos\alpha}{l_1}\right)l_1=\frac{1}{2}pl\cos\alpha$$

实际工程中，一般将斜梁按水平投影长度为 l、荷载为 p 的水平简支梁计算，如图 2-49（c）所示。可见，按水平简支梁算得的跨中截面弯矩即为斜梁的实际截面弯矩，但算得的支座截面剪力应乘以 $\cos\alpha$，才是实际的支座截面剪力。

当无平台梁时，即形成折线形斜梁，这种梁也可按水平简支梁计算内力，如图 2-50 所示。由于其上作用的荷载值不同，须将梯段上的荷载转换成水平投影长度上的均布荷载，并求出最大弯矩发生的截面位置，然后求出最大弯矩值。

斜梁的截面计算高度 h 应按垂直于斜向轴线的梁高取用，并按倒 L 形截面计算其受弯承载力。

3. 平台板和平台梁的计算

平台板一般为承受均匀荷载的单向板，支承于平台梁及外墙上或钢筋混凝土梁上，计算弯矩可取 $ql^2/8$ 或 $ql^2/10$，其中 l 为板的计算跨度。

平台梁承受平台板传来的均布荷载以及上、下楼梯斜梁传来的集中荷载，一般按简支梁计算内力，按受弯构件计算其承载力。

2.6.3　板式楼梯的计算

1. 梯段板的计算

梯段板的受力性能与梁式楼梯的斜梁相似，故二者的内力计算方法相同，考虑到平台梁对梯段两端的嵌固作用，计算时跨中截面弯矩可近似取为 $ql^2/10$。但对折线形板，应按折线形梁（见图 2-50）的计算方法确定其内力。

2. 平台梁的内力计算

板式楼梯中的平台梁承受梯段板和平台板传来的均布荷载，故可按承受均布荷载的简支梁计算内力。

2.6.4　折板悬挑式楼梯和螺旋式楼梯的计算

如上所述，折板悬挑式楼梯［见图 2-47（c）］和螺旋式楼梯［见图 2-47（d）］属空间受力体系，内力计算比较复杂，限于篇幅，这里仅作简要说明。

折板悬挑式楼梯的计算方法主要有板的相互作用法和空间刚架法两种。

螺旋式楼梯［见图 2-47（d）］的上端支承在楼面梁上，下端支承在地面上，其上、下端的转动约束作用有限，因此计算螺旋式楼梯的内力时，其上、下支承端可假定为简支端。这样，螺旋式楼梯可认为是以楼梯宽度中心线为计算轴线的两端简支的旋梁。

2.6.5　整体式楼梯的构造要求

梁式楼梯的踏步板厚度一般取 $d=30\sim40$mm。踏步板的受力钢筋除按计算确定外，要求每一级踏步不少于 2ϕ6 钢筋；沿梯段布置 ϕ6@250 的分布钢筋，如图 2-51 所示。

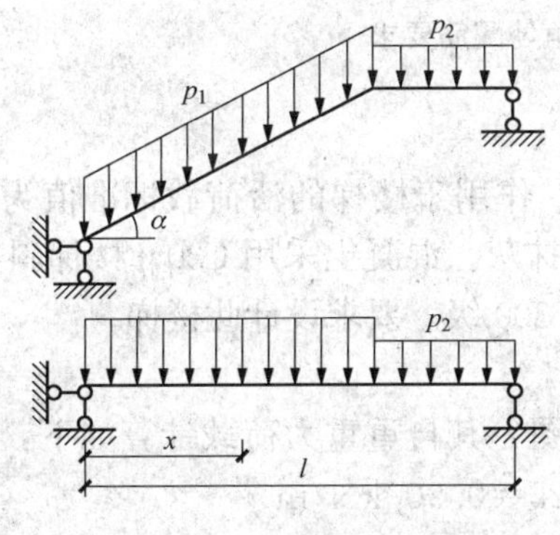

图 2-50　折线形斜梁计算

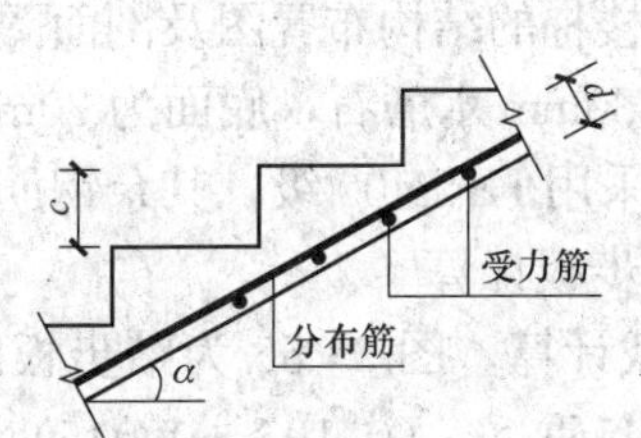

图 2-51　梁式楼梯踏步板配筋图

板式楼梯的踏步板厚度一般取 1/30～1/25 板跨，通常取 100～120mm。每个踏步需配置一根 φ8 钢筋作为分布筋；考虑支座连接处的整体性，为防止板面出现裂缝，应在斜板上部布置适量的附加钢筋，其伸出支座长度为 $l_n/4$，如图 2-52 所示。

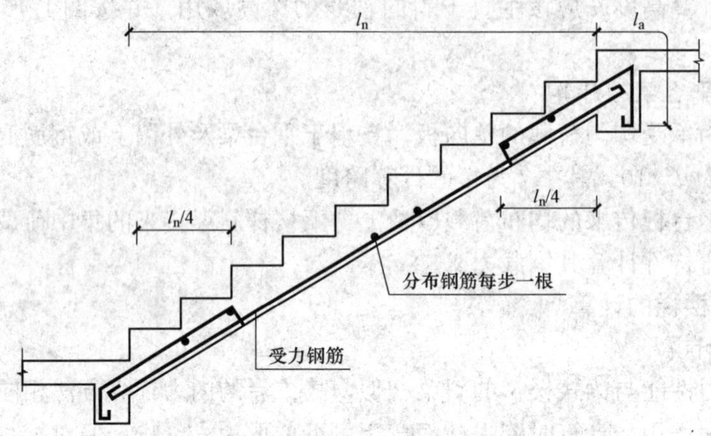

图 2-52 板式楼梯梯段板配筋图

对于折线形板，在折角处如钢筋沿折角内边布置，则受力钢筋将产生向外的合力［见图 2-53（a)］，可能使该处混凝土崩脱，所以此处的钢筋应断开后自行锚固［见图 2-53（b)］。当兼顾折角处负弯矩钢筋需要时，可按图 2-53（c）所示的方法处理。

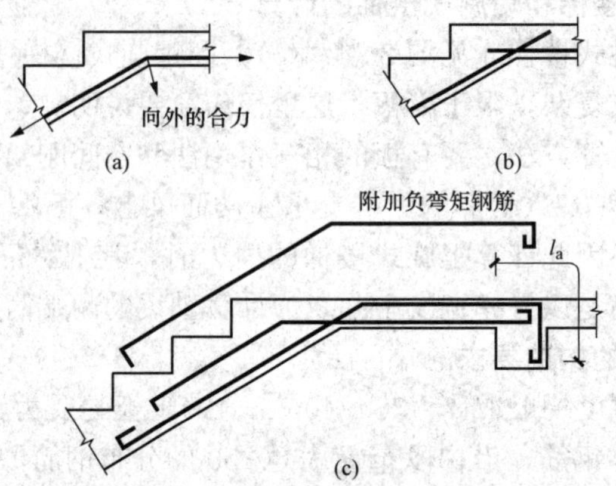

图 2-53 折线板折角处配筋要求

2.6.6 某梁式楼梯的结构配筋设计

某梁式楼梯的结构布置图及剖面图见图 2-54。作用于楼梯的活荷载标准值为2.0kN/m²，踏步面层用 30mm 水磨石，底面为 20mm 厚混合浆抹灰。混凝土采用 C30，楼梯斜梁及平梁中的受力纵筋采用 HRB400 级，其余钢筋均采用 HPB300 级。要求设计此楼梯。

（1）踏步板计算。

1）荷载计算。图 2-55 为踏步板的构造示意图，其自重重力荷载计算如下：

踏步板自重　(0.195＋0.045）/2×0.3× 25＝0.900kN/m

踏步抹面重　(0.3＋0.15）×0.65＝0.293kN/m

底面抹灰重　0.335×0.02×17＝0.114kN/m

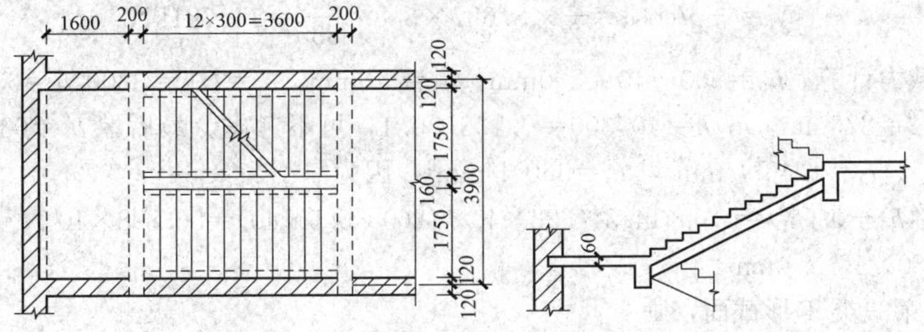

图 2-54 梁式楼梯结构布置图及剖面图

恒载　　　　　　1.307kN/m

活荷载　　　　　2.0×0.3=0.600 kN/m

总荷载设计值　$P=1.2\times1.307+1.4\times0.6=2.408$kN/m

$P=1.35\times1.307+0.7\times1.4\times0.6=2.352$kN/m

所以取总荷载设计值为 2.408kN/m 进行内力计算。

2）内力计算。楼梯斜梁的截面尺寸取为 150mm×300mm，则踏步板的计算跨度和跨中截面弯矩分别为

$$l=l_n+b=(1.75-2\times0.15)+0.15=1.6\text{m}$$

$$M=\frac{1}{8}\times2.408\times1.6^2=0.771\text{kN}\cdot\text{m}$$

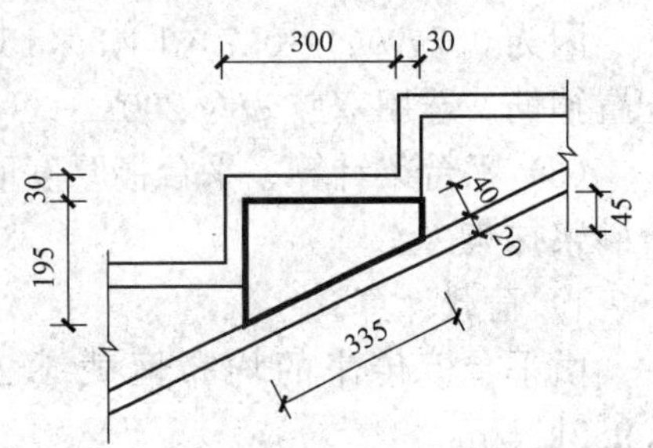

图 2-55 踏步板构造示意图

3）受弯承载力计算。踏步板截面的折算高度 $h=(195+45)/2=120$mm，$h_0=120-20=100$mm，$b=300$mm；$f_c=14.3\text{N/mm}^2$，$f_y=270\text{N/mm}^2$，则

$$\alpha_s=\frac{M}{\alpha_1 f_c b h_0^2}=\frac{0.771\times10^6}{1.0\times14.3\times300\times100^2}=0.018$$

$$\xi=1-\sqrt{1-2\alpha_s}=0.018$$

$$A_s=\alpha_1 f_c b h_0 \xi / f_y=1.0\times14.3\times300\times100\times0.018/270=29\text{mm}^2$$

选 $2\phi8(A_s=101\text{mm}^2)$。

（2）楼梯斜梁计算。

1）荷载计算。

踏步板传来的荷载　$\frac{1}{2}\times2.408\times1.75\times\frac{1}{0.3}=7.023$kN/m

斜梁自重　$1.2\times(0.3-0.04)\times0.15\times25\times\frac{335}{300}=1.307$kN/m

斜梁抹灰重　$1.2\times(0.3-0.04)\times2\times0.02\times17\times\frac{335}{300}=0.237$kN/m

楼梯栏杆重　$1.2\times0.1=0.120$kN/m

总荷载设计值　$p=8.687$kN/m

2）内力计算。取平台梁截面尺寸为 200mm×400mm，则斜梁的水平投影计算跨度为 $l=l_n+b=3.6+0.2=3.8$mm。梁跨中截面弯矩及支座截面剪力分别为

$$M=\frac{1}{8}pl^2=\frac{1}{8}\times8.687\times3.8^2=15.680\text{kN}\cdot\text{m}$$

$$V=\frac{1}{2}pl\cos\alpha=\frac{1}{2}\times 8.687\times 3.8\times\frac{300}{335}=14.781\text{kN}$$

3）承载力计算。$h_0=300-40=260\text{mm}$；$h_f'=40\text{mm}$，$b_f'=l/6=3800/6=633\text{mm}$，$b_f'=150+1450/2=875\text{mm}$，$h_f'/h=40/300=0.133>0.1$，可不考虑。最后取 $b_f'=633\text{mm}$，$f_c=14.3\text{N/mm}^2$，$f_t=1.43\text{N/mm}^2$，$f_y=360\text{N/mm}^2$。因为

$$\alpha_1 f_c b_f' h_f'(h_0-0.5h_f')=1.0\times 14.3\times 633\times 40\times(260-0.5\times 40)=86.898\times 10^6\text{N}\cdot\text{mm}>M$$
$$=15.680\times 10^6\text{N}\cdot\text{mm}$$

所以属第一类 T 形截面，则

$$\alpha_s=\frac{M}{\alpha_1 f_c b_f' h_0}=\frac{15.68\times 10^6}{1.0\times 14.3\times 633\times 260^2}=0.0256$$

$$\xi=1-\sqrt{1-2\alpha_s}=0.026$$

$$A_s=\alpha_1 f_c b_f' h_0\xi/f_y=1.0\times 14.3\times 633\times 260\times 0.026/360=170\text{mm}^2$$

选 2 ⌀12（$A_s=226\text{mm}^2$）。

因为 $0.7f_tbh_0=0.7\times 1.43\times 150\times 260=39.039\text{kN}>V=14.78\text{kN}$，故只需按构造要求配置箍筋。选用双肢 ϕ8@200。

(3) 平台梁计算。平台板厚度取 60mm，面层采用 30mm 厚水磨石，底面为 20mm 厚混合砂浆抹灰。

1）荷载计算。

由平台板传来的均布恒载 $1.2\times(0.65+0.06\times 25+0.02\times 17)\times(1.6/2+0.2)=2.988\text{kN/m}$

由平台板传来的均布活载	$1.4\times 2.0\times(1.6/2+0.2)=2.800\text{kN/m}$
平台梁自重	$1.2\times 0.2\times(0.4-0.06)\times 25=2.040\text{kN/m}$
平台梁抹灰重	$1.2\times 2\times(0.4-0.06)\times 0.02\times 17=0.277\text{kN/m}$
均布荷载设计值	8.105kN/m
由斜梁传来的集中荷载设计值	$G+Q=8.687\times 3.6/2=15.637\text{kN}$

2）内力计算。平台梁计算简图见图 2-56，其计算跨度为

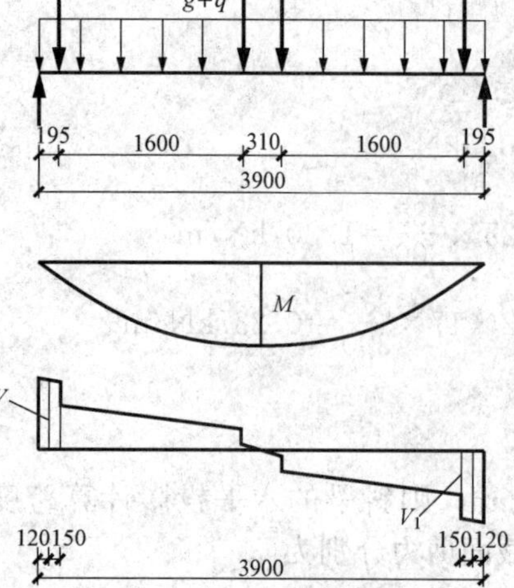

图 2-56　平台梁计算简图

$$l=l_n+a=(17.5\times 2+0.16)+0.24=3.9\text{m}$$

支座反力 R 为

$$R=\frac{1}{2}\times 8.105\times 3.9+2\times 15.637=47.079\text{kN}$$

跨中截面弯矩 M 为

$$M=47.079\times\frac{3.9}{2}-\frac{1}{8}\times 8.105\times 3.9^2-15.637\times(1.755+0.31/2)=46.528\text{kN}\cdot\text{m}$$

梁端截面剪力 V 为

$$V=\frac{1}{2}\times 8.105\times 3.66+15.637\times 2=46.106\text{kN}$$

由于靠近楼梯间墙的梯段斜梁距支座过近，剪跨过小，故其荷载将直接传至支座，所以计算斜截面宜取在斜梁内侧，此处剪力 V_1 为

$$V_1=\frac{1}{2}\times 8.105\times 3.36+15.637=29.253\text{kN}$$

3）正截面受弯承载力计算。$h_0=400-40=360\text{mm}$；$b=200\text{mm}$，$h_f'=60\text{mm}$，$b_f'=l/6=3900/6=650\text{mm}$，$b_f'=200+1600/2=1000\text{mm}$，最后取 $b_f'=650\text{mm}$。

$\alpha_1 f_c b_f' h_f'(h_0-0.5h_f')=1.0\times 14.3\times 650\times 60\times(360-0.5\times 60)=184.041\text{kN}\cdot\text{m}>M$

所以应按第一类T形截面计算，则

$$\alpha_s=\frac{M}{\alpha_1 f_c b'_f h_0^2}=\frac{46.528\times 10^6}{1.0\times 14.3\times 650\times 360^2}=0.0386$$

$$\xi=1-\sqrt{1-2\alpha_s}=0.0394$$

$$A_s=\alpha_1 f_c b_f' h_0 \xi/f_y=1.0\times 14.3\times 650\times 360\times 0.0394/360=366\text{mm}^2$$

选用2Φ16（$A_s=402\text{mm}^2$）。

4）斜截面受剪承载力计算。因为 $0.7f_t b h_0=0.7\times 1.43\times 200\times 360=72.072\text{kN}>V$，所以只需按构造要求配置箍筋，选用双肢 ϕ8@200。

5）吊筋计算。采用附加箍筋承受梯段斜梁传来的集中力。设附加箍筋为双肢 ϕ8，则所需箍筋总数为

$$m=\frac{G+Q}{nA_{sv1}f_{yv}}=\frac{15.637\times 10^3}{2\times 50.3\times 270}=0.58$$

在梯段斜梁两侧各配置两个双肢 ϕ8 箍筋。

楼梯配筋图见图2-57。

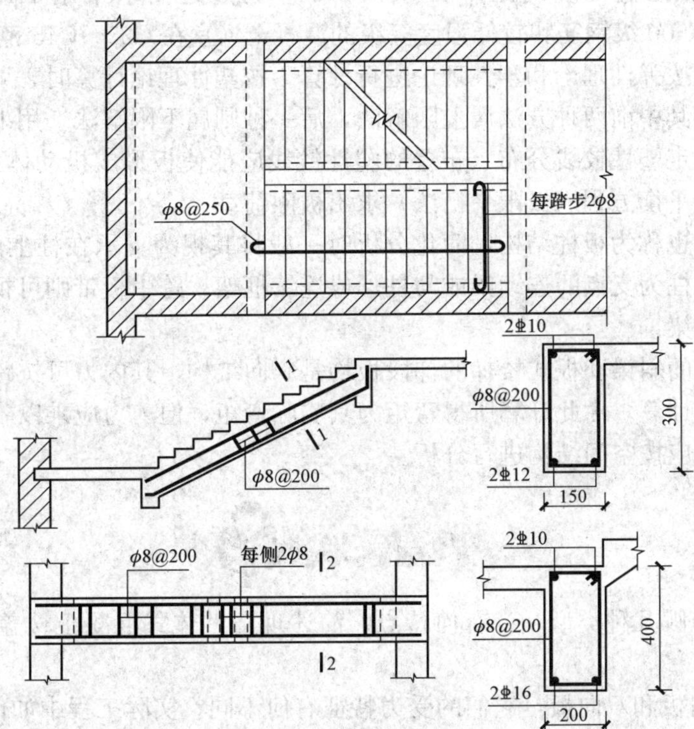

图2-57　楼梯配筋图

本章小结

（1）楼盖、楼梯等实际上是梁板结构，其设计的主要步骤是：结构选型和结构布置；结构计算（包括确定计算简图、荷载计算、内力分析、内力组合及截面配筋计算等）；结构构造设计及绘制施工图。其中结构选型和结构布置属结构方案设计，其合理与否对整个结构的可靠性和经济性有重大影响，应根据使用要求、结构受力特点等慎重考虑。

（2）确定结构计算简图（包括计算模型和荷载图式）是进行结构分析的关键，应抓住主要因素，忽略次要因素，反映结构受力和变形的基本特点，用简化图形代替实际结构。

（3）在荷载作用下，如果板是双向弯曲、双向受力，则称为双向板；否则为单向板。设计中可按板的四边支承情况和板的两个方向的跨度比值来区分单、双向板。

（4）在整体式单向板肋梁楼盖中，主梁一般按弹性理论计算内力；板和次梁可按考虑塑性内力重分布方法计算内力。按塑性理论计算结构内力时，一般要求结构满足三个条件：①平衡条件，即内力和外力保持平衡；②塑性条件，$\theta_p \leqslant [\theta_p]$，即外荷载作用下结构控制截面的塑性转角应小于该截面的塑性极限转角；③适用性条件，即考虑塑性内力重分布后，结构应满足正常使用阶段的变形和裂缝宽度限值。

（5）为了满足塑性条件 $\theta_p \leqslant [\theta_p]$，一方面要求塑性铰的转动幅度不宜过大，限制塑性铰截面的弯矩调整幅度 $\beta \leqslant 25\%$；另一方面要求塑性铰有足够的转动能力，主要是要求塑性铰截面的相对受压区高度应满足 $0.1 \leqslant \xi \leqslant 0.35$，另外还要求采用 HRB400、HRB500、HRBF400、HRBF500 级钢筋和较低强度等级的混凝土（宜在 C25～C45 范围内）。

（6）双向板可按弹性理论和塑性理论进行计算。按塑性理论计算时，可用机动法、极限平衡法和板带法，其中前两种方法属上限解法，后一种则属下限解法。用上限解法求解极限荷载时，一般先假定塑性铰线分布（布置的塑性铰线应能使板形成机动体系），然后由功能方程（机动法）或平衡方程（极限平衡法）求出极限荷载。

（7）无梁楼盖也称为板柱结构，简化分析时一般将其视为支承在柱上的交叉板带体系。柱上板带相当于以柱为支点的连续梁或与柱形成连续框架；跨中板带则可视为支承在另一方向柱上板带的连续梁。

（8）梁式楼梯的斜梁和板式楼梯的梯段板均是斜向结构，其内力可按跨度为水平投影长度的水平结构进行计算，由此计算所得弯矩为其实际弯矩，但剪力应乘以 $\cos\alpha$。折板悬挑式楼梯和螺旋式楼梯应按空间结构进行分析。

思考题

1. 楼盖结构有哪几种类型？各有何特点？简述现浇整体式混凝土楼盖结构设计的一般步骤。

2. 什么是单向板和双向板？它们的受力特征有何不同？实际工程中如何判别？

3. 现浇单向板肋梁楼盖中，当按弹性理论计算结构内力时，如何确定主梁、次梁和板的计算跨度？当按塑性理论计算内力时，如何确定次梁和板的计算跨度？

4. 主梁作为次梁的不动铰支座，柱作为主梁的不动铰支座，各应满足什么条件？当不满足这些条件时，计算简图应如何确定？计算单向连续板和连续次梁内力时，为什么要采用折算荷载？

5. 对连续梁为什么要考虑活荷载的不利布置？说明确定连续梁各控制截面最不利内力的活荷载布置原则。如何绘制连续梁的内力包络图？

6. 什么是钢筋混凝土受弯构件的塑性铰？它与结构计算简图中的理想铰有何不同？影响塑性铰转动能力的因素有哪些？

7. 什么是钢筋混凝土超静定结构的塑性内力重分布？塑性铰的转动能力与塑性内力重分布有何关系？

8. 什么是弯矩调幅法？应用弯矩调幅法应遵循哪些原则？

9. 连续单向板中受力钢筋的弯起和截断有哪些要求？单向板中有哪些构造钢筋？它们有何作用？

10. 如何利用单区格双向板的弹性弯矩系数计算连续双向板的跨中最大正弯矩和支座最大负弯矩？该法的适用条件是什么？

11. 双向板达到承载能力极限状态的标志是什么？简要说明用机动法和极限平衡法计算双向板极限荷载的步骤。

12. 说明无梁楼盖的受力特点及内力的实用计算方法。

13. 常用楼梯有哪几种类型？如何计算梁式楼梯和板式楼梯中各构件的内力？

1. 两跨连续梁如图 2-58 所示，梁上作用集中恒载标准值 $G_k=50\text{kN}$，集中活荷载标准值 $Q_k=80\text{kN}$。求：①按弹性理论计算的设计弯矩包络图；②按考虑塑性内力重分布的方法，中间支座弯矩调幅 25%后的设计弯矩包络图。

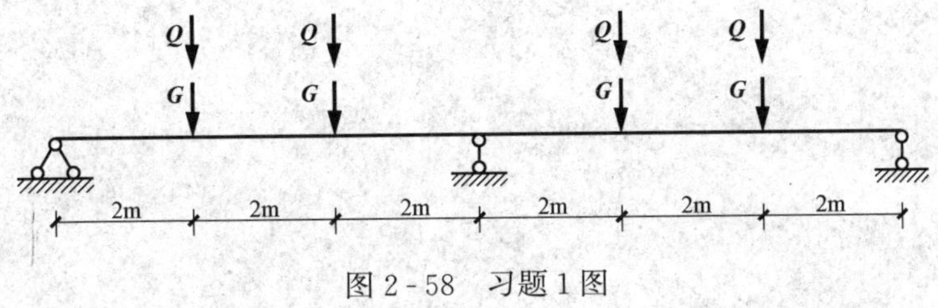

图 2-58 习题 1 图

2. 单跨超静定梁，承受均布荷载（见图 2-59）。已知支座截面的极限弯矩设计值 $M_u=240\text{kN}\cdot\text{m}$，跨中截面的极限弯矩设计值 $M_u=200\text{kN}\cdot\text{m}$。求：①支座截面出现塑性铰时梁所能负担的荷载设计值 q_1；②梁达到承载能力极限状态时所能负担的荷载设计值 q_u；③支座截面的弯矩调幅系数。

3. 两对边固定，另外两对边简支的双向板如图 2-60 所示。板面作用均布荷载，设跨中截面单位宽度上的极限弯矩 $m_y=m_u$，$m_x=0.5m_u$；支座截面单位宽度上的极限弯矩 $m'_x=m''_x=2m_x$；$l_x/l_y=1.8$。试用机动法求此板所能承受的极限荷载 p_u。

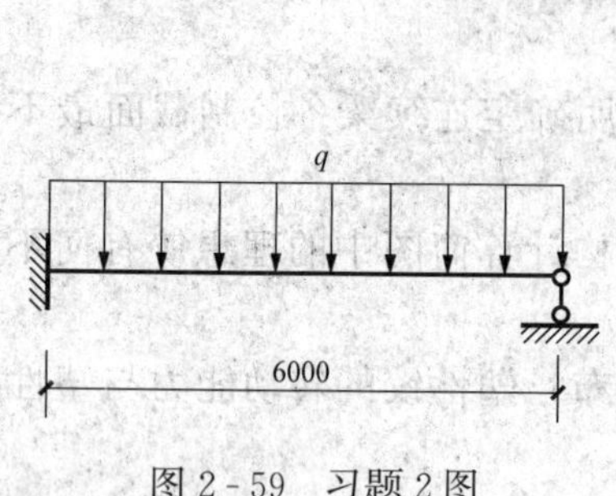

图 2-59　习题 2 图

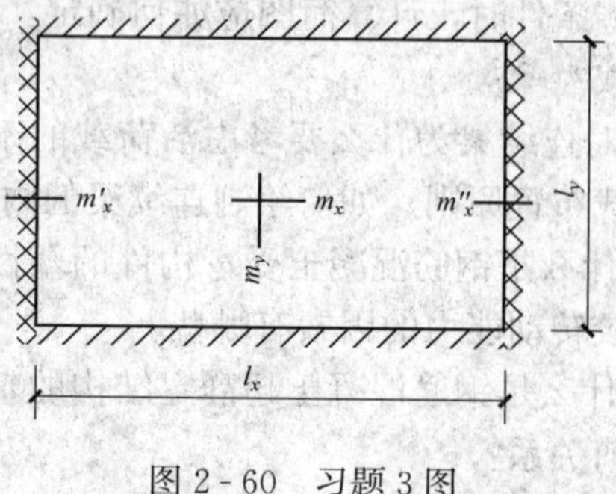

图 2-60　习题 3 图

第3章　单层厂房结构设计

3.1　概　　述

3.1.1　单层厂房结构特点与分类

单层厂房结构是工业建筑中广泛应用的一种结构形式，多用于生产设备或产品较重且规模较大的生产车间，如机械厂的装配车间，见图3-1。

图3-1　汽车装配车间

与民用建筑结构不同的是，单层厂房是服务于工业生产的建筑物，工业生产的特点决定了单层厂房结构的特点。单层厂房结构具有较大的跨度和净空，需要承受较大的荷载，而且设计时通常要考虑动力荷载的影响。单层厂房由于面积大，各类构件的应用较多，因此一般采用装配式结构。

单层厂房的分类按照其主要承重材料分为混合结构、钢筋混凝土结构和钢结构等。承重结构的选择主要取决于厂房的跨度、高度和吊车起重量等因素。一般而言，无吊车或吊车起重量不超过5t、跨度在15m以内、柱顶标高不超过8m且无特殊工艺要求的小型厂房，可采用混合结构，该类结构通常由砖柱、钢筋混凝土屋架或轻钢屋架组成。对有重型吊车（吊车起重量在150t以上、吊车工作级别为A4、A5级）、跨度大于36m或有特殊工艺要求的大型厂房，可采用全钢结构或由钢筋混凝土柱与钢屋架组成的结构。除上述情况以外的单层厂房均可采用钢筋混凝土结构，而且除特殊情况外，一般均采用装配式钢筋混凝土结构。

单层厂房按承重结构体系可分为排架结构和刚架结构两类。排架结构是单层厂房中应用最广泛的一种结构形式，它由屋架（或屋面梁）、柱和基础组成，柱顶与屋架铰接，柱底与基础顶面固接。刚架结构由横梁、柱和基础组成，常用的为装配式钢筋混凝土门式刚架。与排架结构不同，门架结构中的柱与横梁刚接为同一构件，而柱与基础一般为铰接。

3.1.2 单层厂房结构设计

单层厂房结构设计须满足工艺设计的要求，可分为方案设计、技术设计和施工图绘制三个阶段。方案设计主要进行结构选型和结构布置，技术设计阶段主要进行结构分析与构件设计，最后根据计算结果和构造要求绘制结构施工图。整个设计步骤如图 3-2 所示。

单层厂房结构的主要构件有屋盖结构构件、支撑、吊车梁、墙板、连系梁、基础梁、柱和基础等。这些构件中，柱和基础一般应进行设计。其他构件一般都可以从工业厂房结构构件标准图集中选用合适的标准构件，不必另行设计，这称为构件选型。

构件选型需进行技术经济比较，尽可能节约材料，降低造价。根据对一般中型厂房（跨度为 24m，吊车起重量为 15t）所做的统计，厂房主要构件的材料用量和各部分造价占土建总造价的百分比分别见表 3-1 和表 3-2。由表可知，屋盖部分的材料用量和造价都比其他部分要大。

表 3-1　　中型钢筋混凝土单层厂房结构各主要构件材料用量　　%

材料	每平方米建筑面积构件材料用量	每种构件材料用量占总用量的百分比				
		屋面板	屋架	吊车梁	柱	基础
混凝土	0.13～0.18m^3	30～40	8～12	10～15	15～20	25～35
钢材	18～20kg	25～30	20～30	20～32	18～25	8～12

表 3-2　　厂房各部分造价占土建总造价的百分比　　%

项目	屋盖	柱、梁	基础	墙	地面	门窗	其他
百分比	30～50	10～20	5～10	10～18	4～7	5～11	3～5

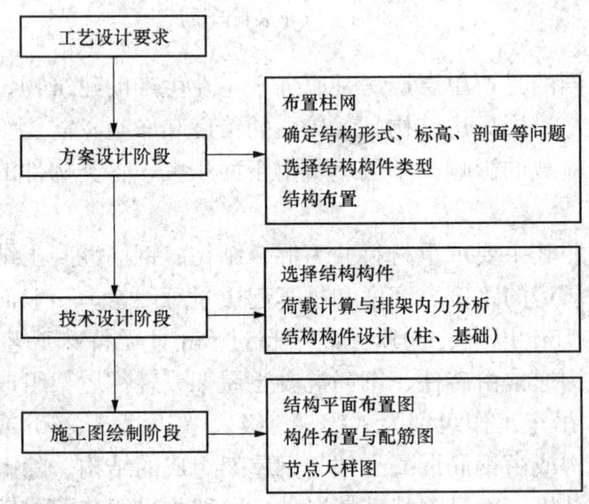

图 3-2　单层厂房结构设计步骤

本章主要介绍装配式钢筋混凝土单层厂房排架结构设计中的主要问题。有关地震作用下厂房结构的受力性能和厂房结构抗震设计问题可参考结构抗震设计方面的教材，本章不予介绍。

3.2　结构组成与结构布置

3.2.1　结构组成

单层厂房结构是由多种构件组成的一个空间受力体系，如图 3-3 所示。

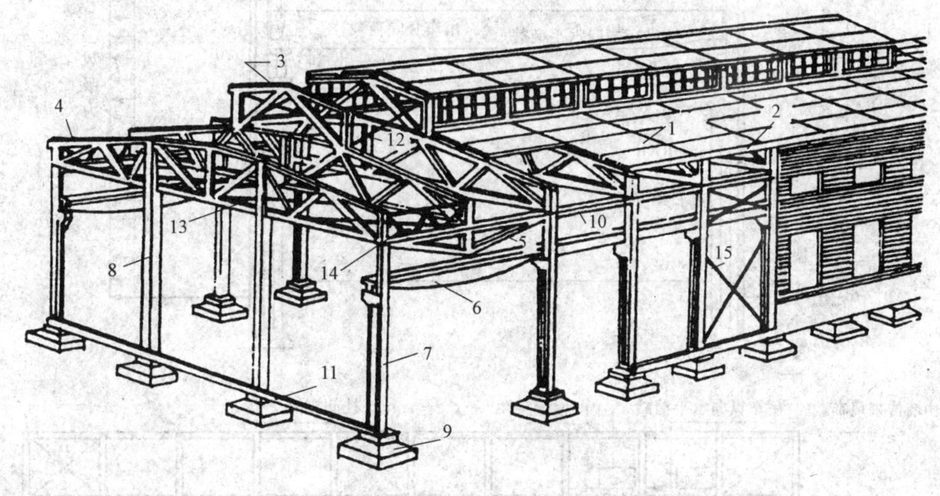

图 3-3　单层厂房结构

1—屋面板；2—天沟板；3—天窗架；4—屋架；5—托架；6—吊车梁；7—排架柱；8—抗风柱；9—基础；10—连系梁；11—基础梁；12—天窗架垂直支撑；13—屋架下弦横向水平支撑；14—屋架端部垂直支撑；15—柱间支撑

在结构分析与计算中，为了简化，通常将这种单层厂房空间结构简化为平面排架结构，包括横向平面排架和纵向平面排架。横向平面排架由屋架或屋面梁、横向柱列和基础组成。是厂房的基本承重结构，如图 3-4（a）所示。纵向平面排架由纵向柱列、连系梁、吊车梁、柱间支撑和基础等构件组成，如图 3-4（b）所示。

单层厂房的组成构件主要包括：

（1）屋盖结构。屋盖结构由排架柱顶以上部分各构件所组成，包括屋面板（包括天沟板）、屋架或屋面梁、天窗架、檩条、屋盖支撑、托架等。其作用主要是围护和承重（承受屋盖结构的自重、屋面活载、雪载和其他荷载，并将这些荷载传给排架柱），以及采光和通风。

屋盖结构分为有檩体系和无檩体系两种。有檩体系由小型屋面板、檩条、屋架及屋盖支撑组成，如图 3-5（a）所示。这种屋盖的构件小而轻，便于吊装和运输，但其构造和荷载传递都比较复杂，整体性和刚度也较差，适用于一般中、小型厂房。无檩体系由大型屋面板、屋架或屋面梁及屋盖支撑组成，如图 3-5（b）所示，有时还包括天窗架和托架等构件。这种屋盖的屋面刚度大、整体性好、构件数量和种类较少、施工速度快，适用于吊车起重量较大或有较大振动的大、中型或重型工业厂房，是单层厂房中应用较广的一种屋盖结构形式。

（2）排架柱。排架柱一般由上柱、下柱和牛腿组成，其结构形式可以概括为单肢柱和双肢柱两类。排架柱是单层厂房结构中的主要承力构件。

（3）支撑系统。单层厂房的支撑系统包括屋盖支撑和柱间支撑两大类。其作用主要是增

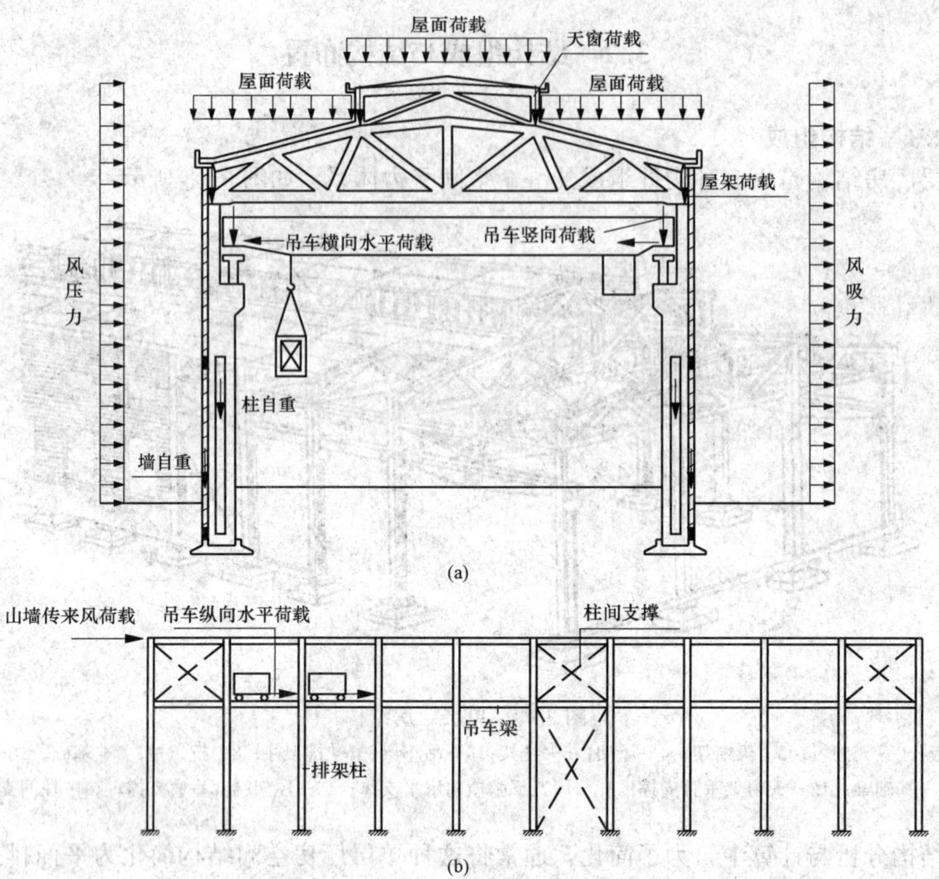

图 3-4 单层厂房平面排架结构

（a）横向平面排架及荷载；（b）纵向平面排架及荷载

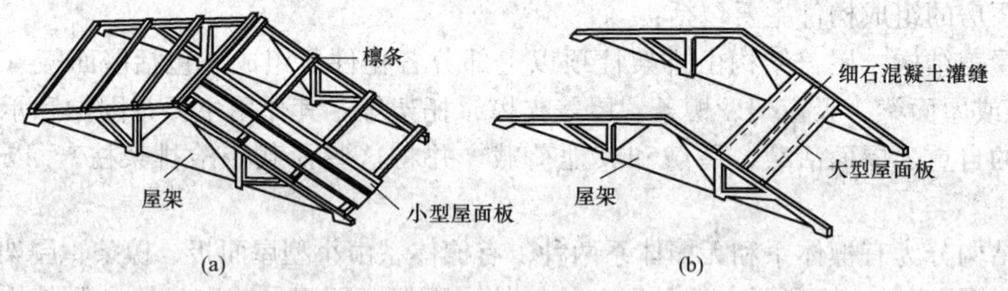

图 3-5 屋盖结构

（a）有檩体系；（b）无檩体系

强厂房的纵向稳定性和刚度；保证结构构件的稳定与正常工作；同时把纵向风荷载、吊车纵向水平荷载以及水平地震作用等传递到相应的承重构件上，并传至基础。

（4）吊车梁。吊车梁截面形式一般为 T 形或工字形，简支在排架柱牛腿上；主要承受吊车竖向荷载、横向水平荷载以及纵向水平荷载，并将其传至排架柱。

（5）围护结构。围护结构位于厂房的四周，一般包括纵墙、横墙（山墙）、抗风柱、连系梁、基础梁等构件。围护墙体一般由砌体墙构成，也可由轻质墙板、钢筋混凝土大型墙板或石棉水泥瓦板墙等构成。

(6) 基础。单层厂房通常采用柱下独立基础，承受柱和基础梁传来的荷载并将其传至地基。

表 3-3 给出了单层厂房结构的主要结构构件及其主要作用。

表 3-3　　单层厂房结构构件及其主要作用

构件名称		主要作用	备注
屋盖结构	屋面板	承受屋面构造层自重、活荷载（如雪荷载、积灰荷载以及施工荷载等），并将它们传给屋架（屋面梁），起覆盖、围护和传递荷载的作用	支撑在屋架（屋面梁）或檩条上
	天沟板	屋面排水，以及承受屋面积水及天沟板上的构造层自重、施工荷载等，并将它们传给屋架	
	天窗架	形成天窗以便于采光和通风，承受其上屋面板传来的荷载及天窗上的风荷载，并将它们传给屋架	
	托架	当柱间距比屋面板跨度大时，用以支承屋架，并将荷载传给柱	
	屋架（屋面梁）	与柱形成横向排架结构，承受屋盖上的全部荷载，并将它们传给柱	
	檩条	支撑小型屋面板（或瓦材），承受屋面板传来的荷载，并将它们传给屋架	有檩体系屋盖中采用
柱	排架柱	承受屋盖结构、吊车梁、外墙、柱间支撑等传来的竖向和水平荷载，并将它们传给基础	同时为横向排架和纵向排架中的构件
	抗风柱	承受山墙传来的风荷载，并将它们传给屋盖结构和基础	也是围护结构的一部分
支撑体系	屋盖支撑	加强屋盖空间刚度，保证屋架的稳定，将风荷载传给排架结构	
	柱间支撑	加强厂房的纵向刚度和稳定性，承受并传递纵向水平荷载至排架柱或基础	
围护结构	外纵墙 山墙	厂房的围护构件，承受风荷载及自重	
	连系梁	连系纵向柱列，增强厂房的纵向刚度，并将风荷载传递给纵向柱列，同时还承受其上部墙体的重量	
	圈梁	加强厂房的整体刚度，防止由于地基不均匀沉降或较大振动荷载引起的不利影响	
	过梁	承受门窗洞口上部墙体的重量，并将它们传给门窗两侧墙体	
	基础梁	承受围护墙体的重量，并将它们传给基础	
吊车梁		承受吊车竖向和横向或纵向水平荷载，并将它们分别传给横向或纵向排架	简支在柱牛腿上
基础		承受柱、基础梁传来的全部荷载，并将它们传给地基	

3.2.2 结构平面布置

1. 柱网布置

厂房承重柱的纵向和横向定位轴线所形成的网络，称为柱网。柱网布置的原则是：①应满足生产工艺及使用要求，并力求建筑平面和结构方案经济合理；②保证结构构件标准化和定型化，遵守《厂房建筑模数协调标准》（GB/T 50006—2010）规定的统一模数制规定；③适当考虑施工条件，以及今后一定时期内的生产发展及技术革新要求。

GB/T 50006—2010 规定的统一模数制以 100mm 为基本单位，用 M 表示，并规定建筑的平面和竖向协调模数的基数值均应取扩大模数 3M。

柱网布置就是确定纵向定位轴线之间（跨度）和横向定位轴线之间（柱距）的尺寸。当厂房跨度小于或等于 18m 时，跨度应以 3m 为模数，即 9、12、15、18m；当厂房跨度大于 18m 时，跨度应以 6m 为模数，即 24、30、36m 等。但当工艺布置及技术经济指标有明显优势时，也可采用 21、27、33m 等跨度。厂房柱距一般采用 6m 较为经济，当工艺有特殊要求时，可局部抽柱，即柱距为 12m；个别厂房也采用 9m 柱距。

2. 定位轴线

厂房定位轴线是确定厂房主要承重构件尺寸和确定其相互位置的基准线，同时也是施工放线和设备定位的依据。通常将沿厂房跨度方向的轴线称为横向定位轴线，一般用编号①、②、③、…表示；沿厂房柱距方向的轴线称为纵向定位轴线，一般用编号Ⓐ、Ⓑ、Ⓒ、…表示，如图 3-6 所示。

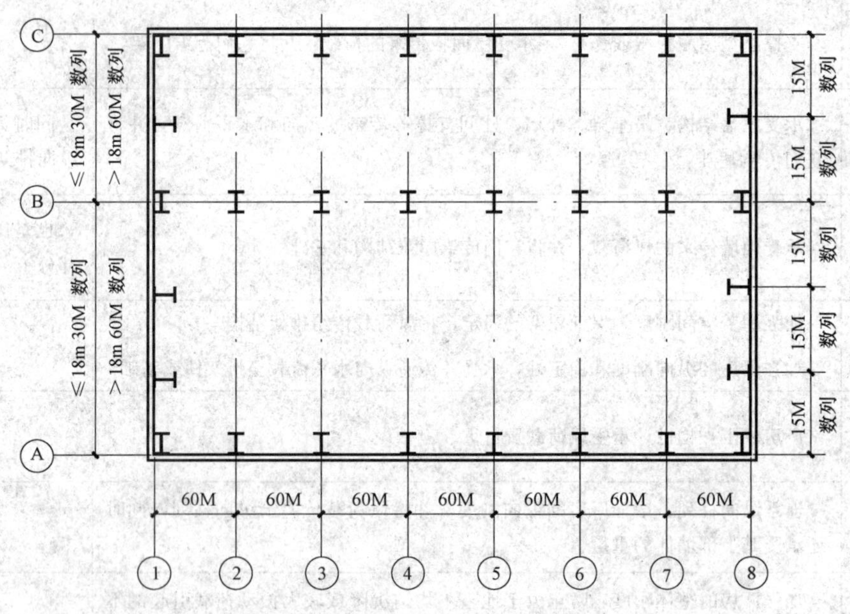

图 3-6 柱网布置和定位轴线

定位轴线之间的距离与主要构件的标志尺寸是一致的，并且符合建筑模数。标志尺寸是指构件的实际尺寸加上两端必要的构造尺寸。如大型屋面板的实际尺寸为 1490mm×5970mm，标志尺寸为 1500mm×6000mm；18m 屋面梁（或屋架）的实际跨度为 17950mm，标志跨度为 18000mm，如图 3-7 所示。当横向定位轴线之间的距离与屋面板、吊车梁、连系梁等主要构件的标志尺寸相一致，以及纵向定位轴线之间的距离与屋架、屋面梁等主要构件的标志尺寸相一致时，使构件的端头与端头及端头与墙内缘相重合，不留缝隙，形成封闭结合，这种轴线称为封闭式定位轴线；否则，形成非封闭式结合，为非封闭定位轴线。

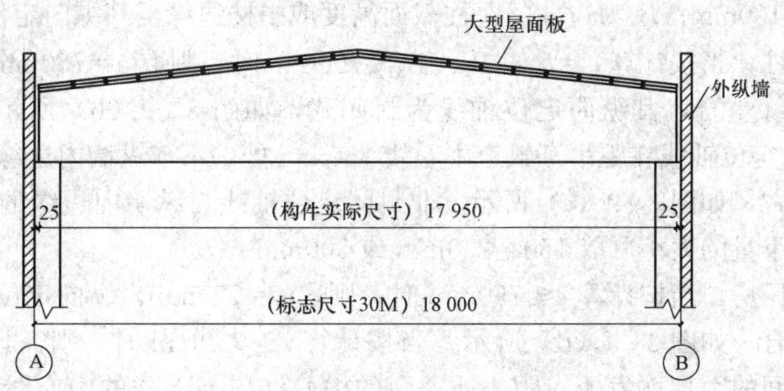

图 3-7　封闭式纵向定位轴线

（1）横向定位轴线。横向定位轴线一般通过柱截面的几何中心，但在厂房的尽端横向定位轴线应与山墙内边缘重合，需将山墙处端柱中心线内移 600mm，以保证端部屋架与抗风柱和山墙的位置不发生冲突。同样道理，伸缩缝两侧的柱中心线也须向两边各移 600mm，使伸缩缝中心线与横向定位轴线重合，如图 3-8 所示。

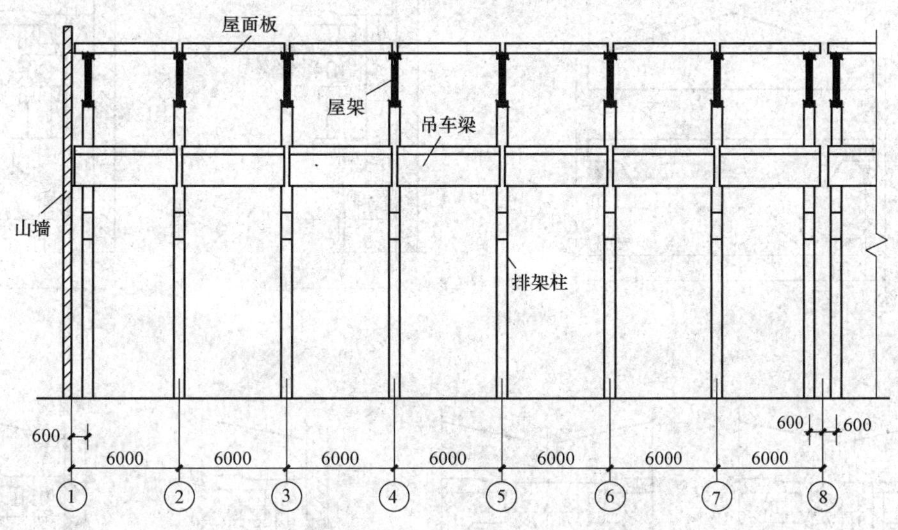

图 3-8　厂房的横向定位轴线

（2）纵向定位轴线。对无吊车或吊车起重量≤30t 的厂房，边柱外缘和纵墙内缘应与纵向定位轴线相重合，形成封闭结合，如图 3-9（b）所示。对吊车起重量大于 30t 的厂房，纵向定位轴线还与吊车的起重量和柱截面尺寸有关。为了吊车梁与柱之间的构造连接以及吊车的安全行驶，纵向定位轴线之间的距离 L 和吊车轨距 L_k 之间一般有以下关系［见图 3-9（a）］：

$$L = L_k + 2e \tag{3-1}$$

$$e = B_1 + B_2 + B_3 \tag{3-2}$$

式中：L_k 为吊车轨距，即吊车轨道中心线间的距离，可由吊车的规格查得；e 为吊车轨道中心线至纵向定位轴线间的距离，一般取 750mm，当吊车起重量大于 75t 时取为 1000mm；B_1

为吊车轨道中心线至吊车桥架外边缘的距离，可由吊车的规格查得；B_2为吊车桥架外边缘至上柱内边缘的净空宽度，当吊车起重量小于或等于 50t 时取 $B_2 \geqslant 80$mm，当吊车起重量大于 50t 时取 $B_2 \geqslant 100$mm；B_3为边柱的上柱截面高度或中柱边缘至其纵向定位轴线的距离。

对厂房的边柱，当按计算 $e = B_1 + B_2 + B_3 \leqslant 750$mm 时，则取 $e = 750$mm，纵向定位轴线可以与纵墙内边缘重合，其纵向定位轴线为封闭式，如图 3-9（b）所示。当按计算 $e > 750$mm 时，纵向定位轴线在距吊车轨道中心线 750mm 处，不与纵墙内边缘重合，其纵向定位轴线为非封闭式，如图 3-9（c）所示。非封闭定位轴线与纵墙内边缘的距离称为联系尺寸，根据吊车起重量的大小可取 150、250mm 或 500mm。

对多跨等高厂房，当按计算 $e \leqslant 750$mm 时，则取 $e = 750$mm，纵向定位轴线一般与中柱的上柱中心线重合，如图 3-9（d）所示；当按计算 $e > 750$mm 时，则需设两条定位轴线，两条定位轴线之间的距离称为插入距，插入距的中心线应与上柱的中心线重合，如图 3-9（e）所示。

对多跨不等高厂房，当相邻两跨不等高时，纵向定位轴线一般与较高部分厂房上柱的外边缘重合，如图 3-9（f）所示；当按计算 $e > 750$mm 时，则需增设一条纵向定位轴线，插入距一般也可取 150、250mm 等，如图 3-9（g）所示。

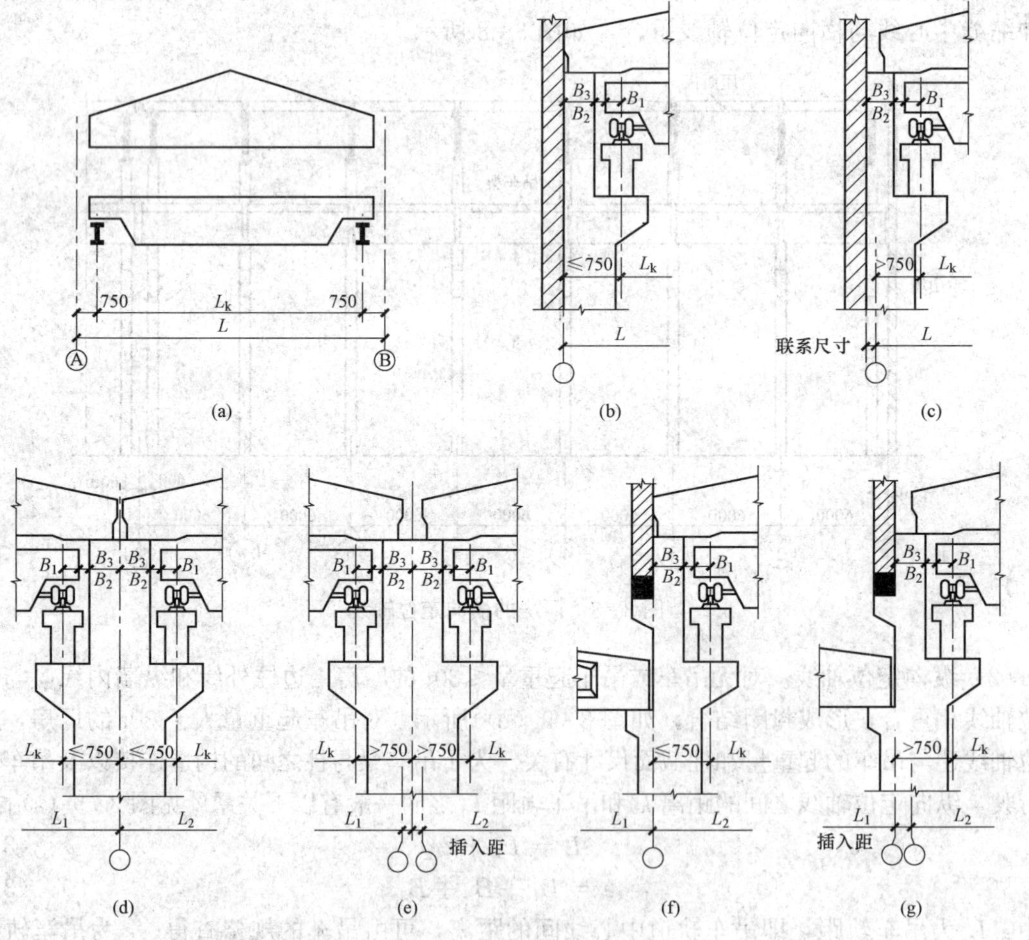

图 3-9 纵向定位轴线与吊车的关系

3. 变形缝设置

变形缝包括伸缩缝（温度缝）、沉降缝和防震缝三种。

伸缩缝将单层厂房分为若干温度区段，避免由于温差作用导致结构产生较大的温度应力。温度区段的长度取决于结构类型、施工方法和结构所处的环境等因素。装配式钢筋混凝土排架结构伸缩缝最大间距见附录D。

一般情况下，单层厂房可不设沉降缝。但是，当厂房相邻两部分高度相差大于10m，相邻两跨间吊车起重量相差悬殊，地基承载力或下卧层土质有较大差别，或厂房各部分的施工时间先后相差很大，致使土壤压缩程度不同等情况时，应考虑设置沉降缝。

防震缝是减轻单层厂房地震震害而采取的措施之一。位于地震区的单层厂房，当因生产工艺或使用要求而使其平、立面布置复杂或结构相邻两部分的刚度和高度相差较大时，应设置防震缝将相邻两部分分开。

3.2.3 厂房剖面设计

厂房的高度是指室内地面至柱顶的距离。屋架下弦底面标高和轨顶标高是厂房结构设计中的两个重要参数，要综合考虑生产工艺要求和建筑结构两方面的因素才能确定。

按照GB/T 50006—2010的规定，考虑建筑模数的要求，一般厂房自室内地面至屋架下弦底面的高度为300mm（3M）的倍数；对有吊车厂房，自室内地面至排架柱牛腿顶面的高度宜采用扩大模数300mm（3M）的倍数，当自室内地面至排架柱牛腿顶面的高度大于7.2m时，宜采用扩大模数为600mm（6M）的倍数。

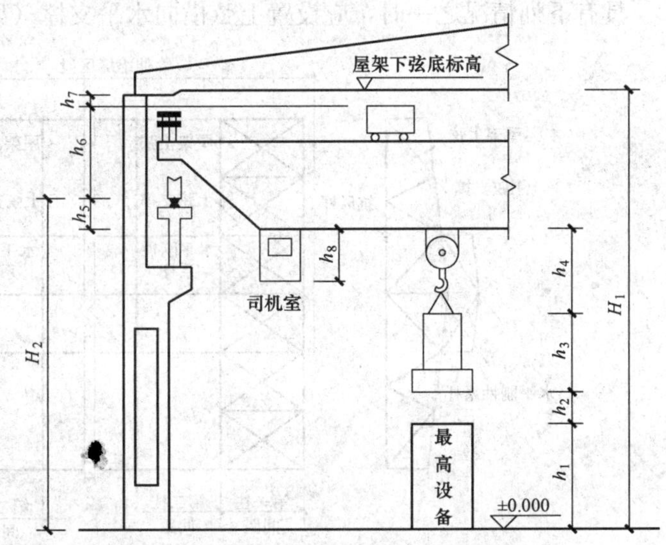

图3-10 厂房剖面高度示意图

对无吊车厂房，屋架下弦底面标高由设备高度和生产需要的使用高度来确定。对有吊车厂房，按下式确定吊车轨顶标高 H_2（见图3-10）：

$$H_2=\max\begin{cases}h_1+h_2+h_3+h_4+h_5\\h_1+h_2+h_8+h_5\end{cases} \tag{3-3}$$

式中：h_1为厂房内最高设备的高度，由工艺要求确定；h_2为起吊重物时的超越安全高度，一般不小于500mm；h_3为最大起吊重物的高度；h_4为最小吊索高度；h_5为吊车底面至吊车轨顶的高度；h_8为司机室至吊车底面的高度，可由吊车的规格查取。

屋架下弦底面的标高 H_1 可按下式确定，即

$$H_1=H_2+h_6+h_7 \tag{3-4}$$

式中：h_6为吊车轨顶至吊车小车顶面的尺寸；h_7为吊车安全行驶所需的空隙尺寸，一般不小于220mm。

3.2.4 支撑布置

单层厂房是由各预制构件在现场拼装、连接而组成，为了保证其在施工和使用过程中的稳定性和整体性，并可靠地传递水平荷载，需设置各种支撑。支撑布置是单层厂房结构设计中的一个主要内容。

单层厂房中的支撑分为屋盖支撑和柱间支撑两大类，本节主要讲述各类支撑的作用和布置原则，具体布置方法及其连接构造可参阅有关标准图集。

1. 屋盖支撑

屋盖支撑包括上、下弦横向水平支撑，纵向水平支撑，垂直支撑与水平系杆，天窗架支撑等。

（1）上弦横向水平支撑。上弦横向水平支撑是指沿厂房跨度方向由交叉角钢、直腹杆和屋架上弦杆共同构成的水平桁架。横向水平支撑一般设置在厂房端部以及温度区段两端的第一或第二柱间。其作用是保证屋架上弦杆在平面外的稳定和屋盖纵向水平刚度，同时还作为山墙抗风柱顶端的水平支座，承受由山墙传来的风荷载和其他纵向水平荷载，并将其传至厂房的纵向柱列。

具有下列情况之一时，应设置上弦横向水平支撑（见图 3-11）：

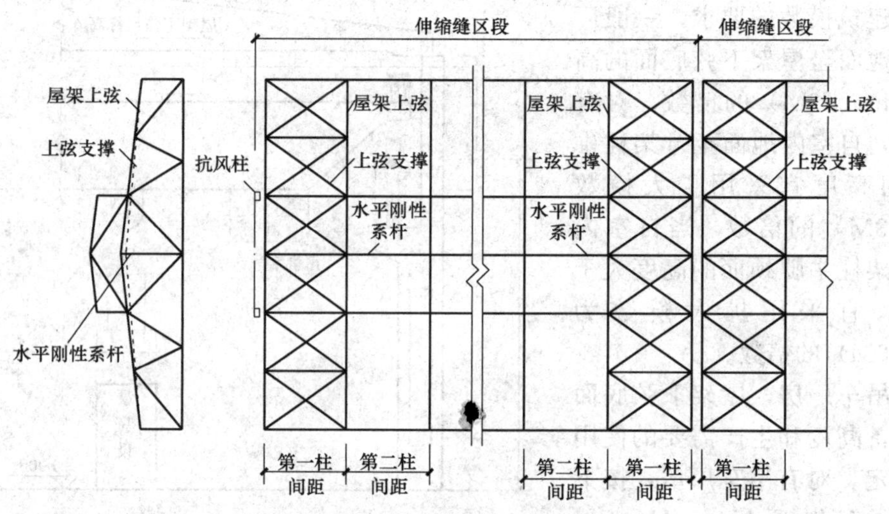

图 3-11 上弦横向水平支撑

1）屋盖为有檩体系，或虽为无檩体系，但屋面板与屋架的连接质量不能保证，且山墙抗风柱与屋架上弦连接。

2）屋面设有天窗，且天窗通过厂房端部的第二柱间或通过伸缩缝时，应在第一或第二柱间的天窗范围内设置上弦横向水平支撑，并在天窗范围内沿纵向设置一～三道通长的受压系杆。

（2）下弦横向水平支撑。下弦横向水平支撑是指在屋架下弦平面内，由交叉角钢、直腹杆和屋架下弦杆组成的水平桁架。下弦横向水平支撑通常设置在厂房端部与伸缩缝处第一柱间。其作用是将山墙风荷载及纵向水平荷载传至纵向柱列，同时防止屋架下弦的侧向振动。

具有下列情况之一时，应设置下弦横向水平支撑（见图 3-12）：

1）山墙抗风柱与屋架下弦连接，纵向水平力通过下弦传递。

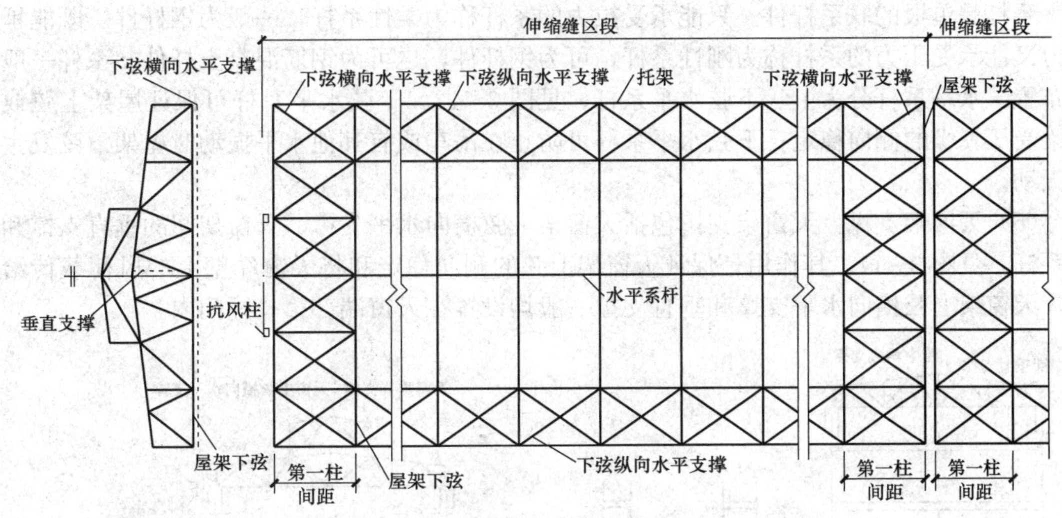

图3-12　下弦横向水平支撑及纵向水平支撑

2）厂房内有较大的振动源，如设有硬勾桥式吊车或5t以上的锻锤。

3）有纵向运行的悬挂吊车（或电葫芦），且吊点设在屋架上弦时，可在悬挂吊车轨道尽头的柱间设置。

(3) 纵向水平支撑。纵向水平支撑是指由交叉角钢、直杆和屋架下弦第一节间组成的纵向水平桁架。其作用是加强屋盖结构在横向水平面内的刚度，保证横向水平荷载的纵向分布，加强厂房的空间工作，同时保证托架上弦的侧向稳定。

具有下列情况之一时，应设置纵向水平支撑（见图3-12）：

1）厂房内虽设有软钩桥式吊车，但厂房高度大、吊车起重量较大（如等高多跨厂房柱高大于15m，吊车工作级别为A4～A5，起重量大于50t）。

2）厂房内设有硬钩桥式吊车或5t及以上锻锤，吊车吨位大或对厂房刚度有特殊要求时，可沿中间柱列适当增设纵向水平支撑。

3）厂房内设有托架时，应在托架所在的柱间以及两端各延伸一个柱间。

当厂房已设有下弦横向水平支撑时，为保证厂房空间刚度，纵向水平支撑应尽可能与横向水平支撑连接，以形成封闭的水平支撑系统。

(4) 垂直支撑和水平系杆。屋盖垂直支撑是指由角钢杆件与屋架直腹杆组成的垂直桁架。屋盖垂直支撑的形式为十字交叉形或W形。其作用是保证屋架承受荷载后在平面外的稳定并传递纵向水平力，因而应与下弦横向水平支撑布置在同一柱间内。

屋架垂直支撑按照下列原则设置（见图3-13）：

1）当屋架端部高度大于1.2m时，应在屋架两端各布置一道垂直支撑。

2）屋架中部的垂直支撑按表3-4的规定设置。

表3-4　屋架中部垂直支撑的数量

L=12～18m	18m<L≤24m	24m<L≤30m		30m<L≤36m	
		端部不设	端部设	端部不设	端部设
不设	一道	两道	一道	三道	两道

注　L为屋架的跨度。

系杆是单根的联系杆件。只能承受拉力的系杆称为柔性系杆，一般为钢杆件。既能承受拉力又能承受压力的系杆称为刚性系杆，可为钢杆件，也可为钢筋混凝土杆件。系杆一般通长布置。水平系杆分为上、下弦水平系杆，见图 3-13。上弦水平系杆可保证屋架上弦或屋面梁受压翼缘的侧向稳定；下弦水平系杆可防止在吊车或有其他水平振动时屋架下弦发生侧向颤动。

（5）天窗架支撑。天窗架支撑包括天窗架上弦横向水平支撑、天窗架间的垂直支撑和水平系杆，见图 3-14。其作用是保证天窗架上弦的侧向稳定和将天窗端壁上的风荷载传给屋架。天窗架上弦横向水平支撑和垂直支撑一般均设置在天窗端部第一柱间内。

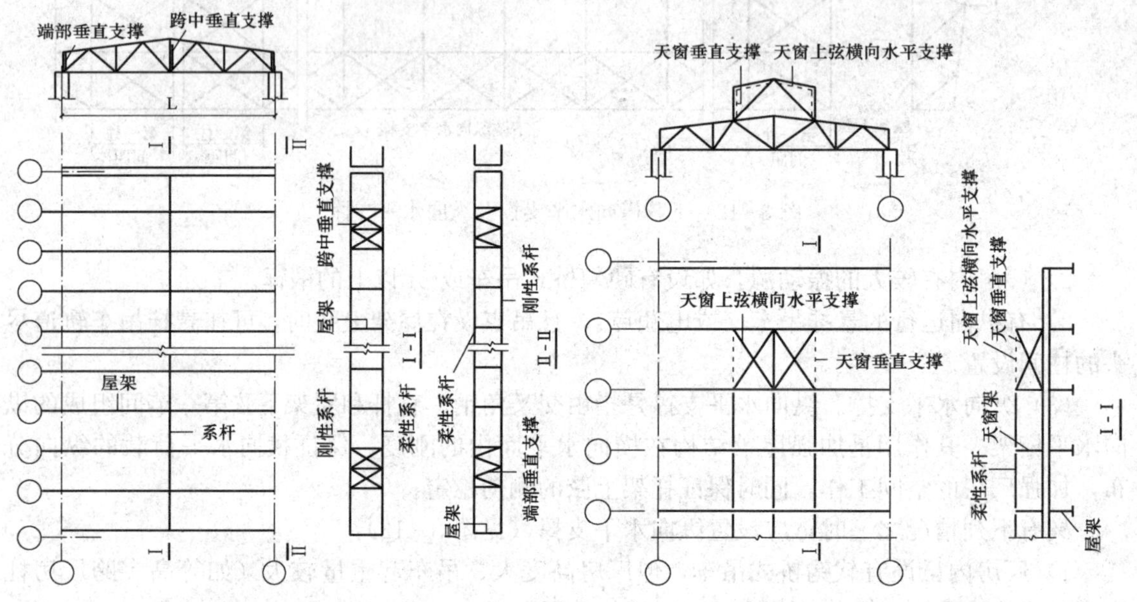

图 3-13 垂直支撑和水平系杆布置

图 3-14 天窗架支撑布置

2. 柱间支撑

柱间支撑的主要作用是提高厂房的纵向刚度和稳定性，并将吊车纵向水平制动力、山墙及天窗端壁的风荷载、纵向水平地震作用等传至基础。柱间支撑按其位置可分为上柱柱间支撑和下柱柱间支撑。上柱柱间支撑位于吊车梁上部，并在柱顶设置通长的刚性系杆，用以承受作用在山墙及天窗壁端的风荷载；下柱柱间支撑位于吊车梁下部，承受上部支撑传来的内力、吊车纵向制动力和纵向水平地震作用等，并将其传至基础。

柱间支撑通常由交叉钢杆件（型钢或钢管）组成，交叉倾角一般为 35°～55°，宜取 45°。上柱柱间支撑一般设置在伸缩缝区段两端与屋盖横向水平支撑相对应的柱间以及伸缩缝区段中央或邻近中央的柱间；下柱柱间支撑设置在伸缩缝区段中部与上柱柱间支撑相应的位置，见图 3-15（a）。当柱间要通行或放置设备，或柱距较大而不宜采用交叉支撑时，可采用门架式支撑，如图 3-15（b）所示。

当单层厂房有下列情况之一时，应设置柱间支撑：

（1）设有工作级别为 A6～A8 的吊车，或 A1～A5 的吊车起重量在 10t 或 10t 以上。

（2）厂房跨度≥18m 或柱高≥8m。

（3）厂房纵向柱的总数每列在 7 根以下。

（4）设有 3t 以上的悬挂吊车。

（5）露天吊车栈桥的柱列。

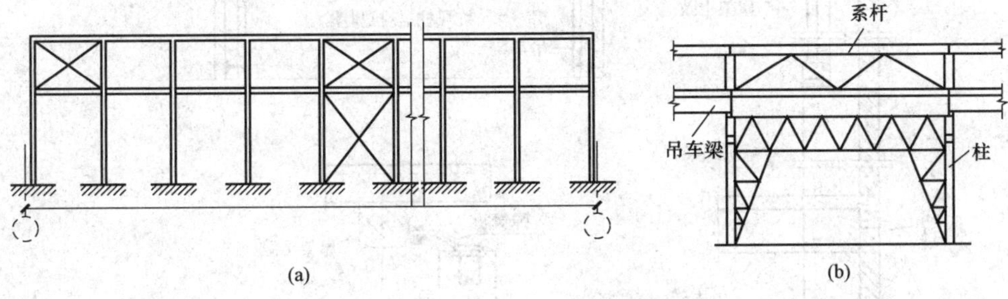

图 3-15　柱间支撑布置

（a）柱间支撑布置；（b）门架式柱间支撑

3.2.5　围护结构布置

单层厂房中的屋面板、墙体、抗风柱、圈梁、连系梁、过梁、基础梁等构件均属于围护结构。

1. 抗风柱

厂房山墙的受风面积较大，一般需设抗风柱将山墙分成几个区段，使墙面受到的风荷载一部分（靠近纵向柱列区段）直接传给纵向柱列，另一部分则经抗风柱下端传至基础和经抗风柱上端通过屋盖系统传至纵向柱列。

厂房抗风柱一般均采用钢筋混凝土柱，当厂房高度及跨度不大时，可以采用砖壁柱作为抗风柱；当厂房高度很大时，可在山墙内侧设置水平抗风梁或钢抗风桁架，如图 3-16（a）、（b）所示。

抗风柱一般与基础刚接，与屋架上弦铰接。抗风柱与屋架的连接方式应满足两个要求：一是在水平方向必须与屋架有可靠的连接以保证有效地传递风荷载；二是在竖直方向应允许两者之间产生一定的相对位移，以防止抗风柱与屋架两者沉降不均匀时产生不利影响。因此，两者之间一般采用竖向可以移动、水平方向又有较大刚度的弹簧板连接，见图 3-16（c）；当厂房沉降量较大时，宜采用槽形孔螺栓连接，见图 3-16（d）。

2. 圈梁、连系梁、过梁和基础梁

当采用砌体作为厂房的围护墙时，一般需设置圈梁、连系梁、过梁和基础梁。

圈梁是设置于墙体内并与柱子连接的现浇钢筋混凝土构件。圈梁应连续设置在墙体内的同一水平面上，除伸缩缝处断开外，其余部分应沿整个厂房形成封闭状。圈梁的作用是将墙体与排架柱、抗风柱等箍在一起，以增强厂房的整体刚度，防止由于地基的不均匀沉降或较大的振动荷载而对厂房产生不利影响。

墙体布置圈梁时，对无吊车厂房，当檐口标高小于或等于 8m 时，应在檐口附近设置一道圈梁；当檐口标高大于 8m 时，宜在墙体适当部位增设一道圈梁。对于有桥式吊车的厂房，除在檐口附近或窗顶处设置一道圈梁外，尚应在吊车梁标高处或墙体适当部位增设一道圈梁；外墙高度在 15m 以上时，还应适当增设圈梁。对于有振动设备的厂房，沿墙高的圈梁间距不应超过 4m。

当厂房高度较大（如 15m 以上）或设置有高侧跨的悬墙时，需在墙下布置连系梁，以

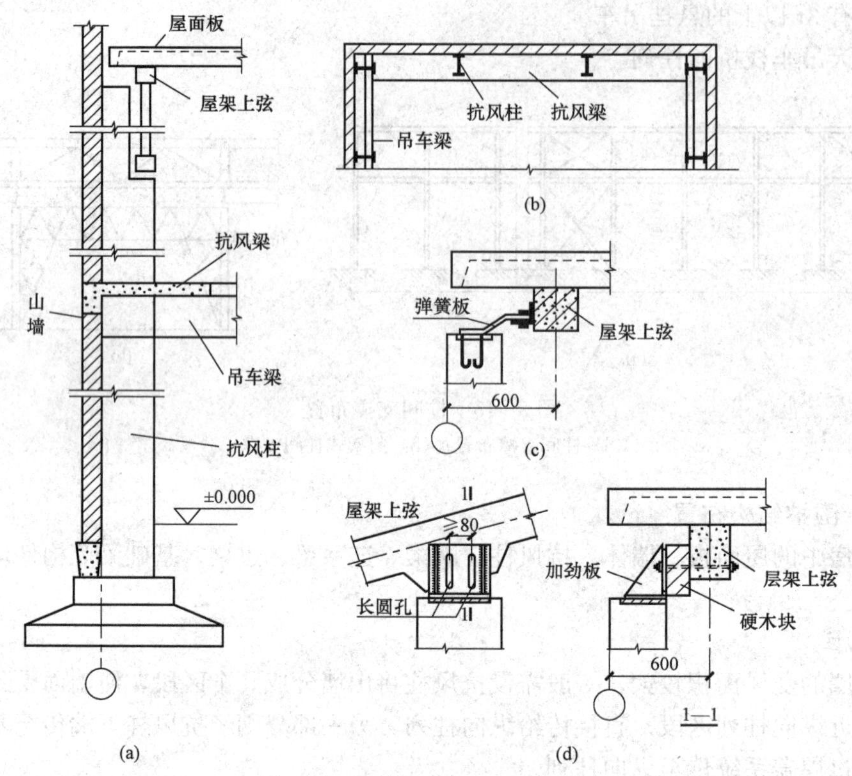

图 3-16 抗风柱及其连接构造

承受上部墙体的重量。连系梁一般为预制构件，两端支撑在柱外侧的牛腿上，通过牛腿将墙体荷载传给柱子。

门窗洞口处需设置钢筋混凝土过梁，以支撑洞口上部墙体的重量。过梁在墙体上的支撑长度不宜小于 240mm。设计时应尽可能地将圈梁、连系梁和过梁三梁合一。

基础梁一般设置在边柱的外侧，两端直接放置在柱基础的顶面。基础梁主要承受围护墙体的重量，一般不另做墙基础，以使墙体和柱的沉降变形一致。

3.3 横向排架结构内力分析

单层厂房结构实际上是一个复杂的空间结构体系，为了简化计算并方便手算，通常将其简化为纵、横向平面排架分别计算。纵向平面排架计算主要是为了设计柱间支撑。在非地震区，通常根据厂房的具体情况和工程设计经验确定柱间支撑数量，因而对纵向平面排架往往不必进行计算。横向平面排架承受屋面荷载、吊车竖向荷载和横向水平荷载，以及纵墙和屋盖传来的风荷载等，是厂房的主要承重结构，且不同厂房的跨度、高度及吊车起重量变化较大，因此必须对横向平面排架进行内力分析。横向平面排架计算分析主要包括确定计算简图、荷载计算、内力分析和内力组合。其目的是求出排架柱各控制截面在各种荷载作用下的内力，并进行组合求得最不利内力，以此作为排架柱设计的依据；而柱底截面的最不利内力，还作为基础设计的依据。

3.3.1 单层厂房的荷载和传力途径

作用在单层厂房排架结构上的恒荷载主要包括各种结构构件、围护结构的自重，以及管道和固定生产设备的重量；活荷载主要包括屋面活载、雪荷载、积灰荷载、风荷载、吊车竖向荷载、吊车水平荷载和地震作用等。这些荷载按其作用方向可分为竖向荷载、横向水平荷载和纵向水平荷载三种。其中前两种荷载主要通过横向平面排架传至地基，后一种荷载通过纵向平面排架传至地基。为便于理解，可将单层厂房上荷载的传力途径用图3-17来表示。

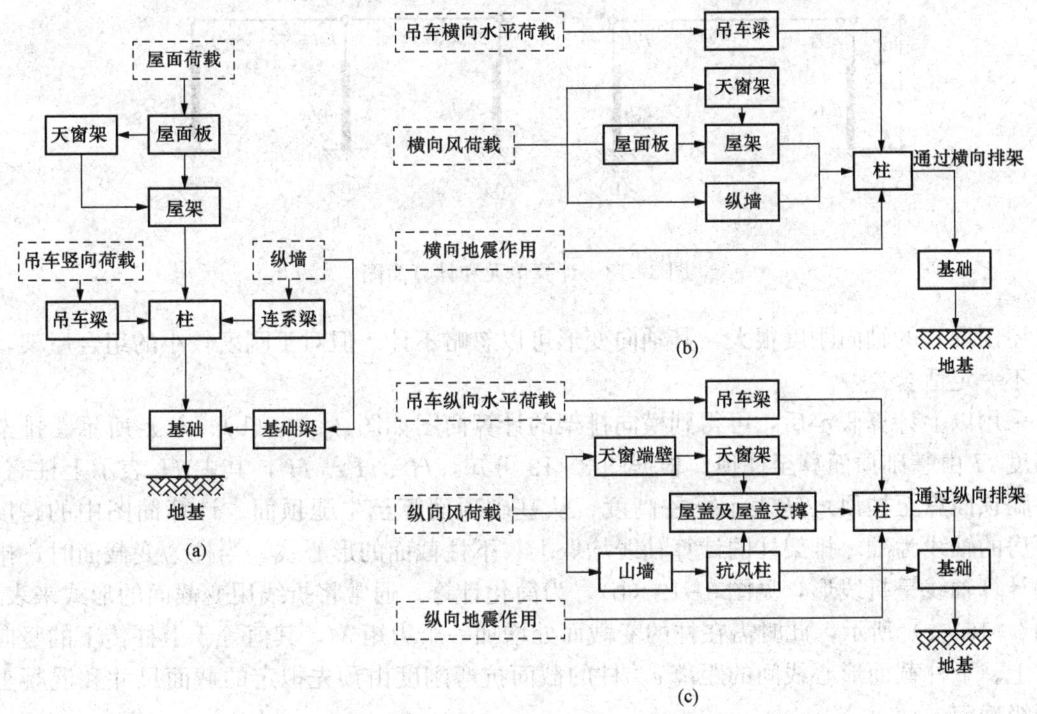

图3-17 单层厂房荷载传递途径

3.3.2 排架结构计算简图

1. 计算单元

一般而言，单层厂房可由相邻柱距的中线截出的一个典型区段作为排架结构的计算单元，如图3-18（a）所示。对于厂房中有局部抽柱的情况，则应根据具体情况选取计算单元，图3-18（b）即为情况之一。

2. 计算假定和计算简图

在确定排架结构的计算简图时，为了简化计算，通常采用以下计算假定：

(1) 柱下端与基础顶面固接。单层厂房施工时，将钢筋混凝土柱插入基础杯口一定深度，并用细石混凝土灌实缝隙而与基础连接成整体，因此排架柱与基础的连接可按固定端考虑，固定端的位置在基础顶面。

(2) 柱顶与排架横梁（屋架或屋面梁）铰接。屋架或屋面梁两端和上柱柱顶一般用预埋钢板焊接或螺栓连接，这种连接抵抗弯矩的能力很小，但可以有效地传递竖向力和水平力，故柱顶与屋架的连接可按铰接考虑。

(3) 横梁（即屋架或屋面梁）为无轴向变形的刚性连杆。钢筋混凝土或预应力混凝土屋

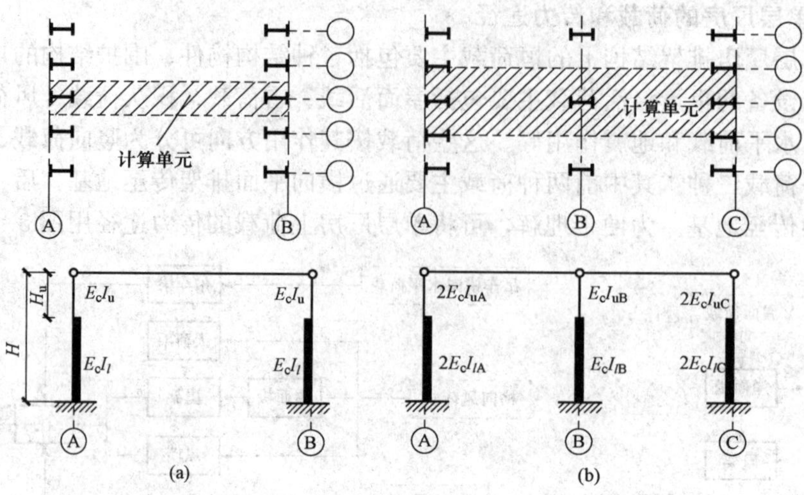

图 3-18 计算单元和计算简图

架（屋面梁）的轴向刚度很大，其轴向变形可以忽略不计。但对于刚度较小的组合屋架，该假定不一定适合。

采用以上计算假定后，可得到横向排架的计算简图如图 3-19（b）、（c）所示。排架柱的高度 H 由基础顶面算至柱顶。根据图 3-19 可知，$H=H_u+H_l$，其中 H_u表示上柱高度，从牛腿顶面算至柱顶；H_l表示下柱高度，从基础顶面算至牛腿顶面。计算简图中的跨度 L 以厂房的轴线为准。排架柱的计算轴线均取上、下柱截面的形心线。当柱为变截面时，排架柱的计算轴线呈折线形，见图 3-19（b）。为简化计算，通常将折线用变截面的形式来表示，如图 3-19（c）所示，此时需在柱的变截面处增加一个力矩 M，其值等于上柱传下的竖向力乘以上、下柱截面形心线间的距离 e。柱的截面抗弯刚度由预先拟定的截面尺寸和混凝土强度等级确定。

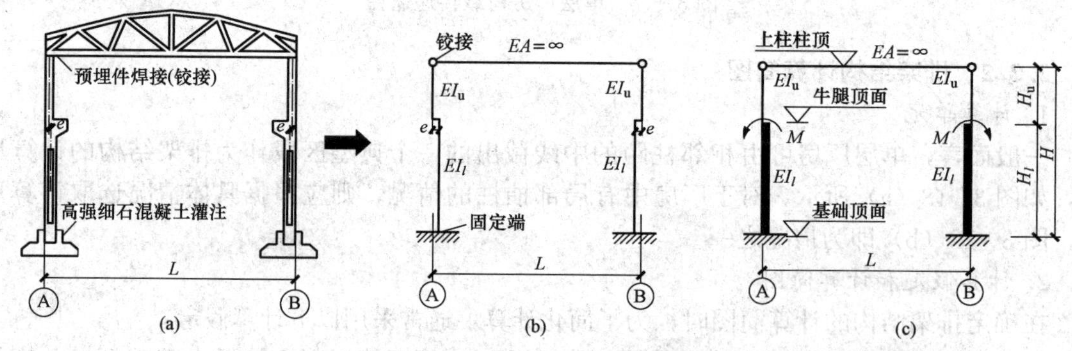

图 3-19 横向排架的计算简图

3.3.3 荷载计算

作用在排架结构上的荷载有恒载、屋面活荷载、雪荷载、积灰荷载、吊车荷载和风荷载等；除吊车荷载外，其他荷载均取自计算单元范围内。本节主要介绍上述荷载标准值的计算与作用点位置的确定。

1. 恒载

恒载包括屋盖自重 G_1、悬墙自重 G_2、吊车梁和轨道及其连接件自重 G_3、上柱自重 G_4、下柱自重 G_5。其值可根据构件的设计尺寸和材料容重计算。若选用标准构件，其值也可直接由构件标准图集中查得。

（1）屋盖自重 G_1。屋盖自重包括屋架或屋面梁、屋面板、天沟板、天窗架、屋面构造层（找平层、保温层、防水层等）以及屋盖支撑等重力荷载。计算单元范围内屋盖的总重力荷载是通过屋架或屋面梁的端部以竖向集中力 G_1 的形式作用在排架柱顶，屋盖自重 G_1 的作用点位于距厂房纵向定位轴线 150mm 处。由图 3-20（a）可见，G_1 对上柱截面几何中心存在偏心距 e_1，对下柱截面几何中心又增加一偏心距 e_0。

（2）悬墙自重 G_2。当设有连系梁支承围护墙体时，排架柱承受着计算单元范围内连系梁、墙体和窗等重力荷载，它以竖向集中力 G_2 的形式作用在支承连系梁的柱牛腿顶面，其作用点通过连系梁或墙体截面的形心轴线，距下柱截面几何中心的距离为 e_2，如图 3-20（b）所示。

（3）吊车梁和轨道及其连接件自重 G_3。吊车梁和轨道及其连接件重力荷载可从有关标准图集中直接查得，其中轨道及其连接件重力荷载也可按 0.8～1.0kN/m 估算。它以竖向集中力 G_3 的形式沿吊车梁截面中心线作用在柱牛腿顶面，其作用点一般距纵向定位轴线 750mm，它对下柱截面几何中心线的偏心距为 e_3，如图 3-20（b）所示。

（4）柱自重 G_4、G_5。上、下柱自重重力荷载 G_4 和 G_5 分别作用于各自截面的几何中心线上，且上柱自重 G_4 对下柱截面几何中心线有一偏心距 e_0，如图 3-20（b）所示。

各种恒载作用下某单跨横向排架结构的计算简图如图 3-20（c）所示。

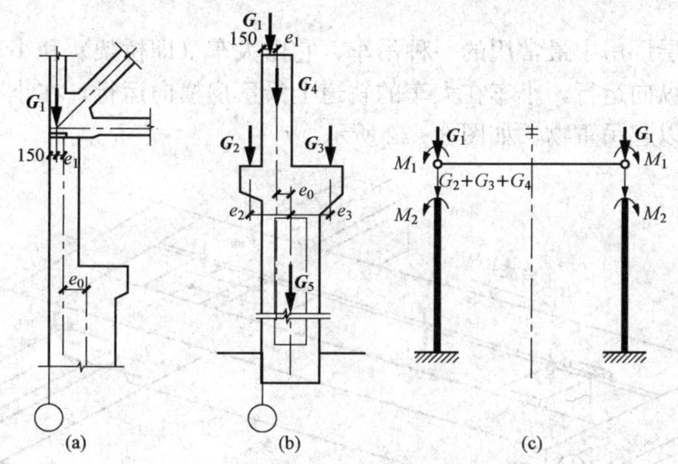

图 3-20 恒载作用位置及相应的排架计算简图

2. 屋面活荷载

屋面活荷载包括屋面均布活荷载、雪荷载和积灰荷载。

（1）屋面均布活荷载。屋面均布活荷载按照 GB 50009—2012 取值，屋面水平投影面上的屋面均布活荷载标准值，上人屋面为 2.0kN/m²，不上人屋面为 0.5kN/m²。注意，不上人屋面，当施工或维修荷载较大时，应按实际情况采用。

（2）屋面雪荷载。GB 50009—2012 规定，屋面水平投影面上的雪荷载标准值 S_k 按下式计算：

$$S_k = \mu_r S_0 \tag{3-5}$$

式中：S_k为雪荷载标准值，kN/m²；S_0为基本雪压，是以当地一般空旷平坦地面上概率统计所得50年一遇最大积雪的自重确定，可由GB 50009—2012中的全国基本雪压分布图确定，kN/m²；μ_r为屋面积雪分布系数，可由GB 50009—2012查取。

（3）屋面积灰荷载。设计生产中有大量排灰的厂房及其临近建筑时，对于具有一定除尘设备和保证清灰制度的机械、冶金、水泥等的厂房屋面，其水平投影面上的屋面积灰荷载应按GB 50009—2012中的有关规定采用。

考虑到上述屋面活荷载同时出现的可能性，GB 50009—2012规定，屋面均布活荷载不与雪荷载同时考虑，取两者中的较大值；当有屋面积灰荷载时，积灰荷载应与雪荷载或不上人的屋面均布活荷载两者中的较大值同时考虑。

屋面活荷载通过屋架（屋面梁）传递到排架柱顶，因此其作用点与屋盖自重G_1相同。值得注意的是，当为多跨厂房时，应考虑屋面均布活荷载的不利布置的影响。对两跨排架，考虑活荷载出现的可能性，屋面每跨在均布活荷载作用下的计算简图如图3-21所示，另外两跨同时均有活荷载也应予以考虑。

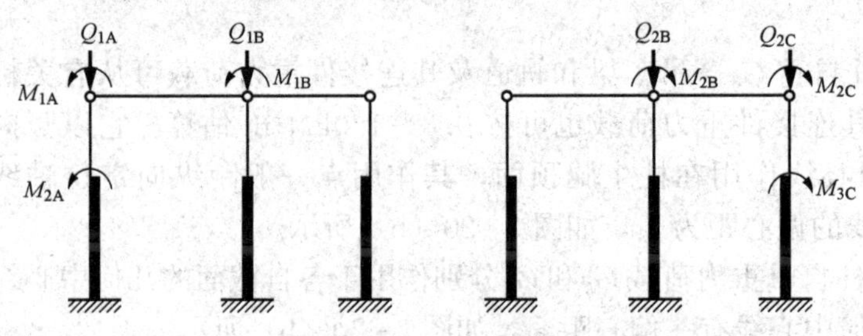

图3-21　屋面活荷载作用下排架计算简图

3. 吊车荷载

桥式吊车是单层厂房中最常用的一种吊车，它由大车（即桥架）和小车组成，大车在吊车梁轨道上沿厂房纵向运行，小车在大车的轨道上沿厂房横向运行，在小车上安装带有吊钩的起重卷扬机，用以起吊重物，如图3-22所示。

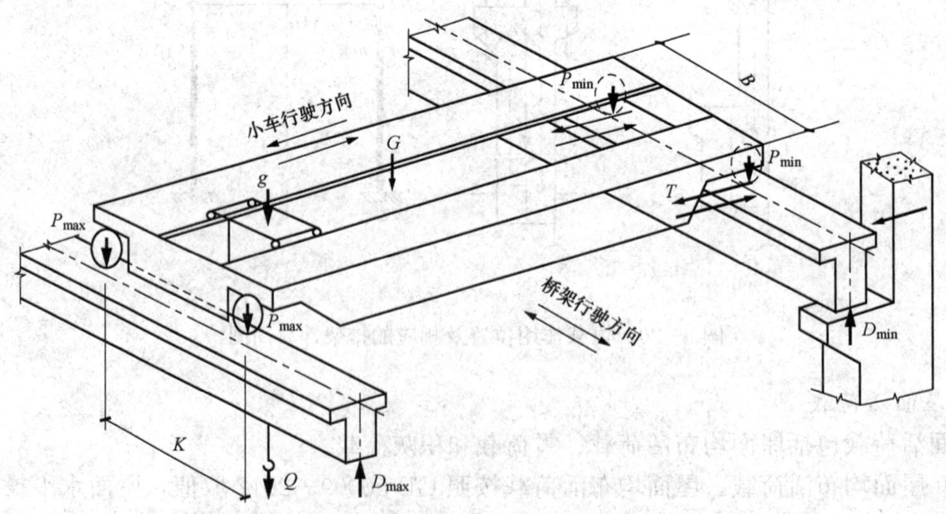

图3-22　吊车荷载示意图

桥式吊车按生产工艺和本身构造特点有不同的型号和规格。不同类型的吊车当起重量和跨度均相同时，作用在厂房上的荷载是不同的。因此，设计时应以吊车制造厂的产品规格为依据确定吊车荷载。

我国《起重机设计规范》（GB/T 3811—2008）规定，按吊车在使用期内要求的总工作循环次数和起升荷载状态将吊车分为A1～A8八个工作级别，具体划分方法见附录E。吊车工作级别越高，表示其工作繁重程度越高，利用次数越多。

桥式吊车在工作时主要产生吊车竖向荷载、横向水平荷载和纵向水平荷载，其中吊车竖向荷载和横向水平荷载由横向排架承担，吊车纵向水平荷载由纵向排架承担。

（1）吊车竖向荷载 D_{max}、D_{min}。当小车吊有额定最大起重量运行至大车一侧的极限位置时，小车所在一侧的每个大车轮压称为最大轮压 P_{max}，另一侧的每个轮压称为最小轮压 P_{min}，P_{max} 和 P_{min} 同时作用在排架上，如图3-22所示。吊车最大轮压 P_{max} 和最小轮压 P_{min} 可从吊车制造厂提供的吊车产品说明书中查得。

显然，对于常见的四轮桥式吊车，P_{max} 和 P_{min} 与吊车桥架重量 G、吊车的额定起重量 Q 以及小车重量 g 满足下列平衡关系：

$$P_{max}+P_{min}=\frac{G+Q+g}{2} \qquad (3-6)$$

吊车竖向荷载是指吊车运行时在厂房横向排架柱上产生的竖向最大压力 D_{max} 及最小压力 D_{min}，即排架柱每侧吊车梁的最大及最小支座反力。由于吊车是运动的，因此需要用影响线的原理来计算吊车竖向荷载。

竖向荷载作用下吊车梁可看作简支在牛腿之上。为了求得吊车的最大压力 D_{max} 和最小压力 D_{min}，则需要考察吊车轮压的不利位置。图3-23所示为两台并行吊车，当其中一台的最大轮压 P_{1max}（$P_{1max}\geqslant P_{2max}$）正好运行至计算排架柱轴线处，而另一台吊车与它紧靠并行时，即为两台吊车的最不利轮压位置。根据影响线原理可知，D_{max} 和 D_{min} 的标准值按下式计算：

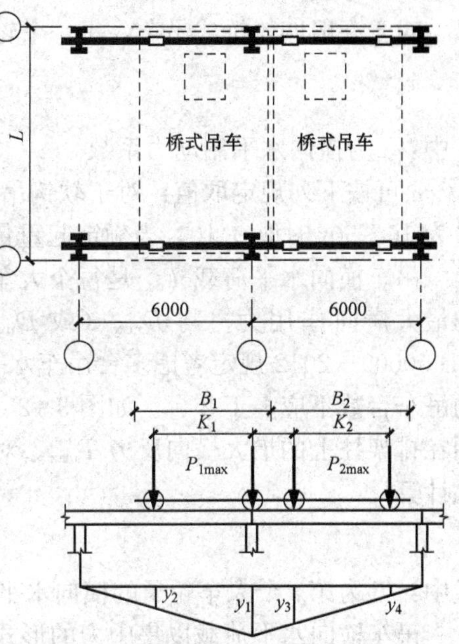

图3-23 吊车竖向荷载计算简图

$$D_{max}=\sum P_{imax}y_j \qquad (3-7)$$

$$D_{min}=\sum P_{imin}y_j \qquad (3-8)$$

式中：$P_{i\max}$、$P_{i\min}$ 为第 i 台吊车的最大轮压和最小轮压；y_j 为所计算排架柱上作用力影响线中与轮压对应的竖向坐标值，显然 $y_1=1$。

吊车竖向荷载 D_{max} 和 D_{min} 分别同时作用在同一跨两侧排架柱的牛腿顶面。显然，吊车竖向荷载的作用点位置与吊车梁和轨道及其连接件自重 G_3 相同，距下柱截面形心的偏心距为 e_3。对于两跨等高排架结构，吊车竖向荷载作用下的计算简图如图3-24（a）所示。

同时，考虑到多台吊车同时工作的可能性，GB 50009—2012规定：计算排架考虑多台

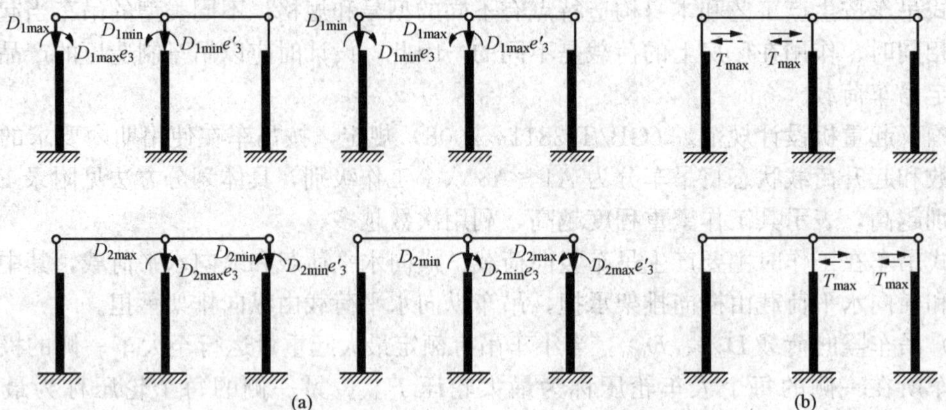

图 3-24　吊车荷载作用下排架计算简图

吊车竖向荷载时，对于单跨厂房的每个排架，参与组合的吊车台数不宜多于 2 台；对于多跨厂房的每个排架，不宜多于 4 台。

（2）吊车横向水平荷载。桥式吊车的小车起吊重物后，在启动或制动时将产生惯性力，即横向水平制动力。吊车横向水平制动力通过小车制动轮与桥架（大车）轨道之间的摩擦传至大车，再由大车轮经吊车轨道传递给吊车梁，而后经过吊车梁与柱之间的连接钢板传给排架柱。一般认为，吊车横向水平荷载可近似考虑由两侧相应的排架柱承担，各承担一半。

对于一般四轮桥式吊车，每一个轮子作用在轨道上的横向水平制动力 T 为

$$T=\frac{1}{4}\alpha(Q+g) \tag{3-9}$$

式中：α 为横向水平制动力系数。

α 可按下列规定取值：对于软钩吊车，当额定起重量不大于 10t 时取 0.12，当额定起重量为 16～50t 时取 0.10，当额定起重量不小于 75t 时取 0.08；对于硬钩吊车取 0.20。

吊车横向水平荷载 T_{max} 是每个大车轮子的横向水平制动力 T 通过吊车梁传给柱的可能的最大横向作用力；与 D_{max}（或 D_{min}）类似，T_{max} 的计算也要根据影响线原理，但是 GB 50009—2012 规定考虑多台吊车水平荷载时，对单跨或多跨厂房的每个排架，参与组合的吊车台数不应多于 2 台。如图 3-25 所示，按照计算吊车竖向荷载相同的方法，可求得作用在排架柱上的最大横向反力 T_{max}。对于两台并行吊车，吊车横向水平荷载 T_{max} 标准值按下式计算：

$$T_{max}=\sum T_i y_j \tag{3-10}$$

式中：T_i 为第 i 个大车轮子的横向水平制动力，其余符号意义同前。

吊车横向水平荷载以集中力的形式作用在吊车梁顶面标高处，考虑到正反两个方向的刹车情况，其作用方向既可向左，也可向右。对于两跨排架结构，其计算简图如图 3-24（b）所示。

（3）吊车纵向水平荷载。吊车纵向水平荷载是指当吊车沿厂房纵向启动或制动时，由吊车自重和吊重的惯性力在纵向排架上所产生的水平制动力。它通过吊车两端的制动轮与吊车轨道的摩擦经吊车梁传给纵向柱列或柱间支撑。

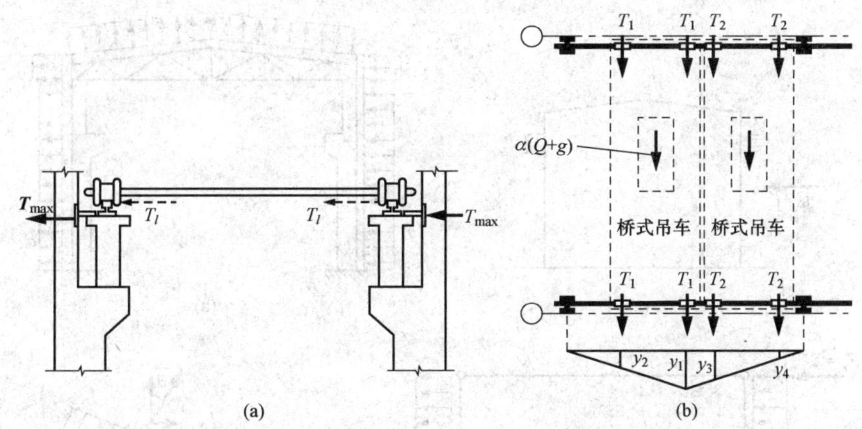

图 3-25　作用在排架柱上的最大横向反力计算简图

吊车纵向水平荷载标准值 T_0 按作用在一边轨道上所有刹车轮的最大轮压之和的 10%采用，即

$$T_0 = nP_{\max}/10 \tag{3-11}$$

式中：n 为施加在一边轨道上所有刹车轮数之和，对于一般的四轮吊车，$n=1$。

当厂房纵向有柱间支撑时，全部吊车纵向水平荷载由柱间支撑承受；当厂房无柱间支撑时，全部吊车纵向水平荷载由同一伸缩缝区段内的全部柱承担。GB 50009—2012 规定，在计算吊车纵向水平荷载引起的厂房纵向结构的内力时，无论单跨或多跨厂房，一榀纵向排架最多只能考虑 2 台吊车。

4. 风荷载

GB 50009—2012 规定，垂直于建筑物表面的风荷载标准值按下式计算：

$$w_k = \beta_z \mu_s \mu_z w_0 \tag{3-12}$$

式中：w_0 为基本风压值，是以当地比较空旷平坦地面上离地 10m 高处统计所得的 50 年一遇 10min 平均最大风速为标准确定的风压值，可由 GB 50009—2012 中的“全国基本风压分布图”查得；β_z 为建筑结构高度 z 处的风振系数，对高度小于 30m 的单层厂房，取 $\beta_z=1$；μ_s 为风荷载体型系数，是风吹到厂房表面引起的压力或吸力与基本风压的比值，与厂房的外表体型和尺度有关，可根据建筑体型由附表 F-2 查得，其中正号表示压力，负号表示吸力；μ_z 为风压高度变化系数，根据所在地区的地面粗糙程度类别和离地面的高度由附表 F-1 查得。

计算单层工业厂房的风荷载时，一般做以下简化：

(1) 排架柱顶以下水平风荷载按均布荷载计算。

(2) 屋面与天窗架所承受的风荷载折算成作用在排架柱顶的集中荷载。

按照上述简化，图 3-26 所示单跨单层厂房的风荷载确定方法如下。

图 3-26 (a) 为厂房的风载体型系数，图 3-26 (b) 中排架柱顶以下均布风荷载可按下列公式计算：

$$q_1 = w_{k1}B = \mu_{s1}\mu_z w_0 B \tag{3-13a}$$

$$q_2 = w_{k2}B = \mu_{s2}\mu_z w_0 B \tag{3-13b}$$

式中：μ_z 为风压高度变化系数，根据柱顶标高确定；B 为计算单元宽度。

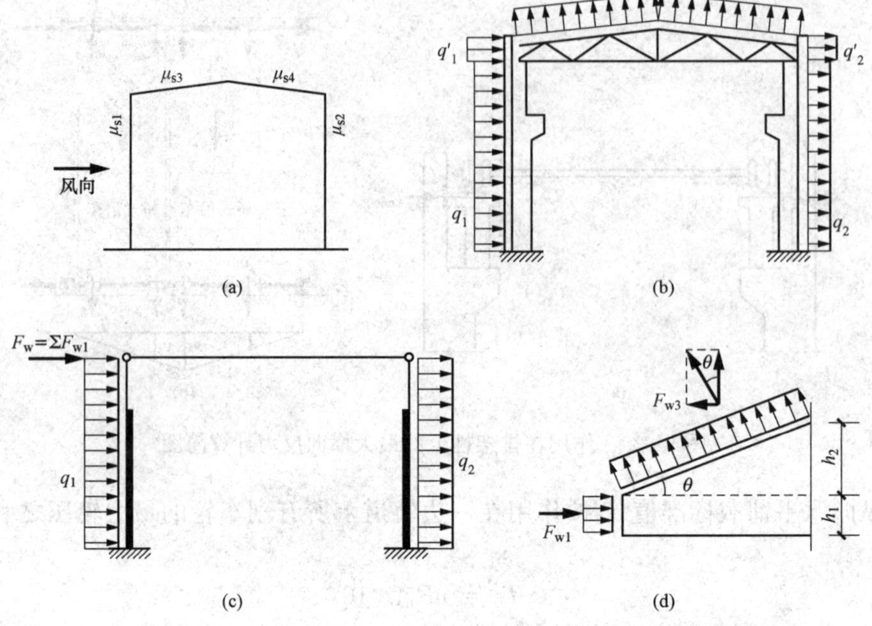

图 3-26　风荷载计算

排架柱顶以上屋盖部分的风荷载仍取为垂直于屋面的均布荷载，如图 3-26（b）所示，但仅考虑其水平分力对排架的作用，详见图 3-26（d），且以水平集中荷载的形式作用在排架柱顶，如图 3-26（c）所示。其风压高度变化系数：当计算屋架（或天窗架）端部的风荷载时，可根据厂房（或天窗架）檐口标高确定；当计算屋架（或天窗架）斜面上的风荷载时，可根据屋顶（或天窗顶）标高确定。作用在柱顶的水平集中荷载 F_w 按下式计算：

$$F_w = \sum_{i=1}^{n} w_{ki} Bl\sin\theta = [(\mu_{s1}+\mu_{s2})h_1 + (\mp\mu_{s3}\pm\mu_{s4})h_2]\mu_z w_0 B \tag{3-14}$$

式中：l 为屋面斜长，其余符号意义见图 3-26。

式（3-14）中 μ_s 均取绝对值。

排架结构内力分析时，应考虑左吹风和右吹风两种情况。

3.3.4　等高排架内力分析

等高排架内力分析采用剪力分配法。等高排架是指在荷载作用下各柱柱顶侧移相等的排架。用剪力分配法计算等高排架内力时，需要用到单阶超静定柱在任意荷载作用下的柱顶反力。因此，下面先讨论单阶超静定柱的计算问题。

1. 单阶一次超静定柱在任意荷载作用下的柱顶反力

单阶一次超静定柱为柱顶不动铰支、下端固定的单阶变截面柱。如图 3-27（a）所示，单阶一次超静定柱在变截面处作用一力矩 M。采用力法对该变截面构件进行求解，取基本结构如图 3-27（b）所示，相应的基本未知力为 R，即柱顶反力，则由力法方程可得

$$R\delta - \Delta_p = 0 \tag{3-15}$$

式中：δ 为悬臂柱在柱顶单位水平力作用下柱顶处的侧移值，因其主要与柱的形状有关，故称为形常数；Δ_p 为悬臂柱在荷载作用下柱顶处的侧移值，因与荷载有关，故称为载常数。

令 $\lambda=H_u/H$，$n=I_u/I_l$，则根据结构力学中的图乘法可得

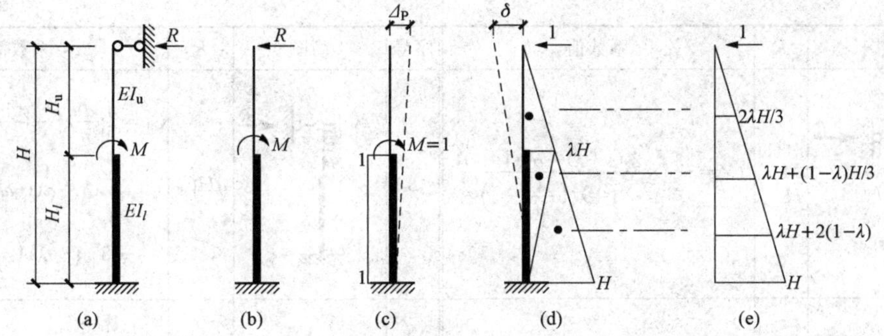

图 3-27 单阶一次超静定柱分析

$$\delta=\frac{H^3}{C_0EI_l} \tag{3-16}$$

$$\Delta_p=(1-\lambda^2)\frac{H^2}{2EI_l}M \tag{3-17}$$

将式（3-16）和式（3-17）代入式（3-15），得

$$R=C_{\mathrm{M}}\frac{M}{H} \tag{3-18}$$

式中：C_0为单阶变截面柱的柱顶位移系数，按式（3-19）计算；C_{M}为单阶变截面柱在变阶处集中力矩作用下的柱顶反力系数，按式（3-20）计算。

$$C_0=\frac{3}{1+\lambda^3\left(\frac{1}{n}-1\right)} \tag{3-19}$$

$$C_{\mathrm{M}}=\frac{3}{2}\,\frac{1-\lambda^2}{1+\lambda^3\left(\frac{1}{n}-1\right)} \tag{3-20}$$

按照上述方法，可得到单阶变截面柱在各种荷载作用下的柱顶反力系数。表3-5列出了单阶变截面柱的柱顶位移系数C_0及在各种荷载作用下的柱顶反力系数$C_1\sim C_{11}$，供设计计算时查用。

表3-5 单阶变截面柱的柱顶位移系数 C_0 和反力系数 $C_1\sim C_{11}$

序号	简图	R	系数值	序号	简图	R	系数值
0	1, δ, I_u, I_l, H_u, H_l, H		$\delta=\frac{H^3}{C_0EI_l}$ $C_0=\frac{3}{1+\lambda^3\left(\frac{1}{n}-1\right)}$	2	aH_u, M, R	$\frac{M}{H}C_2$	$C_2=\frac{3}{2}\times\frac{1+\lambda^2\left(\frac{1-a^2}{n}-1\right)}{1+\lambda^3\left(\frac{1}{n}-1\right)}$
1	M, R	$\frac{M}{H}C_1$	$C_1=\frac{3}{2}\times\frac{1-\lambda^2\left(1-\frac{1}{n}\right)}{1+\lambda^3\left(\frac{1}{n}-1\right)}$	3	M, R	$\frac{M}{H}C_3$	$C_3=\frac{3}{2}\times\frac{1-\lambda^2}{1+\lambda^3\left(\frac{1}{n}-1\right)}$

续表

序号	简图	R	系数值	序号	简图	R	系数值
4	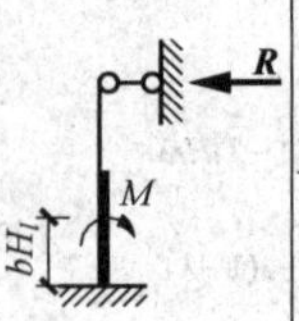	$\frac{M}{H}C_4$	$C_4=-\frac{3}{2}\times\frac{2b(1-\lambda)-b^2(1-\lambda)^2}{1+\lambda^3\left(\frac{1}{n}-1\right)}$	8	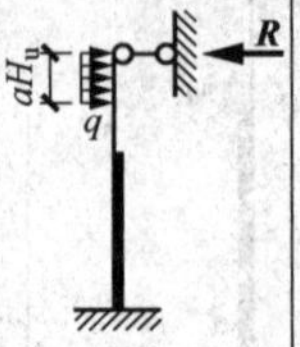	qHC_8	$C_8=\left\{\frac{a^4}{n}\lambda^4-(\frac{1}{n}-1)(6a-8)\right.$ $\left.a\lambda^4-a\lambda(6a\lambda-8)\right\}$ $\div 8\left[1+\lambda^3\left(\frac{1}{n}-1\right)\right]$
5	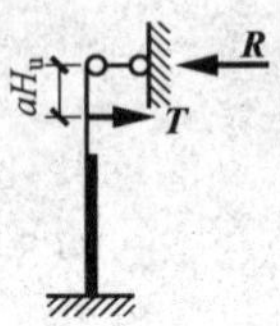	TC_5	$C_5=\left\{2-3a\lambda+\lambda^3\right.$ $\left.\left[\frac{(2+a)(1-a)^2}{n}-(2-3a)\right]\right\}$ $\div 2\left[1+\lambda^3\left(\frac{1}{n}-1\right)\right]$	9	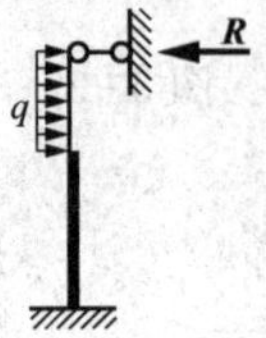	qHC_9	$C_9=\frac{8\lambda-6\lambda^2+\lambda^4\left(\frac{3}{n}-2\right)}{8\left[1+\lambda^3\left(\frac{1}{n}-1\right)\right]}$
6	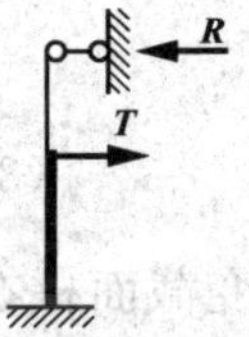	TC_6	$C_6=\frac{1-0.5\lambda(3-\lambda^2)}{1+\lambda^3\left(\frac{1}{n}-1\right)}$	10	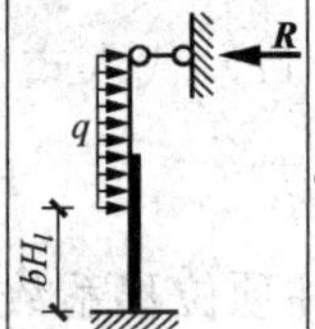	qHC_{10}	$C_{10}=\left\{3-b^3(1-\lambda)^3\left[4-b\right.\right.$ $\left.\left.(1-\lambda)\right]+3\lambda^4\left(\frac{1}{n}-1\right)\right\}$ $\div 8\left[1+\lambda^3\left(\frac{1}{n}-1\right)\right]$
7	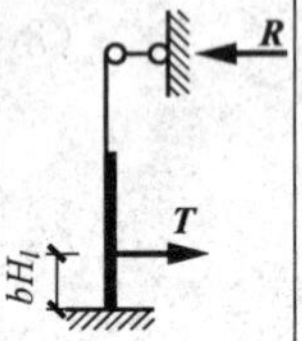	TC_7	$C_7=\frac{b^2(1-\lambda)^2[3-b(1-\lambda)]}{2\left[1+\lambda^3\left(\frac{1}{n}-1\right)\right]}$	11	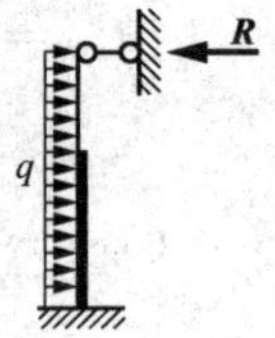	qHC_{11}	$C_{11}=\frac{3\left[1+\lambda^4\left(\frac{1}{n}-1\right)\right]}{8\left[1+\lambda^3\left(\frac{1}{n}-1\right)\right]}$

注　表中 $\lambda=H_u/H$，$n=I_u/I_l$，$1-\lambda=H_l/H$。

2. 柱顶水平集中力作用下等高排架内力分析

图 3-28 所示的等高排架，其柱顶作用有水平集中力 F。取横梁隔离体，根据静力平衡条件可得

$$F=V_1+V_2+\cdots+V_i+\cdots+V_n=\sum_{i=1}^{n}V_i \tag{3-21}$$

由于假定横梁为无轴向变形的刚性连杆，则在柱顶水平力作用下，排架柱顶的侧移相等，即满足下列变形条件：

$$\Delta_1=\Delta_2=\cdots=\Delta_i=\cdots=\Delta_n=\Delta \tag{3-22}$$

此外，根据形常数 δ_i 的物理意义，可得下列物理条件：

$$V_i\delta_i=\Delta_i \tag{3-23}$$

根据式（3-21）～式（3-23）可得

$$V_i=\frac{1/\delta_i}{\sum_{i=1}^{n}1/\delta_i}F=\eta_iF \tag{3-24}$$

式中：$1/\delta_i$为第i根排架柱的抗侧移刚度（或称为抗剪刚度），即悬臂柱柱顶产生单位侧移所需施加的水平力；η_i为第i根排架柱的剪力分配系数，按式（3-25）计算。

$$\eta_i = \frac{1/\delta_i}{\sum_{i=1}^{n} 1/\delta_i} \tag{3-25}$$

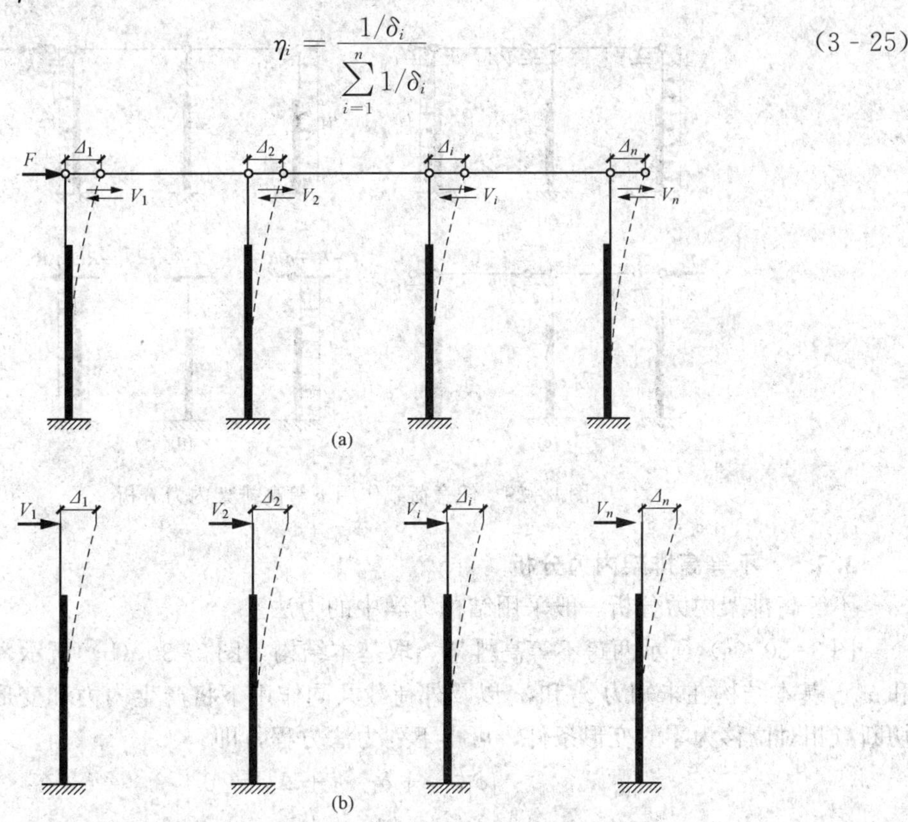

图3-28 柱顶水平集中力作用下的等高排架内力分析

按式（3-24）求得柱顶剪力V_i后，用平衡条件可得排架柱各截面的弯矩和剪力。

由式（3-24）和式（3-25）可知：

（1）当排架结构柱顶作用有水平集中力F时，各柱的剪力按其抗剪刚度与各柱抗剪刚度总和的比例关系进行分配，故称为剪力分配法。

（2）剪力分配系数必满足$\sum \eta_i = 1$。

（3）各柱的柱顶剪力V_i仅与F的大小有关，而与其作用在排架左侧或右侧柱顶处的位置无关，但F的作用位置对横梁内力有影响。

3. 任意荷载作用下等高排架内力分析

图3-29（a）所示的等高排架在任意荷载作用下，为了利用剪力分配法求解，通常可采用以下三个步骤来进行排架内力分析。

（1）先在排架柱顶部附加一个不动铰支座以阻止其侧移，则各柱为单阶一次超静定柱[见图3-29（b）]，应用柱顶反力系数可求得各柱反力R_i及相应的柱端剪力，柱顶假想的不动铰支座总反力为$R = \sum R_i$。在图3-29（b）中，$R=R_1+R_3$，因为R_2为零。

（2）撤除假想的附加不动铰支座，将支座总反力R反向作用于排架柱顶[见图3-29（c）]，应用剪力分配法可求出柱顶水平力R作用下各柱顶剪力$\eta_i R$。

（3）将图 3-29（b）、（c）的计算结果相叠加，可得到在任意荷载作用下的排架柱顶剪力 $R_i+\eta_i R$，如图 3-29（d）所示，按此图可求出各柱的内力。

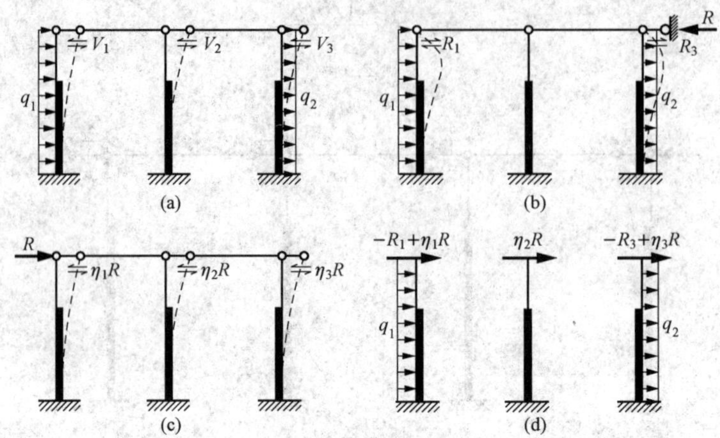

图 3-29 任意荷载作用下等高排架内力分析

3.3.5 不等高排架内力分析

不等高排架内力分析一般采用结构力学中的力法。

图 3-30（a）所示两跨不等高排架，取基本结构如图 3-30（b）所示，基本未知力为 x_1 和 x_2。基本结构在未知力 x_1 和 x_2 以及外荷载共同作用下将产生内力和变形。根据每根横梁切断点相对位移为零的变形条件，可得下列力法方程，即

$$\begin{cases}\delta_{11}x_1+\delta_{12}x_2+\Delta_{1p}=0\\ \delta_{21}x_1+\delta_{22}x_2+\Delta_{2p}=0\end{cases}\tag{3-26}$$

式中：δ_{11}、δ_{12}、δ_{21}、δ_{22} 为基本结构的柔度系数，可由图 3-30（c）、（d）的单位力弯矩图乘得到；Δ_{1p}、Δ_{2p} 为载常数，可分别由图 3-30（c）、（e）以及图 3-30（d）、（e）图乘得到。

求解力法方程（3-26），就可求得 x_1 和 x_2。这样，该两跨不等高排架各柱的内力就可用平衡条件求得。

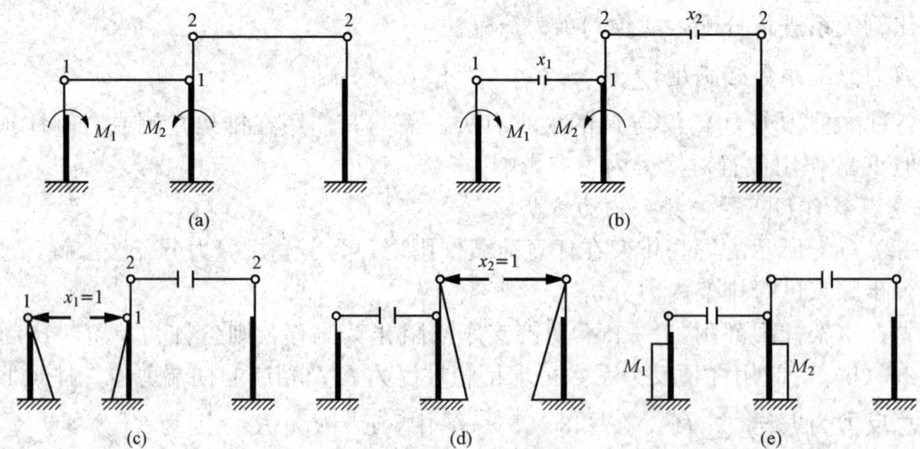

图 3-30 两跨不等高厂房内力分析

3.3.6 单层厂房排架内力分析中的空间作用

1. 厂房整体空间作用的基本概念

在前述分析中均将单层厂房简化为平面排架进行计算，实际上，单层厂房是一个空间结构，当其某一局部受到荷载作用时，整个厂房中的所有构件都将参与受力，并产生相应的内力。

下面通过图3-31所示的四种情况来说明单层工业厂房空间作用的基本概念。

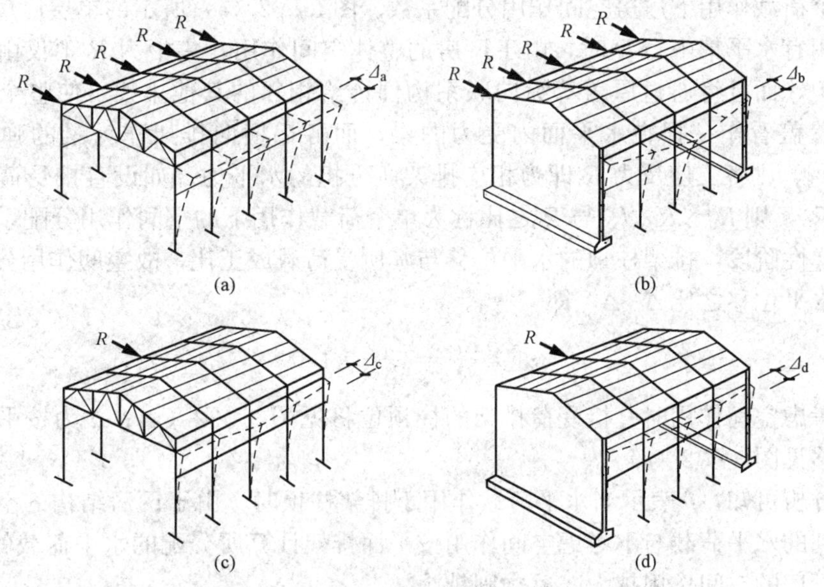

图3-31 厂房整体空间作用示意图

(1) 图3-31 (a) 中，各榀排架柱顶均受有水平集中力 R，且厂房两端无山墙，此时各榀排架的受力情况相同，柱顶水平位移 Δ_a 也相同，各榀排架之间互不制约，每一榀排架都相当于一个独立的平面排架。

(2) 图3-31 (b) 中，各榀排架柱顶均受有水平集中力 R，厂房两端有山墙。山墙平面内的刚度比平面排架的刚度大很多，故靠近山墙处的排架柱顶水平位移很小，山墙对其他排架有不同程度的约束作用，使各榀排架柱顶水平位移呈曲线分布，且 $\Delta_b<\Delta_a$。

(3) 图3-31 (c) 中，仅其中一榀排架柱顶作用有水平集中力 R，厂房两端无山墙，则直接受荷排架通过屋盖等纵向联系构件，受到非直接受荷排架的约束，使其柱顶的水平位移减小，即 $\Delta_c<\Delta_a$；对非直接受荷排架，由于受到受荷排架的牵连，其柱顶也将产生不同程度的水平位移。

(4) 图3-31 (d) 中，仅其中一榀排架柱顶作用有水平集中力 R，厂房两端有山墙，则直接受荷载排架受到非受荷排架和山墙两种约束，故各榀排架的柱顶水平位移将更小，即 $\Delta_d<\Delta_c$。

根据上述分析可知，当结构布置或荷载分布不均匀时，由于屋盖等纵向联系构件将各榀排架或山墙联系在一起，故各榀排架或山墙的受力及变形都不是单独的，而是相互制约。这种排架与排架、排架与山墙之间的相互制约作用称为厂房的整体空间作用。

单层厂房整体空间作用的程度主要取决于屋盖的水平刚度、荷载类型、山墙刚度和间距等因素。因此，无檩屋盖比有檩屋盖、局部荷载比均布荷载、有山墙比无山墙，厂房的整体空间作用要大。

恒载、屋面活荷载、雪荷载以及风荷载一般沿厂房纵向均匀分布，故进行内力分析时可不考虑厂房的整体空间作用。而吊车荷载仅作用在几榀排架上，属于局部荷载，故在吊车荷载作用下按平面排架结构分析内力时，需要考虑厂房的整体空间作用。

2. 吊车荷载作用下厂房整体空间作用的计算

(1) 单个荷载作用下厂房空间作用分配系数。图 3-32 (a) 所示的单层厂房，当某一榀排架柱顶作用有水平集中力 R 时，由于厂房的整体空间作用，集中力 R 不仅由直接承受荷载的排架承担，而且将通过屋盖等纵向联系构件传给相邻的其他排架，使整个厂房共同承担。如果把屋盖看作一根在水平面内受力的梁，而各榀横向排架作为梁的弹性支座［见图 3-32 (b)］，则各支座反力 R_i 即为相应排架所分担的水平力。如设直接受荷排架对应的支座反力为 R_0，则 $R_0<R$，R_0 与 R 之比称为单个荷载作用下的空间作用分配系数，用 μ 表示；由于在弹性阶段，排架柱顶的水平位移与其所受荷载成正比，故空间作用分配系数又可表示为柱顶水平位移之比 Δ_0/Δ，即

$$\mu=\frac{R_0}{R}=\frac{\Delta_0}{\Delta}<1.0 \tag{3-27}$$

式中：Δ_0 为考虑空间作用时直接受荷排架的柱顶位移见图 3-32 (a)；Δ 为按平面排架计算时的柱顶位移见图 3-32 (c)。

由上述分析可知，μ 表示当水平荷载作用于排架柱顶时，由于厂房结构的空间作用，该排架所分配到的水平荷载与不考虑空间作用按平面排架计算所分配的水平荷载的比值。μ 值越小，说明厂房的空间作用越大，反之则越小。

根据试验及理论分析，表 3-6 给出了吊车荷载作用下单层单跨厂房的 μ 值，可供设计时参考。由于厂房在吊车荷载作用下并不是只有一个集中荷载作用，而是同时有多个集中荷载作用，故表中的数值考虑了这个问题，并留有一定的安全储备。

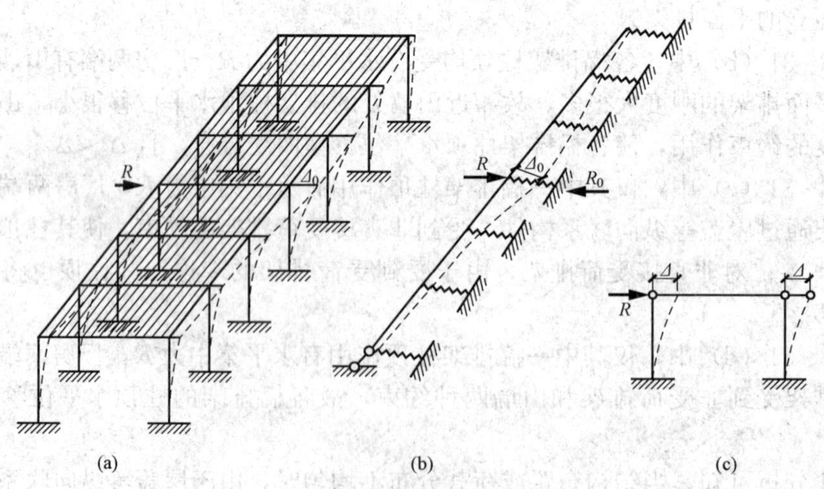

图 3-32 厂房整体空间作用分析

表 3-6　　单层单跨厂房空间作用分配系数 μ

厂房情况		吊车起重量（t）	厂房长度（m）			
			≤60		>60	
有檩屋盖	两端无山墙或一端有山墙	≤30	0.90		0.85	
	两端有山墙	≤30	0.85			
无檩屋盖	两端无山墙或一端有山墙	≤75	厂房跨度（m）			
			12～27	>27	12～27	>27
			0.90	0.85	0.85	0.80
	两端有山墙	≤75	0.80			

注 1 厂房山墙应为实心砖墙，如有开洞，洞口对山墙水平截面面积的削弱应不超过50%，否则应视为无山墙情况。

2 当厂房设有伸缩缝时，厂房长度应按一个伸缩缝区段的长度计，且伸缩缝处应视为无山墙。

(2) 考虑厂房整体空间作用时排架内力计算步骤。对于图 3-33 (a) 所示排架，当考虑厂房整体空间作用时，可按下述步骤计算排架内力：

1) 先假定排架柱顶无侧移，求出在吊车水平荷载 $T_{\max}$ 作用下的柱顶反力 R_A、R_B，以及相应的柱顶剪力，如图 3-33 (b) 所示。

2) 将柱顶反力 $R(R=R_A+R_B)$ 乘以空间作用分配系数 μ，并将它反方向施加于该榀排架的柱顶，按剪力分配法求出各柱顶剪力 $\eta_A\mu R$、$\eta_B\mu R$，如图 3-33 (c) 所示。

3) 将上述两项计算求得的柱顶剪力叠加，即为考虑空间作用的柱顶剪力；根据柱顶剪力及柱上实际承受的荷载，按静定悬臂柱可求出各柱的内力，如图 3-33 (d) 所示。

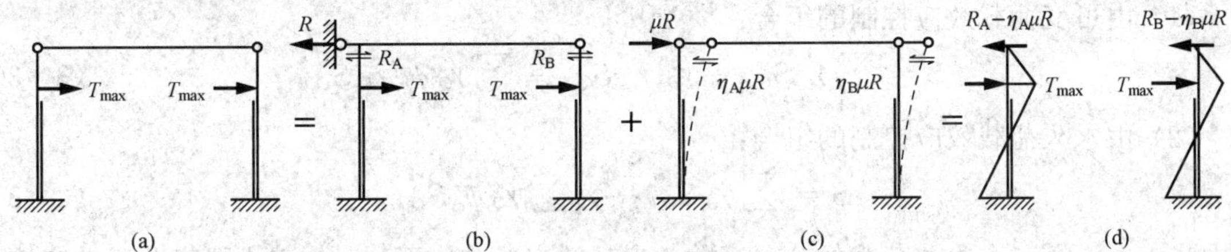

图 3-33　考虑空间作用时排架内力分析

由图 3-33 (d) 可见，考虑厂房整体空间作用时，柱顶剪力为

$$V'_i = R_i - \eta_i\mu R \tag{3-28}$$

而不考虑厂房整体空间作用时（$\mu=1.0$），柱顶剪力为

$$V_i = R_i - \eta_i R \tag{3-29}$$

由于 $\mu<1.0$，故 $V'_i>V_i$。因此，考虑厂房整体空间作用时，上柱内力将增大；又因为 V'_i 与 $T_{\max}$ 方向相反，所以下柱内力将减小。由于下柱的配筋量一般比较多，故考虑空间作用后，柱的钢筋总用量有所减少。

3.3.7 内力组合

所谓内力组合，就是将排架柱在各单项荷载作用下的内力，按照它们在使用过程中同时出现的可能性，求出在某些荷载共同作用下，柱控制截面可能产生的最不利内力，作为柱和基础配筋计算的依据。

1. 柱的控制截面

控制截面是指对截面配筋起控制作用的截面。

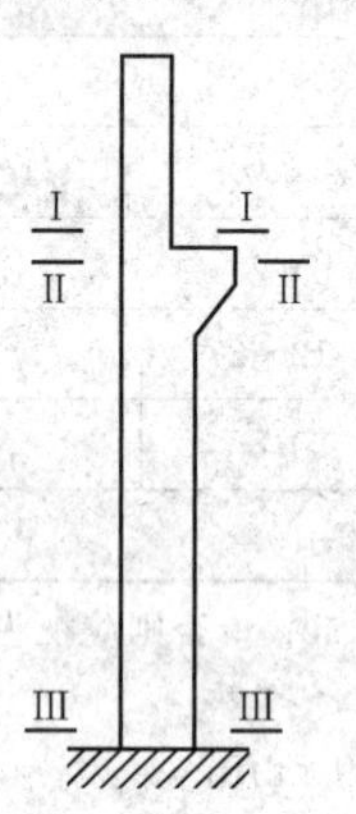

图 3 - 34 柱的控制截面

排架柱在荷载作用下其内力沿高度是变化的。从理论上来说，应该根据内力图来配筋，但这样会增加施工的麻烦。因此，一般情况下，对柱的配筋分两段进行，即整个上柱截面的配筋相同，整个下柱的配筋不变。这样，只需要分别找出上、下柱产生最大内力的截面，就可以计算上、下柱的配筋。

对上柱来说，其底部Ⅰ - Ⅰ截面（牛腿顶面以上截面）的弯矩和轴力都比其他截面大，故通常取Ⅰ - Ⅰ截面作为上柱的控制截面，见图 3 - 34。对下柱来说，在吊车竖向荷载作用下，一般在牛腿顶截面处的弯矩最大；在风荷载和吊车横向水平荷载作用下，柱底截面的弯矩最大。因此，通常取牛腿顶截面（Ⅱ - Ⅱ截面）和柱底（Ⅲ -Ⅲ截面）这两个截面作为下柱的控制截面。同时，柱下基础设计也需要Ⅲ - Ⅲ截面的内力值。当柱上作用有较大的集中荷载（如悬墙重量等）时，还需根据其内力大小将集中荷载作用处的截面作为控制截面。

2. 荷载效应组合

前述排架内力分析中，计算了各种荷载单独作用下控制截面的内力。为了求得控制截面的最不利内力，就必须按这些荷载同时出现的可能性进行组合，即荷载效应组合。

GB 50009—2012 规定：对于一般排架结构，荷载效应组合的设计值 S 应从下列组合值中取最不利值确定。

（1）由可变荷载效应控制的组合：

$$S=\sum_{i\geqslant1}\gamma_{G_i}S_{G_ik}+\gamma_{Q_1}\gamma_{L_1}S_{Q_1k}+\sum_{j>1}\gamma_{Q_j}\psi_{c_j}\gamma_{L_j}S_{Q_jk} \tag{3-30}$$

（2）由永久荷载效应控制的组合：

$$S=\sum_{i\geqslant1}\gamma_{G_i}S_{G_ik}+\gamma_L\sum_{j\geqslant1}\gamma_{Q_j}\psi_{c_j}S_{Q_jk} \tag{3-31}$$

式中：γ_{G_i}——第 i 个永久荷载的分项系数，当其效应对结构不利时，对由可变荷载效应控制的组合取 1.2，对由永久荷载效应控制的组合取 1.35；

γ_{Q_j}——第 j 个可变荷载的分项系数，其中 γ_{Q_1} 为可变荷载 Q_{1k} 的分项系数，一般情况下取 1.4，对标准值大于 4kN 的工业房屋楼面结构的活荷载取 1.3；

S_{G_ik}——按永久荷载标准值 G_{ik} 计算的荷载效应值；

S_{Q_1k}——按可变荷载标准值 Q_{jk} 计算的荷载效应值，其中 S_{Q_1k} 为诸可变荷载效应中起控制作用者；

γ_{L_1}、γ_{L_j}——第 1 个和第 j 个可变荷载的设计使用年限的分项系数，ψ_{c_j} 为可变荷载的组合值系数；n 为参与组合的可变荷载数。

注意，式（3 - 31）组合方式仅限于竖向荷载的组合。

对有吊车的单层厂房，考虑到多台吊车同时满载，且小车又同时处于最不利位置的概率较小，因此 GB 50009—2012 规定，在计算排架时，多台吊车的竖向荷载和水平荷载均应进行折减，即吊车竖向荷载和水平荷载的标准值均应乘以表 3 - 7 规定的折减系数。

表 3-7 多台吊车的荷载折减系数

参与组合的吊车台数	吊车工作级别	
	A1～A5	A6～A8
2	0.9	0.95
3	0.85	0.90
4	0.8	0.85

3. 内力组合

排架柱控制截面的内力包括弯矩 M、轴力 N 和剪力 V。对矩形、I 形等截面实腹柱，属偏心受压构件，其纵向受力钢筋数量主要取决于控制截面上的弯矩和轴力。由于弯矩 M 和轴力 N 有很多种组合，通常难以判别哪一种组合是决定截面配筋的最不利内力。一般做法是先求出几种可能的最不利内力的组合值，经过截面配筋计算，通过比较后加以确定。为此，需要确定可能的最不利弯矩和轴力组合。

图 3-35 给出了偏心受压构件截面上的弯矩、轴力和钢筋面积的关系，其中 A_{s1}、A_{s2} 为根据不同的弯矩 ηM 和轴力 N 算得的对称配筋偏心受压构件截面一侧的钢筋面积，且 $A_{s1} < A_{s2}$。由图可见，当截面为大偏心受压时，若 ηM 不变，则 N 越小，所需要的钢筋面积越大；若 N 不变，则 ηM 越大，所需要的钢筋面积越大。当截面为小偏心受压时，若 ηM 不变，则 N 越大，所需要的钢筋面积越多；若 N 不变，则 ηM 越大，所需要的钢筋面积愈多。因此，通常选择以下四种内力组合作为截面最不利内力组合：

（1）$+M_{max}$ 及相应的 N、V。

（2）$-M_{max}$ 及相应的 N、V。

（3）N_{max} 及相应的 M、V。

（4）N_{min} 及相应的 M、V。

当柱采用对称配筋及采用对称基础时，（1）、（2）两种内力组合可合并为一种，即 $|\pm M|_{max}$ 及相应的 N、V。对不考虑抗震设防的排架柱，箍筋一般由构造控制，故在柱的截面设计时，可不考虑最大剪力所对应的不利内力组合，以及其他不利内力组合所对应的剪力值。

单层厂房排架结构进行内力组合时还要注意以下几点：

（1）恒载效应在任何内力组合下都存在。

（2）吊车竖向荷载 D_{max} 及 D_{min} 可作用在一跨的左柱及右柱或右柱及左柱，每次只能选择一种情况参与组合。

（3）吊车横向水平荷载 T_{max} 同时作用在同一跨内的两个柱子上，向左或向右，组合时只能选取其中一个方向。

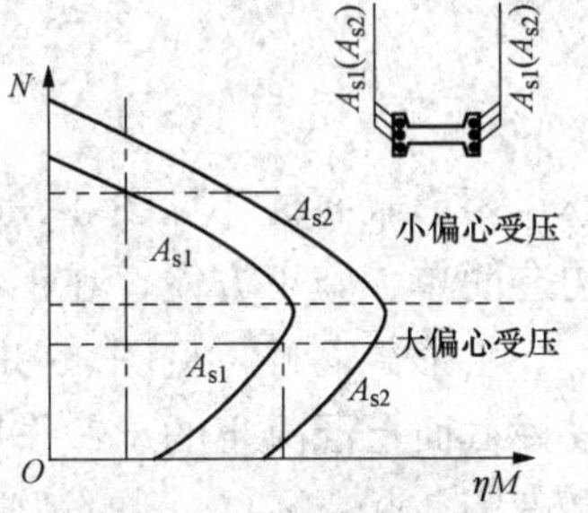

图 3-35 偏压截面弯矩、轴力与配筋关系图

（4）在同一跨内 D_{max} 和 D_{min} 作用与 T_{max} 作用不一定同时发生，故组合 D_{max} 及 D_{min} 作用产生的内力时，不一定要组合 T_{max} 作用产生的内力。考虑到 T_{max} 既可向左又可向右作用的特性，所以若组合了 D_{max} 及 D_{min} 作用产生的内力，则同时组合相应的 T_{max} 作用产生的内力才能得到最不利的内力组合。如果组合时取用了 T_{max} 产生的内

力，则必须取用相应的 D_{max} 及 D_{min} 产生的内力。不超过 2 台吊车的 T_{max} 可参与组合。

（5）当以 N_{max} 或 N_{min} 为目标进行内力组合时，因为在风荷载及吊车水平荷载作用下轴力 N 为零，虽然将其组合并不会改变组合目标，但可使弯矩 M 值增大或减小，故要取相应可能产生的最大正弯矩或最大负弯矩的内力项。

（6）风荷载可以向左吹或向右吹，两者只能择其一参与组合。

3.4 单层厂房排架柱设计

单层厂房排架柱的设计内容包括选择柱的形式、确定截面尺寸、配筋计算、吊装验算、牛腿设计等。

3.4.1 柱的形式与截面尺寸

1. 柱的形式

在结构设计的方案阶段，根据单层厂房的规模和荷载的大小，考虑到地区材料、施工等方面的具体条件，通过技术经济分析比较，选择柱的形式。

钢筋混凝土排架柱一般由上柱、下柱和牛腿组成，其结构形式可概括为单肢柱和双肢柱两类。上柱一般为矩形截面或环形截面；下柱的截面形式较多，根据其截面形式可分为矩形截面柱、I 形柱、双肢柱和管柱等几类，如图 3 - 36 所示。

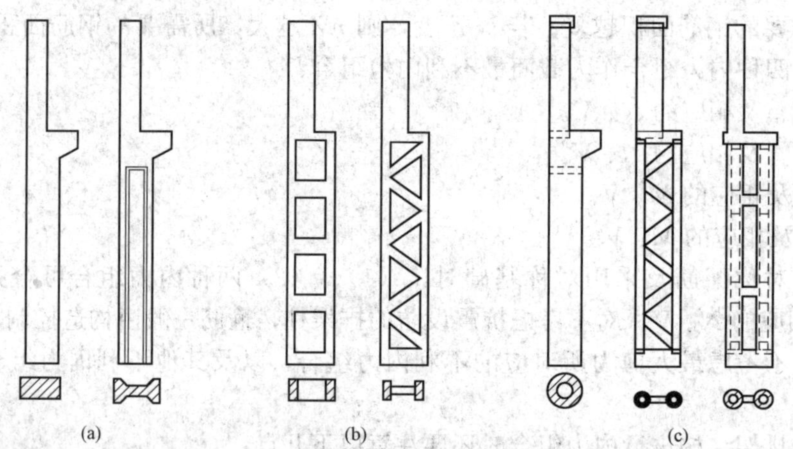

图 3 - 36 排架柱的形式

矩形截面柱［见图 3 - 36（a）］一般指单肢柱。其缺点是自重大、材料用量大，但由于构造简单、施工方便，在小型厂房中有时仍被采用。其截面高度一般在 700mm 以内。

I 形截面柱［见图 3 - 36（a）］一般为单肢柱。I 形截面柱截面形式合理，能比较充分地发挥截面上混凝土的承载作用，而且整体性好、施工方便，是一种较好的柱型，常在柱截面高度为 600～1400mm 时被广泛采用。

双肢柱［见图 3 - 36（b）］的下柱由肢杆、肩梁和腹杆组成，包括平腹杆双肢柱和斜腹杆双肢柱等。平腹杆双肢柱由两个柱肢和若干横向腹杆组成，构造比较简单，制作方便，受力合理，且腹部整齐的矩形孔洞便于布置工艺管道，故应用较为广泛。斜腹杆双肢柱呈桁架式，杆件内力基本为轴力，弯矩很小，材料强度能得到比较充分的发挥，且刚度比平腹杆双肢柱好，但其节点多，构造复杂，施工麻烦，若采用预制腹杆，制作条件可得到改善。当吊车起重量较大时，可将吊车梁支承在柱肢的轴线上，改善肩梁的受力情况。但双肢柱的刚度较差，节点多，制作较复杂，用钢量也较多。当柱的截面高度大于1400mm时，宜采用双肢柱。

管柱［见图3-36（c）］有圆管柱和方管柱两种，可做成单肢柱或双肢柱。应用较多的是双肢管柱。管柱的优点是管子采用高速离心法生产，机械化程度高，混凝土质量好，自重轻，可减少施工现场工作量，节约模板等，但其节点构造复杂，且受到制管设备的限制，应用较少。

各种截面柱的材料用量比较及应用范围见表3-8。

表3-8　各种截面柱的材料用量比较及应用范围

<table>
<tr><th colspan="2">截面形式</th><th>矩形</th><th>I形</th><th>双肢柱</th><th>单肢管柱</th><th>双肢管柱</th></tr>
<tr><td rowspan="2">材料用量比较（%）</td><td>混凝土</td><td>100</td><td>60～70</td><td>55～65</td><td colspan="2">40～60</td></tr>
<tr><td>钢材</td><td>100</td><td>60～70</td><td>70～80</td><td colspan="2">70～80</td></tr>
<tr><td colspan="2">一般应用范围（mm）</td><td>$h\leqslant700$ 或现浇柱</td><td>$h=600\sim1400$</td><td>小型 $h=500\sim800$
大型 $h\geqslant1400$</td><td>$h=400$ 左右</td><td>$h=700\sim1500$</td></tr>
</table>

注　表中 h 为柱的截面高度。

2. 柱的截面尺寸

柱的截面尺寸应满足承载力要求，还应具有足够的刚度，以免厂房变形过大。目前主要是根据工程经验和实测试验资料来保证厂房的刚度。一般情况下，矩形和I形截面柱的尺寸如满足表3-9中的限值，则厂房的横向刚度可得到保证，不必验算水平位移是否满足要求。

表3-9　6m柱距单层厂房矩形、I形截面柱截面尺寸限值

<table>
<tr><th rowspan="2">柱的类型</th><th rowspan="2">截面宽度 b</th><th colspan="3">截面高度 h</th></tr>
<tr><th>$Q\leqslant10t$</th><th>$10t<Q<30t$</th><th>$30t\leqslant Q\leqslant50t$</th></tr>
<tr><td>有吊车厂房下柱</td><td>$\geqslant\frac{H_l}{22}$</td><td>$\geqslant\frac{H_l}{14}$</td><td>$\geqslant\frac{H_l}{12}$</td><td>$\geqslant\frac{H_l}{10}$</td></tr>
<tr><td>露天吊车柱</td><td>$\geqslant\frac{H_l}{25}$</td><td>$\geqslant\frac{H_l}{10}$</td><td>$\geqslant\frac{H_l}{8}$</td><td>$\geqslant\frac{H_l}{7}$</td></tr>
<tr><td>单跨无吊车厂房柱</td><td>$\geqslant\frac{H}{30}$</td><td colspan="3">$\geqslant\frac{1.5H}{25}$（或 $0.06H$）</td></tr>
<tr><td>多跨无吊车厂房柱</td><td>$\geqslant\frac{H}{30}$</td><td colspan="3">$\geqslant\frac{H}{20}$</td></tr>
<tr><td>仅承受风荷载与自重的山墙抗风柱</td><td>$\geqslant\frac{H_b}{40}$</td><td colspan="3">$\geqslant\frac{H_l}{25}$</td></tr>
<tr><td>同时承受由连系梁传来山墙重的山墙抗风柱</td><td>$\geqslant\frac{H_b}{30}$</td><td colspan="3">$\geqslant\frac{H_l}{25}$</td></tr>
</table>

注　H_l 为下柱高度（算至基础顶面）；H 为柱全高（算至基础顶面）；H_b 为山墙抗风柱从基础顶面至柱平面外（宽度）方向支撑点的高度。对于I形截面，截面宽度为 b_f。

对于I形截面柱，其截面高度和宽度确定后，可参考表3-10确定腹板和翼缘尺寸。

根据大量的工程设计经验，当厂房柱距为 6m，一般桥式软钩吊车起重量为 5～100t 时，柱的截面形式和尺寸可参考表 3-11 和表 3-12 确定。对于 I 形截面柱，其截面的力学特征见附表 G。

表 3-10　　I 形截面柱腹板、翼缘尺寸参考表　　mm

截面宽度	b_f	300～400	400	500	600	图注
截面高度	h	500～700	700～1000	1000～2500	1500～2500	
腹板厚度 b $b/h' \geqslant 1/14 \sim 1/10$		60	80～100	100～120	120～150	
翼板厚度 h_f		80～100	100～150	150～200	200～250	

表 3-11　　厂房柱截面形式和尺寸参考表（吊车工作级别为 A4、A5）

吊车起重量（t）	轨顶高度（m）	6m 柱距（边柱）		6m 柱距（中柱）	
		上柱（mm）	下柱（mm）	上柱（mm）	下柱（mm）
≤5	6～8	□400×400	I 400×600×100	□400×400	I 400×600×100
10	8	□400×400	I 400×700×100	□400×600	I 400×800×150
	10	□400×400	I 400×800×150	□400×600	I 400×800×150
15～20	8	□400×400	I 400×800×150	□400×600	I 400×800×150
	10	□400×400	I 400×900×150	□400×600	I 400×1000×150
	12	□500×400	I 500×1000×200	□500×600	I 500×1200×200
30	8	□400×400	I 400×1000×150	□400×600	I 400×1000×150
	10	□400×500	I 400×1000×150	□500×600	I 500×1200×150
	12	□500×500	I 500×1000×200	□500×600	I 500×1200×200
	14	□600×500	I 600×1200×200	□600×600	I 600×1200×200
50	10	□500×500	I 500×1200×200	□500×700	双 500×1600×300
	12	□500×600	I 500×1400×200	□500×700	双 500×1600×300
	14	□600×600	I 600×1400×200	□600×700	双 600×1800×300

表 3-12　　厂房柱截面形式和尺寸参考表（吊车工作级别为 A6、A7）

吊车起重量（t）	轨顶高度（m）	6m 柱距（边柱）		6m 柱距（中柱）	
		上柱（mm）	下柱（mm）	上柱（mm）	下柱（mm）
≤5	6～8	□400×400	I 400×600×100	□400×500	I 400×800×150
10	8	□400×400	I 400×800×150	□400×600	I 400×800×150
	10	□400×400	I 400×800×150	□400×600	I 400×800×150
15～20	8	□400×400	I 400×800×150	□400×600	I 400×1000×150
	10	□500×500	I 500×1000×200	□500×600	I 500×1000×200
	12	□500×500	I 500×1000×200	□500×600	I 500×1000×200

续表

吊车起重量（t）	轨顶高度（m）	6m柱距（边柱）		6m柱距（中柱）	
		上柱（mm）	下柱（mm）	上柱（mm）	下柱（mm）
30	10	□500×500	I 500×1000×200	□500×600	I 500×1200×200
	12	□500×600	I 500×1200×200	□500×600	I 500×1400×200
	14	□600×600	I 600×1400×200	□600×600	I 600×1400×200
50	10	□500×500	I 500×1200×200	□500×700	双 500×1600×300
	12	□500×600	I 500×1400×200	□500×700	双 500×1600×300
	14	□600×600	双 600×1600×300	□600×700	双 600×1800×300
75	12	双 600×1000×250	双 600×1800×300	双 600×1000×300	双 600×2200×350
	14	双 600×1000×250	双 600×1800×300	双 600×1000×300	双 600×2200×350
	16	双 700×1000×250	双 700×2000×350	双 700×1000×300	双 700×2200×350
100	12	双 600×1000×250	双 600×1800×300	双 600×1000×300	双 600×2400×350
	14	双 600×1000×250	双 600×2000×350	双 600×1000×300	双 600×2400×350
	16	双 700×1000×300	双 700×2200×400	双 700×1000×300	双 700×2400×400

注　表中的截面形式采用下述符号：□为矩形截面 $b\times h$（宽度×高度）；I为I形截面 $b_f\times h\times h_f$（h_f为翼缘厚度）；双为双肢柱 $b\times h\times h_z$（h_z为肢杆截面高度）。

3.4.2　截面设计

1. 截面配筋计算

在对排架结构进行内力分析后，即可进行排架柱的截面设计。单层厂房排架柱各控制截面的不利内力组合值（M、N、V）是柱配筋计算的依据。一般情况下，矩形、I形截面实腹柱可按构造要求配置箍筋，不必进行受剪承载力计算。排架柱通常为偏心受压构件，可按照有关教材中偏心受压构件的要求进行计算。排架柱一般采用对称配筋，纵向受力钢筋按偏心受压构件正截面承载力计算确定，还应按轴心受压构件进行平面外受压承载力验算。

在材料力学中，柱的计算长度根据柱两端的支承情况（不动铰支座或固定端）来确定。单层厂房中排架柱的支承条件比较复杂：如柱上端为可动铰，它的位移与屋盖刚度、厂房跨数等因素有关；柱身为变截面，并且和吊车梁、圈梁、连系梁等纵向构件相连；柱下端的支承情况又与地基的压缩性有关，只能说是接近固定端。因此，柱的计算长度不能简单地按材料力学中各种理想支承情况来确定。表3-13为GB 50010—2010根据单层厂房的实际支承及受力特点，结合工程经验所给出的计算长度 l_0，供设计时采用。

表3-13　　刚性屋盖单层厂房排架柱、露天吊车柱和栈桥柱的计算长度 l_0

柱的类型		排架方向	垂直排架方向	
			有柱间支撑	无柱间支撑
无吊车厂房柱	单跨	$1.5H$	$1.0H$	$1.2H$
	两跨及多跨	$1.25H$	$1.0H$	$1.2H$
有吊车厂房柱	上柱	$2.0H_u$	$1.25H_u$	$1.5H_u$
	下柱	$1.0H_l$	$0.8H_l$	$1.0H_l$

续表

柱的类型	排架方向	垂直排架方向	
		有柱间支撑	无柱间支撑
露天吊车柱和栈桥柱	$2.0H_l$	$1.0H_l$	—

注 1 表中 H 为从基础顶面算起的柱子全高；H_l 为从基础顶面至装配式吊车梁底面或现浇式吊车梁顶面的柱子下部高度；H_u 为装配式吊车梁底面或从现浇式吊车梁顶面算起的柱子上部高度。

2 表中有吊车厂房排架柱的计算长度，当计算中不考虑吊车荷载时，可按无吊车厂房采用，但上柱的计算长度仍按有吊车厂房采用。

3 表中有吊车厂房排架的上柱在排架方向的计算长度，仅适用于 $H_u/H_l \geqslant 0.3$ 的情况；当 $H_u/H_l < 0.3$ 时，宜采用 $2.5H_u$。

2. 构造要求

柱的混凝土强度等级不宜低于 C20，纵向受力钢筋直径 d 不宜小于 12mm，全部纵向钢筋的配筋率不宜超过 5%。当偏心受压柱的截面高度大于或等于 600mm 时，在侧面应设置直径为 10～16mm 的纵向构造钢筋，并相应地设置复合箍筋或拉筋。柱内纵向钢筋的净距不应小于 50mm，且不宜大于 300mm；对于水平浇筑的预制柱，其上部纵向钢筋的最小净间距不应小于 30mm 和 $1.5d$（d 为钢筋的最大直径），下部纵向钢筋的最小净间距不应小于 25mm 和 d。偏心受压柱中垂直于弯矩作用平面的纵向受力钢筋以及轴心受压柱中各边的纵向受力钢筋，其中距不宜大于 300mm。

柱中的箍筋应为封闭式。箍筋间距不应大于 400mm 及构件截面的短边尺寸，且在绑扎骨架中不应大于 $15d$，在焊接骨架中不应大于 $20d$，d 为纵向钢筋的最小直径。箍筋直径不应小于 $d/4$，且不应小于 6mm，d 为纵向钢筋的最大直径。当柱中全部纵向受力钢筋的配筋率超过 3%时，箍筋直径不宜小于 8mm，间距不应大于 $10d$，且不应大于 200mm，d 为纵向钢筋的最小直径。

3.4.3 牛腿设计

在厂房结构钢筋混凝土柱中，常在其支承屋架、托架、吊车梁和连系梁等构件的部位设置从柱侧面伸出的短悬臂，称为牛腿，见图 3-37。其目的是在不增大柱截面的情况下，加大支承面积，保证构件间的可靠连接，有利于构件的安装。

通常，牛腿顶面上作用有很大的竖向力 F_v，有时还伴随有水平力 F_h。因此，在设计柱时必须重视牛腿的设计，保证其承载力要求和抗裂性要求。牛腿设计的主要内容包括确定牛腿的截面尺寸、配筋计算和构造设计。

牛腿按照竖向集中力作用线至下柱边缘的距离 a 分为两类：$a>h_0$ 时为长牛腿［见图 3-37（a）］，按悬臂梁进行设计，其中 h_0 为牛腿截面的有效高度；$a<h_0$ 时为短牛腿［见图 3-37（b）］，是一个变截面短悬臂深梁，按本节所述方法设计。

1. 牛腿的受力特点及破坏形态

牛腿的计算理论是在大量工程实践和科学试验的基础上建立的。试验研究表明，牛腿在荷载作用下大体经历弹性、裂缝出现与开展和破坏三个阶段。

（1）弹性阶段。通过 $a/h_0=0.5$ 环氧树脂牛腿模型的光弹试验，得到的主应力迹线如图 3-38 所示。由图可见，牛腿顶部上边缘的主拉应力迹线大体与上边缘平行，分布较为均匀，在加载点附近稍向下倾斜；在 AB 连线附近不太宽的带状区域内，主压应力迹线大体与 AB

连线平行，其分布也比较均匀；另外，上柱根部与牛腿交界处附近存在应力集中现象。

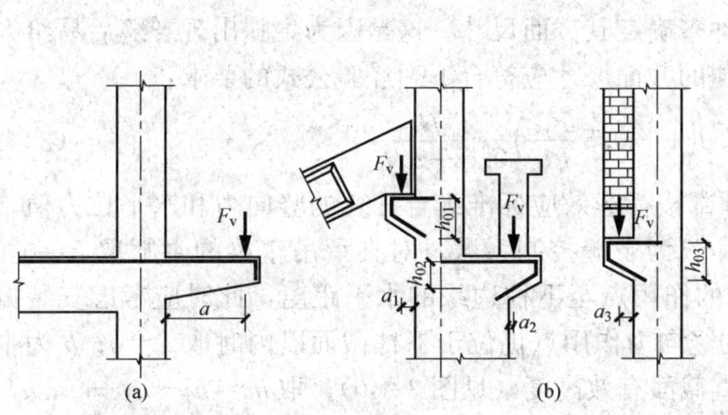

图 3-37 牛腿类别

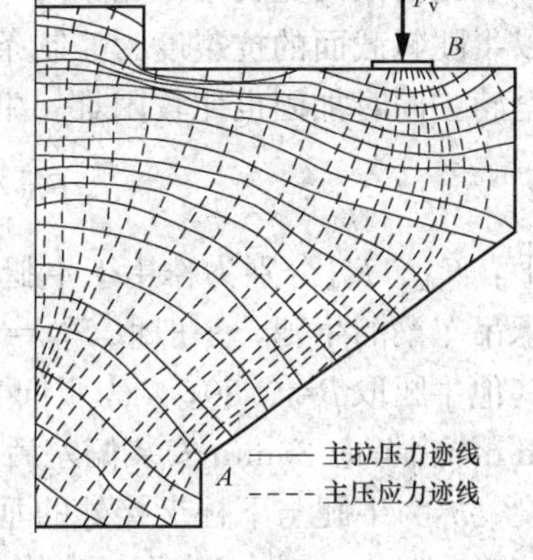

图 3-38 牛腿的应力状态

(2) 裂缝出现与开展阶段。试验表明，当荷载达到 20%～40%极限荷载时，由于上柱根部与牛腿交界处的主拉应力集中现象，在该处首先出现自上而下的竖向裂缝①［见图 3-39 (a)］，裂缝细小且开展较慢，对牛腿的受力性能影响不大；当荷载达到极限荷载的 40%～60%时，在加载垫板内侧附近出现一条斜裂缝②，其方向大体与主压应力轨迹线平行。

(3) 破坏阶段。随 a/h_0 值的不同，牛腿主要有以下几种破坏形态：

1) 弯压破坏。当 $0.75<a/h_0<1.0$ 且纵向钢筋配筋率偏低时，随着荷载增加，斜裂缝②不断向受压区延伸，纵筋拉应力逐渐增加直至达到屈服强度，这时斜裂缝②外侧部分绕牛腿根部与柱交接点转动，致使受压区混凝土压碎而引起破坏，见图 3-39 (a)。

2) 斜压破坏。当 $a/h_0=0.1\sim0.75$ 时，随着荷载增加，在斜裂缝②外侧出现细而短小的斜裂缝③，当这些斜裂缝逐渐贯通时，斜裂缝②、③间的斜向主压应力超过混凝土的抗压强度，直至混凝土剥落崩出，牛腿即破坏，见图 3-39 (b)。有时，牛腿不出现斜裂缝③，而是在加载垫板下突然出现一条通长斜裂缝④而破坏，见图 3-39 (c)。

3) 剪切破坏。当 $a/h_0<0.1$ 或虽 a/h_0 较大但牛腿的外边缘高度 h_1 较小时，在牛腿与柱边交接面上出现一系列短而细的斜裂缝，最后牛腿沿此裂缝从柱上切下而破坏，见图 3-39 (d)。

以上是牛腿的三种主要破坏形态。此外，当加载板尺寸过小或牛腿宽度过窄时，可能导致加载板下混凝土发生局部受压破坏，见图 3-39 (e)；当牛腿纵向受力钢筋锚固不足时，还会发生使钢筋被拔出等破坏现象。

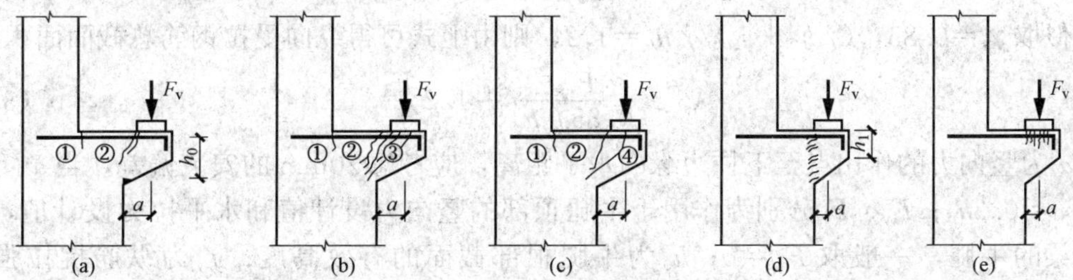

图 3-39 牛腿的破坏形态

2. 牛腿截面尺寸的确定

牛腿的截面宽度与柱宽相同，故确定牛腿的截面尺寸主要是确定其截面高度。设计时一般以牛腿斜截面的抗裂度为控制条件来确定其截面尺寸。这是因为牛腿出现裂缝后易给人不安全感，同时加固也比较困难。牛腿的截面尺寸应符合下列经验公式的要求：

$$F_{vk} \leqslant \beta\left(1-0.5\frac{F_{hk}}{F_{vk}}\right)\frac{f_{tk}bh_0}{0.5+a/h_0} \tag{3-32}$$

式中：F_{vk}、F_{hk}分别为作用于牛腿顶部按荷载效应标准组合计算的竖向力和水平拉力值，对支承吊车梁的牛腿，一般取 $F_{hk}=0$；β 为裂缝控制系数，对支承吊车梁的牛腿取 $\beta=0.65$，对其他牛腿取 $\beta=0.80$；a 为竖向力的作用点至下柱边缘的水平距离，此时应考虑安装偏差 20mm，当考虑 20mm 安装偏差后的竖向力作用点仍位于下柱截面以内时取 $a=0$；b 为牛腿宽度；h_0为牛腿与下柱交接处的垂直截面有效高度（见图 3-40），取 $h_0=h_1-a_s+c\tan\alpha$，当 $\alpha>45°$时取 $\alpha=45°$，c 为下柱边缘到牛腿外边缘的水平长度。

除上式要求外，牛腿的外边缘高度 h_1不应小于 $h/3$，且不应小于 200mm；牛腿外边缘至吊车梁外边缘的距离不宜小于 70mm；牛腿底边倾斜角 $\alpha\leqslant45°$，如图 3-40 所示。

3. 牛腿配筋计算与构造

根据牛腿的弯压和斜压两种破坏形态，在一般情况下，可近似地把牛腿看作是一个以顶部纵向受力钢筋为水平拉杆，以混凝土斜向压力带为压杆的三角形桁架，如图 3-41 所示。

（1）斜截面受弯承载力计算及纵筋构造要求。

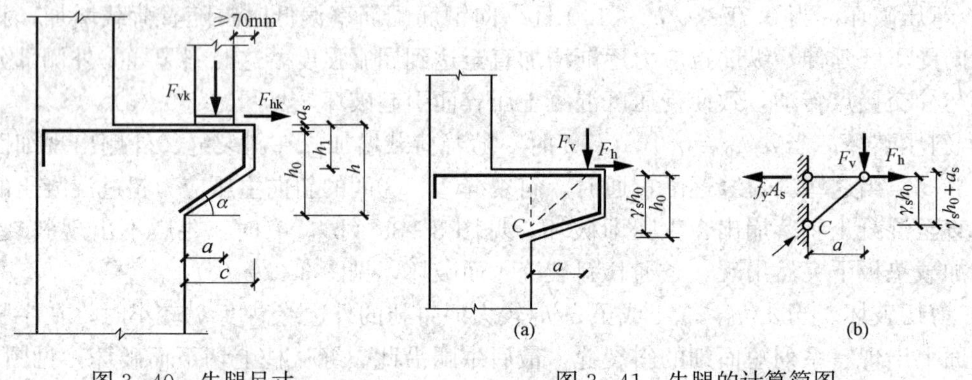

图 3-40　牛腿尺寸

图 3-41　牛腿的计算简图

根据图 3-41，在竖向力设计值和水平拉力设计值共同作用下，对 C 点取力矩平衡可得下列设计表达式：

$$F_va+F_h(\gamma_sh_0+a_s)\leqslant f_yA_s\gamma_sh_0 \tag{3-33}$$

近似取 $\gamma_s=0.85$，$(\gamma_sh_0+a_s)/\gamma_sh_0=1.2$，则由上式可得纵向受拉钢筋总截面面积 A_s 为

$$A_s\geqslant\frac{F_va}{0.85f_yh_0}+1.2\frac{F_h}{f_y} \tag{3-34}$$

式中：a 为竖向力的作用点至下柱边缘的水平距离，应考虑 20mm 的安装偏差，当 $a<0.3h_0$ 时，取 $a=0.3h_0$；F_v、F_h分别为作用于牛腿顶部的竖向力设计值和水平拉力设计值，对支承吊车梁的牛腿，一般取 $F_h=0$；h_0为牛腿根部截面的有效高度；f_y为纵筋抗拉强度设计值。

纵向受拉钢筋宜采用 HRB335 级或 HRB400 级钢筋。承受竖向力所需的纵向受力钢筋

的配筋率，按牛腿有效截面计算不应小于0.2%及$0.45f_t/f_y$，也不宜大于0.6%，且根数不宜少于4根，直径不应小于12mm。

（2）水平箍筋和弯起钢筋的构造要求。在牛腿的截面尺寸满足式（3-32）的抗裂条件后，一般不需要再进行斜截面受剪承载力计算，只需按下述构造要求设置水平箍筋和弯起钢筋。

水平箍筋的直径应取6～12mm，间距为100～150mm，且在上部$2h_0/3$的范围内水平箍筋总截面面积不应小于承受竖向力的受拉钢筋截面面积的1/2。

当牛腿的剪跨比$a/h_0 \geqslant 0.3$时，宜设置弯起钢筋。弯起钢筋宜采用HRB335级或HRB400级钢筋，并宜设置在牛腿上部集中荷载作用点到牛腿斜边下端点连线$l/6$～$l/2$的范围内（见图3-42），其截面面积不宜小于承受竖向力的受拉钢筋截面面积的1/2，其根数不宜少于2根，直径不宜小于12mm。同时，纵向受拉钢筋不得兼做弯起钢筋。

全部纵向受力钢筋及弯起钢筋宜沿牛腿外边缘向下伸入柱内150mm后截断，见图3-42。纵向受力钢筋及弯起钢筋伸入上柱的锚固长度，不应小于受力钢筋的锚固长度l_a；当上柱尺寸不足时，应伸至上柱外边并向下弯折，其水平投影长度不应小于$0.4l_a$，竖向投影长度应取为$15d$，此时锚固长度应从上柱内边算起。

3.4.4　柱的吊装验算

排架柱在施工吊装过程中的受力状态与使用阶段不同，而且此时混凝土的强度可能未达到设计强度，因此还应根据排架柱在吊装阶段的受力特点和材料实际强度，对柱进行承载力和裂缝宽度验算。

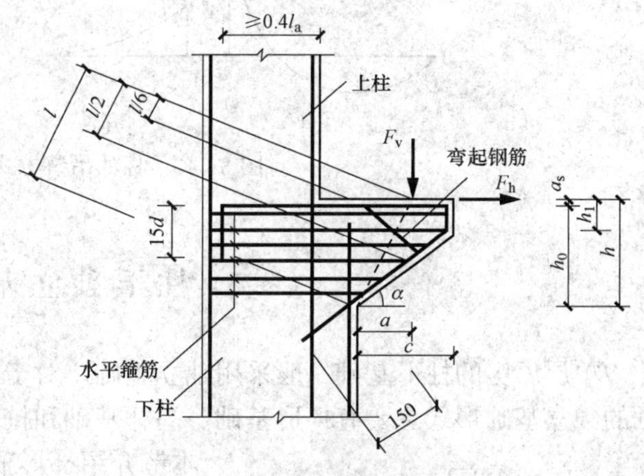

图3-42　牛腿配筋构造

柱在吊装阶段验算时采用的计算简图应根据其吊装方式来确定，荷载是排架柱的自重。吊装方式有平吊和翻身吊两种，如图3-43所示。平吊较为方便[见图3-43（b）]；当采用平吊不满足承载力或裂缝宽度限值要求时，可采用翻身吊[见图3-43（b）]。当采用一点起吊时，吊点一般设置在牛腿根部变截面处。吊装过程中的最不利受力阶段为吊点刚离开地面时，此时柱子底端搁置在地面上，柱在其自重作用下为受弯构件，其计算简图和弯矩图如图3-43（c）所示，一般取上柱柱底、牛腿根部和下柱跨中三个控制截面。

在进行吊装阶段受弯承载力验算时，柱自重重力荷载分项系数取1.35，考虑到起吊时的动力作用，还应乘以动力系数1.5。由于吊装阶段较短暂，故结构重要性系数γ_0可较其使用阶段降低一级采用。混凝土强度取吊装时的实际强度，一般要求大于70%的设计强度。当采用平吊时，I形截面可简化为宽度为$2h_f$、高度为b_f的矩形截面，受力钢筋只考虑两翼缘最外边的一排钢筋参与工作。当采用翻身起吊时，截面的受力方式与使用阶段一致，可按矩形或I形截面进行受弯承载力计算，一般均可满足要求。

钢筋混凝土柱在吊装阶段的裂缝宽度验算可按该构件在使用阶段允许出现裂缝的控制等级进行验算。当吊装验算不满足要求时，应优先采用调整或增设吊点以减小弯矩的方法或采取临时加固措施来解决。

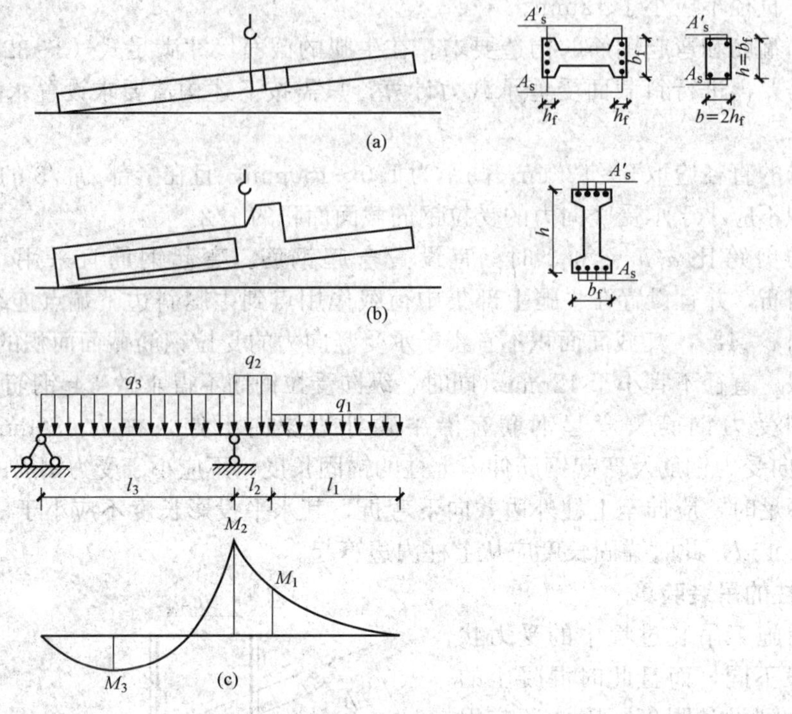

图 3-43　柱的吊装方式及计算简图

3.5　柱下独立基础设计

单层厂房的柱下基础一般采用独立基础。对于装配式钢筋混凝土单层厂房排架结构，常见的独立基础形式主要有杯形基础、高杯基础和桩基础等。

本节介绍杯形独立基础的设计方法。柱下独立基础根据其受力性能可分为轴心受压基础和偏心受压基础两类。基础设计的主要内容包括确定基础的形式、基础的埋置深度、基础的底面尺寸和基础高度，计算基础底板配筋，并采用必要的构造配筋。

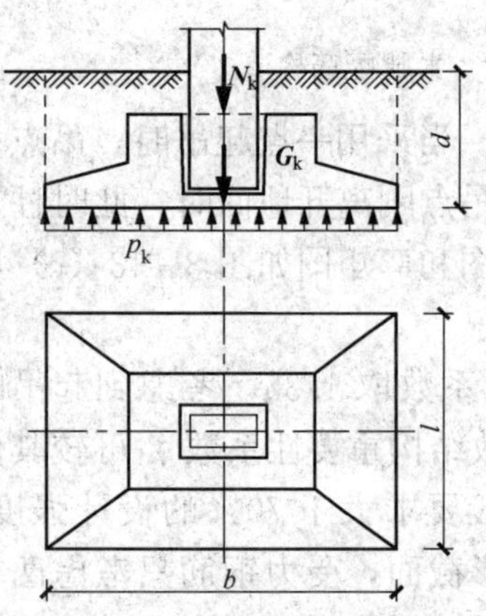

图 3-44　轴心受压基础压力分布

3.5.1　基础底面尺寸的确定

基础底面尺寸是根据地基承载力条件、地基变形条件和上部结构荷载条件确定的。由于独立基础的刚度较大，可假定基础底面的压力为线性分布。

1. 轴心受压柱下基础

轴心受压时，基础底面的压力为均匀分布，如图 3-44 所示。设计时应满足下式要求：

$$p_k = \frac{N_k + G_k}{A} \leqslant f_a \tag{3-35}$$

式中：p_k为相应于荷载效应标准组合时基础底面处的压力标准值；N_k为相应于荷载效应标准组合时，上部结构传至基础顶面的竖向力标准值；G_k为基础自重和基础上的土重；A为基础底面面积，$A=l\times b$，b为基础底面的宽度，l为基础底面的长度；f_a为经过深度和宽度修正后的地基承载力特征值。

若基础的埋置深度为d，基础及其上填土的平均重度为γ_m（一般可近似取$\gamma_m=20\text{kN/m}^3$），则$G_k=\gamma_m dA$，将其代入式（3-35）可得基础底面面积为

$$A=\frac{N_k}{f_a-\gamma_m d} \tag{3-36}$$

设计时先按式（3-36）算得基础底面面积A，再选定基础宽度b，即可求得另一边长l。

2. 偏心受压柱下基础

偏心受压时，基础底面的压力为线性分布，如图3-45所示，则基础底面边缘的压力可按下式计算：

$$\left.\begin{matrix}p_{k,\max}\\p_{k,\min}\end{matrix}\right\}=\frac{N_{bk}}{A}\pm\frac{M_{bk}}{W} \tag{3-37}$$

式中：$p_{k,\max}$、$p_{k,\min}$分别为相应于荷载效应标准组合时基础底面边缘的最大和最小压力值；W为基础底面的抵抗矩，$W=lb^2/6$，l为垂直于力矩作用方向的基础底面边长；N_{bk}、M_{bk}分别为相应于荷载效应标准组合时作用于基础底面的竖向压力标准值和弯矩标准值，按式（3-38）和式（3-39）计算。

$$N_{bk}=N_k+G_k+N_{wk} \tag{3-38}$$

$$M_{bk}=M_k+V_k h\pm N_{wk}e_w \tag{3-39}$$

式中：N_k、M_k、V_k分别为相应于荷载效应标准组合时作用于基础顶面处的弯矩、轴力和剪力标准值；N_{wk}为相应于荷载效应标准组合时基础梁传来的竖向力标准值；e_w为基础梁中心线至基础底面中心线的距离；h为按经验初步拟定的基础高度。

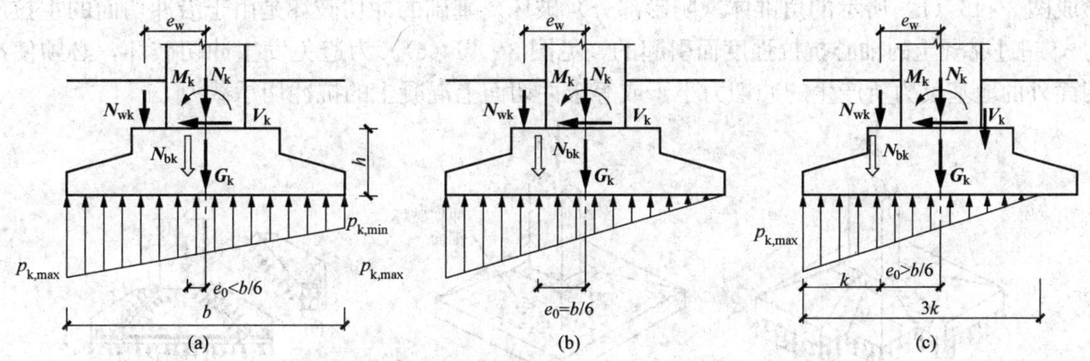

图3-45 偏心受压基础压力分布

令$e_0=M_{bk}/N_{bk}$，并将$W=lb^2/6$代入式（3-37），则式（3-37）可表达为

$$\left.\begin{matrix}p_{k,\max}\\p_{k,\min}\end{matrix}\right\}=\frac{N_{bk}}{lb}\left(1\pm\frac{6e_0}{b}\right) \tag{3-40}$$

由式（3-40）可知，当$e_0<b/6$时，$p_{k,\min}>0$，地基反力呈梯形分布，表示基底全部受压

[见图 3-45（a）]；当 $e_0=b/6$ 时，$p_{k,min}=0$，地基反力呈三角形分布，基底也为全部受压 [见图 3-45（b）]；当 $e_0>b/6$ 时，$p_{k,min}<0$，由于基础底面与地基土的接触面间不能承受拉力，故说明基础底面的一部分不与地基土接触，而基础底面与地基土接触的部分其反力仍呈三角形分布 [见图 3-45（c）]，根据力的平衡条件，可求得基础底面边缘的最大压力值为

$$p_{k,max}=\frac{2N_{bk}}{3kl} \tag{3-41}$$

式中：k 为基础底面竖向压力 N_{bk} 作用点至基础底面边缘最大压力的距离，$k=\frac{1}{2}b-e_0$。

通常可以采用试算法来确定偏心受压基础的底面尺寸。

（1）按轴心受压基础初步估算基础的底面面积。先按式（3-36）计算底面面积，再考虑基础底面弯矩的影响，将基础底面积适当增加 10%～40%，初步选定基础底面的边长 l 和 b。

（2）计算基础底面内力。按式（3-38）、式（3-39）分别计算基础底面处的轴向压力和弯矩值。

（3）计算基底压力。当 $e_0\leqslant b/6$ 时，按照式（3-40）计算 $p_{k,max}$ 和 $p_{k,min}$；当 $e_0>b/6$ 时，按照式（3-41）计算 $p_{k,max}$。

（4）验算地基承载力。对于偏心受压基础，基础底面的压力值应符合下式要求：

$$p_k=\frac{p_{k,max}+p_{k,min}}{2}\leqslant f_a \tag{3-42}$$

$$p_{k,max}\leqslant 1.2f_a \tag{3-43}$$

3.5.2 独立基础高度的验算

独立基础的高度除应满足构造要求外，还应根据柱与基础交接处以及基础变阶处混凝土的受冲切承载力计算确定。

试验研究表明，当柱与基础交接处或基础变阶处的高度不足时，柱传来的荷载将使基础发生如图 3-46（a）所示的冲切破坏，即沿柱周边或变阶处周边大致成 45°方向的截面被拉开而形成图 3-46（b）所示的角锥体（阴影部分）破坏。基础的冲切破坏是由于沿冲切面的主拉应力 σ_{pt} 超过混凝土的轴心抗拉强度而引起的，见图 3-46（c）。为避免发生冲切破坏，必须使冲切面外的地基反力所产生的冲切力小于或等于冲切面上混凝土的抗冲切承载力。

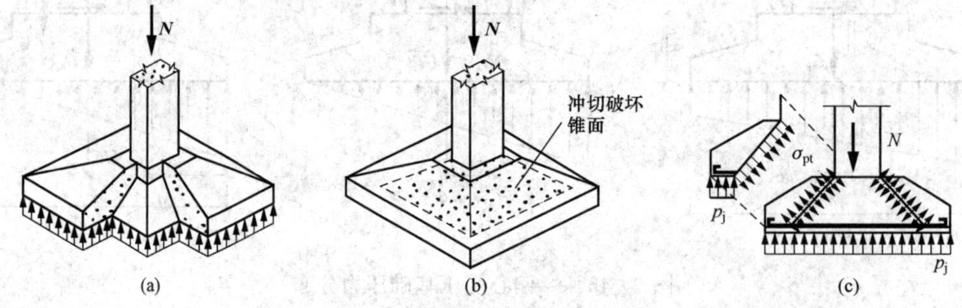

图 3-46 基础冲切破坏示意图

对于矩形截面柱的矩形基础，在柱与基础交接处以及基础变阶处的受冲切承载力应按下列公式验算：

$$F_l\leqslant 0.7\beta_{hp}f_t a_m h_0 \tag{3-44}$$

$$a_m=(a_t+a_b)/2 \tag{3-45}$$

$$F_l = p_j A_l \tag{3-46}$$

式中：β_{hp}为受冲切承载力截面高度影响系数，当$h<800$mm时取1.0，当$h\geqslant 2000$mm时取0.9，其间按线性内插法取用；f_t为混凝土轴心抗拉强度设计值；h_0为基础冲切破坏锥体的有效高度；a_m为冲切破坏锥体最不利一侧的计算长度；a_t为冲切破坏锥体最不利一侧斜截面的上边长，当计算柱与基础交接处的受冲切承载力时取柱宽，当计算基础变阶处的受冲切承载力时取上阶宽；a_b为冲切破坏锥体最不利一侧斜截面在基础底面积范围内的下边长，当冲切破坏锥体的底面落在基础底面以内［见图3-47（a）、（b）］，计算柱与基础交接处的受冲切承载力时取柱宽加两倍基础有效高度，当计算基础变阶处的受冲切承载力时取上阶宽加两倍该处的基础有效高度，当冲切破坏锥体的底面在l方向落在基础底面以外，即$a_t+2h_0\geqslant l$时［见图3-47（c）］取$a_b=l$；p_j为扣除基础自重及其上土重后相应于荷载效应基本组合时的地基土单位面积净反力，对偏心受压基础可取基础边缘处最大地基土单位面积净反力；A_l为冲切验算时取用的部分基底面积［见图3-47（a）、（b）中的阴影面积$ABCDEF$，或图3-47（c）中的阴影面积$ABCD$］；F_l为相应于荷载效应基本组合时作用在A_l上的地基土净反力设计值。

基础设计时，一般是根据经验或构造要求先假定基础高度，可取$h\geqslant h_1+50+a_1$，其中h_1和a_1分别按表3-14和表3-15查取；然后按式（3-44）进行受冲切承载力验算。若不满足要求，则应增大基础高度重新进行验算，直至满足要求。当基础底面落在45°线（即冲切破坏角锥体）以内时，可不必进行受冲切承载力验算。

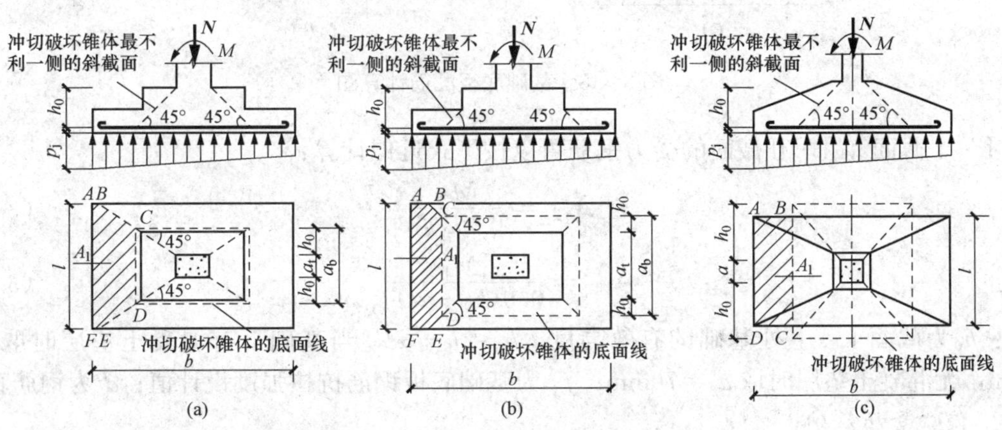

图3-47 基础的受冲切承载力截面位置

3.5.3 基础底板配筋

试验表明，基础底板在地基净反力作用下，在两个方向都将产生向上的弯曲。因此，需在底板两个方向都配置受力钢筋。配筋计算的控制截面一般取在柱与基础交接处及变阶处（对于阶形基础）。计算两个方向的弯矩时，把基础视作固定在柱周边的四面挑出的悬臂板，见图3-48。当基础台阶的高宽比小于或等于2.5时，可按下述有关公式计算。

1. 轴心受压基础

为简化计算，将基础底板划分为四个区块，每个区块都可看作是固定于柱边的悬臂板，且区块之间无联系，如图3-48所示。因此，柱边处截面Ⅰ-Ⅰ和截面Ⅱ-Ⅱ的弯矩设计值分别等于作用在梯形$ABCD$和$BCFE$上的总地基净反力乘以其面积形心至柱边截面的距离［见图3-48（a）］，即

$$M_{\mathrm{I}} = \frac{p_{\mathrm{j}}}{24}(b-b_{\mathrm{t}})^2(2l+a_{\mathrm{t}}) \tag{3-47}$$

$$M_{\mathrm{II}} = \frac{p_{\mathrm{j}}}{24}(l-a_{\mathrm{t}})^2(2b+b_{\mathrm{t}}) \tag{3-48}$$

式中：M_{I}、M_{II}为截面Ⅰ-Ⅰ、Ⅱ-Ⅱ处相应于荷载效应基本组合的弯矩设计值；p_{j}为相应于荷载效应基本组合的地基净反力；其余符号意义见图3-48。

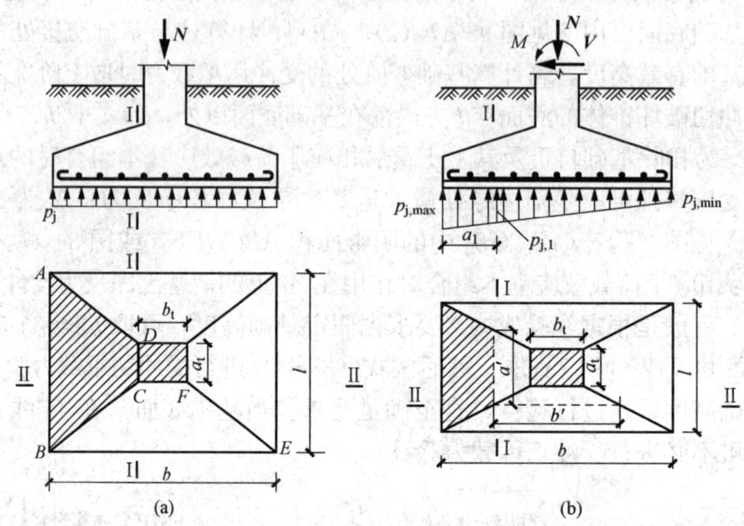

图3-48 基础底板配筋计算图

Ⅰ-Ⅰ截面和Ⅱ-Ⅱ截面的受力钢筋可以按下式近似计算：

$$A_{\mathrm{sI}} = \frac{M_{\mathrm{I}}}{0.9h_0 f_{\mathrm{y}}} \tag{3-49}$$

$$A_{\mathrm{sII}} = \frac{M_{\mathrm{II}}}{0.9(h_0-d)f_{\mathrm{y}}} \tag{3-50}$$

式中：h_0为截面Ⅰ-Ⅰ处基础的有效高度，$h_0=h-a_{\mathrm{s}}$，当基础下有混凝土垫层时取$a_{\mathrm{s}}=40\mathrm{mm}$，无混凝土垫层时取$a_{\mathrm{s}}=70\mathrm{mm}$；$f_{\mathrm{y}}$为基础底板钢筋抗拉强度设计值；$d$为钢筋直径。

2. 偏心受压基础

当偏心距小于或等于1/6基础宽度时，沿弯矩作用方向在任意截面Ⅰ-Ⅰ处［见图3-48（b）］，以及垂直于弯矩作用方向在任意截面Ⅱ-Ⅱ处相应于荷载效应基本组合时的弯矩设计值M_{I}、M_{II}，可分别按下列公式计算：

$$M_{\mathrm{I}} = \frac{1}{12}a_1^2[(2l+a')(p_{\mathrm{j,max}}+p_{\mathrm{j,I}})+(p_{\mathrm{j,max}}-p_{\mathrm{j,I}})l] \tag{3-51}$$

$$M_{\mathrm{II}} = \frac{1}{48}(l-a')^2(2b+b')(p_{\mathrm{j,max}}+p_{\mathrm{j,min}}) \tag{3-52}$$

式中：a_1为任意截面Ⅰ-Ⅰ至基底边缘最大反力处的距离；$p_{\mathrm{j,max}}$、$p_{\mathrm{j,min}}$分别为相应于荷载效应基本组合时基础底面边缘的最大和最小地基净反力设计值；$p_{\mathrm{j,I}}$为相应于荷载效应基本组合时，在任意截面Ⅰ-Ⅰ处基础底面地基净反力设计值；其余符号意义见图3-48（b）。

当偏心距大于1/6基础宽度时，沿弯矩作用方向基础底面一部分将出现零应力，其反力呈三角形分布。在沿弯矩作用方向上，任意截面Ⅰ-Ⅰ处相应于荷载效应基本组合时的弯矩设计值M_{I}仍可按式（3-51）计算；在垂直于弯矩作用方向上，任意截面处相应于荷载效应基本组合时的弯矩设计值M_{II}应按实际反力分布计算，在设计时，为简化计算，也可偏于安全的取$p_{j,min}=0$，然后按式（3-52）计算。

当按上式求得弯矩设计值M_{I}、M_{II}后，其相应的基础底板受力钢筋截面面积可近似地按式（3-49）和式（3-50）进行计算。

对于阶形基础，尚应进行变阶截面处的配筋计算，并比较由上述过程所计算的配筋及变阶截面处的配筋，取二者较大者作为基础底板的最后配筋。

3.5.4　构造要求

1. 一般要求

轴心受压基础的底面一般采用正方形；偏心受压基础底面应采用矩形，其长边与弯矩作用方向平行；长短边长的比值宜小于2。

锥形基础的边缘高度不宜小于200mm；阶形基础的每阶高度宜为300～500mm。

基础混凝土强度等级不应低于C20。

基础垫层的厚度不宜小于70mm；垫层混凝土强度等级应为C10。

钢筋宜采用HRB335级或HPB300级。基础底板受力钢筋的最小直径不宜小于10mm；间距不宜大于200mm，也不宜小于100mm。短边方向的钢筋应置于长边方向的钢筋之上。当有垫层时，钢筋保护层厚度不宜小于40mm；无垫层时不宜小于70mm。

当柱下钢筋混凝土独立基础的边长大于或等于2.5m时，底板受力钢筋的长度可取边长的0.9倍，并宜交错布置，如图3-49（a）所示。

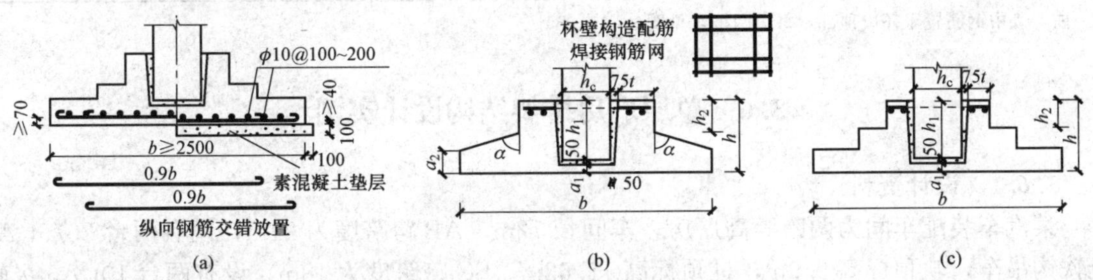

图3-49　独立基础外形尺寸和配筋构造

2. 预制柱基础的杯口形式和柱的插入深度

预制柱插入基础杯口应有足够的深度，使柱可靠地嵌固在基础中。插入深度h_1可按表3-14选取。杯口的深度等于柱的插入深度h_1+50mm。杯口底部留有50mm深度，用于吊装柱时铺设细石混凝土找平层，见图3-49（b）所示。

表3-14　柱的插入深度 h_1　mm

矩形或工字形柱				双肢柱
$h<500$	$500\leqslant h<800$	$800\leqslant h\leqslant 1000$	$h>1000$	
$h\sim1.2h$	h	$0.9h$ 且≥800	$0.8h$ 且≥1000	$(1/3\sim2/3)\ h_a$ $(1.5\sim1.8)\ h_b$

注　1　h为柱截面长边尺寸；h_a为双肢柱全截面长边尺寸；h_b为双肢柱全截面短边尺寸。

2　柱轴心受压或小偏心受压时，h_1可适当减小，当偏心距大于$2h$时，h_1应适当加大。

基础的杯底厚度和杯壁厚度可按表 3 - 15 选用。

表 3 - 15　基础杯底厚度和杯壁厚度　mm

柱截面高度 h	杯底厚度 a_1	杯壁厚度 t
$h<500$	$\geqslant 150$	150～200
$500\leqslant h<800$	$\geqslant 200$	$\geqslant 200$
$800\leqslant h<1000$	$\geqslant 200$	$\geqslant 300$
$1000\leqslant h<1500$	$\geqslant 250$	$\geqslant 350$
$1500\leqslant h<2000$	$\geqslant 300$	$\geqslant 400$

注　1　双肢柱的杯底厚度值可适当加大。
　　2　当有基础梁时，基础梁下的杯壁厚度应满足其支承宽度的要求。
　　3　柱子插入杯口部分的表面应凿毛，柱子与杯口之间的空隙应采用比基础混凝土强度等级高一级的细石混凝土充填密实，当达到材料设计强度的 70%以上时，方能进行上部吊装。

当柱为轴心受压或小偏心受压且 $t/h_2\geqslant 0.65$ 时，或大偏心受压且 $t/h_2\geqslant 0.75$ 时，杯壁可不配筋；当柱为轴心受压或小偏心受压且 $0.5\leqslant t/h_2\leqslant 0.65$ 时，杯壁可按表 3 - 16 配置构造钢筋；其他情况应按计算配筋。

表 3 - 16　杯 壁 构 造 配 筋　mm

柱截面长边尺寸 h	$h<1000$	$1000\leqslant h<1500$	$1500\leqslant h\leqslant 2000$
钢筋直径	8～10	10～12	12～16

注　表中钢筋置于杯口顶部，每边两根，见图 3 - 49（b）。

3.6　单层厂房排架结构设计实例

3.6.1　设计资料

某汽车装配车间为两跨等高厂房，车间长 72m。AB 跨跨度为 21m，设有两台 20/5t A4 级软钩吊车，轨顶标高 9.9m，柱顶标高 12.62m；BC 跨跨度为 18m，设有两台 10t A5 级软钩吊车，轨顶标高 9.6m，柱顶标高 12.62m。厂房无天窗，采用 SBS 卷材防水屋面，围护墙为 240mm 厚普通砖墙，采用钢门窗，室内外高差为 150mm，素混凝土地面。车间平面、剖面图分别见图 3 - 50、图 3 - 51。

厂房所在地点的基本风压为 0.35kN/m^2，地面粗糙度为 B 类；基本雪压为 0.20kN/m^2。土壤冻结深度为 0.3m，建筑场地为Ⅰ级湿陷性黄土，修正后的地基承载力特征值为 180kN/m^2。无抗震设防要求。

要求：（1）分析厂房排架内力，并进行排架柱和基础的设计。

（2）绘制排架柱和基础的施工图。

3.6.2　构件选型及柱截面尺寸

钢筋混凝土工业厂房多采用排架结构，为保证屋盖的整体性和刚度，屋盖采用无檩体系。该车间厂房为卷材防水屋面，因而采用屋面坡度较小而经济指标较好的预应力折线型屋架。普通钢筋混凝土吊车梁制作方便，吊车吨位不大时，有较好的经济指标，因此本设计采用普通钢筋混凝土吊车梁。

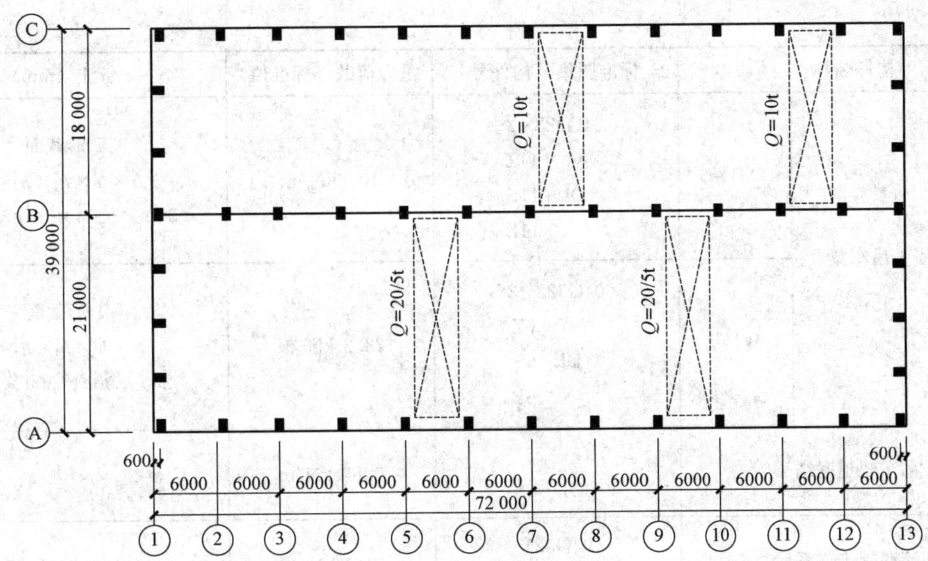

图 3-50 厂房平面图

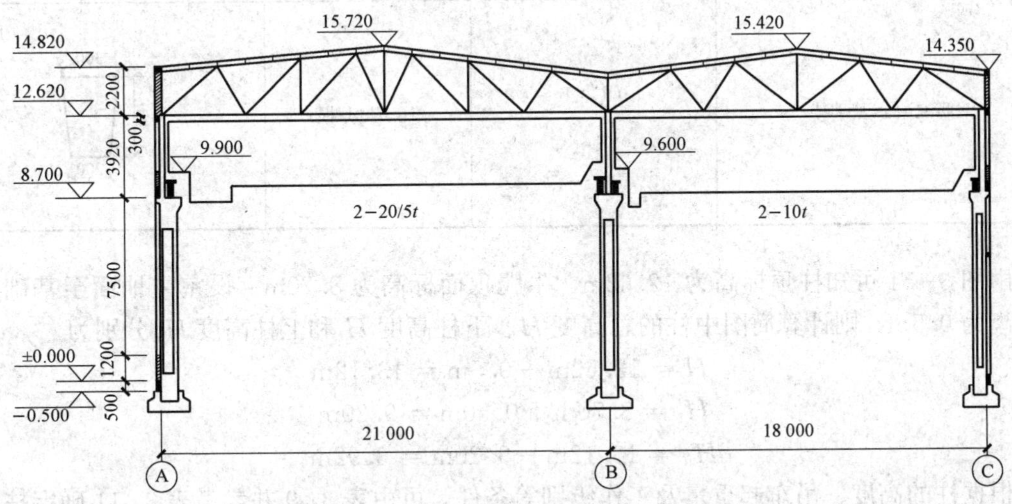

图 3-51 厂房剖面图

该厂房各主要承重构件选用见表 3-17。

表 3-17 主要承重构件选用表

构件名称		标准图集及构件号	重力荷载（标准值）	备注（mm）
1.5m×6.0m 预应力钢筋混凝土屋面板（卷材防水）		04G410-1～2 YWB-2Ⅱ	1.4kN/m² （包括灌缝重）	
预应力钢筋混凝土折线型屋架	AB跨	04G415-1 YWJA-21-1Aa	83.0 kN/榀	
	BC跨	04G415-1 YWJA-18-1Aa	68.2 kN/榀	

续表

构件名称		标准图集及构件号	重力荷载（标准值）	备注（mm）
钢筋混凝土吊车梁	AB跨	04G323-2 11Z DL-11S 11B	40.8kN/根	T形截面 $b\times h\times b'_f\times h'_f=$ 300×1200×500×120
	BC跨	04G323-2 6Z DL-6S 6B	28.2 kN/根	T形截面 $b\times h\times b'_f\times h'_f=$ 250×900×500×100
吊车轨道联结		G-325 DGL-14	0.80 kN/m	
钢筋混凝土连系梁		04G321 LL-2Ⅱ	17.5 kN/根	$b\times h=240\times490$
钢筋混凝土基础梁		04G320 JL-3	16.7kN/根	300 450 200

由图3-51可知柱顶标高为12.62m，牛腿顶面标高为8.70m。设室内地面至基础顶面的距离为0.5m，则计算简图中柱的总高度H、下柱高度H_l和上柱高度H_u分别为

$$H=12.62\text{m}+0.5\text{m}=13.12\text{m}$$

$$H_l=8.70\text{m}+0.50\text{m}=9.20\text{m}$$

$$H_u=13.12\text{m}-9.20\text{m}=3.92\text{m}$$

根据柱的高度、吊车起重量及工作级别等条件，可由表3-9并参考表3-11确定柱的截面尺寸，并求得柱的计算参数，见表3-18。

表3-18　　柱截面尺寸与计算参数

柱号 \ 计算参数		截面尺寸（mm）	面积（$\times10^5\text{mm}^2$）	惯性矩（$\times10^8\text{mm}^4$）	自重（kN/m）
A	上柱	□400×400	1.600	21.30	4.00
	下柱	I400×900×100×150	1.875	195.38	4.69
B	上柱	□400×600	2.400	72.00	6.00
	下柱	I400×1000×100×150	1.975	256.34	4.94
C	上柱	□400×400	1.600	21.30	4.00
	下柱	I400×800×100×150	1.775	143.80	4.44

3.6.3 计算简图

横向定位轴线除端柱外，均通过柱截面几何中心。

纵向定位轴线：

$$A\text{轴线边柱}\ e=B_1+B_2+B_3=260+80+400=740\text{mm}<750\text{mm}$$

$$B\text{轴线中柱}\ e=B_1+B_2+B_3=260+80+\frac{600}{2}=640\text{mm}<750\text{mm}$$

$$C\text{轴线边柱}\ e=B_1+B_2+B_3=230+80+400=710\text{mm}<750\text{mm}$$

因此，纵向定位轴线均取为封闭式。对于边柱，封闭式纵向定位轴线与纵墙内侧边缘重合。

由于该汽车装配车间厂房工艺无特殊要求，且结构布置及荷载分布（除吊车荷载外）均匀，故可取一榀横向排架作为基本的计算单元，如图 3-52（a）所示，单元的宽度为两相邻柱间中心线之间的距离，即 $B=6.0\text{m}$，计算简图如图 3-52（b）所示。

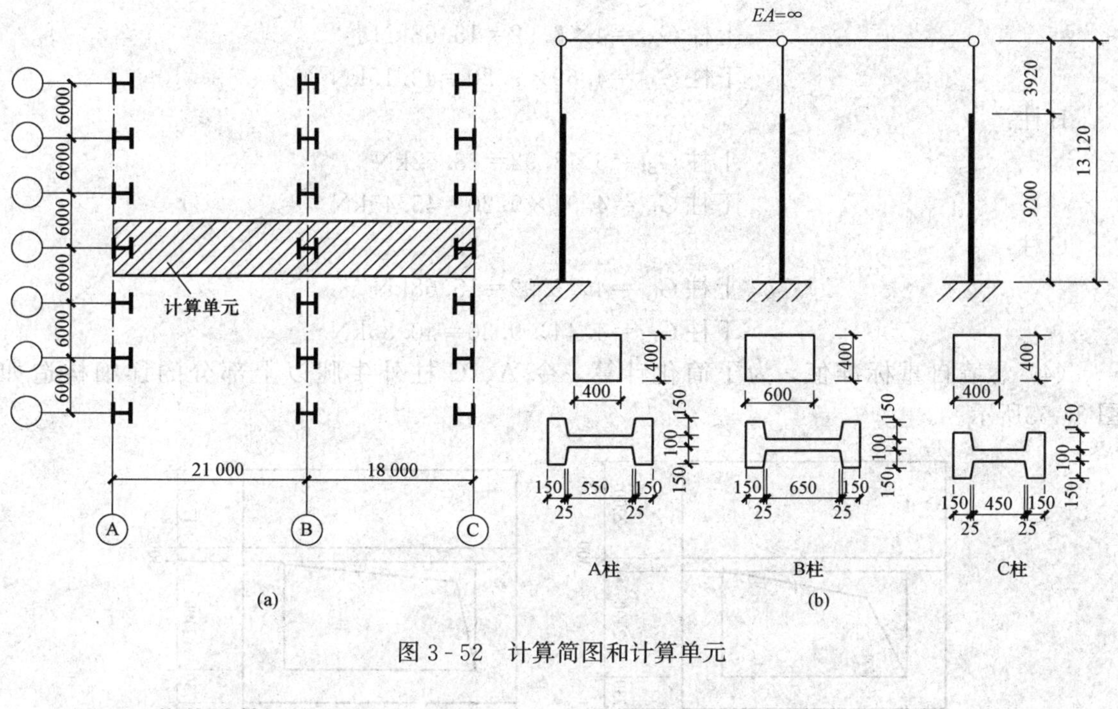

图 3-52　计算简图和计算单元

3.6.4 荷载计算

1. 恒载

（1）屋盖恒载。为了简化计算，天沟板及相应构造层的恒载取与一般屋面恒载相同，由 GB 50009—2012 可查得：

4mm 厚 SBS 改性沥青防水卷材（防水层，自带保护层）	0.30kN/m^2
25mm 厚水泥砂浆找平层	$20\times0.025=0.50\ \text{kN/m}^2$
预应力混凝土屋面板（包括灌缝）	1.40kN/m^2
屋盖钢支撑	0.05kN/m^2
	$2.25\ \text{kN/m}^2$

预应力钢筋混凝土折线型屋架的 AB 跨重力荷载标准为 83.0kN/榀，BC 跨重力荷载标准为 68.2kN/榀，则作用于柱顶的屋盖结构自重标准值为

$$G_{AB1}=2.25\times6\times\frac{21}{2}+83.0/2=183.25\text{kN}$$

$$G_{BC1}=2.25\times6\times\frac{18}{2}+68.2/2=155.60\text{kN}$$

（2）吊车梁及轨道重力荷载标准值。

AB 跨为

$$G_{AB3}=40.8+0.8\times6=45.60\text{kN}$$

BC 跨为

$$G_{BC3}=28.2+0.8\times6=33.00\text{kN}$$

（3）柱自重重力荷载标准值。

A 柱：

上柱 $G_{A4}=4\times3.92=15.68\text{kN}$

下柱 $G_{A5}=4.69\times9.20=43.15\text{kN}$

B 柱：

上柱 $G_{B4}=6\times3.92=23.52\text{kN}$

下柱 $G_{B5}=4.94\times9.20=45.45\text{kN}$

C 柱：

上柱 $G_{C4}=4\times3.92=15.68\text{kN}$

下柱 $G_{C5}=4.44\times9.20=40.85\text{kN}$

（4）悬墙自重标准值。为了简化计算，令 A、C 柱外牛腿以上部分的详细构造如图 3-53所示。

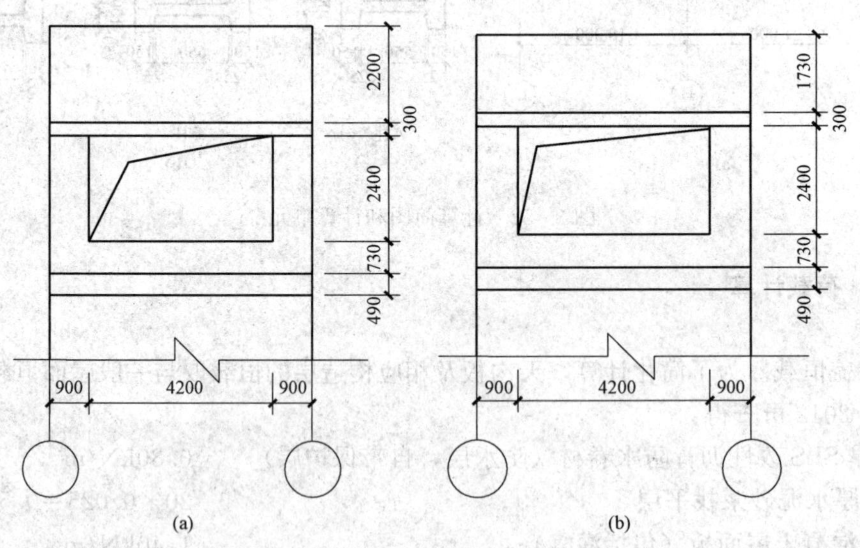

图 3-53 A 柱和 C 柱外牛腿上部结构示意图

（a）A 柱；（b）C 柱

A柱外牛腿上部为490mm高钢筋混凝土连系梁、730mm高普通黏土砖墙，2400mm高钢窗、300mm高圈梁（兼做过梁）、2200mm高普通黏土砖墙，具体如图3-53（a）所示。

$$G_{A2}=[(2.2+0.73)\times 6+(0.9+0.9)\times 2.4]\times 0.24\times 19+4.2\times 2.4\times 0.45+17.5+0.3\times 6\times 0.24\times 25=132.70\text{kN}$$

C柱外牛腿上部为490mm高钢筋混凝土连系梁、730mm高普通黏土砖墙、2400mm高钢窗、300mm高圈梁（兼做过梁）、1730mm高普通黏土砖墙，具体如图3-53（b）所示。

$$G_{C2}=[(1.73+0.73)\times 6+(0.9+0.9)\times 2.4]\times 0.24\times 19+4.2\times 2.4\times 0.45+17.5+0.3\times 6\times 0.24\times 25=119.84\text{kN}$$

各项恒载作用位置如图3-54所示。

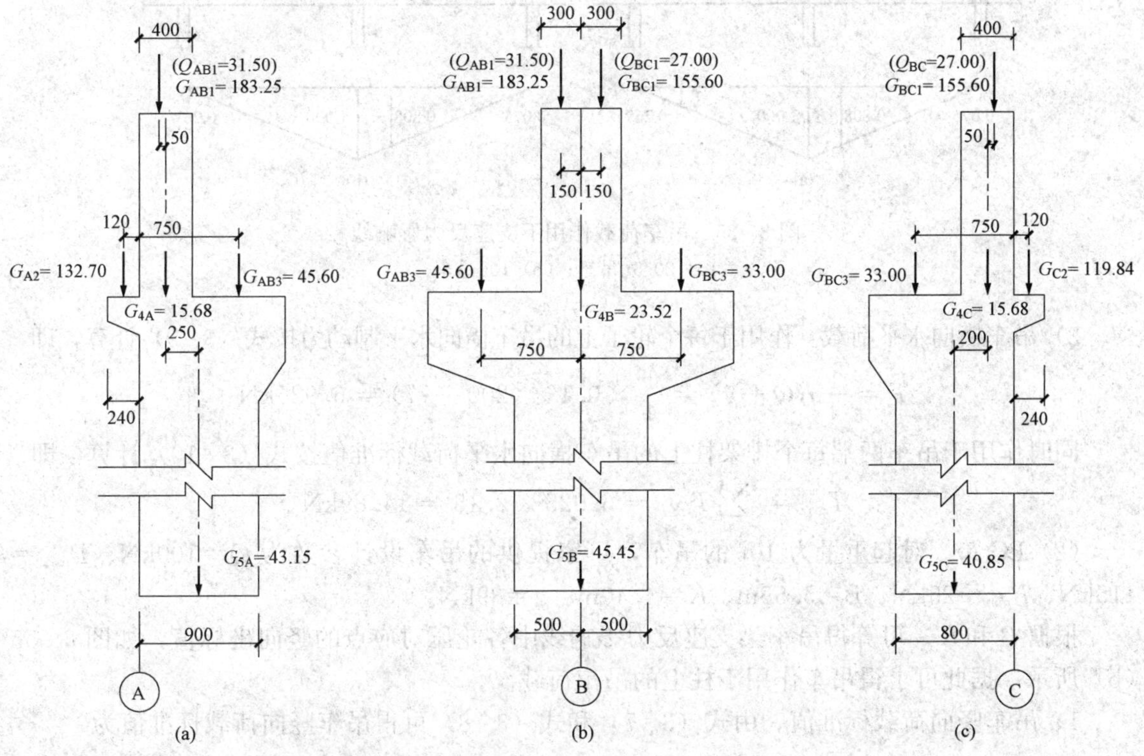

图3-54　恒载作用位置图（单位：kN）

2. 屋面活荷载

由GB 50009—2012查得，不上人屋面均布活荷载标准值为0.5kN/m²。基本雪压为0.20kN/m²，本设计屋面积雪分布系数取1.0，则雪荷载标准值为$S_k=\mu_r S_0=1.0\times 0.20=0.20\ \text{kN/m}^2<0.5\ \text{kN/m}^2$，故取0.5kN/m²，则作用于柱顶的屋面活荷载标准值为

$$Q_{AB1}=0.5\times 6\times\frac{21}{2}=31.50\text{kN}$$

$$Q_{BC1}=0.5\times 6\times\frac{18}{2}=27.00\text{kN}$$

Q_1的作用位置与G_1作用位置相同，如图3-54所示。

3. 吊车荷载

(1) AB跨。对起重量为20/5t的吊车，厂家提供的吊车设计参数为Q=200kN、P_{max}=

205kN、$P_{min}=35$kN、$B=5.55$m、$K=4.40$m、$g=77$kN。

根据 B 和 K，可算得吊车梁支座反力影响线中各轮压对应点的竖向坐标值，如图 3-55（a）所示，据此可求得吊车作用于柱上的吊车荷载。

1）吊车竖向荷载标准值。由式（3-7）和式（3-8）可得吊车竖向荷载标准值为

$$D_{max}=P_{imax}\sum y_j=205\times(1+0.808+0.267+0.075)=440.75\text{kN}$$

$$D_{min}=P_{imin}\sum y_j=35\times2.15=75.25\text{kN}$$

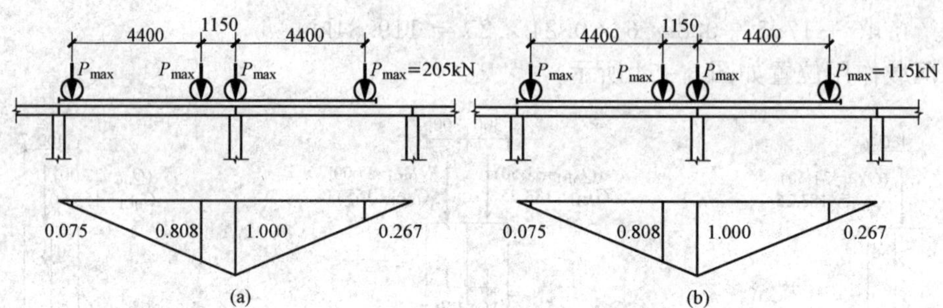

图 3-55 吊车荷载作用下支座反力影响线

（a）20/5t 吊车；（b）10t 吊车

2）吊车横向水平荷载。作用于每个轮子上的吊车横向水平制动力按式（3-9）计算，即

$$T=\frac{1}{4}\alpha(Q+g)=\frac{1}{4}\times0.1\times(200+77)=6.925\text{kN}$$

同时作用于吊车两端每个排架柱上的吊车横向水平荷载标准值按式（3-10）计算，即

$$T_{max}=\sum T_i y_j=6.925\times2.15=14.89\text{kN}$$

（2）BC 跨。对起重量为 10t 的吊车，厂家提供的吊车设计参数为 $Q=100$kN、$P_{max}=115$kN、$P_{min}=25$kN、$B=5.55$m、$K=4.40$m、$g=39$kN。

根据 B 和 K，可算得吊车梁支座反力影响线中各轮压对应点的竖向坐标值，如图 3-55（b）所示，据此可求得吊车作用于柱上的吊车荷载。

1）吊车竖向荷载标准值。由式（3-7）和式（3-8）可得吊车竖向荷载标准值为

$$D_{max}=P_{max}\sum y_j=115\times(1+0.808+0.267+0.075)=247.25\text{kN}$$

$$D_{min}=P_{min}\sum y_j=25\times2.15=53.75\text{kN}$$

2）吊车横向水平荷载。作用于每个轮子上的吊车横向水平制动力按式（3-9）计算，即

$$T=\frac{1}{4}\alpha(Q+g)=\frac{1}{4}\times0.12\times(100+39)=4.17\text{kN}$$

同时作用于吊车两端每个排架柱上的吊车横向水平荷载设计值按式（3-10）计算，即

$$T_{max}=\sum T_i y_j=4.170\times2.15=8.97\text{kN}$$

4. 风荷载

风荷载标准值按式（3-12）计算，其中基本风压 $w_0=0.35\ \text{kN/m}^2$，$\beta_z=1.0$，B 类地面粗糙度，根据厂房各部分标高，由附表 F-1 可查得风压高度变化系数 μ_z 如下：

柱顶：标高 12.620m，$\mu_z=1.068$。

檐口：AB跨标高14.820m，$\mu_z=1.125$；BC跨标高14.350m，$\mu_z=1.113$。

屋顶：AB跨标高15.720m，$\mu_z=1.144$；BC跨标高15.420m，$\mu_z=1.138$。

风荷载体型系数μ_s如图3-56（a）所示，则由式（3-12）可得排架在迎风面及背风面的风荷载标准值分别为

$$w_{1k}=\beta_z\mu_{s1}\mu_z w_0=1.0\times0.8\times1.068\times0.35=0.299\text{kN/m}^2$$

$$w_{1k}=\beta_z\mu_{s1}\mu_z w_0=1.0\times0.4\times1.068\times0.35=0.149\text{kN/m}^2$$

则作用于排架计算简图［图3-56（b）、（c）］上的风荷载标准值为

$$q_1=0.299\times6.0=1.794\text{kN/m}$$

$$q_1=0.149\times6.0=0.894\text{kN/m}$$

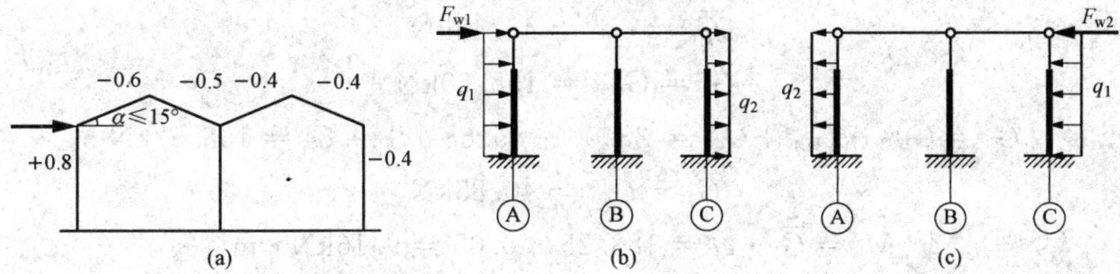

图3-56　风载体型系数与排架计算简图

左风作用时如图3-56（b）所示，其荷载计算如下：

$$\begin{aligned}F_{w1}&=[(\mu_{s1}+\mu_{s2})\mu_z h_1+(\mu_{s3}+\mu_{s4})\mu_z h_2]\beta_z w_0 B\\&=[(0.8+0.4)\times1.125\times2.2+(-0.6+0.5)\times1.144\times0.9]\times1.0\times0.35\times6.0\\&=6.02\text{kN}\end{aligned}$$

右风作用时如图3-56（c）所示，其荷载计算如下：

$$\begin{aligned}F_{w2}&=[(\mu_{s1}+\mu_{s2})\mu_z h_1+(\mu_{s3}+\mu_{s4})\mu_z h_2]\beta_z w_0 B\\&=[(0.8+0.4)\times1.113\times1.73+(-0.6+0.5)\times1.138\times1.07]\times1.0\times0.35\times6.0\\&=4.60\text{kN}\end{aligned}$$

3.6.5　排架内力分析

该厂房为两跨等高排架，可用剪力分配法进行排架内力分析。其中柱顶位移系数C_0和柱的剪力分配系数η_i分别按式（3-19）、式（3-25）计算，结果见表3-19。

表3-19　柱剪力分配系数

排架柱	$n=I_u/I_l$ $\lambda=H_u/H$	$C_0=3/[1+\lambda^3(1/n-1)]$ $\delta=H^3/C_0EI_l$	$\eta_i=\dfrac{1/\delta_i}{\sum1/\delta_i}$
A柱	$n=0.109$ $\lambda=0.299$	$C_0=2.462$ $\delta_A=0.208\times10^{-10}\dfrac{H^3}{E}$	$\eta_A=0.305$
B柱	$n=0.281$ $\lambda=0.299$	$C_0=2.808$ $\delta_B=0.139\times10^{-10}\dfrac{H^3}{E}$	$\eta_B=0.457$
C柱	$n=0.148$ $\lambda=0.299$	$C_0=2.600$ $\delta_C=0.267\times10^{-10}\dfrac{H^3}{E}$	$\eta_C=0.238$

由表 3 - 19 可知 $\eta_A+\eta_B+\eta_C=1.0$。

1. 恒载作用下排架内力分析

恒载作用下排架的计算简图如图 3 - 57（a）所示。图中的重力荷载 G 及力矩 M 是根据图 3 - 54确定的，即

$$\overline{G}_1=G_{AB1}=183.25\text{kN}$$

$$\overline{G}_2=G_{AB3}+G_{A4}+G_{A2}=45.60+15.68+132.70=193.98\text{kN}$$

$$\overline{G}_3=G_{A5}=43.15\text{kN}$$

$$\overline{G}_4=G_{AB1}+G_{BC1}=183.25+155.60=338.85\text{kN}$$

$$\overline{G}_5=G_{B4}+G_{AB3}+G_{BC3}=23.52+45.60+33.00=102.12\text{kN}$$

$$\overline{G}_6=G_{B5}=45.45\text{kN}$$

$$\overline{G}_7=G_{BC1}=155.60\text{kN}$$

$$\overline{G}_8=G_{BC3}+G_{C4}+G_{C2}=33.00+15.68+119.84=168.52\text{kN}$$

$$\overline{G}_9=G_{C5}=40.85\text{kN}$$

$$M_1=\overline{G}_1\cdot e_1=183.25\times0.05=9.16\text{kN}\cdot\text{m}$$

$$\begin{aligned}M_2&=(\overline{G}_1+G_{A4})e_0+G_{A2}e_2-G_{AB3}e_3\\&=(183.25+15.68)\times0.25+132.70\times0.57-45.60\times0.3\\&=111.69\text{kN}\cdot\text{m}\end{aligned}$$

$$M_3=(G_{AB1}-G_{BC1})e_4=(183.25-155.60)\times0.15=4.15\text{kN}\cdot\text{m}$$

$$M_4=(G_{AB3}-G_{BC3})e_5=(45.60-33.00)\times0.75=9.45\text{kN}\cdot\text{m}$$

$$M_5=\overline{G}_7e_1=155.60\times0.05=7.78\text{kN}\cdot\text{m}$$

$$\begin{aligned}M_6&=(\overline{G}_7+G_{C4})e_0+G_{C2}e_4-G_{BC3}e_3\\&=(155.60+15.68)\times0.20+119.84\times0.52-33.00\times0.35\\&=85.02\text{kN}\cdot\text{m}\end{aligned}$$

近似认为图 3 - 57（a）所示的排架结构在竖向荷载作用下无侧移，则各柱可按柱顶为不动铰支座计算内力。柱顶不动铰支座反力 R_i 可根据表 3 - 5 所列的相应公式计算。

对于 A 柱，$n=0.109$，$\lambda=0.299$，则

$$C_1=\frac{3}{2}\times\frac{1-\lambda^2\left(1-\frac{1}{n}\right)}{1+\lambda^3\left(\frac{1}{n}-1\right)}=\frac{3}{2}\times\frac{1-0.299^2\times\left(1-\frac{1}{0.109}\right)}{1+0.299^3\times\left(\frac{1}{0.109}-1\right)}=2.131$$

$$C_3=\frac{3}{2}\times\frac{1-\lambda^2}{1+\lambda^3\left(\frac{1}{n}-1\right)}=\frac{3}{2}\times\frac{1-0.299^2}{1+0.299^3\times\left(\frac{1}{0.109}-1\right)}=1.121$$

$$R_A=\frac{M_1}{H}C_1+\frac{M_2}{H}C_3=\frac{9.16\times2.131+111.69\times1.121}{13.12}=11.03\text{kN}(\rightarrow)$$

对于 B 柱，$n=0.281$，$\lambda=0.299$，则

$$C_1=\frac{3}{2}\times\frac{1-\lambda^2\left(1-\frac{1}{n}\right)}{1+\lambda^3\left(\frac{1}{n}-1\right)}=\frac{3}{2}\times\frac{1-0.299^2\times\left(1-\frac{1}{0.281}\right)}{1+0.299^3\times\left(\frac{1}{0.281}-1\right)}=1.725$$

$$C_3=\frac{3}{2}\times\frac{1-\lambda^2}{1+\lambda^3\left(\frac{1}{n}-1\right)}=\frac{3}{2}\times\frac{1-0.299^2}{1+0.299^3\times\left(\frac{1}{0.281}-1\right)}=1.278$$

$$R_B=\frac{M_3}{H}C_1+\frac{M_4}{H}C_3=\frac{4.15\times1.725+9.45\times1.278}{13.12}=1.47\text{kN}(\rightarrow)$$

对于C柱，$n=0.148$，$\lambda=0.299$，则

$$C_1=\frac{3}{2}\times\frac{1-\lambda^2\left(1-\frac{1}{n}\right)}{1+\lambda^3\left(\frac{1}{n}-1\right)}=\frac{3}{2}\times\frac{1-0.299^2\times\left(1-\frac{1}{0.148}\right)}{1+0.299^3\times\left(\frac{1}{0.148}-1\right)}=1.969$$

$$C_3=\frac{3}{2}\times\frac{1-\lambda^2}{1+\lambda^3\left(\frac{1}{n}-1\right)}=\frac{3}{2}\times\frac{1-0.299^2}{1+0.299^3\times\left(\frac{1}{0.148}-1\right)}=1.184$$

$$R_C=-\left(\frac{M_5}{H}C_1+\frac{M_6}{H}C_3\right)=-\frac{7.78\times1.969+85.02\times1.184}{13.12}=-8.84\text{kN}(\leftarrow)$$

$$R=R_A+R_B+R_C=11.03+1.47-8.84=3.66\text{kN}(\rightarrow)$$

$$V_A=R_A-\eta_AR=11.03-0.305\times3.66=9.91\text{kN}(\rightarrow)$$

$$V_B=R_B-\eta_BR=1.47-0.457\times3.66=-0.20\text{kN}(\leftarrow)$$

$$V_C=R_C-\eta_CR=-8.84-0.238\times3.66=-9.71\text{kN}(\leftarrow)$$

求得柱顶反力 R_i 后，可根据平衡条件求得柱各截面的弯矩和剪力。柱各截面的轴力为该截面以上重力荷载之和。恒载作用下排架结构的弯矩图、轴力图和柱底剪力分别见图3-57（b）、（c）。本例题中，排架柱的弯矩、剪力和轴力的正负号规定如图3-57（d）所示，弯矩图和柱底剪力均未标出正负号，弯矩图画在受拉一侧，柱底剪力按实际方向标出。

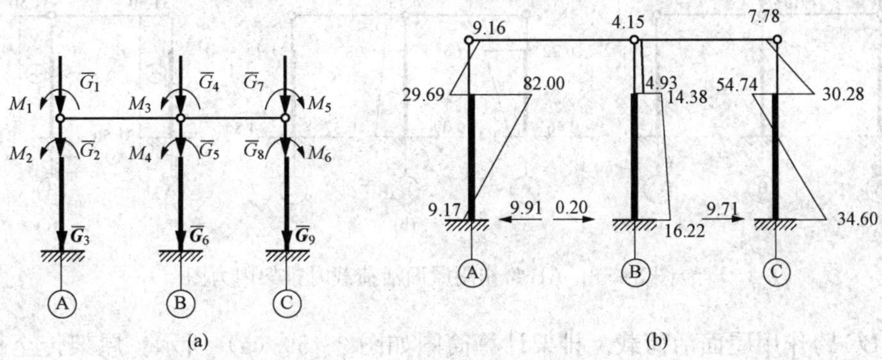

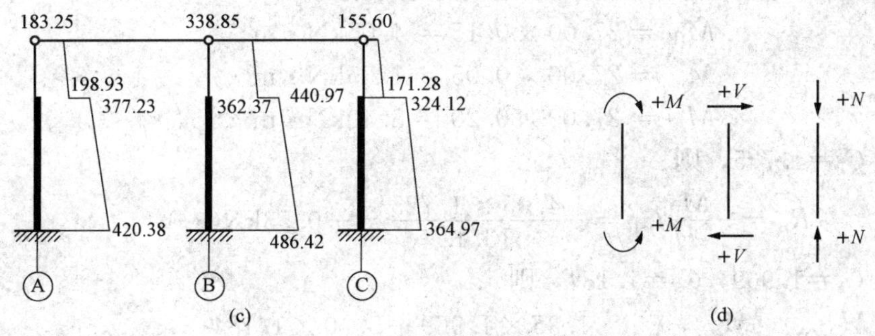

图3-57　恒荷载作用下排架内力图

2. 屋面活荷载作用下排架内力分析

（1）AB 跨作用屋面活荷载。排架计算简图如图 3-58（a）所示。屋架传至柱顶的集中荷载 $Q_{AB1}=31.50\text{kN}$，它在柱顶及变阶处引起的力矩分别为

$$M_{1A}=31.50\times0.05=1.58\text{kN}\cdot\text{m}$$
$$M_{2A}=31.50\times0.25=7.88\text{kN}\cdot\text{m}$$
$$M_{1B}=31.50\times0.15=4.73\text{kN}\cdot\text{m}$$

对于 A 柱，$C_1=2.131$，$C_3=1.121$，则

$$R_A=\frac{M_{1A}}{H}C_1+\frac{M_{2A}}{H}C_3=\frac{1.58\times2.131+7.88\times1.121}{13.12}=0.93\text{kN}(\rightarrow)$$

对于 B 柱，$C_1=1.725$，则

$$R_B=\frac{M_{1B}}{H}C_1=\frac{4.73\times1.725}{13.12}=0.62\text{kN}(\rightarrow)$$

排架柱顶不动铰支座总反力为

$$R=R_A+R_B=0.93+0.62=1.55\text{kN}(\rightarrow)$$

将 R 反向作用于排架柱顶，用式（3-24）计算相应的柱顶剪力，并与柱顶不动铰支座反力叠加，可得屋面活荷载作用于 AB 跨时的柱顶剪力，即

$$V_A=R_A-\eta_A R=0.93-0.305\times1.55=0.46\text{kN}(\rightarrow)$$
$$V_B=R_B-\eta_B R=0.62-0.457\times1.55=-0.09\text{kN}(\leftarrow)$$
$$V_C=-\eta_C R=-0.238\times1.55=-0.37\text{kN}(\leftarrow)$$

排架各柱的弯矩图、轴力图及柱底剪力如图 3-58（b）、（c）所示。

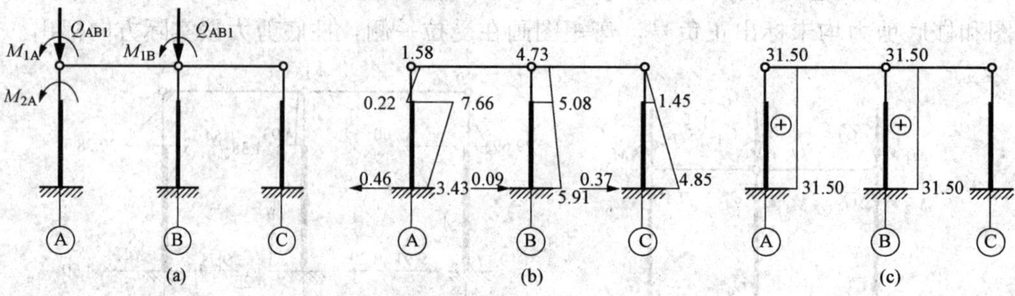

图 3-58　AB 跨作用屋面活荷载时排架内力图

（2）BC 跨作用屋面活荷载。排架计算简图如图 3-59（a）所示。屋架传至柱顶的集中荷载 $Q_{BC1}=27.00\text{kN}$，它在柱顶及变阶处引起的力矩分别为

$$M_{1B}=27.00\times0.15=4.05\text{kN}\cdot\text{m}$$
$$M_{1C}=27.00\times0.05=1.35\text{kN}\cdot\text{m}$$
$$M_{2C}=27.00\times0.20=5.40\text{kN}\cdot\text{m}$$

对于 B 柱，$C_1=1.725$，则

$$R_B=-\frac{M_{1B}}{H}C_1=-\frac{4.05\times1.725}{13.12}=-0.53\text{kN}(\leftarrow)$$

对于 C 柱，$C_1=1.969$，$C_3=1.184$，则

$$R_C=-\left(\frac{M_{1C}}{H}C_1+\frac{M_{2C}}{H}C_3\right)=-\frac{1.35\times1.969+5.40\times1.184}{13.12}=-0.69\text{kN}(\leftarrow)$$

排架柱顶不动铰支座总反力为

$$R = R_B + R_C = -0.53 - 0.69 = -1.22\text{kN}(\leftarrow)$$

将 R 反向作用于排架柱顶，用式（3-24）计算相应的柱顶剪力，并与柱顶不动铰支座反力叠加，可得屋面活荷载作用于BC跨时的柱顶剪力，即

$$V_A = -\eta_A R = 0.305 \times 1.22 = 0.37\text{kN}(\rightarrow)$$

$$V_B = R_B - \eta_B R = -0.53 + 0.457 \times 1.22\text{kN} = 0.03\text{kN}(\rightarrow)$$

$$V_C = R_C - \eta_C R = -0.69 + 0.238 \times 1.22 = -0.40\text{kN}(\leftarrow)$$

BC跨作用有屋面活荷载时的排架内力如图3-59（b）、（c）所示。

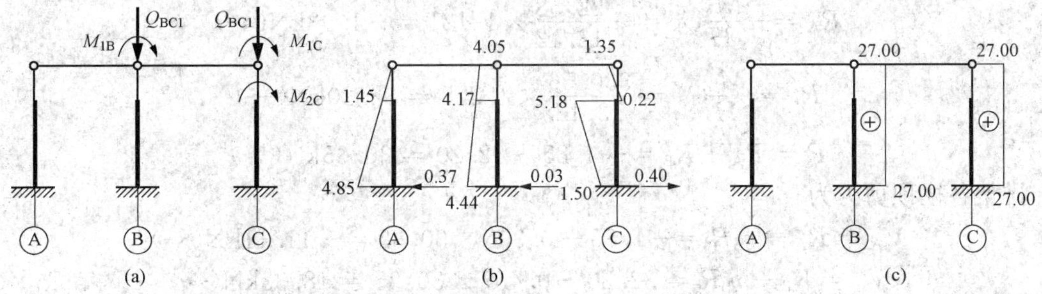

图3-59　BC跨作用屋面活荷载时排架内力图

3. 吊车荷载作用下排架内力分析（不考虑厂房整体空间工作）

（1）AB跨有吊车，D_{max}作用于A柱，计算简图如图3-60（a）所示。其中吊车竖向荷载 D_{max}、D_{min} 在牛腿顶面处引起的力矩分别为

$$M_A = D_{max} e_3 = 440.75 \times 0.3 = 132.23\text{kN}\cdot\text{m}$$

$$M_B = D_{min} e_3 = 75.25 \times 0.75 = 56.44\text{kN}\cdot\text{m}$$

对于A柱，$C_3 = 1.121$，则

$$R_A = -\frac{M_A}{H} C_3 = -\frac{132.23}{13.12} \times 1.121 = -11.30\text{kN}(\leftarrow)$$

对于B柱，$C_3 = 1.278$，则

$$R_B = \frac{M_B}{H} C_3 = \frac{56.44}{13.12} \times 1.278 = 5.50\text{kN}(\rightarrow)$$

$$R = R_A + R_B = -11.30 + 5.50 = -5.80\text{kN}(\leftarrow)$$

排架各柱顶剪力分别为

$$V_A = R_A - \eta_A R = -11.30 + 0.305 \times 5.80 = -9.53\text{kN}(\leftarrow)$$

$$V_B = R_B - \eta_B R = 5.50 + 0.457 \times 5.80 = 8.15\text{kN}(\rightarrow)$$

$$V_C = -\eta_C R = 0.238 \times 5.80 = 1.38\text{kN}(\rightarrow)$$

排架各柱的弯矩图、轴力图及柱底剪力图如图3-60（b）、（c）所示。

（2）AB跨有吊车，D_{max}作用于B柱左，计算简图如图3-61（a）所示。M_A、M_B 计算如下：

$$M_A = D_{min} e_3 = 75.25 \times 0.3 = 22.58\text{kN}\cdot\text{m}$$

$$M_B = D_{max} e_3 = 440.75 \times 0.75 = 330.56\text{kN}\cdot\text{m}$$

柱顶不动铰支座反力 R_A、R_B 及总反力 R 分别为

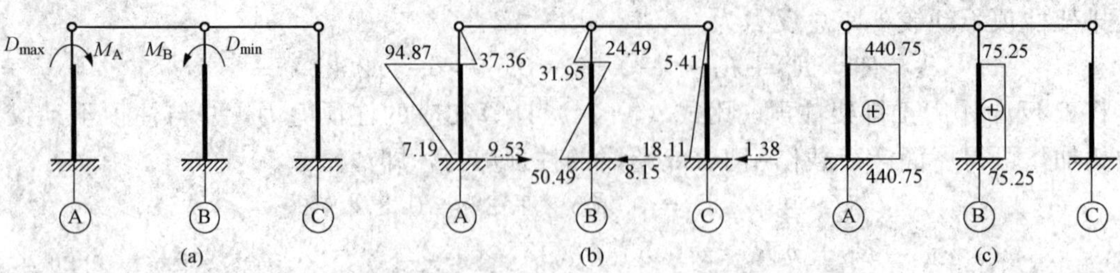

图 3-60　D_{max}作用在 A 柱时排架内力图

$$R_A = -\frac{M_A}{H}C_3 = -\frac{22.58}{13.12} \times 1.121 = -1.93\text{kN}(\leftarrow)$$

$$R_B = \frac{M_B}{H}C_3 = \frac{330.56}{13.12} \times 1.278 = 32.20\text{kN}(\rightarrow)$$

$$R = R_A + R_B = -1.85 + 32.20 = 30.35\text{kN}(\rightarrow)$$

排架各柱顶剪力为

$$V_A = R_A - \eta_A R = -1.85 - 0.305 \times 30.35 = -11.11\text{kN}(\leftarrow)$$

$$V_B = R_B - \eta_B R = 32.20 - 0.457 \times 30.35 = 18.33\text{kN}(\rightarrow)$$

$$V_C = -\eta_C R = -0.238 \times 30.35 = -7.22\text{kN}(\leftarrow)$$

排架各柱的弯矩图、轴力图及柱底剪力值如图 3-61（b）、（c）所示。

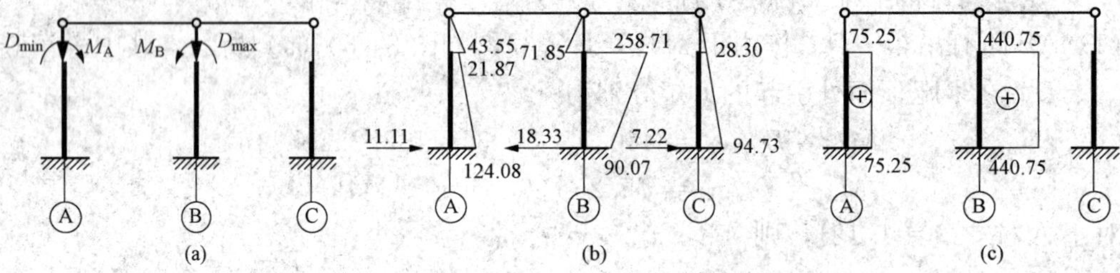

图 3-61　D_{max}作用在 B 柱左时排架内力图

（3）AB 跨有吊车，D_{max}作用于 B 柱右，计算简图如图 3-62（a）所示。M_B、M_C 计算如下：

$$M_B = D_{max}e_3 = 247.25 \times 0.75 = 185.44\text{kN} \cdot \text{m}$$

$$M_C = D_{min}e_3 = 53.75 \times 0.35 = 18.81\text{kN} \cdot \text{m}$$

对于 B 柱，C_3=1.278，则柱顶不动铰支座反力为

$$R_B = -\frac{M_B}{H}C_3 = -\frac{185.44}{13.12} \times 1.278 = -18.06\text{kN}(\leftarrow)$$

对于 C 柱，C_3=1.184，则

$$R_C = \frac{M_C}{H}C_3 = \frac{18.81}{13.12} \times 1.184 = 1.70\text{kN}(\rightarrow)$$

支座总反力为

$$R = R_B + R_C = -18.06 + 1.70 = -16.36\text{kN}(\leftarrow)$$

排架各柱顶剪力为

$$V_A = -\eta_A R = 0.305 \times 16.36 = 4.99\text{kN}(\rightarrow)$$

$$V_B = R_B - \eta_B R = -18.06 + 0.457 \times 16.36 = -10.58\text{kN}(\leftarrow)$$

$$V_C = R_C - \eta_C R = 1.70 + 0.238 \times 16.36 = 5.59\text{kN}(\rightarrow)$$

排架各柱的弯矩图、轴力图及柱底剪力值如图 3-62（b）、（c）所示。

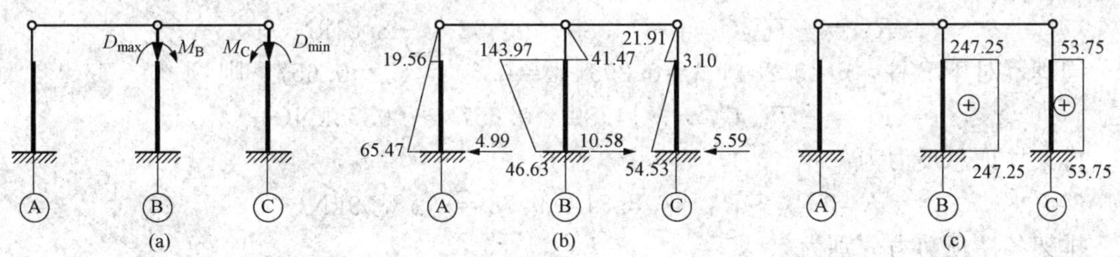

图 3-62　D_{max}作用在 B 柱右时排架内力图

（4）AB 跨有吊车，D_{max}作用于 C 柱，计算简图如图 3-63（a）所示。M_B、M_C 计算如下：

$$M_B = D_{min} e_3 = 53.75 \times 0.75 = 40.31\text{kN} \cdot \text{m}$$

$$M_C = D_{max} e_3 = 247.25 \times 0.35 = 86.54\text{kN} \cdot \text{m}$$

对于 B 柱，$C_3 = 1.278$，则柱顶不动铰支座反力为

$$R_B = -\frac{M_B}{H} C_3 = -\frac{40.31}{13.12} \times 1.278 = -3.93\text{kN}(\leftarrow)$$

对于 C 柱，$C_3 = 1.184$，则

$$R_C = \frac{M_C}{H} C_3 = \frac{86.54}{13.12} \times 1.184 = 7.81\text{kN}(\rightarrow)$$

支座总反力为

$$R = R_B + R_C = 7.81 - 3.93 = 3.88\text{kN}(\rightarrow)$$

排架各柱顶剪力为

$$V_A = -\eta_A R = -0.305 \times 3.88 = -1.18\text{kN}(\leftarrow)$$

$$V_B = R_B - \eta_B R = -3.93 - 0.457 \times 3.88 = -5.70\text{kN}(\leftarrow)$$

$$V_C = R_C - \eta_C R = 7.81 - 0.238 \times 3.88 = 6.89\text{kN}(\rightarrow)$$

排架各柱的弯矩图、轴力图及柱底剪力值如图 3-63（b）、（c）所示。

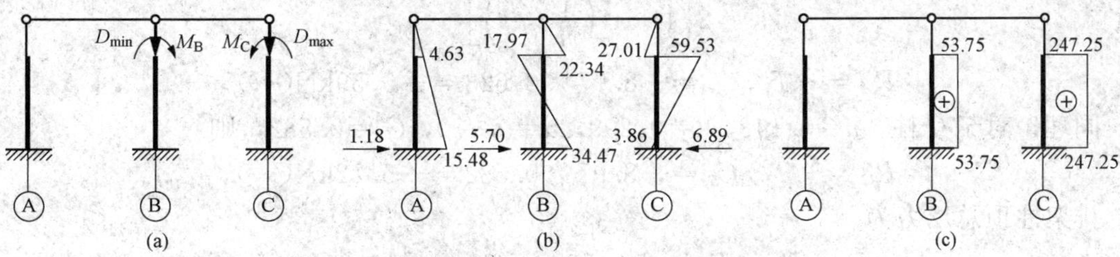

图 3-63　D_{max}作用在 C 柱时排架内力图

（5）T_{max}作用于 AB 跨柱。当 AB 跨作用吊车横向水平荷载时，排架计算简图如图 3-64（a）所示。对于 A 柱，$n=0.109$，$\lambda=0.299$，由表 3-5 得 $a=(3.92-1.2)/3.92=0.694$，则

$$C_5=\frac{2-3a\lambda+\lambda^3\left[\frac{(2+a)(1-a)^2}{n}-(2-3a)\right]}{2\left[1+\lambda^3\left(\frac{1}{n}-1\right)\right]}=0.592$$

$$R_A=-T_{max}C_5=-14.89\times0.592=-8.81\text{kN}(\leftarrow)$$

同理，对于B柱，$n=0.281$，$\lambda=0.299$，$a=0.694$，$C_5=0.657$，则

$$R_B=-T_{max}C_5=-14.89\times0.657=-9.78\text{kN}(\leftarrow)$$

排架柱顶总反力为

$$R=R_A+R_B=-8.81-9.78=-18.59\text{kN}(\leftarrow)$$

排架各柱顶剪力分别为

$$V_A=R_A-\eta_A R=-8.81+0.305\times18.59=-3.14\text{kN}(\leftarrow)$$

$$V_B=R_B-\eta_B R=-9.78+0.457\times18.59=-1.28\text{kN}(\leftarrow)$$

$$V_C=-\eta_C R=0.238\times18.59=4.42\text{kN}(\rightarrow)$$

当 T_{max} 方向相反时，弯矩图和剪力只改变符号，数值不变。排架各柱的弯矩图及柱底剪力值如图3-64（b）所示。

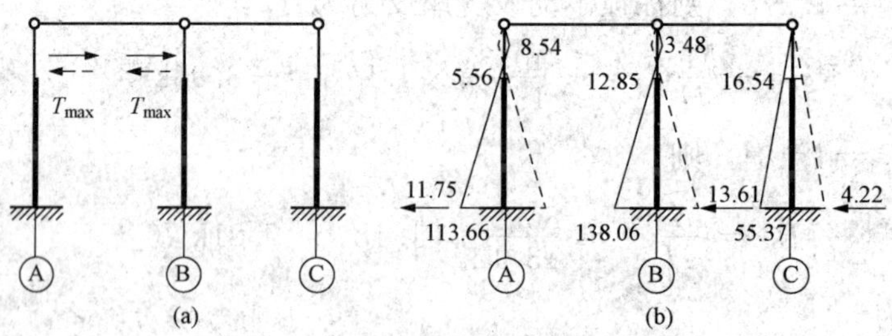

图3-64 T_{max}作用于AB跨时排架内力图

（6）T_{max}作用于BC跨柱。当BC跨作用有吊车横向水平荷载时，排架计算简图如图3-65（a）所示。

对于B柱，$n=0.281$，$\lambda=0.299$，由表3-5得 $a=(3.92-0.9)/3.92=0.770$，则

$$C_5=\frac{2-3a\lambda+\lambda^3\left[\frac{(2+a)(1-a)^2}{n}-(2-3a)\right]}{2\left[1+\lambda^3\left(\frac{1}{n}-1\right)\right]}=0.623$$

$$R_B=-T_{max}C_5=-8.97\times0.623=-5.59\text{kN}(\leftarrow)$$

同理，对于C柱，$n=0.148$，$\lambda=0.299$，$a=0.770$，$C_5=0.582$，则

$$R_C=-T_{max}C_5=-8.97\times0.582=-5.22\text{kN}(\leftarrow)$$

排架柱顶总反力为

$$R=R_B+R_C=-5.59-5.22=-10.81(\leftarrow)$$

排架各柱顶剪力分别为

$$V_A=-\eta_A R=0.305\times10.81=3.30\text{kN}(\rightarrow)$$

$$V_B=R_B-\eta_B R=-5.59+0.457\times10.81=-0.65\text{kN}(\leftarrow)$$

$$V_C=R_C-\eta_C R=-5.22+0.238\times10.81=-2.65\text{kN}(\leftarrow)$$

排架各柱的弯矩图及柱底剪力值如图3-65（b）所示。

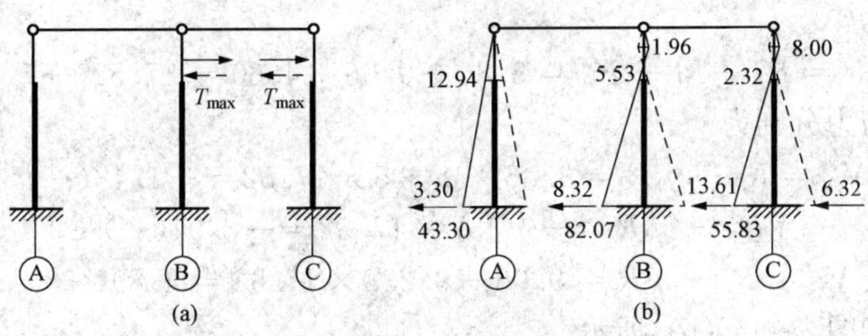

图 3-65 T_{max}作用于BC跨时排架内力图

4. 风荷载作用下排架内力分析

(1) 左吹风。计算简图如图 3-66 (a) 所示。对于 A 柱，$n=0.109$，$\lambda=0.299$，由表 3-5得

$$C_{11}=\frac{3\left[1+\lambda^4\left(\frac{1}{n}-1\right)\right]}{8\left[1+\lambda^3\left(\frac{1}{n}-1\right)\right]}=0.329$$

$$R_A=-q_1HC_{11}=-1.794\times13.12\times0.329=-7.74\text{kN}(\leftarrow)$$

同理，对于C柱，$n=0.148$，$\lambda=0.299$，$C_{11}=0.385$，则

$$R_C=-q_2HC_{11}=-0.894\times13.12\times0.385=-4.52\text{kN}(\leftarrow)$$

支座总反力为

$$R=R_A+R_C+F_w=-7.74-4.52-6.02=-18.28(\leftarrow)$$

排架各柱顶剪力分别为：

$$V_A=R_A-\eta_AR=-7.74+0.305\times18.28=-2.16(\leftarrow)$$

$$V_B=-\eta_BR=0.457\times18.28=8.35(\rightarrow)$$

$$V_C=R_C-\eta_CR=-4.52+0.238\times18.28=-0.17(\leftarrow)$$

排架内力图如图 3-66 (b) 所示。

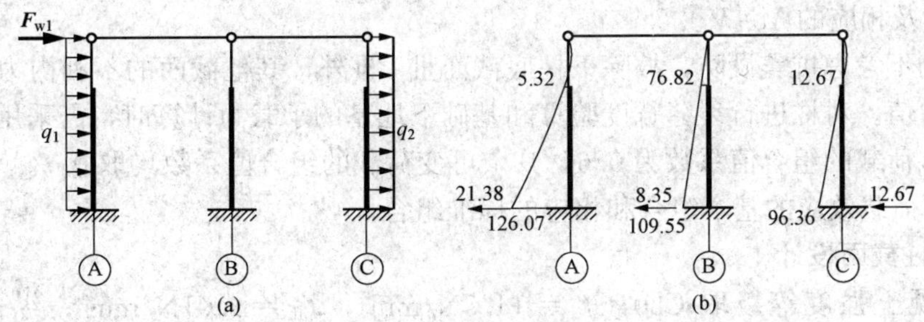

图 3-66 左吹风时排架内力图

(2) 右吹风。计算简图如图 3-67 (a) 所示。对于 A 柱，$n=0.109$，$\lambda=0.299$，$C_{11}=0.329$，则

$$R_A=q_1HC_{11}=0.894\times13.12\times0.329=3.86\text{kN}(\rightarrow)$$

同理，对于C柱，$n=0.148$，$\lambda=0.299$，$C_{11}=0.385$，则

$$R_c=q_2HC_{11}=1.794\times13.12\times0.385=9.06\text{kN}(\rightarrow)$$

支座总反力为

$$R = R_A + R_C + F_w = 3.86 + 9.06 + 4.60 = 17.52(\rightarrow)$$

排架各柱顶剪力分别为

$$V_A = R_A - \eta_A R = 3.86 - 0.305 \times 17.52 = -1.48(\leftarrow)$$

$$V_B = -\eta_B R = -0.457 \times 17.52 = -8.04(\leftarrow)$$

$$V_C = R_C - \eta_C R = 9.06 - 0.238 \times 17.52 = 4.89(\rightarrow)$$

排架内力图如图 3-67（b）所示。

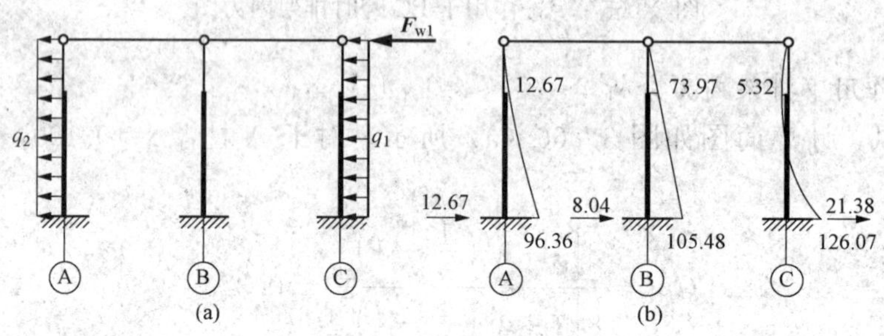

图 3-67　右吹风时排架内力图

3.6.6　内力组合

以 A 柱内力组合为例，控制截面分别取上柱底部截面Ⅰ-Ⅰ、牛腿顶截面Ⅱ-Ⅱ和下柱底截面Ⅲ-Ⅲ，如图 3-34 所示。表 3-20 为各种荷载单独作用下 A 柱各控制截面的内力设计值汇总表。表中控制截面及正号内力方向如表 3-20 中的例图所示。

荷载效应的基本组合按式（3-30）～式（3-32）进行。在每种荷载效应组合中，对矩形和Ⅰ形截面柱均应考虑以下四种不利内力组合：

（1）$+M_{max}$及相应的 N、V。

（2）$-M_{max}$及相应的 N、V。

（3）N_{max}及相应的 M、V。

（4）N_{min}及相应的 M、V。

由于本例不考虑抗震设防，故除下柱底截面Ⅲ-Ⅲ外，其他截面的不利内力组合未给出所对应的剪力值。对柱进行裂缝宽度验算和基础下地基的承载力计算时，需采用荷载效应的标准组合。风荷载的组合值系数为 0.6，其余可变荷载的组合值系数均取 0.7。表 3-21、表 3-22 为 A 柱荷载效应的基本组合和相应的标准组合。

3.6.7　柱截面设计

A 柱混凝土强度等级取 C30，$f_c = 14.3\text{N/mm}^2$，$f_{tk} = 2.01\text{N/mm}^2$；纵向钢筋采用 HRB400 级，$f_y = f'_y = 360\ \text{N/mm}^2$，$\xi_b = 0.518$。上、下柱均采用对称配筋。

对于上柱，截面的有效高度取 $h_0 = 400 - 40 = 360\text{mm}$，则大偏心受压和小偏心受压界限破坏时对应的轴向压力为

$$N_b = \alpha_1 f_c b h_0 \zeta_b = 1.0 \times 14.3 \times 400 \times 360 \times 0.518 = 1066.67\text{kN}$$

当 $N \leqslant N_b = 1066.67\text{kN}$，为大偏心受压；反之，为小偏心受压。

对于下柱，截面的有效高度取 $h_0 = 900 - 40 = 860\text{mm}$，则大偏心受压和小偏心受压界限破坏时对应的轴向压力为

表 3-20 各种荷载单独作用下 A 柱各控制截面内力设计值汇总表

荷载及柱内力	荷载类型		恒载	屋面活载		AB 跨吊车荷载			CD 跨吊车荷载			风荷载	
				作用在 AB 跨	作用在 BC 跨	D_{max}作用在 A 柱	D_{max}作用在 B 柱左	T_{max}作用在 AB 跨	D_{max}作用在 B 柱右	D_{max}作用在 C 柱	T_{max}作用在 BC 跨	左风	右风
	弯矩图及柱底截面剪力		9.16, 29.69, 82.00, 9.17, 9.91	1.58, 0.22, 7.66, 3.43, 0.46	1.45, 0.37, 4.85	94.87, 37.36, 7.19, 9.53	43.55, 21.87, 11.11, 124.08	8.54, 5.56, 11.75, 113.66	19.56, 4.99, 65.47	4.63, 1.18, 15.48	12.94, 3.30, 43.30	5.32, 21.38, 126.07	12.67, 12.67, 96.36
	序号		①	②	③	④	⑤	⑥	⑦	⑧	⑨	⑩	⑪
（图示为正向内力）	Ⅰ-Ⅰ	M_k	29.69	0.22	1.45	−37.36	−43.55	±5.56	19.56	−4.63	±12.94	5.32	−12.67
		N_k	198.93	31.50	0	0	0	0	0	0	0	0	0
	Ⅱ-Ⅱ	M_k	−82.00	−7.66	1.45	94.87	−21.87	±5.56	19.56	−4.63	±12.94	5.32	−12.67
		N_k	377.23	31.50	0	440.75	75.25	0	0	0	0	0	0
	Ⅲ-Ⅲ	M_k	9.17	−3.43	4.85	7.19	−124.08	±113.66	65.47	−15.48	±43.30	126.07	−96.36
		N_k	420.38	31.50	0	440.75	75.25	0	0	0	0	0	0
		V_k	9.91	0.46	0.37	−9.53	−11.11	±11.75	4.99	−1.18	±3.30	21.38	−13.21

注 弯矩 M 单位为 kN·m；轴力 N 单位为 kN；剪力 V 单位为 kN。

表 3-21 **A 柱荷载效应组合(一)**

截面		基本组合(荷载效应控制)：$S=1.2(或1.0)S_{Gk}+1.4S_{Q_1k}+1.4\sum_{j>1}\psi_{c_j}S_{Q_jk}$　标准组合：$S=\sum_{i\geqslant1}S_{G_ik}+S_{Q_1k}+\sum_{j>1}\psi_{c_j}S_{Q_jk}$							
		$+M_{max}$及相应的 N、V		$-M_{max}$及相应的 N、V		N_{max}及相应的 M、V		N_{min}及相应的 M、V	
Ⅰ-Ⅰ	M	1.2×①+1.4×0.9×⑦+1.4×[0.7×(②+③)+0.7×0.9×⑨+0.6×⑩]	77.79	①+1.4×0.8×④+1.4×(0.7×0.8×⑧+0.7×0.9×⑨+0.6×⑪)	−37.84	1.2×①+1.4×②+1.4×[0.7×③+0.7×0.9×(⑦+⑨)+0.6×⑩]	70.49	①+1.4×0.8×④+1.4×(0.7×0.8×⑧+0.7×0.9×⑨+0.6×⑪)	−37.84
	N		238.72		198.93		282.82		198.93
Ⅱ-Ⅱ	M	①+1.4×0.8×④+1.4×[0.7×③+0.7×0.8×⑦+0.7×0.9×⑨+0.6×⑩]	56.89	1.2×①+1.4×0.9×⑨+1.4×(0.7×②+0.7×0.9×⑧+0.6×⑪)	−136.94	①+1.4×0.9×④+1.4×(0.7×(②+③)+0.7×0.9×⑥+0.6×⑩)	40.82	1.2×①+1.4×0.9×⑨+1.4×(0.7×0.9×⑧+0.6×⑪)	−129.43
	N		870.87		483.55		963.445		452.68
Ⅲ-Ⅲ	M	1.2×①+1.4×⑩+1.4×[0.7×③+0.7×0.9×(⑦+⑨)]	288.19	①+1.4×⑪+1.4×[0.7×②+0.7×0.8×(⑤+⑧)+0.7×0.9×⑨]	−276.70	1.2×①+1.4×0.9×④+1.4×(0.7×(②+③)+0.7×0.9×⑥+0.6×⑩)	227.60	1.2×①+1.4×⑩+1.4×(0.7×③+0.7×0.9×(⑦+⑨))	288.19
	N		504.46		510.25		1090.67		504.46
	V		49.50		−20.68		29.02		49.50
	M_k	①+⑩+[0.7×③+0.7×0.9×(⑦+⑨)]	207.16	①+⑪+[0.7×②+0.7×0.8×(⑤+⑧)+0.7×0.9×⑨]	−195.02	①+0.9×④+[0.7×(②+③)+0.7×0.9×⑥+0.6×⑩]	163.88	①+⑩+[0.7×③+0.7×0.9×(⑦+⑨)]	207.16
	N_k		420.38		484.57		839.11		420.38
	V_k		36.77		−11.94		22.14		36.77

表 3-22 **A 柱荷载效应组合(二)**

截面		基本组合(永久荷载效应控制)：$S=1.35(或1.0)S_{Gk}+1.4\sum_{j\geqslant1}\psi_{c_j}S_{Q_jk}$							
		$+M_{max}$及相应的 N、V		$-M_{max}$及相应的 N、V		N_{max}及相应的 M、V		N_{min}及相应的 M、V	
Ⅰ-Ⅰ	M	1.35×①+1.4×[0.7×(②+③)+0.7×0.9×(⑦+⑨)+0.6×⑩]	74.85	①+1.4×[0.7×0.8×(④+⑧)+0.7×0.9×⑨+0.6×⑪]	−25.29	1.35×①+1.4×[0.7×(②+③)+0.7×0.9×(⑦+⑨)+0.6×⑩]	74.85	①+1.4×[0.7×0.8×(④+⑧)+0.7×0.9×⑨+0.6×⑪]	−25.29
	N		299.43		198.93		299.43		198.93
Ⅱ-Ⅱ	M	①+1.4×[0.7×③+0.7×0.8×(④+⑦)+0.7×0.9×⑨+0.6×⑩]	25.02	1.35×①+1.4×[0.7×②+0.7×0.9×(⑧+⑨)+0.6×⑪]	−144.35	①+1.4×[0.7×(②+③)+0.7×0.9×(④+⑥)+0.6×⑩]	4.96	1.35×①+1.4×[0.7×0.9×(⑧+⑨)+0.6×⑪]	−136.84
	N		722.78		540.13		796.84		509.26
Ⅲ-Ⅲ	M	1.35×①+1.4×[0.7×③+0.7×0.9×(⑦+⑨)+0.6×⑩]	218.97	①+1.4×[0.7×②+0.7×0.8×(⑤+⑧)+0.7×0.9×⑨+0.6×⑪]	−222.74	1.35×①+1.4×[0.7×(②+③)+0.7×0.9×(④+⑥)+0.6×⑩]	226.26	1.35×①+1.4×[0.7×③+0.7×0.9×(⑦+⑨)+0.6×⑩]	218.97
	N		567.51		510.25		987.12		567.51
	V		39.01		−13.28		34.11		39.01

$$N_b = \alpha_1 f_c[bh_0\zeta_b + (b'_f - b)h'_f] = 1.0\times14.3\times[100\times860\times0.518+(400-100)\times150]$$
$$= 1280.53\text{kN}$$

当 $N\leqslant N_b=1280.53\text{kN}$，为大偏心受压；反之，为小偏心受压。

1. 上柱配筋计算

按照“弯矩相差不多时，轴力越小越不利；轴力相差不多时，弯矩越大越不利”的原则，可确定上柱的最不利内力为 $M=77.79\text{kN}\cdot\text{m}$、$N=238.72\text{kN}$。

由表 3-13 查得有吊车厂房排架方向上柱的计算长度为

$$l_0=2\times3.92=7.84\text{m}$$

$$e_0=\frac{M_0}{N}=\frac{77.79}{238.72}\times10^3=325.86\text{mm}$$

附加偏心距 e_a 取 20mm（$>h/30=400/30=13.33\text{mm}$），则

$$e_i=e_0+e_a=325.86+20=345.86\text{mm}$$

由于 $l_0/h=7840/400=19.6>5$，故应考虑偏心距增大系数 η。

$$\zeta_1=\frac{0.5f_cA}{N}=\frac{0.5\times14.3\times400\times400}{238\,720}=4.792>1.0\ (\text{取}\ \zeta_1=1.0)$$

$$\zeta_2=1.15-0.01\frac{l_0}{h}=1.15-0.01\times\frac{7840}{400}=0.954$$

$$\eta=1+\frac{1}{1500\dfrac{e_i}{h_0}}\left(\frac{l_0}{h}\right)\zeta_c=1+\frac{1}{1500\times\dfrac{245.86}{355}}\left(\frac{7800}{400}\right)^2\times1.0=1.26$$

$$\xi=\frac{N}{\alpha_1 f_c bh_0}=\frac{238\,720}{1.0\times14.3\times400\times360}=0.116<\frac{2a'_s}{h_0}=\frac{80}{360}=0.222$$

故取 $x=2a'_s=80\text{mm}$ 进行计算。

$$e'=\eta e_i-h/2+a'_s=1.26\times345.86-400/2+40=275.61\text{mm}$$

$$A_s=A'_s=\frac{Ne'}{f_y(h_0-a'_s)}=\frac{238\,720\times275.61}{360\times(360-40)}=511.13\text{mm}^2$$

选 3 Φ8（$A_s=763\ \text{mm}^2$），则截面一侧纵向钢筋截面面积为

$$A_s=763\ \text{mm}^2>A_{s,\min}=\rho_{\min}bh=0.2\%\times400\times400=320\ \text{mm}^2$$

满足要求。经验算，柱截面配筋还满足最小总配筋率的要求。

由表 3-13 查得垂直于排架方向柱的计算长度 $l_0=1.25\times3.92\text{m}=4.90\text{m}$，则

$$l_0/b=4900/400=12.25,\ \varphi=0.946$$

$$N_u=0.9\times0.946\times(14.3\times400\times400+360\times763\times2)=2415.73\text{kN}>238.72\text{kN}$$

满足弯矩作用平面外的承载力要求。

2. 下柱配筋计算

经分析，取下面两组内力作为下柱的最不利内力进行配筋计算：

$$\begin{cases}M_0=288.19\text{kN}\cdot\text{m}\\N=504.46\text{kN}\end{cases}\qquad\begin{cases}M_0=-276.70\text{kN}\cdot\text{m}\\N=510.25\text{kN}\end{cases}$$

$$h_0=900-40=860\text{mm}$$

(1) $M_0=288.19\text{kN}\cdot\text{m}$（弯矩取绝对值），$N=504.46\text{kN}$

下柱长度取 $l_0=1.0H_l=1.0\times9.2\text{m}=9.2\text{m}$

取附加偏心距 $e_a=900/30=30\text{mm}>20\text{mm}$

$$b=100\text{mm}, b'_f=400\text{mm}, h'_f=150\text{mm}$$

$$e_0=\frac{M_0}{N}=\frac{288.19}{504.460}\times 10^3=571.28\text{mm}$$

$$e_i=e_0+e_a=571.28+30=601.28\text{mm}$$

由于 $5<l_0/h=9200/900=10.22<15$，故应考虑偏心距增大系数 η，且取 $\zeta_2=1.0$。

$$\zeta_c=\frac{0.5f_cA}{N}=\frac{0.5\times 14.3\times[100\times 900+2\div(400-100)\times 150]}{504\,460}=2.55>1.0$$

取 $\zeta_1=1.0$

经计算 $\eta=1.093$

$$\eta e_i=1.093\times 601.28=657.2\text{mm}>0.3h_0=258\text{mm}$$

故为大偏心受压。先假定中和轴位于翼缘内，则

$$x=\frac{N}{\alpha_1 f_c b'_f}=\frac{504\,460}{1.0\times 14.3\times 400}=88.19\text{mm}<h'_f=150\text{mm}$$

说明假设成立，中和轴位于翼缘内。

$$e'=e_i-h/2+a'_s=\eta M_0+400/2-40=654.41+200-40=1064.41\text{mm}$$

$$A_s=A'_s=\frac{Ne-\alpha_1 f_c b'_f x(h_0-x/2)}{f_y(h_0-a'_s)}=536.95\text{mm}^2$$

经验算，满足最小配筋率要求。

（2）$M_0=-276.7\text{kN}\cdot\text{m}$，$N=510.25\text{kN}$

计算方法与上述相同，计算过程从略，计算结果为 $A_s=A'_s=379.44\text{mm}^2$。

综合上述计算结果，下柱截面选用选 4 ⌀8（$A_s=1018\ \text{mm}^2$）。经验算，满足最小配筋率要求。按此配筋，经验算柱弯矩作用平面外的承载力也满足要求。

3. 柱的裂缝宽度验算

GB 50010—2010 规定，对于 $e_0/h_o>0.55$ 的偏心受压柱应进行裂缝宽度验算。本例的上柱及下柱均出现 $e_0/h_0>0.55$ 的内力，故应进行裂缝宽度验算。对于上柱和下柱，按荷载效应标准组合，均取偏心矩最大时所对应的不利内力进行裂缝宽度验算，验算过程见表 3-23，其中上柱 $A_s=763\ \text{mm}^2$，下柱 $A_s=1018\ \text{mm}^2$；混凝土保护层厚度 c 取 30mm；$E_s=2.0\times 10^5\text{N/mm}^2$，构件受力特征系数 $\alpha_{cr}=2.1$。

表 3-23　柱的裂缝宽度验算

柱截面		上柱	下柱
内力标准值	M_k（kN·m）	62.14	273.77
	N_k（kN）	198.93	502.91
$e_0=M_k/N_k$（mm）		$312>0.55h_0$	$544>0.55h_0$
$\rho_{te}=\dfrac{A_s}{0.5bh+(b_f-b)h_f}$		0.009 5<0.01 取 $\rho_{te}=0.01$	0.0113
$\eta_s=1+\dfrac{1}{4000e_0/h_0}\left(\dfrac{l_0}{h}\right)^2$		1.111	$1.0\left(\dfrac{l_0}{h}<14\right)$
$e=\eta_s e_0+h/2-a_s$（mm）		506.6	954

续表

柱截面	上柱	下柱
$\gamma_f' = h_f'(b_f'-b)/bh_0$	0	0.523
$z=\left[0.87-0.12(1-\gamma_f')\left(\frac{h_0}{e}\right)^2\right]h_0(\text{mm})$	291.4	708.2
$\sigma_{sk}=\frac{N_k(e-z)}{A_s z}(\text{N/mm}^2)$	192.5	171.5
$\psi=1.1-0.65\frac{f_{tk}}{\rho_{te}\sigma_{sk}}$	0.421	0.426
$\omega_{max}=\alpha_{cr}\psi\frac{\sigma_{sk}}{E_s}\left(1.9c+0.08\frac{d_{eq}}{\rho_{te}}\right)(\text{mm})$	0.171<0.3（满足要求）	0.141<0.3（满足要求）

4. 柱箍筋配置

非地震区的单层厂房柱，其箍筋数量一般由构造要求控制。根据构造要求，上、下柱均选用 $\phi8@200$ 箍筋。

5. 牛腿设计

根据吊车梁支承位置、截面尺寸及构造要求，初步拟定牛腿尺寸如图 3-68 所示。其中牛腿截面宽度 $b=400\text{mm}$，牛腿截面高度 $h=600\text{mm}$，$h_0=560\text{mm}$。

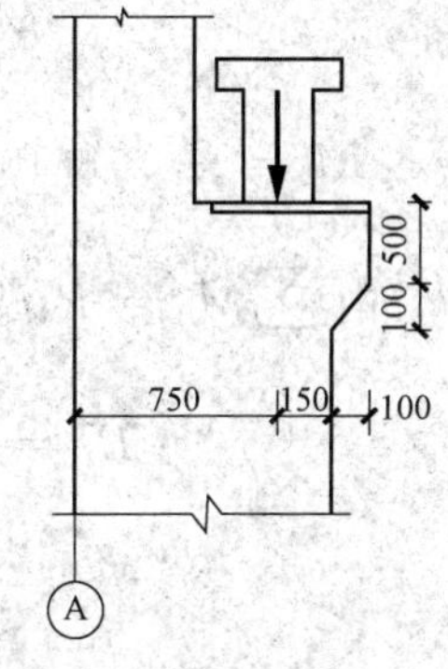

图 3-68 牛腿尺寸

（1）牛腿截面高度验算。作用于牛腿顶面按荷载效应标准组合计算的竖向力为

$$F_{vk}=D_{max}+G_{AB3}=440.75+45.60=486.35\text{kN}$$

牛腿顶面无水平荷载，即 $F_{hk}=0$。

对于支承吊车梁的牛腿，裂缝控制系数 $\beta=0.65$，$f_{tk}=2.01\text{N/mm}^2$，$a=-150+20=-130\text{mm}<0$，取 $a=0$，则根据式（3-32）可得

$$\beta\left(1-0.5\frac{F_{hk}}{F_{vk}}\right)\frac{f_{tk}bh_0}{0.5+a/h_0}=0.65\times\frac{2.01\times400\times560}{0.5}=585.31\text{kN}>F_{vk}$$

故牛腿截面高度满足要求。

（2）牛腿配筋计算。由于 $a=-150+20=-130\text{mm}<0$，因此该牛腿可按照构造要求配筋。根据构造要求，$A_s>\rho_{min}bh=0.002\times400\times600=480\text{ mm}^2$，实际选用 4 Φ14（$A_s=616\text{mm}^2$）。水平箍筋选用 $\phi8@100$。

6. 柱的吊装验算

采用翻身起吊，吊点设在牛腿下部，混凝土达到设计强度后起吊。由表 3-14 可得柱插入杯口深度为 $h_1=0.9\times900=810\text{mm}$，取 $h_1=850\text{mm}$，则柱吊装时总长度为 $3.92+9.20+0.85=13.97\text{m}$，计算简图如图 3-69 所示。

（1）荷载计算。柱吊装阶段的荷载为柱自重重力荷载，且应考虑动力系数 $\mu=1.5$，即

$$q_1=\mu\gamma_G q_{1k}=1.5\times1.35\times4.0=8.10\text{kN/m}$$

$$q_2=\mu\gamma_G q_{2k}=1.5\times1.35\times(0.4\times1.0\times25)=20.25\text{kN/m}$$

$$q_3=\mu\gamma_G q_{3k}=1.5\times1.35\times4.69=9.50\text{kN/m}$$

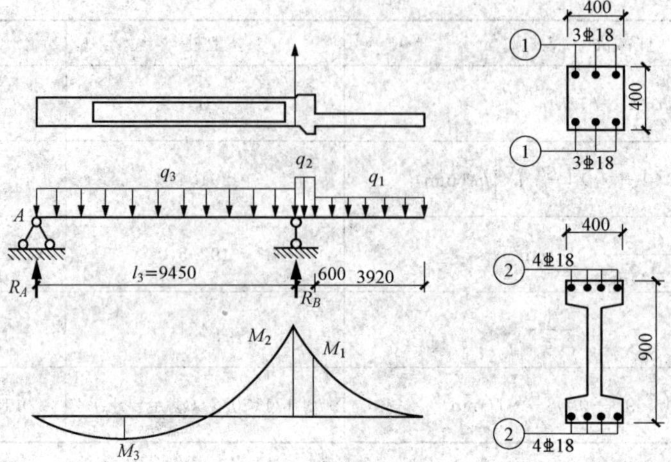

图 3-69 柱吊装计算简图

（2）内力计算。在上述荷载作用下，柱各控制截面的弯矩为

$$M_1 = \frac{1}{2}q_1 H_u^2 = \frac{1}{2} \times 8.10 \times 3.92^2 = 62.23\text{kN} \cdot \text{m}$$

$$M_2 = \frac{1}{2} \times 8.10 \times (3.92 + 0.6)^2 + \frac{1}{2} \times (20.25 - 8.10) \times 0.6^2 = 84.93\text{kN} \cdot \text{m}$$

由 $\sum M_B = R_A l_3 - \frac{1}{2} q_3 l_3{}^2 + M_2 = 0$

$$R_A = \frac{1}{2} q_3 l_3 - \frac{M_2}{l_3} = \frac{1}{2} \times 9.50 \times 9.45 - \frac{84.93}{9.45} = 35.90\text{kN}$$

$$M_3 = R_A x - \frac{1}{2} q_3 x^2$$

令 $\frac{\mathrm{d}M_3}{\mathrm{d}x} = R_A - q_3 x = 0$，得

$$x = R_A / q_3 = 35.90/9.50 = 3.78\text{m}$$

则下柱段最大弯矩 M_3 为

$$M_3 = 35.90 \times 3.78 - \frac{1}{2} \times 9.50 \times 3.78^2 = 67.83\text{kN} \cdot \text{m}$$

（3）柱截面受弯承载力及裂缝宽度验算。上柱配筋为 $A_s = A'_s = 763\ \text{mm}^2$（3⌀8），其受弯承载力为

$$M_u = f'_y A'_s (h_0 - a'_s) = 360 \times 763 \times (360 - 40)$$
$$= 87.90\text{kN} \cdot \text{m} > \gamma_0 M_1 = 0.9 \times 62.23 = 56.01\text{kN} \cdot \text{m}$$

裂缝宽度验算如下：

$$M_k = \frac{M}{\gamma_{Gk}} = \frac{62.23}{1.35} = 46.10\text{kN} \cdot \text{m}$$

$\sigma_{sk} = \frac{M_k}{\eta h_0 A_s} = \frac{46.10 \times 10^6}{0.87 \times 360 \times 763} = 192.91\ \text{N/mm}^2$（受弯构件，内力臂系数 η=0.87）

$\rho_{te} = 0.01$（见表 3-23）

$$\psi = 1.1 - 0.65\frac{f_{tk}}{\rho_{te}\sigma_{sk}} = 1.1 - 0.65\times\frac{2.01}{0.01\times192.91} = 0.423$$

$$w_{max} = \alpha_{cr}\psi\frac{\sigma_{sk}}{E_s}\left(1.9c + 0.08\frac{d_{eq}}{\rho_{te}}\right)$$

$$= 2.1\times0.423\times\frac{192.91}{2\times10^5}\times\left(1.9\times30 + 0.08\times\frac{18}{0.01}\right) = 0.172 < w_{lim} = 0.20\text{mm}$$

满足要求。

下柱配筋为 $A_s = A'_s = 1018\ \text{mm}^2$（4Φ8），其受弯承载力为

$$M_u = f'_y A'_s(h_0 - a'_s) = 360\times1018\times(860-40)$$
$$= 300.51\text{kN}\cdot\text{m} > \gamma_0 M_2 = 0.9\times84.93 = 76.44\text{kN}\cdot\text{m}$$

满足要求。

裂缝宽度验算如下：

$$M_k = \frac{M}{\gamma_{Gk}} = \frac{84.93}{1.35} = 62.91\text{kN}\cdot\text{m}$$

$$\sigma_{sk} = \frac{M_k}{\eta h_0 A_s} = \frac{62.91\times10^6}{0.87\times860\times1018} = 82.60\ \text{N/mm}^2$$

$\rho_{te}=0.0113$（见表 3-23）

$$\psi = 1.1 - 0.65\frac{f_{tk}}{\rho_{te}\sigma_{sk}} = 1.1 - 0.65\times\frac{2.01}{0.0113\times82.60} = -0.30 < 0.2\ (\text{取}\ \psi=0.20)$$

$$w_{max} = \alpha_{cr}\psi\frac{\sigma_{sk}}{E_s}\left(1.9c + 0.08\frac{d_{eq}}{\rho_{te}}\right)$$

$$= 2.1\times0.20\times\frac{82.60}{2\times10^5}\times\left(1.9\times30 + 0.08\times\frac{18}{0.0113}\right) = 0.032 < w_{lim} = 0.20\text{mm}$$

满足要求。

7. A 柱模板及配筋

A 柱模板及配筋图如图 3-70 所示。

3.6.8　基础设计

本例不进行地基变形验算。下面以 A 柱为例进行基础设计。

基础材料：混凝土强度等级取 C20，下设 100mm 厚 C10 的素混凝土垫层。

1. 基础设计时不利内力的选取

作用于基础顶面上的荷载包括柱底（Ⅲ-Ⅲ截面）传给基础的 M、N、V 以及围护墙自重重力荷载两部分。由于围护墙自重重力荷载大小、方向和作用位置均不变，故基础最不利内力主要取决于柱底（Ⅲ-Ⅲ截面）的不利内力，应选取轴力为最大的不利内力组合以及正负弯矩为最大的不利内力组合。地基承载力验算取用荷载效应标准组合，基础的受冲切承载力验算和底板配筋计算取用荷载效应基本组合。经对表 3-21～表 3-23 中的柱底截面不利内力进行分析可知，基础设计选取的不利内力见表 3-24。

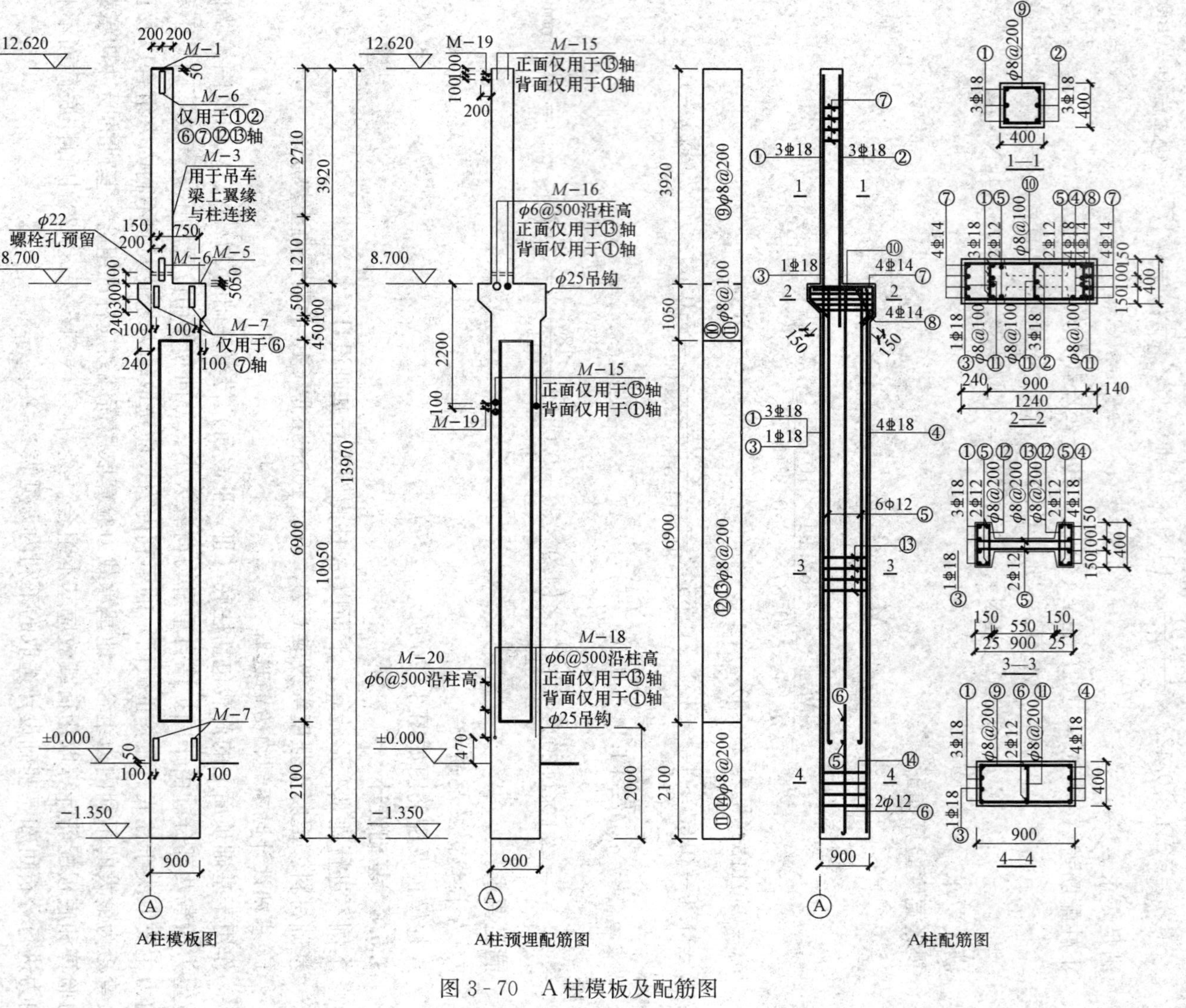

图 3-70　A 柱模板及配筋图

表 3-24　　基础设计选取的不利内力

组别	荷载效应基本组合			荷载效应标准组合		
	M（kN·m）	N（kN）	V（kN）	M_k（kN·m）	N_k（kN）	V_k（kN）
第1组	288.19	504.46	49.50	207.16	420.38	49.50
第2组	−276.70	510.25	−20.68	−195.02	484.57	−11.94
第3组	227.60	1090.67	29.02	163.88	839.11	22.14

2. 围护墙自重重力荷载计算

如图 3-71 所示，每个基础承受的围护墙总宽度为 6.0m，总高度为 9.20m，基础顶面标高为−0.500m，基础梁顶标高为−0.05m，墙体用 240mm 普通砖墙，容重为 19kN/m³，墙上设置钢框玻璃窗，按 0.45kN/m²计算，每根基础梁自重为 16.7kN，则每个基础承受的由墙体传来的重力荷载标准值为

基础梁自重　　16.70kN

墙体自重　　19×0.24×（6×9.20−4.8×3.6）=172.92kN

钢窗自重　　0.45×4.8×3.6=7.78kN

$$N_{wk}=197.40\text{kN}$$

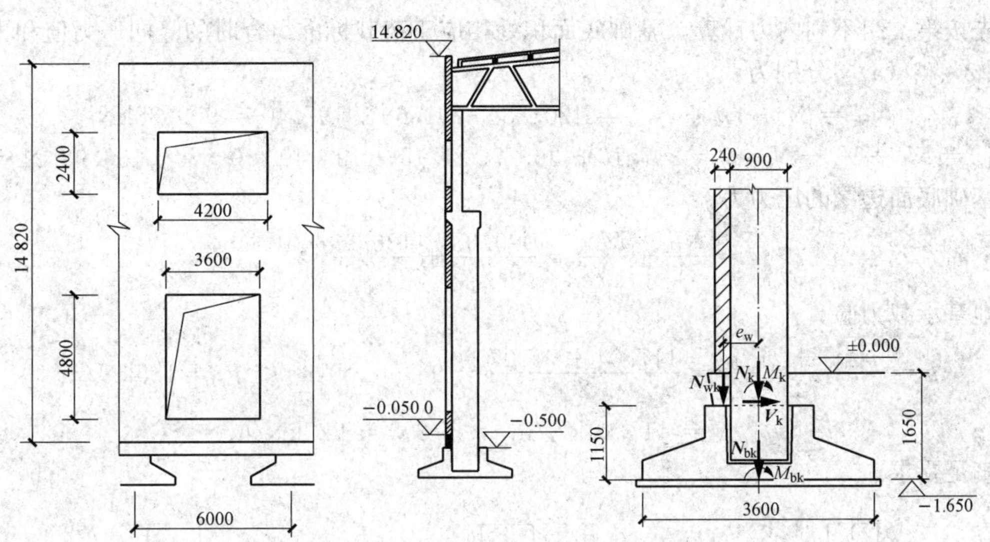

图 3-71　围护墙体自重计算及基础荷载示意图

围护墙对基础产生的偏心距 e_w 为

$$e_w = 120 + 450 = 570\text{mm}$$

3. 基础底面尺寸及地基承载力验算

（1）基础高度和埋置深度确定。基础高度 $h=h_1+a_1+50$mm，其中 h_1 为柱插入杯口深度，由表 3-14 可知 $h_1=0.9h_c=0.9\times900=810\text{mm}>800\text{mm}$，取 $h_1=850$mm。

杯底厚度为 a_1，由表 3-15 可知 a_1 应大于 200mm，取 $a_1=250$mm。

故基础高度为

$$h=850+250+50=1150\text{mm}$$

因基础顶面标高为－0.500m，室内外高差为150mm，则基础埋置深度为

$$d=1150+500-150=1500\text{m}$$

（2）基础底面尺寸拟定。基础底面面积按地基承载力计算确定，并取荷载效应标准组合：

$$N_k = N_{k,max} + N_{wk} = 839.11 + 197.40 = 1036.51\text{kN}$$

先按轴心受压估算基础底面尺寸，取

$$A \geqslant \frac{N_k}{f_a - \gamma_m d} = \frac{1036.51\text{kN}}{185 - 20 \times 1.50} = 6.69\text{m}^2$$

考虑到偏心的影响，将基础底面的尺寸适当增加30%，取

$$A=b\times l=3.6\text{m}\times 2.7\text{m}=9.72\text{m}^2$$

（3）计算基底压力及验算地基承载力。

$$G_k = \gamma_m dA = 20 \times 1.50 \times 9.72 = 291.60\text{kN}$$

$$W = \frac{1}{6}lb^2 = \frac{1}{6} \times 2.7 \times 3.6^2 = 5.83\text{m}^3$$

由表3-24可知，选取以下三组不利内力进行基础底面积验算：

① $\begin{cases}207.16\text{kN}\cdot\text{m}\\420.38\text{kN}\\36.77\text{kN}\end{cases}$　② $\begin{cases}-195.02\text{kN}\cdot\text{m}\\484.57\text{kN}\\-11.94\text{kN}\end{cases}$　③ $\begin{cases}-163.88\text{kN}\cdot\text{m}\\839.11\text{kN}\\22.14\text{kN}\end{cases}$

先按第一组不利内力计算，基础底面积处相应于荷载标准组合时的竖向压力值和力矩值［见图3-72（a）］分别为

$$N_{bk} = N_k + G_k + N_{wk} = 420.38 + 291.60 + 197.40 = 909.38\text{kN}$$

$$M_{bk} = M_k + V_k \pm N_{wk}e_w = 207.16 + 36.77 \times 1.15 - 197.40 \times 0.57 = 136.93\text{kN}\cdot\text{m}$$

基础底面边缘的压力为

$$\begin{matrix}p_{k,max}\\p_{k,min}\end{matrix} = \frac{N_{bk}}{A} \pm \frac{M_{bk}}{W} = \frac{909.38}{9.72} \pm \frac{136.93}{5.83} = \begin{matrix}117.04\text{kN/m}^2\\70.07\text{kN/m}^2\end{matrix}$$

地基承载力验算：

$$p = \frac{p_{k,max} + p_{k,min}}{2} = \frac{117.04 + 70.07}{2} = 93.56\text{kN/m}^2 < f_a = 185\text{kN/m}^2$$

$$p_{k,max} = 117.04\text{kN/m}^2 < 1.2f_a = 222\text{kN/m}^2$$

满足要求。

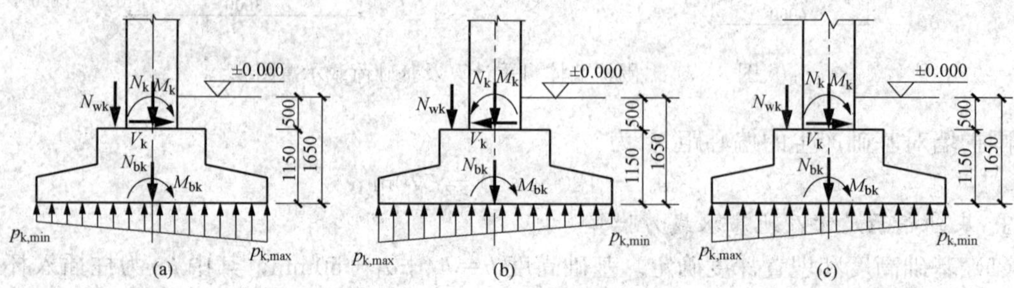

图3-72　基础底面的压应力分布

取第二组不利内力计算，基础底面积处相应于荷载标准组合时的竖向压力值和力矩值

[见图 3-72（b）] 分别为

$$N_{bk} = N_k + G_k + N_{wk} = 484.57 + 291.60 + 197.40 = 973.57\text{kN}$$

$$M_{bk} = M_k + V_k \pm N_{wk}e_w = -195.02 - 11.94 \times 1.15 - 197.40 \times 0.57 = -321.27\text{kN}\cdot\text{m}$$

基础底面边缘的压力为

$$\frac{p_{k,max}}{p_{k,min}} = \frac{N_{bk}}{A} \pm \frac{M_{bk}}{W} = \frac{973.57}{9.72} \pm \frac{321.27}{5.83} = \frac{155.27\text{kN/m}^2}{45.06\text{kN/m}^2}$$

地基承载力验算：

$$p = \frac{p_{k,max} + p_{k,min}}{2} = \frac{155.27 + 45.06}{2} = 100.17\text{kN/m}^2 < f_a = 185kN/m^2$$

$$p_{k,max} = 155.27\text{kN/m}^2 < 1.2f_a = 222\text{kN/m}^2$$

满足要求。

取第三组不利内力计算，基础底面积处相应于荷载标准组合时的竖向压力值和力矩值 [见图 3-72（c）] 分别为

$$N_{bk} = N_k + G_k + N_{wk} = 839.11 + 291.60 + 197.40 = 1328.11\text{kN}$$

$$M_{bk} = M_k + V_k \pm N_{wk}e_w = 163.88 + 22.14 \times 1.15 - 197.40 \times 0.57 = 76.82\text{kN}\cdot\text{m}$$

基础底面边缘的压力为

$$\frac{p_{k,max}}{p_{k,min}} = \frac{N_{bk}}{A} \pm \frac{M_{bk}}{W} = \frac{1328.11}{9.72} \pm \frac{76.82}{5.83} = \frac{149.81\text{kN/m}^2}{123.46\text{kN/m}^2}$$

地基承载力验算：

$$p = \frac{p_{k,max} + p_{k,min}}{2} = \frac{149.81 + 123.46}{2} = 136.64\text{kN/m}^2 < f_a = 185\text{kN/m}^2$$

$$p_{k,max} = 149.81\text{kN/m}^2 < 1.2f_a = 222\text{kN/m}^2$$

满足要求。

4. 基础受冲切承载力验算

基础受冲切承载力计算时采用荷载效应的基本组合，并采用基底净反力。由表 3-25 可知，选取下列三组不利内力：

$$① \begin{cases} 288.19\text{kN}\cdot\text{m} \\ 504.46\text{kN} \\ 49.50\text{kN} \end{cases} \qquad ② \begin{cases} -276.70\text{kN}\cdot\text{m} \\ 510.25\text{kN} \\ -20.68\text{kN} \end{cases} \qquad ③ \begin{cases} 227.60\text{kN}\cdot\text{m} \\ 1090.67\text{kN} \\ 29.02\text{kN} \end{cases}$$

先按第一组不利内力计算，扣除基础自重及其上土重后相应于荷载效应基本组合时的地基土单位面积净反力 [见图 3-73（b）] 为

$$N_b = N + \gamma_G N_{wk} = 504.46 + 1.2 \times 197.40 = 741.34\text{kN}$$

$$M_b = M + Vh \pm \gamma_G N_{wk} e_w = 288.19 + 1.15 \times 49.50 - 1.2 \times 197.40 \times 0.57 = 210.09\text{kN}$$

基础底面边缘的压力为

$$\frac{p_{j,max}}{p_{j,min}} = \frac{N_b}{A} \pm \frac{M_b}{W} = \frac{741.34}{9.72} \pm \frac{210.09}{5.83} = \frac{112.31\text{kN/m}^2}{40.23\text{kN/m}^2}$$

按第二组不利内力计算，扣除基础自重及其上土重后相应于荷载效应基本组合时的地基土单位面积净反力 [见图 3-73（c）] 为

$$N_b = N + \gamma_G N_{wk} = 510.25 + 1.2 \times 197.40 = 747.13\text{kN}$$

$$M_b = M + Vh \pm \gamma_G N_{wk} e_w = -276.70 - 1.15 \times 20.68 - 1.0 \times 197.40 \times 0.57 = -413.00\text{kN}$$

基础底面边缘的压力为

$$\frac{p_{j,max}}{p_{j,min}}=\frac{N_b}{A}\pm\frac{M_b}{W}=\frac{747.13}{9.72}\pm\frac{413.00}{5.83}=\frac{147.71\text{kN/m}^2}{6.02\text{kN/m}^2}$$

按第三组不利内力计算，扣除基础自重及其上土重后相应于荷载效应基本组合时的地基土单位面积净反力［见图 3-73（d）］为

$$N_b=N+\gamma_G N_{wk}=1090.67+1.2\times197.40=1327.55\text{kN}$$

$$M_b=M+Vh\pm\gamma_G N_{wk}e_w=227.6+1.15\times29.02-1.2\times197.40\times0.57=125.95\text{kN}$$

基础底面边缘的压力为

$$\frac{p_{j,max}}{p_{j,min}}=\frac{N_b}{A}\pm\frac{M_b}{W}=\frac{1327.55}{9.72}\pm\frac{125.95}{5.83}=\frac{158.18\text{kN/m}^2}{144.98\text{kN/m}^2}$$

基础各细部尺寸如图 3-73（a）、（e）所示。其中基础顶面突出柱边的宽度主要取决于杯壁厚度 t，由表 3-15 查得 $t\geqslant300$mm，取 $t=325$mm，则基础顶面突出柱边的宽度为 $t+75=325+75=400$mm。杯壁高度取为 $h_2=500$mm，根据所确定的尺寸可知，变阶处的冲切破坏锥面比较危险，故只需要对变阶处进行受冲切承载力验算，冲切破坏锥面如图 3-73（a）、（e）中的虚线所示。

$$a_t=b_c+800=400+800=1200\text{mm}$$

取保护层厚度为 45mm，则基础变阶处截面的有效高度为

$$h_0=650-45=605\text{mm}$$

$$a_b=a_t+2h_0=1200+2\times605=2410\text{mm}$$

$$a_m=\frac{a_t+a_b}{2}=\frac{1200+2410}{2}=1805\text{mm}$$

$$A_l=\left(\frac{3.6}{2}-\frac{1.7}{2}-0.605\right)\times2.7-\left(\frac{2.7}{2}-\frac{1.2}{2}-0.605\right)^2=0.91\text{m}^2$$

因为变阶处的截面高度 $h=650\text{mm}<800\text{mm}$，则 $\beta_{hp}=1.0$。

$$F_l=p_jA_l=p_{j,max}A_l=158.18\times0.91=143.94\text{kN}$$

$$0.7\beta_{hp}f_ta_mh_0=0.7\times1.0\times1.10\times1805\times605=840.86\text{kN}>F_l=143.94\text{kN}$$

故基础受冲切承载力满足要求。

5. 基础底板配筋计算

（1）柱边及变阶处基底净反力计算。由表 3-24 中三组不利内力设计值所产生的基底净反力见表 3-25，如图 3-73 所示，其中 $p_{j,\mathrm{I}}$ 为基础柱边或变阶处所对应的基底净反力。第一组基底净反力不起控制作用。基础底板配筋可按第二组和第三组基底净反力计算。

表 3-25　柱边及变阶处基底净反力值

基底净反力		第一组	第二组	第三组
$p_{j,max}$(kN/m²)		112.31	147.71	158.18
$p_{j,\mathrm{I}}$(kN/m²)	柱边处	85.28	94.58	141.98
	变阶处	93.29	110.32	146.78
$p_{j,min}$(kN/m²)		40.23	6.02	114.98

柱边截面处的弯矩先按第二组内力计算，即

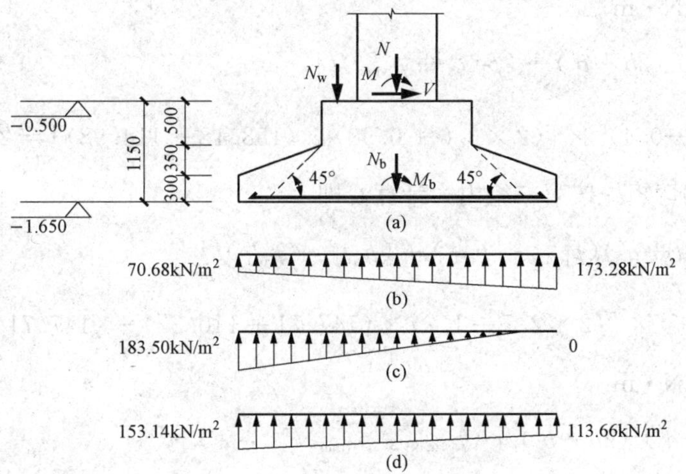

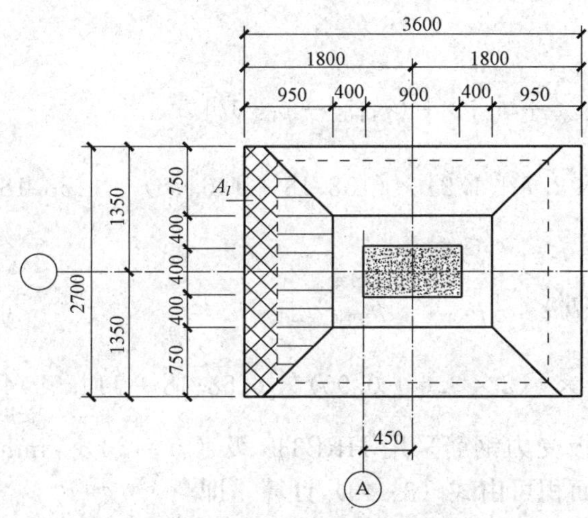

图 3-73 基础净反力与冲切破坏锥面

$$M_{\mathrm{I}} = \frac{1}{12}a_1^2[(2l+a')(p_{\mathrm{j,max}}+p_{\mathrm{j,I}})+(p_{\mathrm{j,max}}-p_{\mathrm{j,I}})l]$$

$$= \frac{1}{12}\times 1.35^2\times[(2\times 2.7+0.4)\times(147.71+94.58)+(147.71-94.58)\times 2.7]$$

$$= 235.21\mathrm{kN\cdot m}$$

$$M_{\mathrm{II}} = \frac{1}{48}[(l-a')^2(2b+b')+(p_{\mathrm{j,max}}+p_{\mathrm{j,min}})l]$$

$$= \frac{1}{48}\times(2.7-0.4)^2\times[(2\times 3.6+0.90)\times(147.71+6.02)] = 137.23\mathrm{kN\cdot m}$$

按第三组内力计算，即

$$M_{\mathrm{I}} = \frac{1}{12}a_1^2[(2l+a')(p_{\mathrm{j,max}}+p_{\mathrm{j,I}})+(p_{\mathrm{j,max}}-p_{\mathrm{j,I}})l]$$

$$= \frac{1}{12}\times 1.35^2\times[(2\times 2.7+0.4)\times(158.18+141.98)+(158.18-141.98)\times 2.7]$$

$= 271.05\text{kN}\cdot\text{m}$

$$M_{\mathrm{II}} = \frac{1}{48}[(l-a')^2(2b+b') + (p_{\mathrm{j,max}} + p_{\mathrm{j,min}})l]$$

$$= \frac{1}{48}\times(2.7-0.4)^2\times[(2\times3.6+0.90)\times(158.18+114.98)] = 243.85\text{kN}\cdot\text{m}$$

变阶处截面的弯矩先按第二组内力计算，即

$$M_{\mathrm{I}} = \frac{1}{12}a_1^2[(2l+a')(p_{\mathrm{j,max}} + p_{\mathrm{j,I}}) + (p_{\mathrm{j,max}} - p_{\mathrm{j,I}})l]$$

$$= \frac{1}{12}\times0.95^2\times[(2\times2.7+1.2)\times(147.71+110.32) + (147.71-110.32)\times2.7]$$

$$= 135.67\text{kN}\cdot\text{m}$$

$$M_{\mathrm{II}} = \frac{1}{48}[(l-a')^2(2b+b') + (p_{\mathrm{j,max}} + p_{\mathrm{j,min}})l]$$

$$= \frac{1}{48}\times(2.7-1.2)^2\times[(2\times3.6+0.90)\times(147.71+6.02)] = 58.37\text{kN}\cdot\text{m}$$

按第三组内力计算，即

$$M_{\mathrm{I}} = \frac{1}{12}a_1^2[(2l+a')(p_{\mathrm{j,max}} + p_{\mathrm{j,I}}) + (p_{\mathrm{j,max}} - p_{\mathrm{j,I}})l]$$

$$= \frac{1}{12}\times0.95^2\times[(2\times2.7+1.2)\times(158.18+146.78) + (158.18-146.78)\times2.7]$$

$$= 153.69\text{kN}\cdot\text{m}$$

$$M_{\mathrm{II}} = \frac{1}{48}[(l-a')^2(2b+b') + (p_{\mathrm{j,max}} + p_{\mathrm{j,min}})l]$$

$$= \frac{1}{48}\times(2.7-1.2)^2\times[(2\times3.6+0.90)\times(158.18+114.98)] = 103.72\text{kN}\cdot\text{m}$$

（2）配筋计算。基础底板受力钢筋采用 HRB335 级（$f_y=300\text{N/mm}^2$），则基础底板沿长边 b 方向的受力钢筋截面面积可由式（3-49）计算，即

$$A_s = \frac{M_{\mathrm{I}}}{0.9h_0f_y} = \frac{271.05\times10^6}{0.9\times(1150-40)\times300} = 904.40\text{mm}^2$$

$$A_s = \frac{M_{\mathrm{I}}}{0.9h_0f_y} = \frac{153.69\times10^6}{0.9\times(650-40)\times300} = 933.15\text{mm}^2$$

选用 15 Φ 10@180（$A_s=1177.5\ \text{mm}^2$）。

基础底板沿短边方向的受力钢筋截面面积可由式（3-50）计算，即

$$A_{s\mathrm{II}} = \frac{M_{\mathrm{II}}}{0.9h_0-df_y} = \frac{243.85\times10^6}{0.9\times(1150-40)\times300} = 813.65\text{mm}^2$$

$$A_{s\mathrm{II}} = \frac{M_{\mathrm{II}}}{0.9h_0-df_y} = \frac{103.72\times10^6}{0.9\times(650-40)\times300} = 629.75\text{mm}^2$$

选用 18 Φ 10@200（$A_s=1413\ \text{mm}^2$）。

基础底板配筋图见图 3-74。

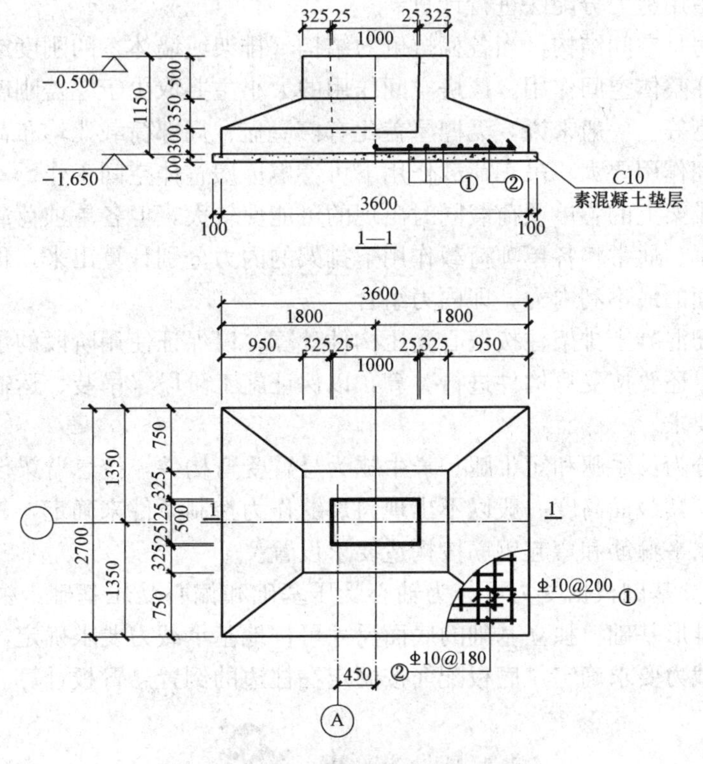

图 3-74 基础底板配筋图

本章小结

(1) 单层厂房结构设计须满足工艺设计的要求，可分为方案设计、技术设计和施工图绘制三个阶段。方案设计主要进行结构选型和结构布置，技术设计阶段主要进行结构分析与构件设计，最后根据计算结果和构造要求绘制结构施工图。

(2) 单层厂房排架结构主要由屋面板、屋架、支撑、吊车梁、柱和基础等组成，是一个空间受力体系。结构分析时一般近似地将其简化为横向平面排架和纵向平面排架。横向平面排架主要由横梁（屋架或屋面梁）和横向柱列（包括基础）组成，承受全部竖向荷载和横向水平荷载；纵向平面排架由连系梁、吊车梁、纵向柱列（包括基础）和柱间支撑等组成，不仅承受厂房的纵向水平荷载，而且保证厂房结构的纵向刚度和稳定性。

(3) 单层厂房结构布置包括确定柱网尺寸和厂房高度、设置变形缝、布置支撑系统和围护结构等。单层厂房中的支撑分为屋盖支撑和柱间支撑两大类。支撑系统能够保证单层厂房在施工和使用过程中的稳定性和整体性，并能可靠地传递水平荷载。

(4) 横向平面排架结构分析的主要内容包括确定排架计算简图、计算作用在排架上的各种荷载、排架内力分析和柱控制截面最不利内力组合等。通过横向平面排架结构分析进行排架柱和基础设计。

(5) 等高排架采用剪力分配法计算内力，该法将作用于柱顶的水平集中力按各柱的抗剪刚度进行分配。对于承受任意荷载的等高排架，先在排架柱顶部附加不动铰支座并求出相应的支座反力，然后用剪力分配法进行计算。

（6）单层厂房是空间结构，当各榀抗侧力结构（排架或墙体）的刚度或承受的外荷载不同时，厂房就存在整体空间作用。厂房空间作用的大小主要取决于屋盖刚度、山墙刚度、山墙间距、荷载类型等。一般来说，无檩屋盖比有檩屋盖、局部荷载比均布荷载、有山墙比无山墙，厂房的空间作用要大。吊车荷载作用下可考虑厂房整体空间工作。

（7）作用于排架上的各单项荷载同时出现的可能性较大，但各单项荷载都同时达到最大值的可能性却较小。通常将各单项荷载作用下排架的内力分别计算出来，再按一定的组合原则确定柱控制截面的最不利内力，即内力组合。

（8）预制钢筋混凝土排架柱按偏心受压构件计算，以保证使用阶段的承载力要求和裂缝宽度限值。此外，还要按受弯构件进行验算，以保证施工阶段（吊装、运输）的承载力要求和裂缝宽度限值要求。

（9）柱牛腿分为长牛腿和短牛腿。长牛腿为悬臂受弯构件，按悬臂梁设计；短牛腿为一变截面悬臂深梁，其截面高度一般以不出现斜裂缝作为控制条件来确定，其纵向受力钢筋一般由计算确定，水平箍筋和弯起钢筋按构造要求设置。

（10）柱下独立基础根据受力可分为轴心受压基础和偏心受压基础，根据基础的形状可分为阶形基础和锥形基础。独立基础的底面尺寸可按地基承载力要求确定，基础高度由构造要求和抗冲切承载力要求确定，底板配筋按固定在柱边的倒置悬臂板计算。

思考题

1. 单层厂房按照主要承重结构所用材料分为哪几类？并简述各自的应用范围。

2. 简述单层厂房排架结构设计步骤。

3. 装配式钢筋混凝土单层厂房排架结构由哪几部分组成？各自的作用是什么？

4. 装配式钢筋混凝土排架结构单层厂房中一般应设置哪些支撑？简述这些支撑的作用和设置原则。

5. 试述作用在单层厂房排架结构上的主要荷载，并绘制单层厂房的荷载传递途径。

6. 抗风柱与屋架的连接应满足哪些要求？连系梁、圈梁、基础梁的作用各是什么？它们与柱或基础是如何连接的？

7. 确定单层厂房排架结构的计算简图时做了哪些假定？试分析这些假定的合理性及其适用条件。

8. 作用于横向平面排架上的荷载有哪些？这些荷载的作用位置如何确定？试以两跨等高排架结构为例画出各单项荷载作用下排架结构的计算简图。

9. 作用于排架柱上的吊车竖向荷载 D_{max}（D_{min}）和吊车水平荷载 T_{max} 如何计算？

10. 什么是等高排架？如何用剪力分配法计算等高排架的内力？试述在任意荷载作用下等高排架内力的计算步骤。

11. 什么是单层厂房的空间作用？影响单层厂房空间作用的因素有哪些？考虑空间作用对柱内力有何影响？

12. 以单阶排架柱为例说明如何选取控制截面进行内力组合？简述内力组合的原则、组合项目及注意的要点。

13. 简述牛腿的三种主要破坏形态。牛腿设计有哪些内容？设计中如何考虑？

14. 对于柱下独立基础，其基础底面尺寸和基础高度如何确定？基础底板配筋如何计算？

习　题

1. 某两跨等高排架如图 3-75 所示。在柱顶单位水平力作用下单阶悬臂柱柱顶位移分别为：$\delta_A=\delta_C=2.0\times10^{-11}\dfrac{H^3}{E}$，$\delta_B=1.4\times10^{-11}\dfrac{H^3}{E}$，其中 H 为柱高，E 为混凝土的弹性模量。吊车横向水平荷载设计值 $T_{max}=20.70$kN。由此种荷载产生的排架柱顶不动铰支座反力分别为：$R_A=-12.60$kN（←），$R_B=-13.90$kN（←）。试计算各柱柱顶剪力，并绘出排架柱的弯矩图。

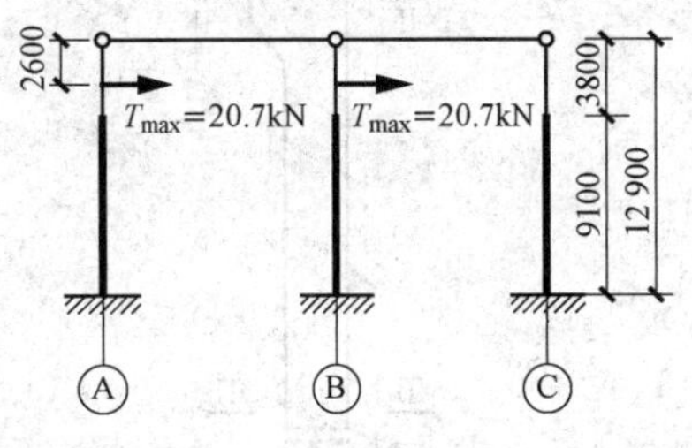

图 3-75　习题 1 图

2. 某单跨厂房排架结构，跨度为 24m，柱距为 6m。厂房内设有 10t 和 30/5t 工作级别为 A4 的吊车各一台，吊车有关参数见表 3-26，试计算排架柱承受的吊车竖向荷载标准值 D_{max}、D_{min} 和吊车横向水平荷载标准值 T_{max}。

表 3-26　　吊车有关参数

起重量（t）	跨度 L_k（m）	最大宽度 B（m）	大车轮距 K（m）	轨道中心到吊车外缘的距离 B_1（mm）	小车重量 g（t）	最大轮压 P_{max}（t）	最小轮压 P_{min}（t）
10	22.5	5.55	4.40	230	3.8	12.5	4.7
30/5	22.5	6.15	4.80	300	11.8	29.0	7.0

3. 如图 3-76 所示单跨排架结构，两柱截面尺寸相同，上柱 $I_u=25.0\times10^8\text{mm}^4$，下柱 $I_l=174.8\times10^8\text{mm}^4$，混凝土强度等级为 C35。由吊车竖向荷载在牛腿顶面处产生的力矩分别为$M_1=378.94$kN·m，$M_2=63.25$kN·m，求排架柱的剪力并绘制弯矩图（注：图中尺寸的单位为 mm）。

4. 如图 3-77 所示两跨等高排架结构，作用有吊车横向水平荷载 $T_{max}=15.60$kN。已知三根柱的剪力分配系数分别为 $\eta_A=\eta_C=0.285$、$\eta_B=0.430$，A 柱 $C_5=0.559$，B 柱 $C_5=0.650$，空间作用分配系数 $\mu=0.90$，求各柱剪力并与不考虑空间作用（$\mu=1.0$）的计算结果进行比较（注：图中尺寸的单位为 mm）。

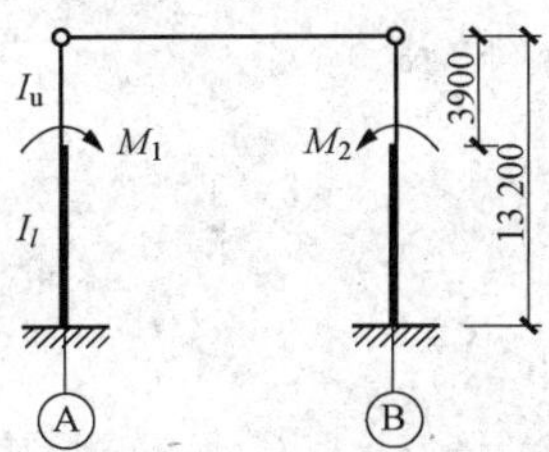

图 3-76　习题 3 图

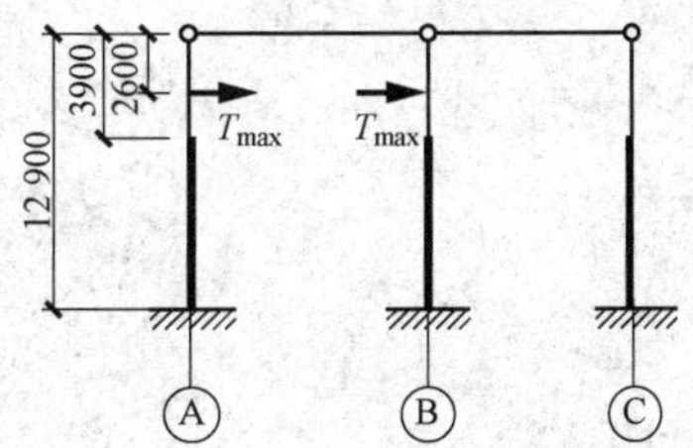

图 3-77　习题 4 图

5. 某单跨厂房，在各种荷载标准值作用下A柱Ⅲ-Ⅲ截面内力如表3-27所示，有两台吊车，吊车工作级别为A4级，试对该截面进行内力组合。

表3-27 **A柱Ⅲ-Ⅲ截面内力标准值**

简图及正、负号规定	荷载类型		序号	M（kN·m）	N（kN）	V（kN）
Ⅰ Ⅱ Ⅰ Ⅱ Ⅲ Ⅲ +V +M +N	恒载		①	35.02	328.23	6.52
	屋面活载		②	9.70	56.0	2.34
	吊车竖向荷载	D_{max}在A柱	③	17.32	295.36	−5.02
		D_{min}在B柱	④	−50.47	66.48	−4.02
	吊车水平荷载		⑤、⑥	±121.39	0	±9.89
	风荷载	右吹风	⑦	475.85	0	32.69
		左吹风	⑧	−435.68	0	−53.10

第4章　框架结构设计

4.1　概　述

框架结构是由梁和柱通过节点连接而形成的承重结构体系，即由梁和柱组成框架共同抵抗使用过程中可能出现的水平荷载和竖向荷载。结构的房屋墙体不承重，仅起到围护和分隔作用。

按施工方法不同，框架结构可分为现浇式、装配式和装配整体式三种。在地震区，多采用梁、柱、板全现浇或梁、柱现浇和板预制的方案；在非地震区，有时可采用梁、柱、板均预制的方案。

框架建筑的主要优点：空间分隔灵活，自重轻，节省材料；可以较灵活地配合建筑平面布置的要求，利于安排需要较大空间的建筑结构；框架结构的梁、柱构件易于标准化、定型化，便于采用装配整体式结构，以缩短施工工期；采用现浇混凝土框架时，结构的整体性、刚度较好，设计处理好也能达到较好的抗震效果，而且可以把梁或柱浇筑成各种需要的截面形状，例如曲梁、异形柱等。

框架结构常用于办公楼、教学楼、公共建筑、轻工业厂房以及住宅类等建筑中。但是由于框架结构构件的截面尺寸相对较小，抗侧移刚度较弱，随着建筑物高度的增加，结构在水平荷载作用下的侧向位移将迅速加大，倾覆作用也较大。我国《高层建筑混凝土结构技术规程》（JGJ 3—2010）规定，钢筋混凝土框架结构房屋的最大适用高度，非抗震设计时为70m，抗震设防烈度为6度、7度、8度（0.2g）和8度（0.3g）时，分别为60m、50m、40m和35m；其适用的最大高宽比，非抗震设计时为5，抗震设防烈度为6度和7度、8度时，分别为4、3。此外，为了不使框架结构构件的截面尺寸过大和截面内钢筋配置过多，一般只用于不超过20层的建筑物中。

就整个设计计算过程而言，高层框架结构与多层框架结构在结构布置、计算简图的确定、竖向和水平荷载下的内力计算方法、内力组合原则、截面配筋计算和构造等方面均相同。本章主要介绍现浇钢筋混凝土多层框架结构。

4.2　框架结构布置

结构布置在建筑设计和结构形式确定之后进行。对于建筑剖面不复杂的结构，只需进行结构平面布置；对于建筑剖面复杂的结构，除应进行结构平面布置外，还须进行结构竖向布置。框架结构的平面布置主要是确定柱在平面上的排列方式（柱网布置）和选择结构承重方案，这些均须满足生产工艺、建筑平面及使用要求，同时也须使结构受力合理，方便施工。

4.2.1　柱网布置

办公楼、宾馆和住宅等民用建筑的柱网应根据建筑使用功能确定。目前，多采用小柱网或大柱网两类结构布置形式。在小柱网中，一个柱距即为一个开间，见图 4-1（a）、（b）；在大柱网中，一般一个柱距为两个开间，见图 4-1（d）。小柱网的柱距较小，一般为 3.3m，3.6m，4.0m 等；大柱网的柱距较大，一般为 6.0、6.6、7.2、7.5m 等。常用的框架结构进深（跨度）有 4.8、5.4、6.0、6.6、7.2、7.5m 等。

此外，宾馆建筑常采用三跨框架。跨度有两种布置方法：一种是边跨大、中跨小，可将卧室和卫生间一并设在边跨，中间跨仅作走道用，见图 4-1（a）；另一种则是边跨小、中跨大，将两边客房的卫生间与走道合并设于中跨内，边跨仅作卧室，见图 4-1（b）。

办公楼常采用三跨内廊式、两跨不等跨或多跨等跨框架。采用不等跨时，大跨内宜布置一道纵梁［见图 4-1（c）］，以承托走道纵墙。

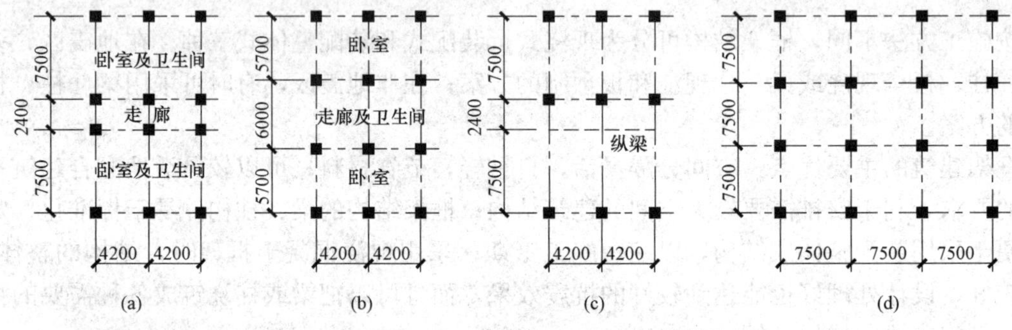

图 4-1 民用建筑柱网布置

厂房等工业建筑的柱网应根据生产工艺要求确定。常用的柱网有内廊式和等跨式两种。内廊式［见图 4-1（b）］的边跨跨度一般为 6～8m，中间跨跨度为 2～4m。等跨式的跨度一般为 6～12m。柱距通常为 6m。

在实际工程中，由于建筑体型的多样化，也会出现一些非矩形的平面形状，如图 4-2 所示。这使柱网布置更复杂一些。

民用建筑、工业建筑的层高仍根据建筑使用功能或生产工艺要求确定。常用的层高范围为 3.0～5.4m。

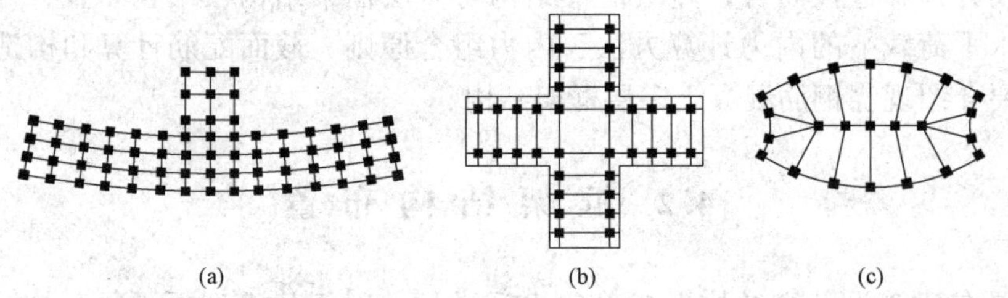

图 4-2 非矩形柱网布置

4.2.2 承重方案

在框架结构中，一般情况下，柱在两个方向均应有梁拉结，即沿房屋纵、横方向均应布置梁系。因此，实际的框架结构是一个空间受力体系。但为了计算分析方便，往往把实际框架结构看成两个方向的平面框架。沿建筑物长向的为纵向框架，沿建筑物短向的为横向框架。纵向框架和横向框架分别承受各自方向上的水平力，而竖向荷载则依楼盖结构布置方式的不同而按不同的方式传递。按楼面竖向荷载传递路线的不同，承重框架的布置方案有横向框架承重、纵向框架承重和纵、横向框架混合承重。

(1) 横向框架承重。沿房屋横向布置框架承重梁（主梁），楼面竖向荷载由主梁传给柱子，而在房屋纵向布置连系梁，见图 4-3 (a)。主梁沿横向布置使横梁截面高度较大，有利于增加房屋的横向刚度。纵向框架则往往按构造要求布置较小的连系梁，这样有利于房屋室内的采光与通风。这种承重方案在实际结构中应用较多。

(2) 纵向框架承重。沿房屋纵向布置主梁，在横向布置连系梁，见图 4-3 (b)。由于楼面荷载由纵向梁传给柱子，所以横向梁截面高度较小，有利于设备管线的穿行，并且可获得较高的室内净高。此外，当地基条件在纵向有明显差异时，可利用纵向框架的刚度来调整房屋的不均匀沉降。该方案的缺点是房屋的横向刚度较差，进深受板长度的限制。

(3) 纵、横向框架混合承重。在房屋两个方向均需布置承重梁以承受楼面荷载［见图 4-3 (c)］，楼盖常采用现浇双向板或井字梁楼盖。当柱网平面为正方形或接近正方形，或当楼盖上有较大活荷载时，多采用这种承重方案。

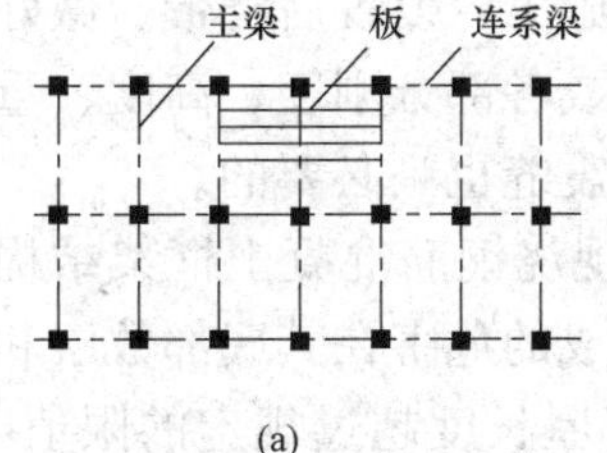

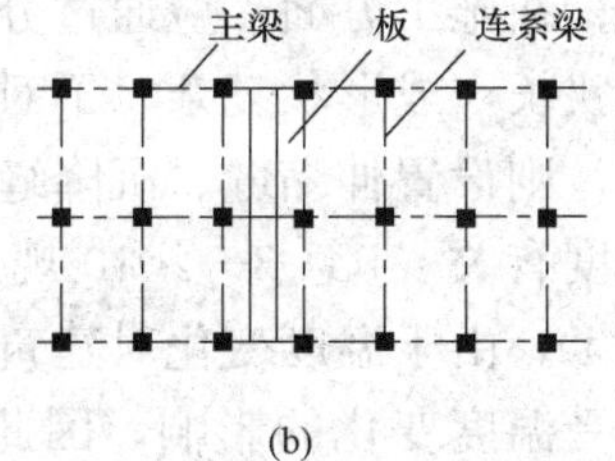

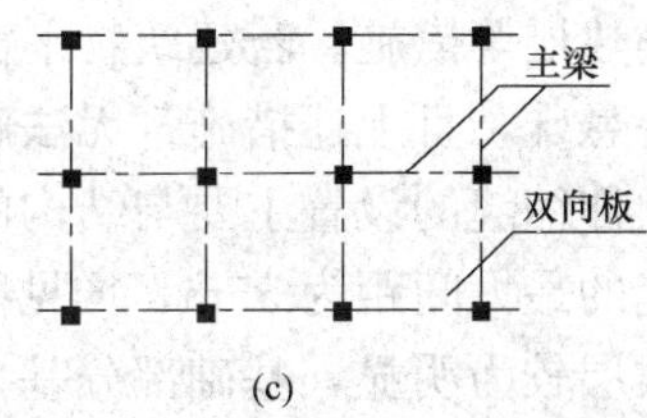

图 4-3　框架结构承重方案

以上是将框架结构视为竖向承重结构来讨论其承重方案的。框架结构同时也是抗侧力结构，可能承受纵、横两个方向的水平荷载（如风荷载和水平地震作用），这就要求纵、横两个方向的框架均应具有一定的侧向刚度和水平承载力。因此，JGJ 3—2010 规定，框架结构应设计成双向梁、柱抗侧力体系，主体结构除个别部位外，不应采用铰接。此外，对于抗震设计的框架结构不应采用单跨框架。

4.2.3　梁的加腋

在框架结构布置中，梁、柱中心线宜重合，当梁、柱中心线不能重合时，在计算中应考虑偏心对梁、柱节点核心区受力和构造的不利影响，以及梁荷载对柱子的偏心影响。JGJ 3—2010规定，梁、柱中心线之间的偏心距不宜大于柱截面在该方面宽度的 1/4。如偏心距大于该方向柱宽的 1/4 时，可采取增设梁的水平加腋，见图 4-4。研究表明，此法能明显改善梁、柱节点承受反复荷载的性能。

梁水平加腋厚度可取梁截面高度，其水平尺寸宜满足下列要求：

$$b_x/l_x \leqslant 1/2,\ b_x/b_b \leqslant 2/3,\ b_b+b_x+x \geqslant b_c/2$$

式中：b_x 为梁水平加腋宽度；l_x 为梁水平加腋长度；b_b 为梁截面宽度；x 为非加腋侧梁边到柱边的距离；b_c 为沿偏心方向柱截面宽度。

梁水平加腋后，改善了梁、柱节点的受力性能，在计算节点受剪承载力时节点的有效宽度 b_j 宜按下列规定取值：

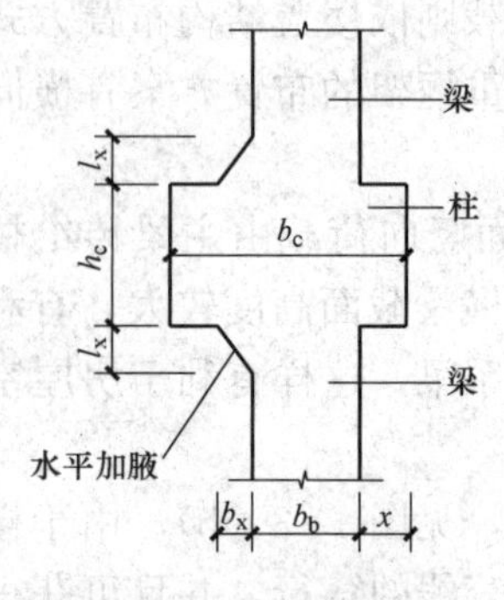

图 4-4 梁的加腋

当 $x=0$ 时，b_j按下式计算：

$$b_j \leqslant b_b + b_x \tag{4-1}$$

当 $x \neq 0$ 时，b_j取下列两式计算结果中的较大值：

$$b_j \leqslant b_b + b_x + x \tag{4-2}$$

$$b_j \leqslant b_b + 2x \tag{4-3}$$

且应满足 $b_j \leqslant b_b + 0.5h_c$，其中 h_c为柱截面高度。

4.2.4 变形缝的设置

在框架结构总体布置中，考虑到沉降、温度变化和体型复杂对结构的不利影响，可用沉降缝、伸缩缝和防震缝将结构分成若干独立的部分。房屋设缝后，给建筑、结构和设备的设计和施工带来一定困难，基础防水也不容易处理。因此，应尽量少设缝或不设缝，如此可简化构造、方便施工、降低造价、增强结构整体性和空间刚度。为防止由于混凝土收缩、不均匀沉降、地震作用等因素所引起的结构或非结构构件的损坏，应采取以下做法：在进行建筑设计时，应通过调整平面形状、尺寸和体型等措施；在进行结构设计时，应通过选择节点连接方式、配置构造钢筋、设置刚性层等措施；在施工方面，应通过分阶段施工、设置后浇带、做好保温隔热层等措施。若建筑物平面较狭长，或形状复杂、不对称，或各部分刚度、高度、重量相差悬殊，且上述措施都无法解决，则设置伸缩缝、沉降缝、防震缝也是必要的。

伸缩缝的设置主要与结构的长度有关。JGJ 3—2010 规定，现浇钢筋混凝土框架结构伸缩缝的最大间距为 55m，详见附录 D。由于温度变化对建筑物造成的危害在其底部数层和顶部数层较为明显，基础部分基本不受温度变化的影响，因此当房屋长度超过规定的限值时，宜用伸缩缝将上部结构从顶到基础顶面断开，分成独立的温度区段。

沉降缝的设置主要与基础受到的上部荷载及场地的地质条件有关。当上部竖向荷载差异较大，或地基承载力差异较大时，应设沉降缝将其分成若干独立的结构单元，使各部分自由沉降。沉降缝应将建筑物从顶部到基础底面完全分开。沉降缝可利用挑梁或搁置预制板、预制梁等方法做成，见图 4-5。

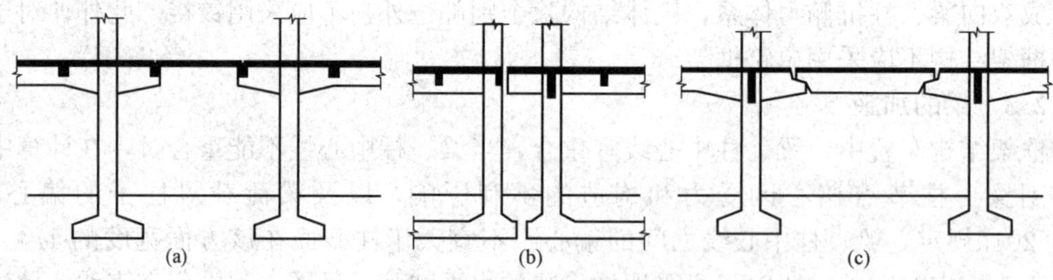

图 4-5 沉降缝构造

(a) 简支板式；(b) 悬挑式；(c) 简支梁式

伸缩缝与沉降缝的宽度一般不宜小于 50mm。

防震缝的设置主要与建筑平面形状、高差、刚度、质量分布等因素有关。防震缝的设置应使各结构单元简单、规则，刚度和质量分布均匀，以避免地震作用下的扭转效应。

非地震区的沉降缝可兼作伸缩缝；在地震区的伸缩缝或沉降缝应符合防震缝的要求。

4.2.5　梁、柱截面尺寸

框架梁、柱截面尺寸应根据承载力、刚度及延性等要求确定。初步设计时，通常根据经验估算截面尺寸，然后进行承载力、变形等验算。当估算的截面尺寸符合要求时，便取该尺寸作为最终截面尺寸；若所需截面尺寸与估算尺寸相差很大，则要重新估算和重新进行计算。

1. 梁截面尺寸

框架梁的截面尺寸应根据承受的竖向荷载、梁的跨度、是否考虑抗震设防以及所选用的材料强度等因素综合考虑确定。一般情况下，框架梁的截面尺寸可按下列公式估算：

$$h_b=(1/18\sim1/10)l_b \tag{4-4}$$

$$b_b=(1/3\sim1/2)h_b \tag{4-5}$$

式中：l_b为计算跨度；h_b为梁的截面高度；b_b为梁的截面宽度。

为了避免梁发生剪切破坏，梁净跨与截面高度之比不宜小于 4，梁的截面宽度不宜小于 200mm。为了保证梁的侧向稳定性，梁截面的高宽比（h_b/b_b）不宜大于 4。

在高层建筑中，为了降低楼层高度，获得较大的使用空间，有时将框架梁设计成扁梁。扁梁的截面高度可按（1/18～1/15）l_b估算，截面宽度 b（肋宽）与其高度 h 的比值不宜超过 3。当梁高较小或采用扁梁时，除应满足承载力要求外，还应特别注意其挠度和裂缝是否满足有关要求。

在现浇楼面中，楼面板的钢筋与框架梁的钢筋交织在一起，混凝土同时浇筑，整体性好。因此，在计算框架梁的截面惯性矩时，要考虑楼面板与梁连接使梁的惯性矩增加的有利影响。

设计中，为简化计算，可按下式近似确定梁截面惯性矩 I：

$$I=\beta I_0 \tag{4-6}$$

式中：I_0为按矩形截面（见图 4-6 中阴影部分）计算的梁截面惯性矩；β为楼面梁刚度增大系数，应根据梁翼缘尺寸与梁截面尺寸的比例确定，取 $\beta=1.3\sim2.0$，当框架梁截面较小、楼板较厚时宜取较大值，而梁截面较大、楼板较薄时宜取较小值，对于现浇楼盖结构，当框架梁两边有楼板时取 2.0，一边有楼板时取 1.5，有现浇面层的装配式楼面梁的 β 值可适当减小。

在框架结构中，当梁的跨度较大时，有时为了节省材料和有利于建筑空间，可将梁设计成加腋形式，见图 4-7。

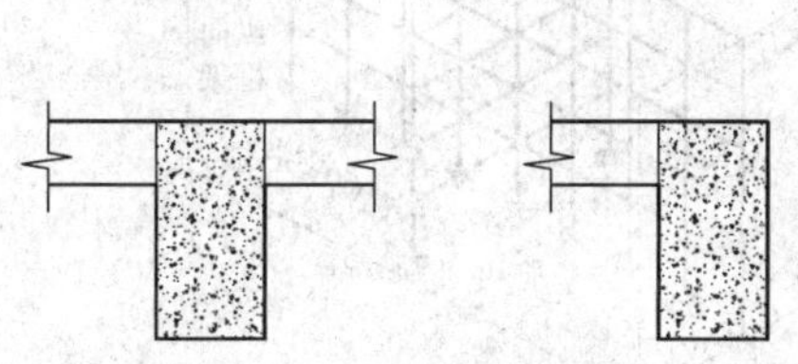

图 4-6　梁截面惯性矩

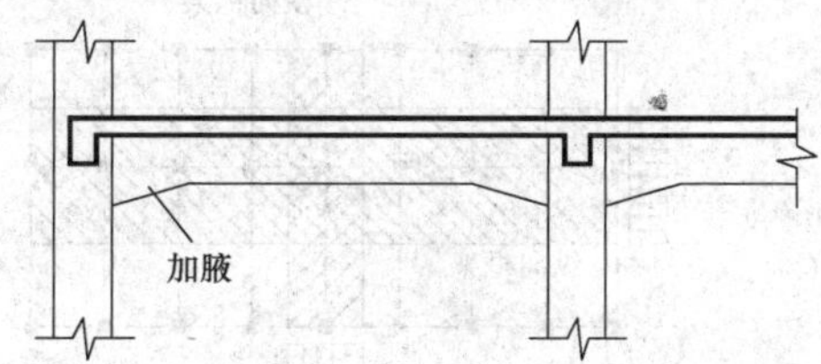

图 4-7　加腋梁

2. 柱截面尺寸

框架柱截面一般采用矩形、方形或圆形截面，其截面尺寸可直接根据工程经验确定；也可先估算其所受轴向压力，然后按轴心受压构件估算，再乘以适当的放大系数以考虑弯矩的影响。即

$$A_c\geqslant(1.1\sim1.2)N/f_c \tag{4-7}$$

$$N = 1.25N_v \quad (4-8)$$

式中：A_c为柱截面面积；N 为柱所承受的轴向压力设计值，可按式（4-8）计算；N_v为根据柱支承的楼面面积计算由重力荷载产生的轴向压力标准值；1.25 为重力荷载的荷载分项系数平均值，计算重力荷载时，其标准值可根据实际荷载取值，也可近似按（12～14）kN/m^{2}计算；f_c为混凝土轴心抗压强度设计值。

框架柱的截面宽度和高度均不宜小于 300mm，圆柱截面直径不宜小于 350mm，柱截面高宽比不宜大于 3。为避免柱产生剪切破坏，柱净高与截面长边之比宜大于 4 或柱的剪跨比宜大于 2。

4.3 框架结构的计算简图及荷载计算

4.3.1 框架结构的计算简图

1. 计算单元

框架结构房屋是由梁、柱、楼板、基础等构件组成的空间结构体系，一般应按三维空间结构进行分析。但对于平面布置较规则的框架结构房屋（见图 4-8），为了简化计算，通常将实际的空间结构简化为若干个横向或纵向平面框架进行分析，每榀平面框架为一计算单元。

对于竖向荷载，当采用横向（纵向）框架承重方案时，全部竖向荷载由横向（纵向）框架承担，不考虑纵向（横向）框架的作用。当采用纵、横向框架混合承重方案时，应根据结构的特点，按楼盖的实际支承情况在纵、横向框架间进行传递。

对于水平荷载，可将整个框架结构视为若干榀平面框架，共同抵抗与平面框架平行的水平荷载，与该方向正交的框架不参与受力。每榀平面框架所抵抗的水平荷载，当为风荷载时，可取计算单元范围内的风荷载［见图 4-8（a）］；当为水平地震作用时，则为按各榀平面框架的侧向刚度比例所分配到的水平力。

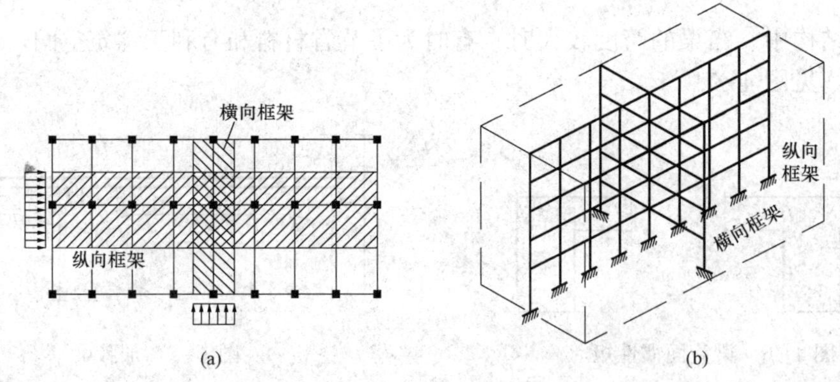

图 4-8 平面框架的计算单元及计算模型

2. 计算简图

获得框架结构的计算单元后，应进一步将实际的平面框架转化为力学模型［见图 4-8（b）］，在该力学模型上作用荷载，就成为框架结构的计算简图。

框架各构件在计算简图中均用单线条（杆件）表示，见图 4-9。各单线条代表各构件形心轴所在的位置线。因此，梁的跨度等于该跨左、右两边柱截面形心轴线之间的距离。中间层和顶层的柱高可从下一层横梁形心轴线算至上一层横梁形心轴线。当梁、柱、板均为现浇时，梁的形心轴线可近似取在板底。对于底层柱的下端，一般取至基础顶面；当设有整体刚度很大的地下室，且地下室结构的楼层侧向刚度不小于相邻上部结构楼层侧向刚度的 2 倍时，可取至地下室结构的顶板处。

当上、下柱截面发生改变时，一般取上柱（截面较小的柱）截面形心轴线作为计算简图上整个柱子的轴线，在进行结构的内力分析时，需考虑荷载偏心的影响，即将竖向荷载偏心产生的力矩视为外荷载［见图 4－9（b)］，与其他竖向荷载一起进行框架内力分析。

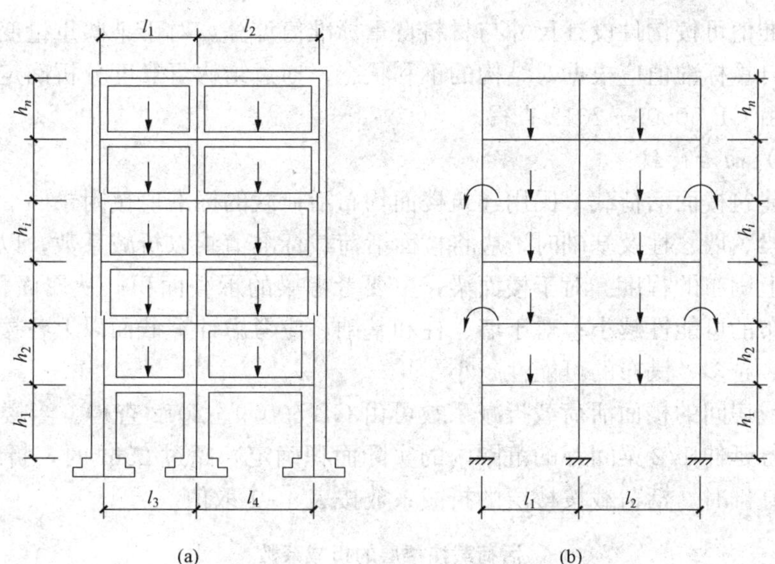

图 4－9　框架结构计算简图

当框架梁的坡度不超过 1/8 时，在计算简图中可近似按水平梁计算。

当各跨跨度相差不大于 10%时，可近似按等跨框架计算。

当梁在端部加腋，且端部截面高度与跨中截面高度之比小于 1.6 时，可不考虑加腋的影响，按等截面梁计算。

对于框架节点，当采用现浇框架时，梁和柱的纵向受力钢筋都将穿过节点或锚入节点区，因此当按平面框架结构分析时，节点可简化为刚接节点。

框架支座可分为固定支座和铰支座两种。当框架柱与基础现浇为整体，且基础具有足够的转动约束作用时［见图 4－10（a)］，柱与基础的连接应视为刚接，相应的支座为固定支座。对于装配式框架，如果柱插入基础杯口有一定的深度，并用细石混凝土与基础浇捣成整体，则柱与基础的连接可视为刚接［见图 4－10（b)］；如用沥青麻丝填实，则预制柱与基础的连接可视为铰接［图 4－10（c)］。

4.3.2　框架结构的荷载计算

作用在框架结构上的荷载有竖向荷载和水平荷载两种。竖向荷载包括结构自重（恒载）和楼（屋）面活荷载，一般为分布荷载，有时也有集中荷载。水平荷载包括风荷载和水平地震作用，一般均简化为作用于框架节点的水平集中力。

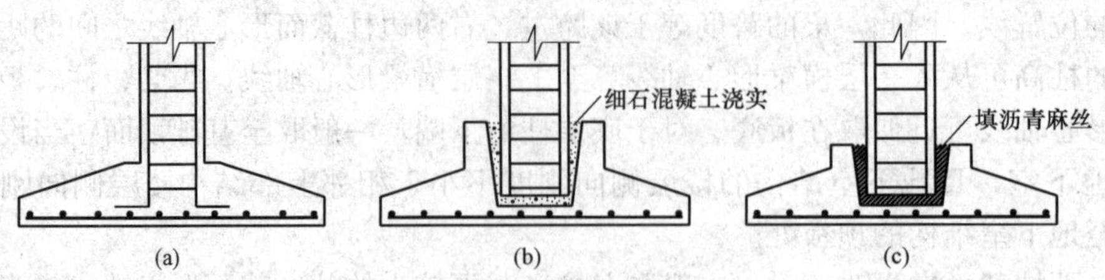

图 4-10 框架柱与基础的连接

1. 恒载

恒载的标准值可按构件设计尺寸与材料自重标准值计算。对于某些重量变化较大的材料或结构构件，自重标准值应根据对结构的不利状态，通过结构可靠度分析确定。常见材料的自重标准值可由 GB 50009—2012 查得。

2. 楼（屋）面活荷载

(1) 民用建筑楼面活荷载。民用建筑楼面均布活荷载的标准值按附录 A 的规定取用。

设计楼面梁、墙、柱及基础时，应将楼面活荷载标准值乘以折减系数，以考虑所给楼面活荷载在楼面上满布的程度。对于楼面梁，主要考虑梁的承载面积（从属面积），承载面积越大，荷载满布的可能性越小；对于墙、柱和基础，应考虑计算截面以上各楼层活荷载的满布程度，楼层数越多，满布的可能性越小。

各种房屋或房间的楼面活荷载折减系数可由 GB 50009—2012 查得。当楼面梁的从属面积（按梁两侧各延伸 1/2 梁间距的范围内的实际面积确定）超过 $25m^2$时，折减系数取 0.9。设计墙、柱和基础时，活荷载按楼层的折减系数按表 4-1 取值。

表 4-1 活荷载按楼层的折减系数

墙、柱、基础计算截面以上的层数	1	2～3	4～5	6～8	9～20	>20
计算截面以上各楼层活荷载总和的折减系数	1.00	0.85	0.70	0.65	0.60	0.55

(2) 工业建筑楼面活荷载。工业建筑楼面在生产使用或安装检修时，由设备、管道、运输工具及可能拆移的隔墙产生的局部荷载均应按实际情况考虑，可采用等效均布活荷载代替。对设备位置固定的情况，可直接按固定位置对结构进行计算，但应考虑因设备安装和维修过程中的位置变化可能出现的最不利效应。工业建筑楼面堆放原料或成品较多、较重的区域，应按实际情况考虑；一般堆放情况可按均布活荷载或等效均布活荷载考虑。

工业建筑楼面（包括工作平台）上无设备区域的操作荷载，包括操作人员、一般工具、零星原料和成品的自重可按均布活荷载考虑，采用 $2.0kN/m^2$。在设备所占区域内可不考虑操作荷载和堆料荷载。生产车间的楼梯活荷载可按实际情况采用，但不宜小于 $3.5kN/m^2$。生产车间的参观走廊活荷载可采用 $3.5kN/m^2$。

工业建筑楼面活荷载的组合值系数、频遇值系数和准永久值系数，除 GB 50009—2012 中给出的以外，均应按实际情况采用，但在任何情况下，组合值和频遇值系数均不应小于 0.7，准永久值系数不应小于 0.6。

(3) 屋面均布活荷载。工业与民用建筑的屋面，其水平投影面上的屋面均布活荷载应按表 4-2 采用。不上人的屋面均布活荷载，可不与雪荷载和风荷载同时组合。

表4-2　屋面均布活荷载

项次	类别	标准值（kN/m²）	组合值系数 ψ_c	频遇值系数 ψ_f	准永久值系数 ψ_q
1	不上人屋面	0.5	0.7	0.5	0.0
2	上人屋面	2.0	0.7	0.5	0.4
3	屋顶花园	3.0	0.7	0.6	0.5
4	屋顶运动场地	3.0	0.7	0.6	0.4

当屋面施工或维修荷载较大，或屋面还兼作其他用途等情况时，屋面均布活荷载按GB 50009—2012的相关规定采用。

屋面直升机停机坪荷载按GB 50009—2012的相关规定采用。

3. 雪荷载

屋面水平投影面上的雪荷载标准值应按下式计算：

$$s_k = \mu_r s_0 \tag{4-9}$$

式中：s_k为雪荷载标准值；μ_r为屋面积雪分布系数；s_0为基本雪压。

全国各城市的基本雪压值应按GB 50009—2012的规定采用。当城市或建设地点的基本雪压值没有给出时，应根据当地年最大雪压或雪深资料，按基本雪压定义，通过统计分析确定。

4. 风荷载

风荷载的计算方法与单层厂房相同，风荷载标准值仍按式（3-12）计算。对于多、高层框架结构房屋，式（3-12）中的计算参数应按下列规定采用：

（1）基本风压w_0应按GB 50009—2012的规定采用。对于特别重要或对风荷载比较敏感的高层建筑，其基本风压应按100年重现期的风压值采用。

（2）风压高度变化系数μ_z仍由附表F-1查得，对于山区的建筑物、远海海面和海岛的建筑物或构筑物，风压高度变化系数尚应符合GB 50009—2012的相关规定。

（3）风荷载体型系数μ_s仍由附表F-2查得，对于重要且体型复杂的房屋和构筑物，应由风洞试验确定。当多个建筑物，特别是群集的高层建筑相互间距较近时，宜考虑风力相互干扰的群体效应，一般可将单独建筑物的体型系数乘以相互干扰系数。

（4）对于高度大于30m且高宽比大于1.5的房屋，以及基本自振周期T_j大于0.25s的各种高耸结构，应考虑风压脉动对结构产生顺风向风振的影响。顺风向风振响应计算应按结构随机振动理论进行。对于一般竖向悬臂型结构，例如高层建筑和构架、塔架、烟囱等高耸结构，均可仅考虑结构第一振型的影响，采用风振系数法计算其顺风向风荷载。

当计算围护结构时，垂直于围护结构表面的风荷载标准值应按下式计算：

$$w_k = \beta_{gz}\mu_{s1}\mu_z w_0 \tag{4-10}$$

式中：β_{gz}为高度z处的阵风系数，按附表F-4确定；μ_{s1}为风荷载局部体型系数。

通常情况下，作用于建筑物表面的风压分布并不均匀，在角隅、檐口、边棱处及附属结构的部位（如阳台、雨篷等外挑构件），局部风压会超过平均风压。因此，计算围护构件及其连接的强度时，式（4-10）中的风荷载局部体型系数μ_{s1}可按下列规定采用：

（1）封闭式矩形平面房屋的墙面及屋面可按附表F-5的规定采用。

（2）檐口、雨篷、遮阳板、边棱处的装饰条等突出构件取-2.0。

（3）其他房屋和构筑物可按附表 F-2 中体型系数的 1.25 倍取值。

计算非直接承受风荷载的围护构件风荷载以及其他情况时，局部体型系数 μ_{s1} 见 GB 50009—2012 的有关规定。

4.4 竖向荷载作用下框架结构的内力计算

框架结构的内力计算可分为竖向荷载作用下的内力计算和水平荷载作用下的内力计算。竖向荷载包括恒载、楼面和屋面活荷载、雪荷载和施工荷载等。水平荷载是指风荷载，在抗震设计中还应计算水平地震作用下的内力。

在竖向荷载作用下，多、高层框架结构的内力可用力法、位移法等结构力学方法计算。工程设计中，若采用手算，可采用分层法、弯矩二次分配法及系数法等近似方法。本节简要介绍弯矩二次分配法的基本概念和计算要点。

4.4.1 竖向荷载作用下框架结构的受力特点

计算结果表明，在竖向荷载作用下框架结构的侧移对其内力的影响较小。例如，图 4-11 为两层两跨不对称框架结构在竖向荷载作用下的弯矩图。图中不带括号的杆端弯矩值为精确值（考虑框架侧移影响），带括号的弯矩值是近似值（不考虑框架侧移影响）。可见，在梁线刚度大于柱线刚度的情况下，只要结构和荷载不是非常不对称，则竖向荷载作用下框架结构的侧移较小，可不考虑侧移对杆端弯矩的影响。

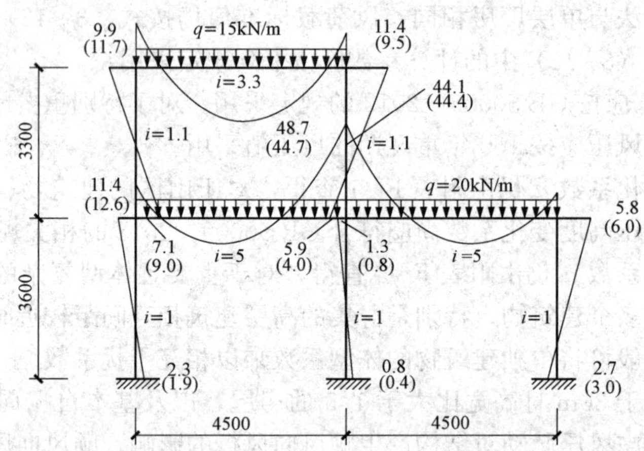

图 4-11 竖向荷载作用下框架结构的弯矩图（单位：kN·m）
i——梁、柱的线刚度

由影响线理论可知，框架各层横梁上的竖向荷载只对本层横梁及与之相连的上、下层柱的弯矩影响较大，对其他各层梁、柱的弯矩影响较小。另外，从弯矩分配法的过程来理解，受荷载作用杆件的弯矩值通过弯矩的多次分配与传递，逐渐向左右上下衰减，在梁线刚度大于柱线刚度的情况下，柱中弯矩衰减得更快，因而对其他各层的杆端弯矩影响较小。

4.4.2 弯矩二次分配法

根据结构力学的知识，采用无侧移框架的弯矩分配法进行内力计算时，需要考虑任一节点的不平衡弯矩对框架结构所有杆件的影响，计算过程相当繁复。通过上节对框架结构受力特点的分析可知，在竖向荷载作用下，多层框架中某节点的不平衡弯矩对与其相邻的节点影响较大，对其他节点的影响较小，这样可将弯矩分配法的循环次数简化到弯矩二次分配和其间的一次传递，即弯矩二次分配法。弯矩二次分配法的具体计算步骤如下：

（1）计算竖向荷载作用下各跨梁的固端弯矩，并根据各杆件的线刚度计算各节点的杆端弯矩分配系数。

（2）计算框架各节点的不平衡弯矩，并对所有节点的不平衡弯矩分别反号进行第一次分配。

（3）将所有杆端的分配弯矩分别向其远端传递（对于刚接框架，传递系数均取 1/2）。

（4）将各节点因传递弯矩而产生的新的不平衡弯矩反号进行第二次分配，使各节点处于平衡状态。

至此，整个弯矩分配和传递过程即告结束。

（5）将各杆端的固端弯矩、分配弯矩和传递弯矩叠加，即得各杆端弯矩。

弯矩二次分配法的计算实例将在 4.9 节中给出。

4.5　水平荷载作用下框架结构的内力和侧移计算

水平荷载作用下框架结构的内力和侧移可用结构力学方法计算，也可采用近似计算方法，如反弯点法、D 值法和门架法等。本节主要介绍反弯点法和 D 值法的基本原理和计算要点。

4.5.1　水平荷载作用下框架结构的受力及变形特点

水平荷载（风荷载、水平地震作用）对框架结构的作用一般都可简化为作用于框架节点上的水平力，此时框架结构的弯矩图如图 4-12 所示。各构件的弯矩图都呈直线，且一般都有一个反弯点。框架结构的变形图如图 4-13 所示。框架的每个节点除产生相对水平位移 δ_i 外，还产生转角 θ_i，由于越靠近底层，框架所受层间剪力越大，故各节点的相对水平位移 δ_i 和转角 θ_i 都具有越靠近底层越大的特点。若忽略梁的轴向变形，则同一层内的各节点均具有相同的侧向位移，同一层内的各柱具有相同的层间位移。如果能求出各柱的剪力及其反弯点位置，便可求出各柱的柱端弯矩，进而由节点平衡求得梁端弯矩和整个框架结构的其他内力。

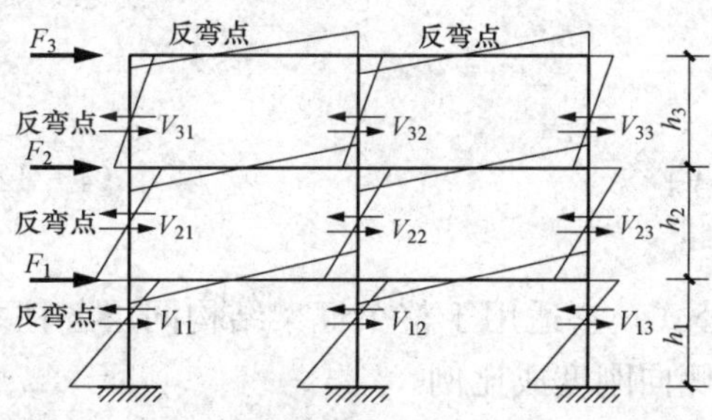

图 4-12　水平荷载作用下框架结构的弯矩图

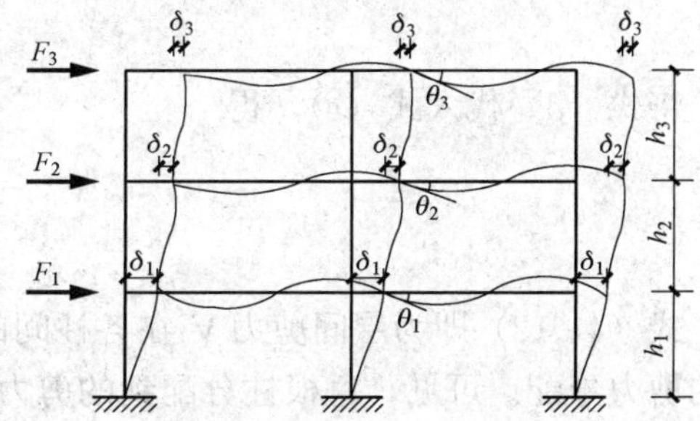

图 4-13　水平荷载作用下框架结构的变形图

4.5.2 反弯点法

1. 基本假定

(1) 进行各柱间剪力分配时，假定梁与柱的线刚度比为无穷大，即柱上、下端无转角位移。

(2) 确定各柱的反弯点位置时，假定底层柱的反弯点高度在2/3层高处，其他层位于柱中点处。

(3) 不考虑框架横梁的轴向变形，假定同一楼层柱端侧移相等。

对于层数较少、楼面荷载较大的框架结构，柱的刚度较小，梁的刚度较大，假定(1)与实际情况较为符合。一般认为，当梁的线刚度与柱的线刚度之比大于3时，由上述假定引起的误差能够满足工程设计的精度要求。

2. 层间剪力在各柱间的分配

从图4-12所示框架的第2层柱反弯点处截取脱离体（见图4-14），由水平方向力的平衡条件，可得该框架第2层的层间剪力 $V_2=F_2+F_3$。一般情况下，框架结构第 i 层的层间剪力 V_i 可表示为

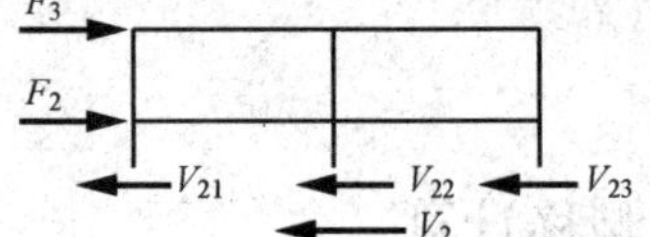

图4-14 框架第2层脱离体图

$$V_i=\sum_{k=i}^{m}F_k \tag{4-11}$$

式中：F_k 为作用于第 k 层楼面处的水平荷载；m 为框架结构的总层数。

令 V_{ij} 表示第 i 层第 j 柱分配到的剪力，如该层共有 s 根柱，则由平衡条件可得

$$\sum_{j=1}^{s}V_{ij}=V_i \tag{a}$$

框架横梁的轴向变形一般很小，可以忽略不计，则同层各柱的相对侧移 δ_j 相等（变形协调条件），即

$$\delta_1=\delta_2=\cdots=\delta_j=\cdots=\delta \tag{b}$$

用 D_{ij} 表示框架结构第 i 层第 j 柱的侧向刚度，它是框架柱两端产生单位相对侧移所需的水平剪力，故也称为框架柱的抗剪刚度，则由物理条件得

$$V_{ij}=D_{ij}\delta_j \tag{c}$$

将式(c)代入式(a)，并考虑式(b)的变形条件，则得

$$\delta_j=\delta=\frac{1}{\sum\limits_{j=1}^{s}D_{ij}}V_i \tag{d}$$

将式(d)代入式(c)，得

$$V_{ij}=\frac{D_{ij}}{\sum\limits_{j=1}^{s}D_{ij}}V_i \tag{4-12}$$

式(4-12)即为层间剪力 V_i 在各柱间的分配公式，它适用于整个框架结构同层各柱之间的剪力分配。可见，每根柱分配到的剪力值与其侧向刚度成比例。

3. 计算要点

(1) 求柱的侧移刚度和柱的剪力。根据前述假定可知，反弯点法中柱的侧移刚度（柱上、下端产生单位相对位移所需要的剪力）可按图4-15(c)所示计算简图确定，则反弯点

法的柱侧向刚度 D 可表示为

$$D=\frac{12i_c}{h^2} \tag{4-13}$$

式中：$i_c=EI/h$ 为柱的线刚度，h 为层高。求得柱的侧移刚度后，即可按式（4-12）求出第 i 层第 j 根柱的剪力 V_{ij}。

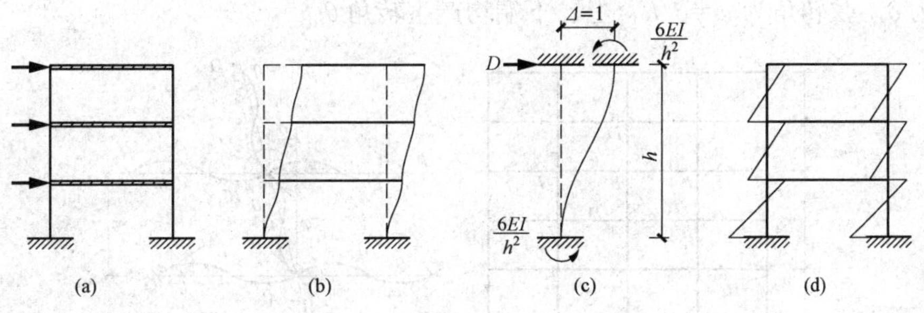

图 4-15　反弯点法计算柱端弯矩

（2）确定反弯点高度，求柱端弯矩。反弯点法柱的上、下端都不转动，故除底层柱外，其他各层柱的反弯点均在柱中点（$h/2$）；底层柱由于实际是下端固定，柱上端的约束刚度相对较小，因此反弯点向上移动，一般取离柱下端 2/3 柱高处为反弯点高度，即取 $yh=\frac{2}{3}h$。

根据各层柱的反弯点高度比 y，可按下式计算第 i 层第 j 根柱的下端弯矩 M_{ij}^{b} 和上端弯矩 M_{ij}^{u}：

$$\begin{cases} M_{ij}^{\mathrm{b}}=V_{ij}yh \\ M_{ij}^{\mathrm{u}}=V_{ij}(1-y)h \end{cases} \tag{4-14}$$

（3）根据节点的弯矩平衡条件（见图 4-16），将节点上、下柱端弯矩之和按左、右梁的线刚度（当各梁远端不都是刚接时，应取用梁端的转动刚度）分配给梁端，即

$$\left.\begin{aligned} M_{\mathrm{b}}^{\mathrm{l}}&=(M_{i+1,j}^{\mathrm{b}}+M_{ij}^{\mathrm{u}})\frac{i_{\mathrm{b}}^{\mathrm{l}}}{i_{\mathrm{b}}^{\mathrm{l}}+i_{\mathrm{b}}^{\mathrm{r}}} \\ M_{\mathrm{b}}^{\mathrm{r}}&=(M_{i+1,j}^{\mathrm{b}}+M_{ij}^{\mathrm{u}})\frac{i_{\mathrm{b}}^{\mathrm{l}}}{i_{\mathrm{b}}^{\mathrm{l}}+i_{\mathrm{b}}^{\mathrm{r}}} \end{aligned}\right\} \tag{4-15}$$

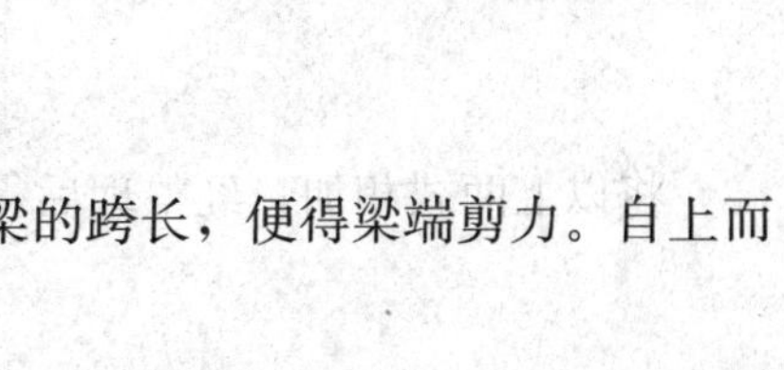

图 4-16　梁端弯矩计算

式中：$i_{\mathrm{b}}^{\mathrm{l}}$、$i_{\mathrm{b}}^{\mathrm{r}}$ 分别为节点左、右梁的线刚度。

（4）以各个梁为隔离体，将梁左、右弯矩之和除以该梁的跨长，便得梁端剪力。自上而下逐层叠加节点左右的梁端剪力，即可得到柱轴向力。

4.5.3　D 值法

反弯点法假定梁、柱之间的线刚度之比为无穷大，且假定柱的反弯点高度为一定值，从而使框架结构在水平荷载作用下的内力计算大为简化。但也带来了一定的误差，首先是当梁、柱线刚度较为接近时，特别是在高层框架结构或抗震设计时，梁的线刚度可能小于柱的线刚度。此外，柱的侧向刚度不仅与柱的线刚度和层高有关，而且还与梁的线刚度、上下层层高变化等因素有关。日本武藤清教授在分析了上述影响因素的基础上，对反弯点法中柱的

侧向刚度和反弯点高度进行了改进，称为改进反弯点法，又称为“D值法”。

1. 框架柱的侧向刚度——D值

首先讨论一般规则框架中除底层外一般层的柱。所谓规则框架是指各层层高、各跨跨度和各层柱线刚度分别相等的框架，如图 4-17（a）所示。现从规则框架中取柱 AB 及与其相连的梁、柱为脱离体［见图 4-17（b)］，框架侧移后，柱 AB 达到新的位置 $A'B'$。柱 AB 的相对侧移为 δ，弦转角为 $\varphi=\delta/h$，上、下端均产生转角 θ。

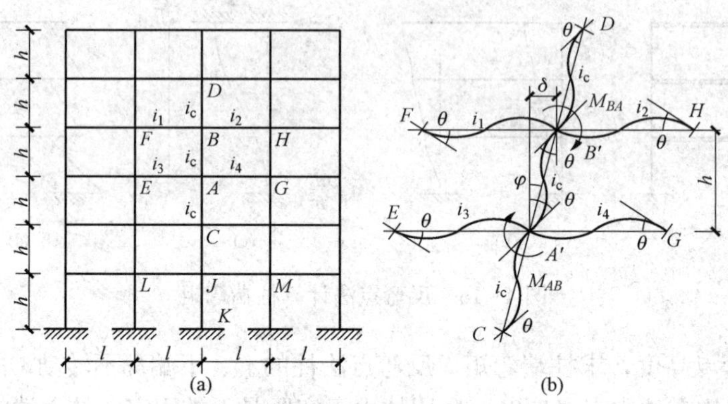

图 4-17 框架柱侧向刚度计算图式

图 4-17（b）所示的框架单元有 8 个节点转角 θ 和 3 个弦转角 φ 共 11 个未知数，而只有节点 A、B 两个力矩平衡条件。为此，作以下假定：

（1）柱 AB 两端及与之相邻各杆远端的转角 θ 均相等。

（2）柱 AB 及与之相邻的上、下层柱的弦转角 φ 均相等。

（3）柱 AB 及与之相邻的上、下层柱的线刚度 i_c 均相等。

由前两个假定，整个框架单元［见图 4-17（b)］只有 θ 和 φ 两个未知数，用两个节点力矩平衡条件可以求解。

由转角位移方程及上述假定可得

$$M_{AB}=M_{BA}=M_{AC}=M_{BD}=4i_c\theta+2i_c\theta-6i_c\varphi=6i_c(\theta-\varphi)$$

$$M_{AE}=6i_3\theta,\ M_{AG}=6i_4\theta,\ M_{BF}=6i_1\theta,\ M_{BH}=6i_2\theta$$

由节点 A 和节点 B 的力矩平衡条件分别得

$$6(i_3+i_4+2i_c)\theta-12i_c\varphi=0$$

$$6(i_1+i_2+2i_c)\theta-12i_c\varphi=0$$

将以上两式相加，经整理后得

$$\frac{\theta}{\varphi}=\frac{2}{2+\overline{K}} \tag{4-16}$$

式中：$\overline{K}=\sum i/2i_c=[(i_1+i_3)/2+(i_2+i_4)/2]/i_c$，表示节点两侧梁平均线刚度与柱线刚度的比值，简称梁、柱线刚度比。

柱 AB 所受到的剪力为

$$V=-\frac{M_{AB}+M_{BA}}{h}=\frac{12i_c}{h}\left(1-\frac{\theta}{\varphi}\right)\varphi$$

将式（4-16）代入上式得

$$V=\frac{\overline{K}}{2+\overline{K}}\times\frac{12i_c}{h}\varphi=\frac{\overline{K}}{2+\overline{K}}\times\frac{12i_c}{h^2}\delta$$

由此可得柱的侧向刚度 D 为

$$D=\frac{V}{\delta}=\frac{\overline{K}}{2+\overline{K}}\times\frac{12i_c}{h^2}=\alpha_c\frac{12i_c}{h^2}\tag{4-17}$$

$$\alpha_c=\frac{\overline{K}}{2+\overline{K}}\tag{4-18}$$

式中：α_c 为柱的侧向刚度修正系数。

α_c 反映了节点转动降低了柱的侧向刚度，而节点转动的大小则取决于梁对节点转动的约束程度。由式（4-18）可见，$\overline{K}\to\infty$，$\alpha_c\to1$，这表明梁线刚度越大，对节点的约束能力越强，节点转动越小，柱的侧向刚度越大。底层柱的侧向刚度修正系数 α_c 可同理求得。表 4-3 列出了各种情况下的 α_c 值及相应的 $\overline{K}$ 值的计算公式。

表 4-3　柱的侧向刚度修正系数 α_c 及相应的 $\overline{K}$ 值计算公式

位置		边柱		中柱		α_c
		简图	$\overline{K}$	简图	$\overline{K}$	
一般层		i_2, i_c, i_4	$\overline{K}=\frac{i_2+i_4}{2i_c}$	i_1, i_2, i_c, i_3, i_4	$\overline{K}=\frac{i_1+i_2+i_3+i_4}{2i_c}$	$\alpha_c=\frac{\overline{K}}{2+\overline{K}}$
底层	固接	i_2, i_c	$\overline{K}=\frac{i_2}{i_c}$	i_1, i_2, i_c	$\overline{K}=\frac{i_1+i_2}{i_c}$	$\alpha_c=\frac{0.5+\overline{K}}{2+\overline{K}}$
	铰接	i_2, i_c	$\overline{K}=\frac{i_2}{i_c}$	i_1, i_2, i_c	$\overline{K}=\frac{i_1+i_2}{i_c}$	$\alpha_c=\frac{0.5\overline{K}}{1+2\overline{K}}$

2. 柱的反弯点高度 yh

柱的反弯点高度 yh 是指柱中反弯点至柱下端的距离，其中 y 称为反弯点高度比。各个柱的反弯点位置取决于该柱上、下端转角的比值。如果柱上、下端转角相同，反弯点就在柱高的中央；如果柱上、下端转角不同，则反弯点偏向转角较大的一端，即偏向约束刚度较小的一端。影响柱端转角大小的因素有：梁、柱线刚度比，结构总层数及该柱所在的楼层位置，上层与下层梁线刚度比，上、下层层高变化以及作用于框架上的荷载形式等。因此，框架各柱的反弯点高度比 y 可用下式表示：

$$y=y_n+y_1+y_2+y_3\tag{4-19}$$

式中：y_n 为标准反弯点高度比；y_1 为上、下层横梁线刚度变化时反弯点高度比的修正值；y_2、y_3 为上、下层层高变化时反弯点高度比的修正值。

（1）标准反弯点高度比 y_n。y_n 是指规则框架［见图 4-18（a）］的反弯点高度比。在水平荷载作用下，若假定框架横梁的反弯点在跨中，且该点无竖向位移，则图 4-18（a）所示的框架可简化为图 4-18（b），进而可叠合成图 4-18（c）所示的合成框架。合成框架中，柱的线刚度等于原框架同层各柱线刚度之和；由于半梁的线刚度等于原梁线刚度的 2 倍，因此梁的线刚度等于同层梁根数乘以 $4i_b$，其中 i_b为原梁线刚度。

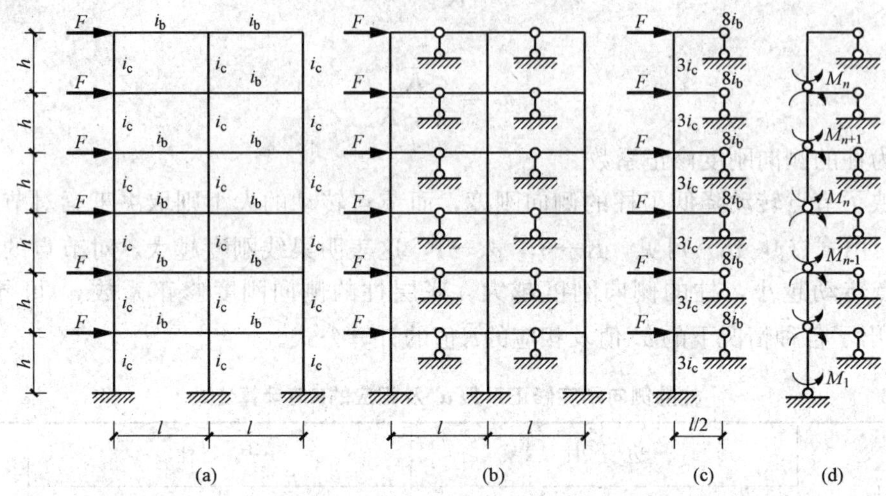

图 4-18 标准反弯点位置简化求解

用力法解图 4-18（c）所示的合成框架内力时，以各柱下端截面的弯矩 M_n作为基本未知量，取基本体系如图 4-18（d）所示。因各层剪力 V_n可用平衡条件求出，是已知量，故求出 M_n，就可按下式确定各层柱的反弯点高度比 y_n：

$$y_n = \frac{M_n}{V_n h} \tag{4-20}$$

按上述方法可确定各种荷载作用下规则框架的标准反弯点高度比。对于承受均布水平荷载、倒三角形分布水平荷载和顶点集中水平荷载作用的规则框架，其第 n 层框架柱的标准反弯点高度比 y_n 主要与梁、柱线刚度比$\overline{K}$，结构总层数 m 以及该柱所在的楼层位置 n 有关。为了便于应用，对上述三种荷载作用下的标准反弯点高度比 y_n 已制成数字表格，见附表 H-1～附表 H-3，计算时可直接查用。应当注意，按附表 H-1～附表 H-3 查取 y_n时，梁、柱线刚度比$\overline{K}$应按表 4-2 所列公式计算。

（2）上、下横梁线刚度变化对反弯点高度的影响 y_1。若与某层柱相连的上、下横梁线刚度不同，则其反弯点位置不同于标准反弯点位置 $y_n h$，其修正值为 $y_1 h$，如图 4-19 所示。y_1的分析方法与 y_n相仿，计算时可由附表 H-4 查取。

由附表 H-4 查 y_1 时，梁、柱线刚度比$\overline{K}$仍按表 4-2 所列公式确定。当 $i_1+i_2<i_3+i_4$ 时，取 $\alpha_1=(i_1+i_2)/(i_3+i_4)$，则由 α_1 和$\overline{K}$从附表 H-4 查出 y_1，这时反弯点应向上移动，y_1取正值，见图 4-19（a）；当 $i_3+i_4<i_1+i_2$ 时，取 $\alpha_1=(i_3+i_4)/(i_1+i_2)$，由 α_1 和$\overline{K}$从附表 H-4 查出 y_1，这时反弯点应向下移动，故 y_1取负值，见图 4-19（b）。

对于底层框架柱，可不考虑修正值 y_1。

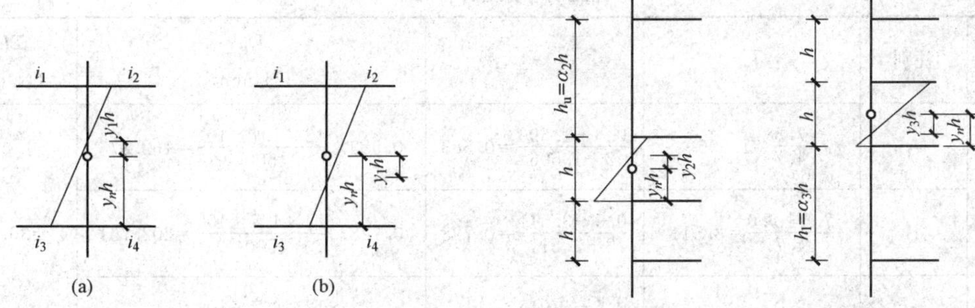

图4-19　梁刚度变化时对反弯点的修正　　图4-20　层高变化时对反弯点的修正

(3) 上、下层层高变化对反弯点高度的影响。当与某柱相邻的上层或下层层高改变时，柱上端或下端的约束刚度发生变化，引起反弯点移动，其修正值为 y_2h 或 y_3h。y_2、y_3 的分析方法也与 y_n 相仿，计算时可由附表H-5查取。

当与某柱相邻的上层层高较大［见图4-20(a)］时，其上端的约束刚度相对较小，所以反弯点向上移动，移动值为 y_2h。令 $\alpha_2=h_u/h>1.0$，则根据 α_2 和 $\overline{K}$ 可由附表H-5查出 y_2，y_2 为正值；当 $\alpha_2<1.0$ 时，y_2 为负值，反弯点向下移动。当与某柱相邻的下层层高变化［见图4-20(b)］时，令 $\alpha_3=h_l/h$，若 $\alpha_3>1.0$，则 y_3 为负值，反弯点向下移动；若 $\alpha_3<1.0$，则 y_3 为正值，反弯点向上移动。

对顶层柱不考虑修正值 y_2，对底层柱不考虑修正值 y_3。

3. *D* 值法计算要点

(1) 按式(4-11)计算框架结构各层层间剪力 V_i。

(2) 按式(4-17)计算各柱的侧向刚度 D_{ij}，然后按式(4-12)求出柱端剪力 V_{ij}。

(3) 按式(4-19)及相应的表格（附表H-1～附表H-5）确定各柱的反弯点高度比 y，并由式(4-14)计算柱端弯矩。

(4) 根据节点的弯矩平衡条件（见图4-16），由式(4-15)计算梁端弯矩。

(5) 根据梁端弯矩计算梁端剪力，再由梁端剪力计算柱轴力。

由上述分析可见，*D* 值法考虑了柱两端节点转动对其侧向刚度和反弯点位置的影响，因此此法是一种合理且计算精度较高的近似计算方法，适用于一般多、高层框架结构在水平荷载作用下的内力和侧移计算。

【例4-1】　图4-21(a)所示为两层两跨框架，图中括号内的数字表示杆件的相对线刚度值（$i/10^8$）。试用 *D* 值法计算该框架结构的内力。

解 (1) 按式(4-11)计算层间剪力：

$$V_2=100\text{kN},\ V_1=100+80=180\text{kN}$$

(2) 按式(4-17)计算各柱的侧向刚度，其中 α_c 和 $\overline{K}$ 按表4-2所列的相应公式计算。计算过程及结果见表4-4。

(3) 根据表4-4所列的 D_{ij} 及 ΣD_{ij} 值，按式(4-12)计算各柱的剪力值 V_{ij}。计算过程及结果见表4-5。

(4) 按式(4-19)确定各柱的反弯点高度比，然后按式(4-14)计算各柱上、下端的弯矩值。计算过程及结果见表4-5。

表 4-4 柱侧向刚度计算表

层次	柱别	$\overline{K}$	α_c	D_{ij} (N/mm)	ΣD_{ij} (N/mm)
1	A	$\frac{7.5}{4.7}=1.596$	$\frac{0.5+1.596}{2+1.596}=0.583$	$0.583\times\frac{12\times4.7\times10^8}{4500^2}=162.376$	536.983
	B	$\frac{7.5+9.0}{4.7}=3.511$	$\frac{0.5+3.511}{2+3.511}=0.728$	$0.728\times\frac{12\times4.7\times10^8}{4500^2}=202.761$	
	C	$\frac{9.0}{4.7}=1.915$	$\frac{0.5+1.915}{2+1.915}=0.617$	$0.617\times\frac{12\times4.7\times10^8}{4500^2}=171.846$	
2	A	$\frac{7.5+7.5}{2\times5.9}=1.271$	$\frac{1.271}{2+1.271}=0.389$	$0.389\times\frac{12\times5.9\times10^8}{3600^2}=212.509$	767.546
	B	$\frac{2\times(7.5+9)}{2\times5.9}=2.797$	$\frac{2.797}{2+2.797}=0.583$	$0.583\times\frac{12\times5.9\times10^8}{3600^2}=318.491$	
	C	$\frac{9.0+9.0}{2\times5.9}=1.525$	$\frac{1.525}{2+1.525}=0.433$	$0.433\times\frac{12\times5.9\times10^8}{3600^2}=236.546$	

表 4-5 柱端剪力及弯矩计算表

层次	柱别	$V_{ij}=\frac{D_{ij}}{\Sigma D_{ij}}V_i$	y	$M_{ij}^{b}=V_{ij}yh$	$M_{ij}^{u}=V_{ij}\ (1-y)\ h$
1	A	$\frac{162.376}{536.983}\times180=54.429$	0.57	$54.429\times0.57\times4.5=139.610$	$54.429\times0.43\times4.5=105.320$
	B	$\frac{202.761}{536.983}\times180=67.967$	0.55	$67.967\times0.55\times4.5=168.218$	$67.967\times0.45\times4.5=137.633$
	C	$\frac{171.846}{536.983}\times180=57.604$	0.55	$57.604\times0.55\times4.5=142.570$	$57.604\times0.45\times4.5=116.648$
2	A	$\frac{212.509}{767.546}\times100=27.687$	0.41	$27.687\times0.41\times3.6=40.866$	$27.687\times0.59\times3.6=58.807$
	B	$\frac{318.491}{767.546}\times100=41.495$	0.45	$41.495\times0.45\times3.6=67.222$	$41.495\times0.55\times3.6=82.160$
	C	$\frac{236.546}{767.546}\times100=30.818$	0.43	$30.818\times0.43\times3.6=47.706$	$30.818\times0.57\times3.6=63.239$

注 表中剪力的量纲为 kN；弯矩的量纲为 kN·m。

根据图 4-21（a）所示的水平力分布，确定 y_n时可近似地按均布荷载考虑；本例中 $y_1=0$；对于第 1 层柱，因 $\alpha_2=3.6/4.5=0.8$，所以 y_2为负值，但由 α_2 及表 4-4 中的相应$\overline{K}$值，查附表 H-5 得 $y_2=0$；对于第 2 层柱，因 $\alpha_3=4.5/3.6=1.25>1.0$，所以 y_3为负值，但由 α_3 及表 4-3 中的相应$\overline{K}$值，查附表 H-5 得 $y_3=0$。由此可知，附表中根据数值大小及其影响，已作了一定简化。

（5）按式（4-15）计算梁端弯矩，再由梁端弯矩计算梁端剪力，最后由梁端剪力计算柱轴力。计算过程及结果见表 4-6。

框架弯矩图见图 4-21（b）。

表 4-6　　**梁端弯矩、剪力及柱轴力计算表**

层次	梁别	M_b^l (kN·m)	M_b^r (kN·m)	V_b (kN)	N_A (kN)	N_B (kN)	N_C (kN)
1	AB	40.866+105.320 =146.186	$\frac{7.5}{7.5+9.0}\times$ (67.222+137.633) =93.116	$-\frac{146.186+93.116}{7.2}$ =−33.236	−（13.354 +33.236） =−46.590	−[（46.016− 33.236）+4.655] =−17.435	18.009+ 46.016 =64.025
	BC	$\frac{9.0}{7.5+9.0}\times$ (67.222+137.633) =111.739	47.706+116.648 =164.354	$-\frac{111.739+164.354}{6.0}$ =−46.016			
2	AB	58.807	$\frac{7.5}{7.5+9.0}\times$ 82.16=37.345	$-\frac{(58.807+37.345)}{7.2}$ =−13.354	−13.354	−(18.009− 13.354) =−4.655	18.009
	BC	$\frac{9.0}{7.5+9.0}\times$ 82.16=44.815	63.239	$-\frac{44.815+63.239}{6.0}$ =−18.009			

注　1　表中梁端弯矩、剪力均以绕梁端截面顺时针方向旋转为正；柱轴力以受压为正。

2　本表中的 M_b^l 及 M_b^r 分别表示同一梁的左端弯矩及右端弯矩。

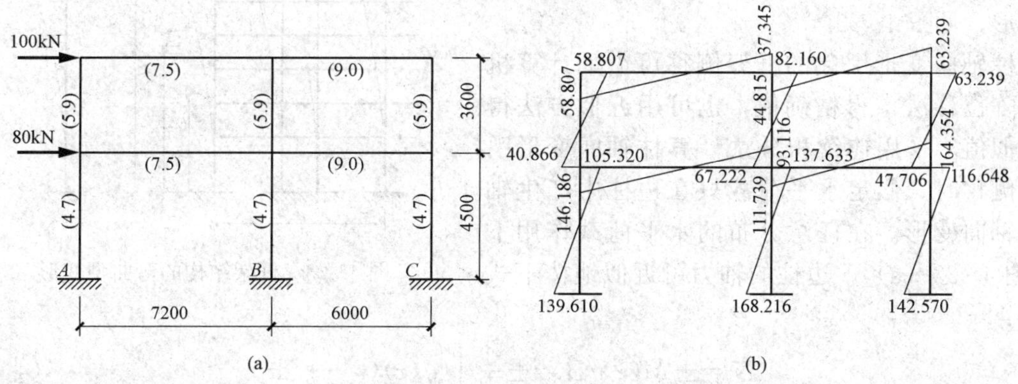

图 4-21　框架及其弯矩图

4.5.4　框架结构侧移计算及限值

水平荷载作用下框架结构的侧移一般由两部分组成：由水平力引起的楼层剪力，使梁、柱构件产生弯曲变形，形成框架结构的整体剪切变形；由水平力引起的倾覆力矩，使框架柱产生轴向变形（一侧柱拉伸，另一侧柱压缩），形成框架结构的整体弯曲变形。当框架结构房屋的层数不多时，其侧移主要表现为整体剪切变形，整体弯曲变形的影响很小。

1. 梁、柱弯曲变形引起的侧移

层间剪力使框架层间的梁、柱产生弯曲变形并引起侧移，其侧移曲线与等截面剪切悬臂柱的剪切变形曲线相似，曲线凹向结构的竖轴，层间相对侧移是下大上小，故这种变形称为框架结构的总体剪切变形，见图 4-22。由于剪切型变形主要表现为层间构件的错动，楼盖仅产生平移，因此可用下述近似方法计算其侧移。

设 V_i 为第 i 层的层间剪力，$\sum_{j=1}^{s} D_{ij}$ 为该层的总侧向刚度，则框架第 i 层的层间相对侧移

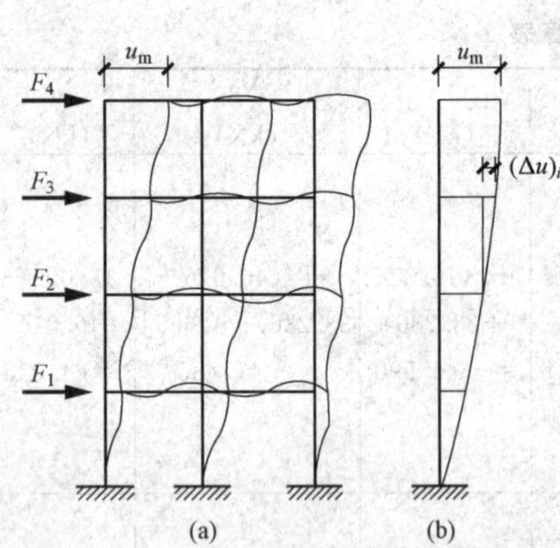

图 4 - 22 框架结构的剪切型变形

$(\Delta u)_i$ 可按下式计算：

$$(\Delta u)_i = V_i / \sum_{j=1}^{s} D_{ij} \tag{4-21}$$

式中：s 为第 i 层的柱总数。

第 i 层楼面标高处的侧移 u_i 为

$$u_i = \sum_{k=1}^{i} (\Delta u)_k \tag{4-22}$$

框架结构的顶点侧移 u_m 为

$$u_m = \sum_{k=1}^{m} (\Delta u)_k \tag{4-23}$$

式中：m 为框架结构的总层数。

2. 柱轴向变形引起的侧移

倾覆力矩使框架结构一侧的柱产生轴向拉力并伸长，另一侧的柱产生轴向压力并缩短，从而引起侧移。这种侧移曲线凸向结构竖轴，其层间相对侧移下小上大，与等截面悬臂柱的弯曲变形曲线相似，故称为框架结构的总体弯曲变形，见图 4 - 23。

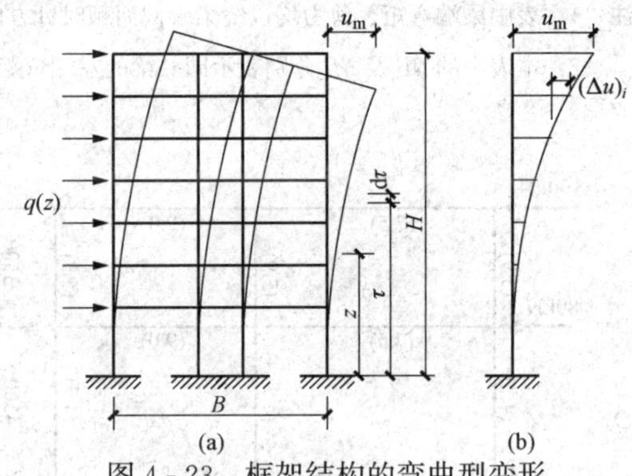

图 4 - 23 框架结构的弯曲型变形

柱轴向变形引起的框架侧移可借助计算机用矩阵位移法求得精确值，也可用近似方法得到近似值。采用连续积分法计算柱轴向变形引起的侧移时，假定水平荷载只在边柱中产生轴力及轴向变形。在任意分布的水平荷载作用下[见图 4 - 23（a）]，边柱的轴力可近似地按下式计算：

$$N = \pm M(z)/B = \pm \frac{1}{B}\int_{Z}^{H} q(\tau)(\tau - z)\mathrm{d}\tau \tag{4-24}$$

式中：$M(z)$ 为水平荷载在 z 高度处产生的倾覆力矩；B 为外柱轴线间的距离；H 为结构总高度。

假定柱轴向刚度由结构底部的 $(EA)_b$ 线性地变化到顶部的 $(EA)_t$，并采用图 4 - 26（a）所示坐标系，则由几何关系可得 z 高度处的轴向刚度 EA 为

$$EA = (EA)_b\left(1 - \frac{b}{H}z\right) \tag{4-25}$$

$$b = 1 - (EA)_t / (EA)_b \tag{4-26}$$

采用单位荷载法可求得结构顶点侧移 u_m 为

$$u_m = 2\int_0^H \frac{\overline{N}N}{EA}\mathrm{d}z \tag{4-27}$$

式中：$\overline{N}$ 为在框架结构顶点作用单位水平力时，在 z 高度处产生的柱轴力。

对于不同形式的水平荷载，经积分运算后，可将结构顶点位移 u_m 写成统一公式：

$$u_m = \frac{V_0 H^3}{B^2 (EA)_b} F(b) \tag{4-28}$$

式中：V_0 为结构底部的总剪力；$F(b)$ 为与 b 有关的函数。

可见，房屋高度 H 越大，房屋宽度 B 越小，则柱轴向变形引起的侧移越大。因此，当房屋高度较大或高宽比（H/B）较大时，宜考虑柱轴向变形对框架结构侧移的影响。

4.5.5　弹性层间位移角限值

在水平荷载作用下，若框架结构的侧移过大，将影响正常使用；若侧移过小，则不满足经济性要求。我国规范规定，按弹性方法计算得到的楼层层间最大位移 Δu 与层高之比不宜超过其限值，即

$$\Delta u/h \leqslant [\theta_e] \tag{4-29}$$

式中：h 为层高；$[\theta_e]$ 为层间位移角限值，对框架结构取 1/550。

框架结构层间位移角限值 $[\theta_e]$ 主要根据以下两条原则并综合考虑其他因素确定：

（1）保证主体结构基本处于弹性受力状态，即避免混凝土墙、柱构件出现裂缝，同时将混凝土梁等楼面构件的裂缝数量、宽度和高度限制在规范允许范围之内。

（2）保证填充墙、隔墙和幕墙等非结构构件的完好，避免产生明显损伤。

如果层间位移角限值不满足，说明框架结构的刚度偏小，可采取增大构件截面尺寸或提高混凝土强度等级等措施进行调整。

4.5.6　框架结构侧移二阶效应的计算

JGJ 3—2010 规定，在水平荷载作用下，当框架结构满足下式规定时，可不考虑重力二阶效应的不利影响：

$$D_i \geqslant 20\sum_{j=i}^{n} G_j/h_i \quad (i = 1,2,\cdots,n) \tag{4-30}$$

式中：D_i 为第 i 楼层的弹性等效侧向刚度，可取该层剪力与层间位移的比值；h_i 为第 i 楼层层高；G_j 为第 j 楼层重力荷载设计值；n 为结构计算总层数。

根据 GB 50010—2010 的规定，对于框架结构，当采用增大系数法近似计算结构因侧移产生的二阶效应（P-Δ 效应）时，应对未考虑 P-Δ 效应的一阶弹性分析所得的柱端和梁端弯矩以及层间位移分别按下式乘以增大系数 η_s：

$$M = M_{ns} + \eta_s M_s \tag{4-31}$$

$$u = \eta_s u_1 \tag{4-32}$$

式中：M_s 为引起结构侧移的荷载或作用所产生的一阶弹性分析构件端弯矩设计值；M_{ns} 为不引起结构侧移荷载产生的一阶弹性分析构件端弯矩设计值；u_1 为一阶弹性分析的层间位移；η_s 为 $P-\Delta$ 效应增大系数，其中梁端 η_s 取为相应节点处上、下柱端或上、下墙肢端 η_s 的平均值。

在框架结构中，所计算楼层各柱的 η_s 可按下式计算：

$$\eta_s = \frac{1}{1-\dfrac{\sum N_j}{DH_0}} \tag{4-33}$$

式中：D 为所计算楼层的侧向刚度，计算框架结构构件弯矩增大系数时，对梁、柱的截面弹性抗弯刚度 E_cI 应分别乘以折减系数 0.4、0.6，当计算各结构中位移的增大系数 η_s 时，不对刚度进行折减；N_j 为所计算楼层第 j 列柱轴力设计值；H_0 为所计算楼层的层高。

4.6 荷载效应组合和构件设计

4.6.1 荷载效应组合

框架结构在恒载、楼面活荷载、屋面活荷载和风荷载作用下的内力分别按前面两节所述的方法求出后，需要进行荷载效应组合，才能求得框架梁、柱构件各控制截面的最不利内力。框架结构每一个梁、柱构件均有许多截面，荷载效应组合只需在每个构件的几个主要截面进行。这几个主要截面的内力求出后，按此内力进行构件的配筋，便可以保证此构件有足够的可靠度。这些主要截面称为构件的控制截面。

1. 控制截面及最不利内力

构件内力一般沿其长度变化。为了便于施工，构件配筋通常不完全与内力一样变化，而是分段配筋。设计时可根据内力图的变化特点，选取内为较大或截面尺寸改变处的截面作为控制截面，并按控制截面内力进行配筋计算。

框架梁的控制截面一般有三个：两端支座截面和跨中截面。竖向荷载作用下梁支座截面是最大负弯矩和最大剪力作用的截面，水平荷载作用下还可能出现正弯矩。因此，梁支座截面处的最不利内力有最大负弯矩（$-M_{max}$）、最大正弯矩（$+M_{max}$）和最大剪力（V_{max}）；跨中截面的最不利内力一般是最大正弯矩（$+M_{max}$），有时可能出现最大负弯矩（$-M_{max}$）。

框架柱的控制截面一般有两个，即柱顶截面和柱底截面。在竖向及水平荷载作用下，框架柱的最大弯矩均出现在柱端，而剪力和轴力在同一层柱内通常无变化或变化很小。此外，由于柱属于偏心受力构件，随着截面上所作用的弯矩和轴力的不同组合，构件可能发生不同形态的破坏，故组合的不利内力类型有若干组。对于同一柱端截面可能出现的正弯矩或负弯矩组合，由于框架柱一般采用对称配筋，因此只需选择绝对值最大的弯矩即可。综上所述，框架柱控制截面最不利内力组合一般有以下几种：

(1) $|M|_{max}$及相应的N和V。

(2) N_{max}及相应的M和V。

(3) N_{min}及相应的M和V。

(4) $|V|_{max}$及相应的N。

这四组内力组合的前三组用来计算柱正截面受压承载力，以确定纵向受力钢筋的数量；第四组用以计算斜截面受剪承载力，以确定箍筋的数量。

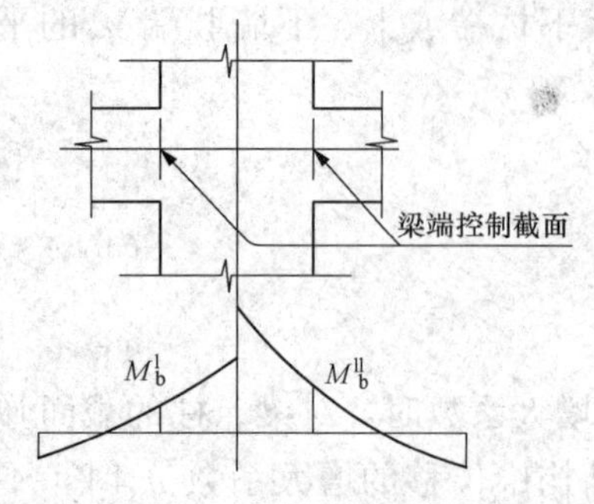

图 4-24 梁端的控制截面

需要指出的是，由结构分析所得内力是构件轴线处的内力值，而梁支座截面的最不利位置是柱边缘处，如图 4-24 所示。此外，不同荷载作用下构件内力的变化规律也不同。因此，内力组合前应由各种荷载作用下柱轴线处梁的弯矩值计算出柱边缘处的弯矩值，然后进行内力组合。

2. 楼面活荷载的不利布置

楼面活荷载是随机作用的竖向荷载，对于框架房屋某层的某跨梁来说，它有时作用，有时不作用。如第 2 章所述，对于连续梁，应通过活荷载的不利布置确定其控制截面的最不利内力（弯矩或剪力）。对于多、高层框架结构，同样存在楼面活荷载的不利布置问题，且更为复杂。一般来说，活荷载的最不利布置需要根据截面位置及最不利内力种类分别确定。

考虑活荷载最不利布置的方法有：分跨计算组合法、最不利荷载位置法、分层组合法和满布荷载法等。例如，分层分跨组合法是将楼面活荷载逐层逐跨单独作用在框架结构上，分别计算出结构的内力，然后对结构中各个控制截面上的不同内力按照不利与可能的原则进行挑选与叠加，得到控制截面的最不利内力。这种方法的计算过程简单，但工作量很大，适用于计算机求解。

研究分析表明，在混凝土框架结构中，由恒载和楼面活荷载引起的单位面积重力荷载为12～14kN/m²，其中活荷载部分为2～3kN/m²，只占全部重力荷载的15%～20%。当活荷载产生的内力远小于恒载及水平荷载所产生的内力时，可不考虑活荷载的最不利布置，而把活荷载同时作用于所有的框架梁上。按满布荷载计算得到的梁跨中截面弯矩比精确计算结果要小，因此对梁跨中弯矩应乘以1.1～1.3的放大系数。但是，当楼面活荷载大于4kN/m²时，应考虑楼面活荷载不利布置引起的梁弯矩的增大。

恒载是长期作用于结构上的荷载，结构内力分析时，应按荷载的实际分布计算其效应。风荷载和水平地震作用应考虑正、反两个方向的作用。如果结构对称，这两种作用的效应均为反对称，只需要一次内力计算，内力改变符号即可。

3. *荷载效应组合*

由于框架结构的侧移主要是由水平荷载引起的，通常不考虑竖向荷载对侧移的影响，因此荷载效应组合实际上是指内力组合。内力组合时，既要分别考虑各种荷载单独作用时的不利分布情况，又要综合考虑它们同时作用的可能性。

持久设计状况和短暂设计状况下，当荷载和荷载效应按线性关系考虑时，荷载基本组合的效应设计值应按下式确定：

$$S=\gamma_G S_{Gk}+\gamma_L\psi_Q\gamma_Q S_{Qk}+\psi_w\gamma_w S_{wk} \tag{4-34}$$

式中：S为荷载组合的效应设计值；γ_G为永久荷载分项系数，当其效应对结构不利时，对由可变荷载效应控制的组合应取1.2，对由永久荷载效应控制的组合应取1.35，当其效应对结构有利时应取1.0；γ_Q为楼面活荷载分项系数，一般情况下应取1.4；γ_w为风荷载分顶系数，应取1.4；γ_L为考虑结构设计使用年限的荷载调整系数，设计使用年限为50年时取1.0，设计使用年限为100年时取1.1；S_{Gk}为永久荷载效应标准值；S_{Qk}为楼面活荷载效应标准值；S_{wk}为风荷载效应标准值；ψ_Q、ψ_w为分别为楼面活荷载组合值系数和风荷载组合值系数，当永久荷载效应起控制作用时应分别取0.7和0.0，当可变荷载效应起控制作用时应分别取1.0和0.6或0.7和1.0。

由式（4-34）一般可以做出以下几种组合：

（1）当永久荷载效应起控制作用（γ_G取1.35）时，仅考虑楼面活荷载效应参与组合，ψ_Q一般取0.7，风荷载效应不参与组合（ψ_w取0.0），即

$$S=1.35S_{Gk}+\gamma_L\times0.7\times1.4S_{Qk} \tag{4-35}$$

（2）当可变荷载效应起控制作用（γ_G取1.2或1.0），而风荷载作为主要可变荷载、楼面活荷载作为次要可变荷载时，ψ_w取1.0，ψ_Q取0.7，即

$$S=1.2S_{Gk}\pm1.0\times1.4S_{Wk}+\gamma_L\times0.7\times1.4S_{Qk} \tag{4-36}$$

$$S = 1.0S_{Gk} \pm 1.0 \times 1.4S_{Wk} + \gamma_L \times 0.7 \times 1.4S_{Qk} \quad (4-37)$$

（3）当可变荷载效应起控制作用（γ_G取 1.2 或 1.0），而楼面活荷载作为主要可变荷载、风荷载作为次要可变荷载时，ψ_Q取 1.0，ψ_w取 0.6，即

$$S = 1.2S_{Gk} + \gamma_L \times 1.0 \times 1.4S_{Qk} \pm 0.6 \times 1.4S_{Wk} \quad (4-38)$$

$$S = 1.0S_{Gk} + \gamma_L \times 1.0 \times 1.4S_{Qk} \pm 0.6 \times 1.4S_{Wk} \quad (4-39)$$

应当注意，式（4-34）～式（4-39）中，对于书库、档案库、储藏室、通风机房和电梯机房等楼面活荷载较大且相对固定的情况，其楼面活荷载组合值系数应由 0.7 改为 0.9。

4.6.2 构件设计

1. 框架梁

内力组合之后，应按受弯构件对框架梁进行正截面受弯承载力计算，得到所需纵筋数量，并按斜截面受剪承载力计算所需箍筋数量。

按照框架结构的合理破坏形式，在梁端出现塑性铰是允许的，且为了浇捣混凝土，避免梁支座处负钢筋过分拥挤，可以考虑对竖向荷载作用下的梁端负弯矩进行调幅，即人为地减小梁端负弯矩，减少节点附近梁顶面的配筋量。对于现浇框架梁，梁端负弯矩调幅系数可取 0.8～0.9；对于装配整体式框架梁，由于梁、柱节点处钢筋焊接、锚固、接缝不密实等原因，受力后节点各杆件产生相对角变，其节点的整体性不如现浇框架，故其梁端负弯矩调幅系数可取 0.7～0.8。

对框架梁端截面负弯矩进行调幅后，梁跨中截面弯矩应按平衡条件相应增大。截面设计时，框架梁跨中截面正弯矩设计值不应小于竖向荷载作用下按简支梁计算的跨中截面弯矩设计值的 50%。

需要说明的是，应先对竖向荷载作用下的框架梁弯矩进行调幅，再与水平荷载产生的框架梁弯矩进行内力组合。

2. 框架柱

框架柱一般为偏心受压构件，通常采用对称配筋。柱中纵筋数量应按偏心受压构件的正截面受压承载力计算确定；箍筋数量应按偏心受压构件的斜截面受剪承载力计算确定。下面对框架柱截面设计中的两个问题作补充说明。

（1）柱截面最不利内力的选取。经内力组合后，每根柱上、下两端组合的内力设计值通常有 6～8 组，应从中挑选出一组最不利内力进行截面配筋计算。但是，由于 M 与 N 的相互影响，很难找出哪一组为最不利内力。此时可根据偏心受压构件的判别条件，将这几组内力分为大偏心受压组和小偏心受压组。对于大偏心受压组，按照“弯矩相差不多时，轴力越小越不利；轴力相差不多时，弯矩越大越不利”的原则进行比较，选出最不利内力。对于小偏心受压组，按照“弯矩相差不多时，轴力越大越不利；轴力相差不多时，弯矩越大越不利”的原则进行比较，选出最不利内力。

（2）框架柱的计算长度 l_0。框架柱的计算长度 l_0 主要用于计算轴心受压框架柱稳定系数 φ 和偏心受压构件裂缝宽度的偏心距增大系数。一般多层房屋中梁、柱为刚接的框架结构，各层柱的计算长度 l_0 可按表 4-7 取用。

表 4-7　框架结构各层柱的计算长度 l_0

楼盖类型	柱的类别	l_0
现浇楼盖	底　层　柱	1.0H
	其余各层柱	1.25H
装配式楼盖	底　层　柱	1.25H
	其余各层柱	1.5H

表 4-7 中的 H 为柱的高度，对于底层柱为从基础顶面到一层楼盖顶面的高度；对于其余各层柱为上、下两层楼盖顶面之间的距离。

4.7　框架结构的构造要求

4.7.1　框架梁

1. 梁的纵向钢筋

梁纵向受拉钢筋的数量除按计算确定外，还必须考虑温度、收缩应力所需要的钢筋数量，以防止梁发生脆性破坏和控制裂缝宽度。纵向受拉钢筋的最小配筋百分率 ρ_{min}（%）不应小于 0.2 和 $45f_t/f_y$ 二者中的较大值。同时为防止超筋梁，当不考虑受压钢筋时，纵向受拉钢筋的最大配筋率不应超过 $\rho_{max}=\xi_b\alpha_1 f_c/f_y$。

沿梁全长顶面和底面应至少各配置两根纵向钢筋，钢筋的直径不应小于 12mm。框架梁的纵向钢筋不应与箍筋、拉筋及预埋件等焊接。

2. 梁的箍筋

应沿框架梁全长设置箍筋，第一个箍筋应设置在距支座边缘 50mm 处。箍筋的直径、间距及配筋率等要求与一般梁的相同。

在框架梁上开洞时，洞口位置宜位于梁跨中 1/3 区段，洞口高度不应大于梁高的 40%；开洞较大时应进行承载力验算。梁上洞口周边应配置附加纵向钢筋和箍筋，并应符合计算及构造要求。

4.7.2　框架柱

1. 柱的纵向钢筋

框架结构受到的水平荷载可能来自正反两个方向，故柱的纵向钢筋宜采用对称配筋。

为了改善框架柱的延性，使柱的屈服弯矩大于其开裂弯矩，保证柱屈服时具有较大的变形能力，要求柱全部纵向钢筋的配筋率不应小于 0.5%，且柱截面每一侧纵向钢筋的配筋率不应小于 0.2%。当混凝土强度等级大于 C60 时，柱全部纵向钢筋的配筋率不应小于 0.6%；当采用 335MPs、400MPs 级钢筋时，柱全部纵向钢筋的配筋率不应小于 0.6%、0.55%。同时，柱全部纵向钢筋的配筋率不宜大于 5%、不应大于 6%。

柱纵向钢筋的间距不宜大于 300mm，净距不应小于 50mm。柱的纵向钢筋不应与箍筋、拉筋及预埋件等焊接。

2. 柱的箍筋

柱内箍筋形式常用的有普通箍筋和复合箍筋两种［见图 4-25（a）、（b）］，当柱每边纵筋多于 3 根时，应设置复合箍筋。周边箍筋应为封闭式。当柱为圆形截面或柱承受的轴向压力较大而其截面尺寸受到限制时，可采用螺旋箍、复合螺旋箍或连续复合螺旋箍，如图 4 - 25（c）、（d）、（e）所示。

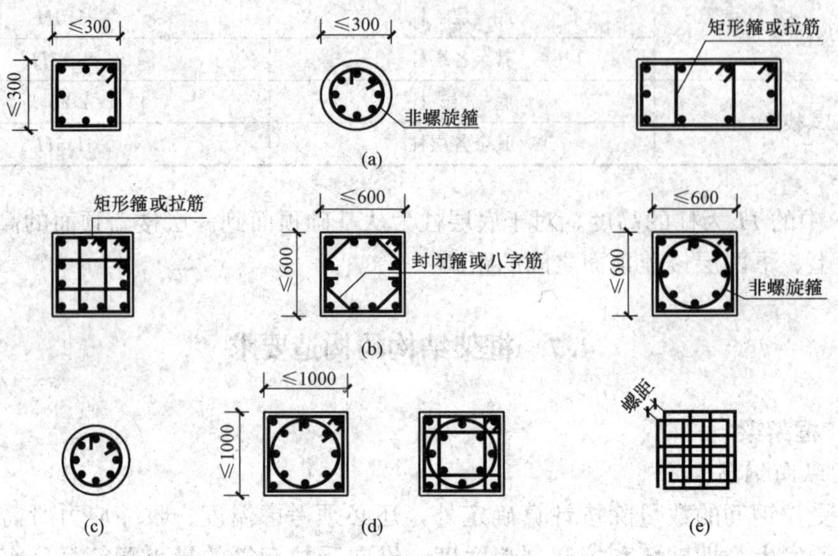

图 4 - 25 柱箍筋形式示例

（a）普通箍；（b）复合箍；（c）螺旋箍；（d）复合螺旋箍；（e）连续复合螺旋箍

柱箍筋间距不应大于 400mm，且不应大于构件截面的短边尺寸和最小纵向受力钢筋直径的 15 倍；箍筋直径不应小于最大纵向钢筋直径的 1/4，且不应小于 6mm。当柱中全部纵向受力钢筋的配筋率超过 3%时，箍筋直径不应小于 8mm，间距不应大于最小纵向钢筋直径的 10 倍，且不应大于 200mm。箍筋末端应做成 135°弯钩，且弯钩末端平直段长度不应小于箍筋直径的 10 倍。

柱内纵向钢筋采用搭接时，搭接长度范围内的箍筋直径不应小于搭接钢筋较大直径的 1/4；在纵向受拉钢筋搭接长度范围内的箍筋间距不应大于搭接钢筋较小直径的 5 倍，且不应大于 100mm；在纵向受压钢筋搭接长度范围内的箍筋间距不应大于搭接钢筋直径的 10 倍，且不应大于 200mm。当受压钢筋直径大于 25mm 时，还应在搭接接头端面外 100mm 范围内各设两道箍筋。

柱箍筋的配筋形式，应考虑浇筑混凝土的工艺要求，在柱截面中心部位应留出浇筑混凝土所用导管的空间。

4.7.3 梁、柱节点

梁、柱节点是框架结构的受力关键部位，处于剪压复合受力状态。为保证节点具有足够的受剪承载力，防止节点产生剪切脆性破坏，必须在节点内配置足够数量的水平箍筋。节点内的箍筋除应符合上述框架柱箍筋的构造要求外，其箍筋间距不宜大于 250mm；对四边有梁与之相连的节点，可仅沿节点周边设置矩形箍筋。

4.7.4 钢筋连接和锚固

以下仅对框架梁、柱的纵向钢筋在框架节点区的锚固和搭接问题作简要说明。

框架梁、柱的纵向钢筋在框架节点区的锚固和搭接应符合下列要求（见图 4 - 26）：

（1）顶层中节点柱纵向钢筋和边节点柱内侧纵向钢筋应伸至柱顶；当从梁底边计算的直

线锚固长度不小于 l_a（l_a为受拉钢筋的锚固长度）时，可不必水平弯折，否则应向柱内或梁、板内水平弯折，当充分利用柱纵向钢筋的抗拉强度时，其锚固段弯折前的竖向投影长度不应小于 $0.5l_{ab}$（l_{ab}为受拉钢筋的基本锚固长度），弯折后的水平投影长度不宜小于 12 倍的柱纵向钢筋直径。

（2）顶层端节点处，在梁宽范围以内的柱外侧纵向钢筋可与梁上部纵向钢筋搭接，搭接长度不应小于 $1.5l_a$；在梁宽范围以外的柱外侧纵向钢筋可伸入现浇板内，其伸入长度与伸入梁内的相同。当柱外侧纵向钢筋的配筋率大于 1.2%时，伸入梁内的柱纵向钢筋宜分两批截断，其截断点之间的距离不宜小于 20 倍的柱纵向钢筋直径。

（3）梁上部纵向钢筋伸入端节点的锚固长度，直线锚固时不应小于 l_a，且伸过柱中心线的长度不宜小于 5 倍的梁纵向钢筋直径；当柱截面尺寸不足时，梁上部纵向钢筋应伸至节点对边并向下弯折，弯折水平段的投影长度不应小于 $0.4l_{ab}$，弯折后竖直投影长度不应小于 15 倍的纵向钢筋直径。

（4）当计算中不利用梁下部纵向钢筋的强度时，其伸入节点内的锚固长度应取不小于 12 倍的梁纵向钢筋直径。当计算中充分利用梁下部钢筋的抗拉强度时，梁下部纵向钢筋可采用直线方式或向上 90°弯折方式锚固于节点内，直线锚固时的锚固长度不应小于 l_a；弯折锚固时，弯折水平段的投影长度不应小于 $0.4l_{ab}$，弯折后竖直投影长度不应小于 15 倍的纵向钢筋直径。

另外，梁支座截面上部纵向受拉钢筋应向跨中延伸至（1/4～1/3）l_n（l_n为梁的净跨）处，并与跨中的架立筋（不少于 2 Φ 12）搭接，搭接长度可取 150mm，如图 4-26 所示。

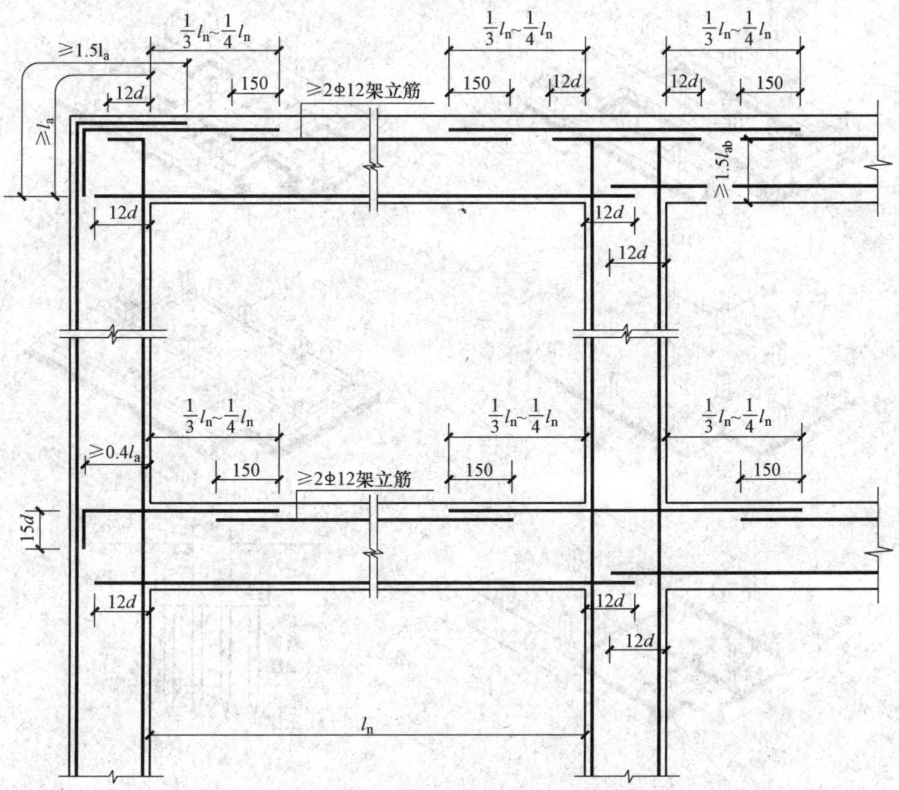

图 4-26　框架梁、柱纵向钢筋在节点区的锚固要求

4.8 多层框架结构基础

4.8.1 基础的类型及其选择

多层框架结构的基础一般有柱下独立基础、条形基础、十字交叉条形基础、筏形基础，必要时也可采用箱形基础和桩基础等，如图 4-27 所示。设计时应根据现场的工程地质和水文地质条件、上部结构的层数和荷载大小、上部结构对地基土不均匀沉降以及倾斜的敏感程度、施工条件等因素，合理选择基础的形式。

当上部结构荷载较小或地基土坚实、均匀且柱距较大时，可选用柱下独立基础，其计算与构造要求已在第 3 章作了介绍。

当采用独立基础会造成基础之间比较靠近甚至基础底面积互相重叠时，可将基础在一个方向或两个相互垂直的方向连接起来，形成条形基础［见图 4-27（a）］或十字交叉条形基础［见图 4-27（b）］。当上部结构的荷载及地基都比较均匀时，条形基础一般沿房屋纵向布置；但若上部结构的荷载沿横向分布不均匀或沿房屋横向地基土性质差别较大时，也可沿横向布置。为了增强基础的整体性，一般在垂直于条形基础的另一个方向每隔一定距离设置拉梁，将条形基础连为整体。十字交叉条形基础将上部结构在纵、横两个方向都较好地联系起来，这种基础的整体性比单向条形基础好，适用于上部结构的荷载分布在纵、横两个方向都很不均匀或地基土不均匀的房屋。

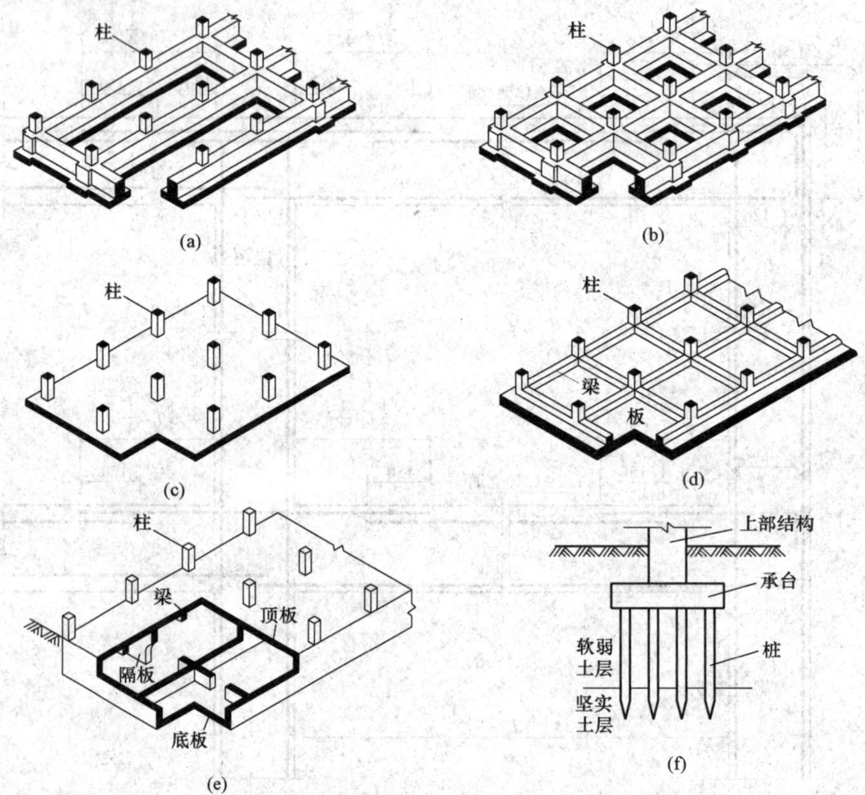

图 4-27 基础类型

当采用十字交叉条形基础会造成基础的底面积几乎覆盖甚至超过建筑物的全部底面积时，可将建筑物下的全部基础连为整体而形成筏形基础，如图4-27（c）、（d）所示。筏形基础可以做成平板式或肋梁式。平板式筏形基础［见图4-27（c）］是一块等厚度的钢筋混凝土平板，其厚度通常在1～3m之间，故混凝土用量较大，但施工方便、快捷。肋梁式筏形基础［见图4-27（d）］的底板较薄，但在底板上沿纵、横柱列布置有肋梁，以增强底板的刚度，改善底板的受力性能。优点是可节约混凝土用量，但施工较复杂。

当上部结构传来的荷载很大，需进一步增大基础刚度以减小不均匀沉降时，可采用箱形基础，见图4-27（e）。这种基础由钢筋混凝土底板、顶板和纵横交错的隔墙组成，其整体刚度很大，可使建筑物的不均匀沉降大大减小。箱形基础还可以作为人防、设备层以及贮藏室使用。由于这种基础不需回填土，因此相应地提高了地基的有效承载力。

当地基土质太差，或上部结构的荷载较大以及上部结构对地基不均匀沉降很敏感时，可采用桩基础。桩基础由承台和桩两部分组成，见图4-27（f）。承台作为上部结构与桩基之间的连接部件，其作用与基础类似。桩基础的承载力高、稳定性好，但造价较高。

本章仅介绍柱下条形基础的设计要点。

4.8.2　柱下条形基础设计

1. 基本构造

柱下条形基础的构造如图4-28所示，其横截面一般成倒T形，下部伸出部分称为翼板，中间部分称为肋梁。其构造要求如下：

（1）柱下条形基础梁的高度h宜为柱距的1/8～1/4；翼板宽度b_f应按地基承载力计算确定。

（2）翼板厚度h_f不应小于200mm，当h_f＞250mm时，宜采用变厚度翼板，其坡度宜小于或等于1∶3。当柱荷载较大时，可在柱位处加腋，如图4-28（a）所示。

（3）条形基础的端部宜向外伸出，其长度宜为第一跨距的0.25～0.3倍。

（4）现浇柱与条形基础梁的交接处，基础梁的平面尺寸应大于柱的平面尺寸，且柱的边缘至基础梁边缘的距离不应小于50mm，如图4-28（c）所示。

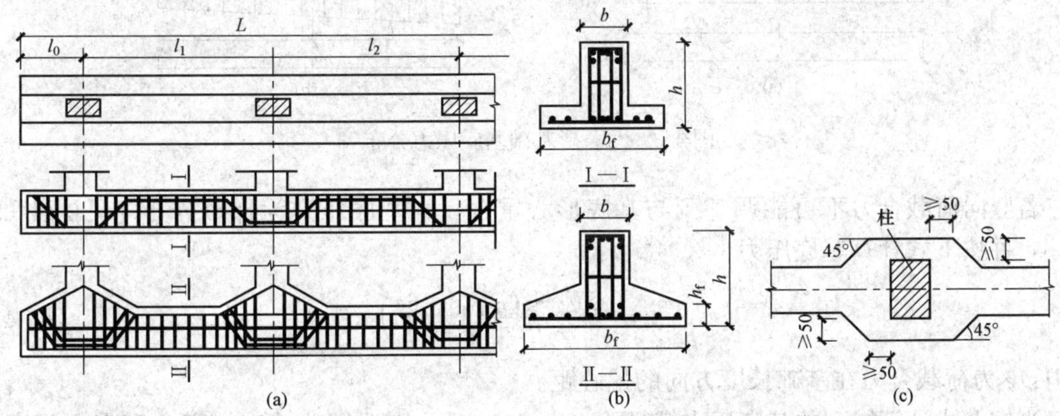

图4-28　柱下条形基础的尺寸和构造

2. 基础底面积的确定

基础底面积应按地基承载力计算确定，即基础底面的压力应符合下列要求：

$$p_k \leqslant f_a \tag{4-40a}$$

$$p_{kmax} \leqslant 1.2 f_a \tag{4-40b}$$

式中：p_k为相应于荷载效应标准组合时，基础底面处的平均压力值，kPa；p_{kmax}为相应于荷载效应标准组合时，基础底面边缘的最大压力值，kPa；f_a 为修正后的地基承载力特征值，kPa。

按上式验算地基承载力时，须计算基底压力 p_k和 p_{kmax}。为此，应先确定基底压力的分布。基底压力的分布除与地基的因素有关外，实际上还受基础刚度及上部结构刚度的制约。《建筑地基基础设计规范》（GB 50007—2011）规定：在比较均匀的地基上，上部结构刚度较好，荷载分布较均匀，且条形基础梁的高度不小于 1/6 柱距时，基底压力可按直线分布，条形基础梁的内力可按连续梁计算，此时边跨跨中弯矩及第一内支座的弯矩值宜乘以 1.2 的系数。当不满足上述要求时，宜按弹性地基梁计算。下面仅说明基底压力为直线分布时，p_k和 p_{kmax}的确定方法。

当基底压力为直线分布时，条形基础可看作长度为 L、宽度为 b_f的刚性矩形基础，并可采用倒梁法计算其基底压力和截面内力。确定基础底面尺寸和基底压力时，可先尝试调整基础两端的悬臂长度，使荷载合力的重心与基础底面形心重合，则此时基底压力为均匀分布［见图 4-29（a）］，并按下式计算基底压力：

$$p_k = \frac{\Sigma F_k + G_k}{b_f L} \tag{4-41}$$

式中：ΣF_k 为相应于荷载效应标准组合时，上部结构传至基础顶面的竖向力总和；G_k为基础自重和基础上的土重。

当按式（4-41）计算得到的基底压力满足式（4-36）时，则选用的基础长度 L 和翼板宽度 b_f即为最终设计值。

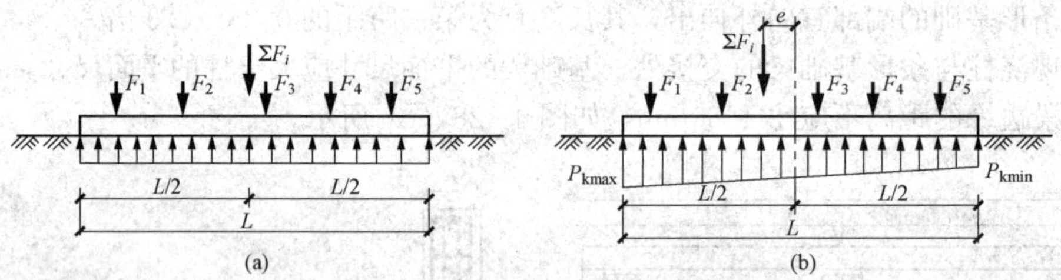

图 4-29　条形基础基底压力分布

若竖向荷载合力不可能调整到与基底形心重合，则基底压力为梯形分布［见图 4-29（b）］，并按下式计算基底压力：

$$\left.\begin{matrix} p_{kmax} \\ p_{kmin} \end{matrix}\right\} = \frac{\Sigma F_k + G_k}{b_f L}\left(1 \pm \frac{6e}{L}\right) \tag{4-42}$$

式中：e 为荷载合力在基础长度方向的偏心距。

当按上式计算得到的基底压力满足式（4-36）时，则选用的基础长度 L 和翼板宽度 b_f即为最终设计值。

在实际计算时，可先按式（4-41）求出 L 和 b_f，并将 b_f乘以 1.2～1.4；然后代入式（4-42）计算基底压力，并须满足式（4-40），其中 $p_k = (p_{kmax} + p_{kmin})/2$。若不满足要求，则可调整 b_f，直到满足为止。

3. 基础内力分析

如前所述，当基底压力为直线分布时，可采用倒梁法计算条形基础梁的内力。倒梁法以柱子作为支座，地基净反力 p_n 以及除柱的竖向集中力以外的各种作用（包括局部荷载 q、柱传来的力矩 M 等）作为荷载，将基础梁视作倒置的多跨连续梁来计算各控制截面的内力。其计算简图如图 4-30（a）所示。

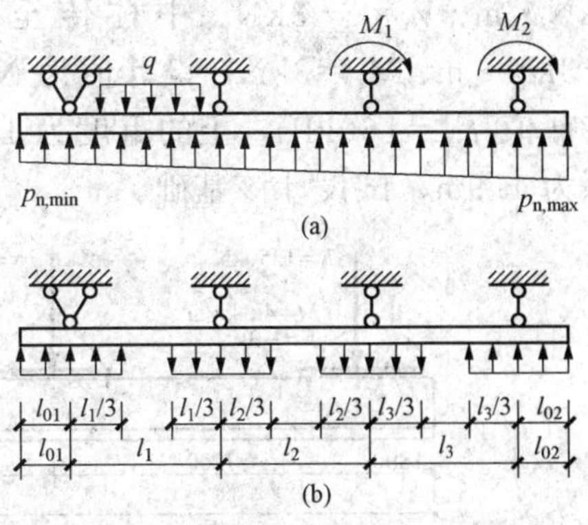

图 4-30　倒梁法计算简图

用倒梁法计算所得的支座反力一般不等于上部柱传来的竖向荷载。这个差异主要是由于未考虑基础梁挠度与地基变形协调条件而造成的。为了解决这个问题，实践中提出了反力的局部调整法，即将支座反力与柱竖向荷载的差值（正或负的）均匀分布在相应支座两侧各 1/3 跨度范围内［见图 4-30（b)］，作为地基反力的调整值，然后再进行一次连续梁的内力计算，并与第一次的计算结果叠加。如果调整一次后的结果仍不满意，可进行多次调整，直到支座反力接近柱荷载为止。调整后的基底反力呈台阶形分布。

需要说明的是，地基反力的分布图形对条形基础的内力影响很大。如果实际情况不满足线性分布的条件，特别是地基土的压缩性明显不均匀时，应采用其他更为精确的方法进行分析。

4. 配筋计算与构造

条形基础配筋包括肋梁和翼板两部分。肋梁中的纵向受力钢筋宜采用 HRB400、HRB335 级；翼板中的受力钢筋宜采用 HRB335 级或 HPB300 级。箍筋可采用 HPB300 级。混凝土强度等级不应低于 C20。

肋梁应进行正截面受弯承载力计算。取跨中截面弯矩按 T 形截面计算梁顶部的纵向受力钢筋，将计算配筋全部贯通，或部分纵筋弯下以承担支座截面的负弯矩；取支座截面弯矩按矩形截面计算梁底部的纵向受力钢筋，并将不少于 1/3 底部受力钢筋总截面面积的钢筋通长布置，其余钢筋可在适当部位切断。纵向受力钢筋的直径不应小于 12mm，配筋率不应小于 0.2%和 $0.45f_t/f_y$ 中的较大值。当梁的腹板高度 h_w($h_w=h_0-h_f$，h_f 为翼板厚度，h_0 为梁截面有效高度)≥450mm 时，在梁的两个侧面应沿高度配置纵向构造钢筋，每侧纵向构造钢筋（不包括梁上、下部受力钢筋及架立钢筋）的截面面积不应小于腹板截面面积 bh_w 的 0.1%，其间距不宜大于 200mm。

肋梁还应进行斜截面受剪承载力计算。根据支座截面处的剪力设计值计算所需要的箍筋和弯筋数量。由于基础梁截面较大，因此通常需采用四肢箍筋，箍筋直径不宜小于 8mm，间距不应大于 15 倍的纵向受力钢筋直径，也不应大于 300mm。在梁跨度的中部，箍筋间距可适当放大。

翼板的受力钢筋按悬臂板根部弯矩计算。受力钢筋直径不宜小于 10mm，间距不宜大于 200mm，也不宜小于 100mm；纵向分布钢筋的直径不应小于 8mm，间距不应大于 300mm，每延米分布钢筋的面积不应小于受力钢筋面积的 1/10。

【例 4-2】　某 5 层三跨横向承重框架，跨度均为 7.2m。边柱传至基础顶部的荷载

标准值为 $N_k=1000$kN、$M_k=3$kN·m、$V_k=-2$kN；设计值为 $N=1250$kN、$M=4$kN·m、$V=-3$kN。中柱传至基础顶部的荷载标准值为 $N_k=1600$kN、$M_k=-3$kN·m、$V_k=3$kN；设计值为 $N=2000$kN、$M=-5$kN·m、$V=7$kN。地基承载力特征值 $f_{ak}=160$kPa，土的重度为 19kN/m^3。采用条形基础，如图 4-31 所示，基础埋深为 1.9m，试设计该基础。

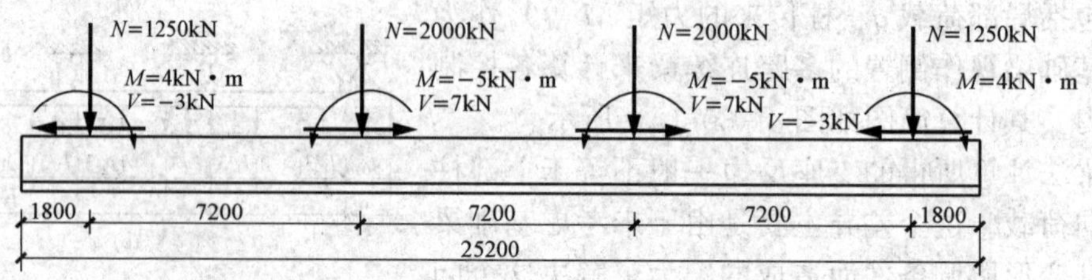

图 4-31　基础及内力

解　根据有关柱下条形基础的构造要求，取肋梁高度 1200mm、宽度 700mm，翼板厚度 250mm，基础底面宽度需根据地基承载力验算确定。基础埋深为 1.9m，地基承载力特征值 $f_{ak}=160$kPa（未经深度和宽度修正），取 $\eta_d=1.6$，则 $f_a=160+1.6\times19\times(1.9-0.5)=202.56$kPa。

(1) 确定基底尺寸。

基础梁外挑长度：

$$l_0=0.25\times7.2=1.8\text{m}$$

基础梁总长度：

$$L=7.2\times3+1.8\times2=25.2\text{m}$$

上部结构传至基础的弯矩和剪力很小，可忽略不计，以下仅考虑轴力作用。

基础底面宽度：

$$b_f=\frac{\sum N_k}{(f_a-\gamma_m d)L}=\frac{1000\times2+1600\times2}{(202.56-20\times1.9)\times25.2}=1.25\text{m}$$

取 $b_f=1.3$m。

以上计算所得的条形基础宽度小于 3m，因此不再对地基承载力进行宽度修正。

(2) 计算基底净反力。竖向荷载作用下，基底反力呈均匀分布，单位长度的基底净反力为

$$p_n=\frac{\sum N}{L}=\frac{1250\times2+2000\times2}{25.2}=257.93\text{kN/m}$$

(3) 计算基础梁内力。

采用倒梁法计算基础梁的内力，即以地基净反力作为荷载，以柱作为基础梁的铰支座，采用弯矩分配法或结构力学求解器，按多跨连续梁计算可得基础梁的弯矩和剪力。采用结构力学求解器得到的弯矩图和剪力图见图 4-32。

根据规范规定，按倒梁法求得的条形基础梁边跨跨中弯矩以及第一内支座的弯矩值宜乘以 1.2 的系数。

边跨跨中弯矩：

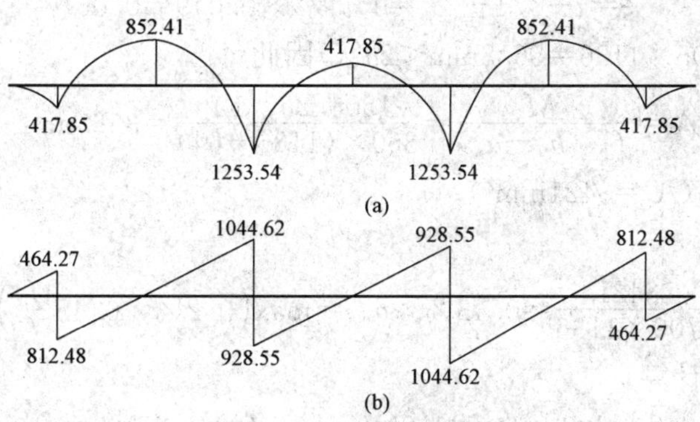

图 4-32　基础梁的内力图

(a) 弯矩图（单位：kN·m）；(b) 剪力图（单位：kN）

$$M = 852.41 \times 1.2 = 1022.89\text{kN} \cdot \text{m}$$

第一内支座弯矩：

$$M = 1253.54 \times 1.2 = 1504.25\text{kN} \cdot \text{m}$$

（4）配筋计算。

1）基础梁。基础梁高度 $h=1200$mm，宽度 $b=700$mm。混凝土强度等级为 C25（$f_c=11.9\text{N/mm}^2$，$f_t=1.27\text{N/mm}^2$），纵筋采用 HRB400 级钢筋（$f_y=360\text{N/mm}^2$），箍筋采用 HPB300 级钢筋（$f_y=270\text{N/mm}^2$）。考虑到翼板的作用，基础梁跨中按 T 形截面计算纵筋面积，支座按矩形截面计算纵筋面积。柱下条形基础底部设有强度等级为 C15 的素混凝土垫层，垫层厚 100mm，则保护层厚度取 $c=45$mm。

a. 正截面承载力计算。

边跨跨中 $M=1022.89\text{kN} \cdot \text{m}$，$h_0=1200-(45+8+22\times0.5)=1136$mm，$\alpha_1=1.0$，$b_f=1300$mm，$h_f=250$mm。

$\alpha_1 f_c b_f h_f(h_0-h_f/2)=1.0\times11.9\times1300\times250\times(1136-250/2)=3910.04\text{kN} \cdot \text{m}>1022.89\text{kN} \cdot \text{m}$

属于第一类 T 形截面。

$$\alpha_s=\frac{M}{\alpha_1 f_c b h_0^2}=\frac{1022.89\times10^6}{1.0\times11.9\times1300\times1136^2}=0.051$$

$$\xi=1-\sqrt{1-2\alpha_s}=1-\sqrt{2\times0.052}=0.052$$

$$A_s=\alpha_1 f_c b_f \xi \frac{h_0}{f_y}=1.0\times11.9\times1300\times0.052\times\frac{1136}{360}=2538\text{mm}^2$$

实配钢筋 8 Φ 20（$A_s=2513\text{mm}^2$）。

配筋率：

$$\rho=\frac{A_s}{bh_0}=\frac{2513}{700\times1136}=0.31\%>\rho_{min}=\max\left(0.2\%,\ 0.45\frac{f_t}{f_y}\right)=0.2\%$$

第一内支座弯矩 $M=1504.25\text{kN} \cdot \text{m}$，$A_s'=2538\text{mm}^2$，$h_0=1200-(45+8+22\times0.5)=1136$mm，$\alpha_1=1.0$，$b=700$mm，$h=1200$mm。

$$\alpha_s=\frac{M-f_y' A_s'\ (h_0-a_s')}{\alpha_1 f_c b h_0^2}=\frac{1504.25\times10^6-360\times2513\times(1136-64)}{1.0\times11.9\times700\times1136^2}=0.049$$

$$\xi=1-\sqrt{1-2\alpha_s}=1-\sqrt{2\times0.049}=0.05$$

由于 $x=\xi h_0=0.05\times1136=56.8\text{mm}<2a_s'$，因此

$$A_s=\frac{M}{f_y\ (h_0-a_s')}=\frac{1504.25\times10^6}{360\times(1136-64)}=3565\text{mm}^2$$

实际配筋 9 ⏀ 22（$A_s=3421\text{mm}^2$）。

配筋率：

$$\rho=\frac{A_s}{bh_0}=\frac{3421}{700\times1136}=0.43\%>\rho_{\min}=\max\left(0.2\%,\ 0.45\frac{f_t}{f_y}\right)=0.2\%$$

b. 斜截面承载力计算。

取 $V=1044.62\text{kN}$，$\beta_c=1.0$，$f_c=11.9\text{N/mm}^2$，$f_t=1.27\text{N/mm}^2$，$f_{yv}=270\text{N/mm}^2$，$b=700\text{mm}$，$h=120\text{mm}$，$h_0=1200-64=1136\text{mm}$。

验算截面尺寸：

$$0.25\beta_c f_c bh_0=0.25\times1.0\times11.9\times700\times1136/1000=2365.7\text{kN}>V$$

截面尺寸满足要求。

$$0.7f_t bh_0=0.7\times1.27\times700\times1136/1000=746.8\text{kN}<V$$

可见需要按照计算配置箍筋。

$$\frac{nA_{s1}}{s}=\frac{V-0.7f_t bh_0}{f_{yv}h_0}=\frac{1044.62\times1000-0.7\times1.27\times700\times1136}{270\times1136}=1.101$$

实际取 4 肢 $\phi8@150$，则

$$\frac{nA_{s1}}{s}=\frac{4\times50.3}{150}=1.341>1.101$$

配箍率：

$$\rho_{sv}=\frac{nA_{s1}}{s}=\frac{4\times50.3}{700\times150}=0.19\%>\rho_{\min}=0.24\frac{f_t}{f_{yv}}=0.11\%$$

根据构造要求，基础梁腹板高 $h_w=950\text{mm}$，需增设腰筋，在基础梁腹板高度范围内均匀配置 4 排直径为 14mm 的腰筋，并配置 $\phi8@400$ 的拉结筋。

2）翼板。翼板简化为均布荷载（基底净反力）作用下端部固定的悬臂板，翼板厚度应满足斜截面受剪承载力要求，翼板配筋采用 HPB300 级钢筋。取 1.0m 宽度翼板作为计算单元进行配筋计算。

基底净反力作用下，翼臂板固定端剪力：

$$V=\frac{p_n}{b_f}\times\frac{b_f-b}{2}=\frac{257.93}{1.3}\times1.0\times\frac{1.3-0.7}{2}=59.52\text{kN}$$

$$0.7f_t bh_0=0.7\times1.27\times1000\times(250-64)/1000=165.35\text{kN}>V$$

翼板厚度满足要求。

翼臂板固定端弯矩：

$$M=\frac{1}{2}\times\frac{p_n}{b_f}\times\left(\frac{b_f-b}{2}\right)^2=\frac{1}{2}\times\frac{257.93}{1.3}\times1.0\times\left(\frac{1.3-0.7}{2}\right)^2=8.93\text{kN}\cdot\text{m}$$

$$\alpha_s=\frac{M}{\alpha_1 f_c bh_0^2}=\frac{8.93\times10^6}{1.0\times11.9\times1000\times(250-64)^2}=0.022$$

$$\xi = 1 - \sqrt{1 - 2\alpha_s} = 1 - \sqrt{2 \times 0.022} = 0.022$$

$$A_s = \alpha_1 f_c b \xi \frac{h_0}{f_y} = 1.0 \times 11.9 \times 1000 \times 0.022 \times \frac{250 - 64}{270} = 180\text{mm}^2$$

根据构造要求，翼板受力钢筋选取 $\phi10@200(A_s=393\text{mm}^2)$，翼板纵向分布钢筋选取 $\phi8@250(A_s=201\text{mm}^2)$。

基础配筋图如图 4-33 所示。

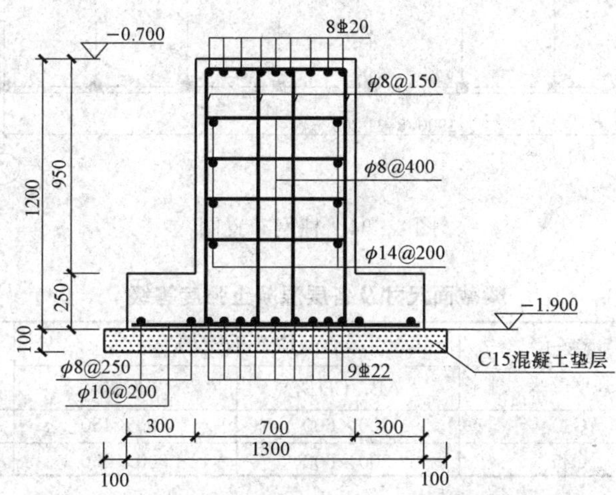

图 4-33　基础配筋图

4.9　设　计　实　例

4.9.1　工程概况

某科研办公楼采用六层现浇钢筋混凝土框架结构，柱网布置见图 4-34，各层层高均为 3.9m。拟建房屋所在地的基本雪压 $s_0=0.30\text{kN/m}^2$，基本风压 $w_0=0.75\text{kN/m}^2$，地面粗糙度为B类，不考虑抗震设防。地区年降雨量为 650mm，常年地下水位于地表下 6m，水质对混凝土无侵蚀性。地基承载力特征值 $f_{ak}=160\text{kN/m}^2$。

办公楼内墙和外墙均采用 250mm 厚水泥空心砖（9.6kN/m^3）砌筑，外墙面贴瓷砖（0.5kN/m^2），内墙面抹 20mm 厚混合砂浆。外墙窗尺寸为 1.5m×1.8m，门尺寸为 0.9m×2.7m，门、窗单位面积重量为 0.4kN/m^2。屋面采用卷材防水和有组织排水，按上人屋面考虑，女儿墙高度为 1.2m，采用烧结多孔砖砌筑（19kN/m^3）。

4.9.2　框架结构布置和计算简图

1. 梁、柱截面尺寸的确定

本工程楼盖及屋盖均采用现浇混凝土结构，楼板厚度取 100mm。框架梁截面尺寸按照式（4-4）和式（4-5）估算，由此得到的梁截面尺寸见表 4-8，表中还给出了各层梁、柱和板的混凝土强度等级。其强度设计值为 C30($f_c=14.3\text{kN/m}^2$，$f_t=1.43\text{kN/m}^2$)，C25($f_c=11.9\text{kN/m}^2$，$f_t=1.27\text{kN/m}^2$)。

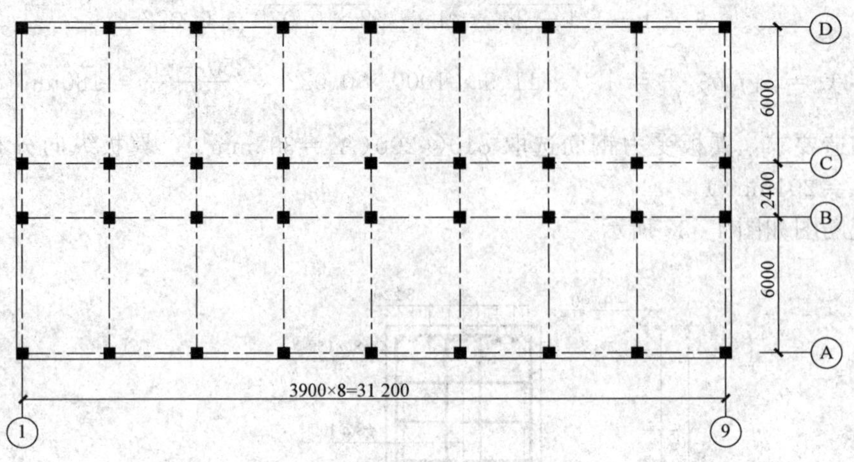

图 4-34　柱网布置图

表 4-8　　梁截面尺寸及各层混凝土强度等级　　mm

层　次	混凝土强度等级	横梁（$b\times h$）		纵梁（$b\times h$）
		AB、CD 跨	BC 跨	
1～2	C30	300×600	300×450	300×450
3～6	C25	300×600	300×450	300×450

柱截面尺寸可根据式（4-7）估算。各层的重力荷载可近似取 14kN/m^2，由图 4-34 可知边柱及中柱的负载面积分别为 3.9×3.0m^2 和 3.9×(3.0+1.2)m^2。由式（4-7）和式（4-8）可得第 1 层柱截面面积如下：

边柱：

$$A_c \geqslant 1.2\frac{N}{f_c} = \frac{1.2\times(1.25\times3.9\times3.0\times14\times10^3\times6)}{14.3} = 103\,090.9\ \text{mm}^2$$

中柱：

$$A_c \geqslant 1.2\frac{N}{f_c} = \frac{1.2\times(1.25\times3.9\times4.2\times14\times10^3\times6)}{14.3} = 144\,327.3\ \text{mm}^2$$

如取柱截面为正方形，则边柱和中柱截面尺寸分别为 350mm 和 400mm。

根据上述估算结果并综合考虑其他因素，本设计柱截面尺寸（边柱和中柱）取值为：1 层为 450mm×450mm；2～6 层为 400mm×400mm。

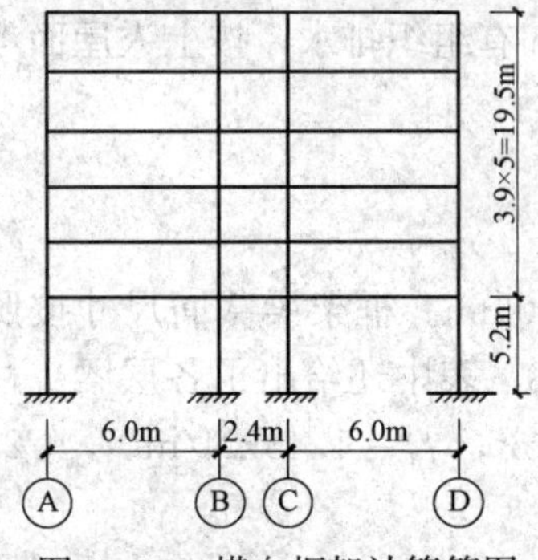

图 4-35　横向框架计算简图

2. 基础选型与埋置深度

基础选用条形基础，基础埋深取 2.2m（自室外地坪算起），肋梁高度取 1.3m（地沟和地下管道预留高度按 1.0m 考虑），室内、外地坪高差为 0.5m。

3. 框架计算简图

本例仅取一榀横向中框架进行分析，其计算简图如图 4-35 所示。为了使 1～6 层框架边柱外侧对齐，1、2 层边柱变截面处轴线不重合，其余各层柱轴线重合，取顶层柱的形心线作为框架柱的轴线；梁轴线取在板底处，2～5 层柱计算高度即为层高，取 3.9m；底层柱计算高度从基础梁顶面取至一层板底，即 $h_1=3.9+0.5+2.2-1.2-0.1=5.2\text{m}$。

4.9.3　框架结构侧向刚度计算

1. 框架梁、柱线刚度计算

框架梁线刚度 $i_b=EI_b/l_b$，因取中框架计算，故 $i_b=2E_cI_0/l_b$，其中 I_0 为按 $b\times h$ 的矩形截面梁计算所得的梁截面惯性矩，计算结果见表 4-9。柱线刚度 $i_c=E_cI_c/\text{h}$，计算结果见表 4-10。横向中框架梁、柱线刚度及梁、柱线刚度比 $\overline{K}$ 的计算结果见图 4-36。

表 4-9　　梁线刚度　　N·mm

层次	梁跨	E_c (N/mm²)	$b\times h$ (mm)	计算跨度 l (mm)	截面惯性矩 I_0 (mm⁴)	$i_b=\frac{2E_cI_0}{l_b}$
1～2	A～B、C～D	3.00×10^4	300×600	6000	5.400×10^9	5.400×10^{10}
	B～C	3.00×10^4	300×450	2400	2.278×10^9	5.695×10^{10}
3～6	A～B、C～D	2.80×10^4	300×600	6000	5.400×10^9	5.040×10^{10}
	B～C	2.80×10^4	300×450	2400	2.278×10^9	5.316×10^{10}

表 4-10　　柱线刚度　　N·mm

层次	层高 (mm)	E_c(N/mm²)	$b\times h$(mm)	I_c(mm⁴)	$i_c=\frac{E_cI_c}{h}$
1	5200	3.00×10^4	450×450	3.417×10^9	1.971×10^{10}
2	3900	3.00×10^4	400×400	2.133×10^9	1.641×10^{10}
3～6	3900	2.80×10^4	400×400	2.133×10^9	1.531×10^{10}

2. 框架柱侧向刚度计算

柱侧向刚度按式（4-17）计算，其中 α_c 按表 4-3 所列公式计算。例如，第 1 层边柱和中柱的侧向刚度计算如下：

第 1 层边柱：

$$\overline{K}=\frac{\sum i_b}{i_c}=\frac{5.400}{1.971}=2.739$$

$$\alpha_c=\frac{0.5+\overline{K}}{2+\overline{K}}=\frac{0.5+2.739}{2+2.739}=0.683$$

$$D_{11}=\alpha_c\frac{12i_c}{h^2}=0.683\times\frac{12\times1.971\times10^{10}}{5200^2}=5974\text{N/mm}$$

第 1 层中柱：

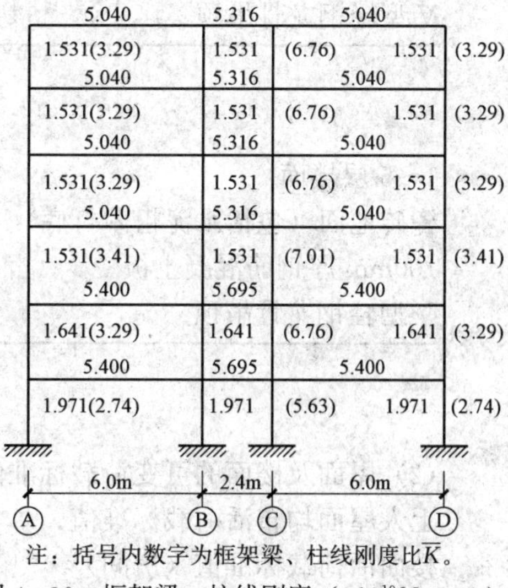

注：括号内数字为框架梁、柱线刚度比 $\overline{K}$。

图 4-36　框架梁、柱线刚度（$\times10^{10}$N·mm）

$$\overline{K}=\frac{\sum i_b}{i_c}=\frac{5.400+5.695}{1.971}=5.629,\alpha_c=\frac{0.5+\overline{K}}{2+\overline{K}}=\frac{0.5+5.629}{2+5.629}=0.803$$

$$D_{12}=\alpha_c\frac{12i_c}{h^2}=0.803\times\frac{12\times1.971\times10^{10}}{5200^2}=7024\text{N/mm}$$

该楼层侧向刚度为

$$D_1=(5974+7024)\times 2=25996\text{N/mm}$$

其余各层柱侧向刚度计算过程从略，计算结果见表 4 - 11。

表 4 - 11 **各层柱侧向刚度 D 值** N/mm

层次	i_c	层高 (mm)	边柱			中柱			ΣD
			$\overline{K}$	α_c	D_{i1}	α_c	α_c	D_{i2}	
1	1.971	5200	2.739	0.683	5974	5.629	0.803	7024	25996
2	1.641	3900	3.291	0.622	8053	6.761	0.772	9995	36096
3	1.531	3900	3.410	0.630	7610	7.006	0.778	9397	34014
4～6	1.531	3900	3.292	0.622	7513	6.764	0.772	9325	33676

4.9.4 重力荷载和水平荷载计算

1. 重力荷载计算

(1) 屋面及楼面的永久荷载标准值。

屋面（上人）：

30mm 厚细石混凝土保护层 $24\times0.03=0.72\text{kN/m}^2$

4mm 厚 SBS 改性沥青防水卷材 0.40kN/m^2

20mm 厚水泥砂浆找平层 $20\times0.02=0.40\text{kN/m}^2$

150mm 水泥蛭石保温层 $5\times0.15=0.75\text{kN/m}^2$

100mm 厚钢筋混凝土板 $25\times0.10=2.50\text{kN/m}^2$

V 型轻钢龙骨吊顶 0.20kN/m^2

4.97kN/m^2

1～5 层楼面：

瓷砖地面（包括水泥粗砂打底） 0.55kN/m^2

100mm 厚钢筋混凝土板 $25\times0.10=2.50\text{kN/m}^2$

V 型轻钢龙骨吊顶 0.20kN/m^2

3.25kN/m^2

(2) 屋面及楼面的可变荷载标准值。

上人屋面均布活荷载标准值 2.0kN/m^2

楼面活荷载标准值（房间） 2.0kN/m^2

楼面活荷载标准值（走廊） 2.5kN/m^2

屋面雪荷载标准值 $S_k=\mu_r S_0=1.0\times0.30=0.30\text{kN/m}^2$

式中：μ_r 为屋面积雪分布系数，取 $\mu_r=1.0$。

(3) 梁、柱、墙、门、窗等重力荷载计算。

梁、柱可根据截面尺寸、材料容重等计算出单位长度的重力荷载，因计算楼、屋面的永久荷载时已考虑了板的自重，故在计算梁的自重时，应从梁截面高度中减去板的厚度，且只考虑梁两侧抹灰的重量。

1 层梁、柱单位长度的重力荷载计算如下：

边横梁：0.3×0.5×25＋0.5×0.02×17×2＝4.09kN/m。

走道梁：0.3×0.35×25＋0.35×0.02×17×2＝2.86kN/m。

纵　梁：0.3×0.35×25＋0.35×0.02×17×2＝2.86kN/m。

柱：0.45×0.45×25＋0.45×4×0.02×17＝5.68kN/m。

1～5 层框架梁、柱重力荷载标准值的计算结果见表 4-12。

表 4-12　框架梁、柱重力荷载标准值

层　次	构件	b (m)	h_n(m)	γ(kN/m^3)	g_l(kN/m)
1	边横梁	0.3	0.5	25	4.09
	走道梁	0.3	0.35	25	2.863
	纵　梁	0.3	0.35	25	2.863
	柱	0.45	0.45	25	5.675
2～6	边横梁	0.3	0.5	25	4.09
	走道梁	0.3	0.35	25	2.863
	纵　梁	0.3	0.35	25	2.863
	柱	0.4	0.4	25	4.544

注　1　g_l 表示单位长度构件的重力荷载。

2　h_n 为构件截面的净高度，梁的截面高度已扣除板厚。

内墙为 250mm 厚水泥空心砖（9.6kN/m^3），两侧均为 20mm 厚抹灰（17kN/m^3），则墙面单位面积的重力荷载为 9.6×0.25＋17×0.02×2＝3.08 kN/m^2。

外墙也为 250mm 厚水泥空心砖，外墙面贴瓷砖（0.5kN/m^2），内墙面为 20mm 厚抹灰（0.34kN/m^2），则外墙墙面单位面积的重力荷载为 9.6×0.25＋0.5＋0.34＝3.24 kN/m^2。

外墙窗尺寸为 1.5m×1.8m，单位面积重量为 0.4kN/m^2。

女儿墙为 240mm 厚多孔砖（19kN/m^3），外墙面贴瓷砖，内墙面为 20mm 厚抹灰，单位的面积的重力荷载为 19×0.24＋0.5＋0.34＝5.4kN/m^2。

2. 风荷载计算

风荷载标准值按式（3-12）计算。基本风压 $w_0=0.75$kN/m^2，风载体型系数 $\mu_s=0.8$（迎风面）、-0.5（背风面）。因 $H=24.7\text{m}<30\text{m}$ 且 $H/B=25.9/14.4=1.80>1.5$，所以不考虑风振系数，直接取 $\beta_z=1.0$。

在图 4-35 中，取其中一榀横向中框架计算，则沿房屋高度的分布风荷载标准值为

$$q(z)=3.9\times0.75\mu_s\mu_z\beta_z$$

$q(z)$ 的计算结果见表 4-13，沿框架结构高度的分布见图 4-37（a）。内力及侧移计算时，可按静力等效原理将分布风荷载转换为节点集中荷载，如图 4-37（b）所示。例如，第 6 层的集中荷载 F_6（每层层高范围内的水平荷载视为沿高度的均布荷载与三角形荷载之和）计算如下：

$$F_6=(2.909+1.818)\times3.9\times\frac{1}{2}+(3.054+1.909)\times1.2+(3.054+1.909-2.909-1.818)$$

$$\times3.9\times\frac{1}{2}\times\frac{2}{3}+(3.098+1.936-3.054-1.909)\times3.9\times1.2\times\frac{1}{2}=15.523\text{kN}$$

表 4-13　　沿房屋高度的分布风荷载标准值　　kN/m

层　次	z(m)	z/H_i	μ_z	$q_1(z)$	$q_2(z)$
1	5.2	0.201	1.000	2.340	1.463
2	9.1	0.351	1.000	2.340	1.463
3	13.0	0.502	1.078	2.523	1.577
4	16.9	0.653	1.168	2.733	1.708
5	20.8	0.803	1.243	2.909	1.818
6	24.7	0.954	1.305	3.054	1.909
女儿墙	25.9	1.000	1.324	3.098	1.936

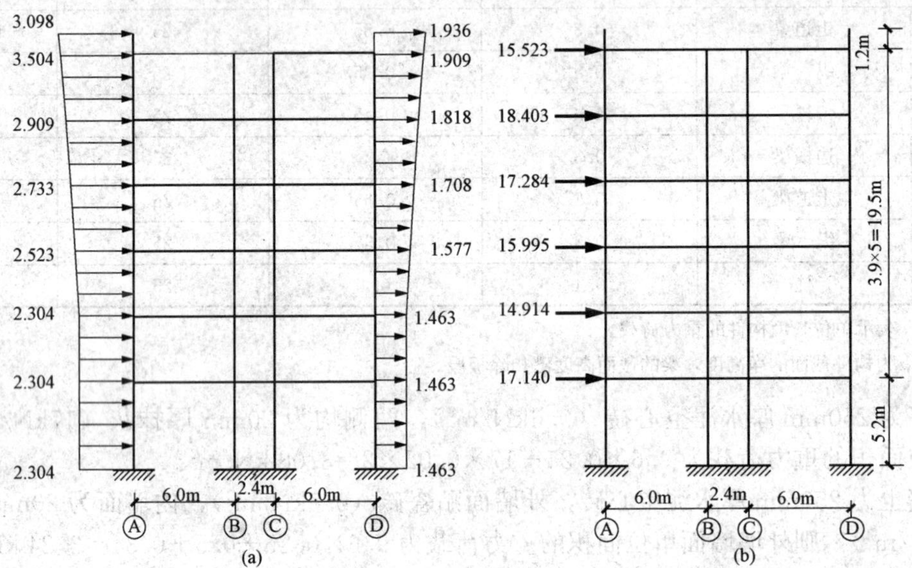

图 4-37　框架结构上的风荷载

4.9.5　风荷载作用下框架结构分析

1. 侧移二阶效应的考虑

首先需验算是否需考虑侧移二阶效应的影响，计算结果见表 4-14。

表 4-14　　各楼层重力荷载设计值计算

层　次	层高（m）	恒载轴力标准值（kN）		活载轴力标准值（kN）		G_i(kN)	G_i/h_i(kN/m)
		A 柱	B 柱	A 柱	B 柱		
1	5.2	807.843	930.518	135.509	213.091	2574.073	495.01
2	3.9	661.083	760.552	112.917	177.193	2112.116	541.57
3	3.9	525.786	602.277	90.272	141.348	1677.944	430.24
4	3.9	390.460	444.031	67.624	105.506	1243.771	318.92
5	3.9	255.121	285.798	44.971	69.669	809.599	207.59
6	3.9	119.759	127.588	22.293	33.857	375.426	96.26

比较表 4-11 与表 4-14 中的相应数值可见，各层均满足 $D_i \geqslant 20\sum_{j=i}^{n} G_j/h_i (i=1, 2, \cdots, n)$ 的要求，即本例的框架结构不需要考虑侧移二阶效应的影响。

2. 框架结构侧移验算

框架侧移验算宜在结构内力计算之前进行，以减少因构件刚度不足而进行的重复计算。

根据图 4-37（b）所示的水平荷载，由式（4-11）计算层间剪力 V_i，然后依据表 4-11 所列中框架的层间侧向刚度，按式（4-21）计算各层的相对侧移，计算过程见表 4-15。由于该房屋的高宽比（$H/B=20.7/15.9=1.3$）较小，故可以不考虑柱轴向变形产生的侧移。

按式（4-29）进行侧移验算，验算结果也列于表 4-15。可见，各层的层间侧移角均小于 1/550，满足风荷载作用下弹性层间位移角限值的要求。

表 4-15　　层间剪力及侧移计算

层　次	F_i(kN)	V_i(kN)	ΣD(N/mm)	$(\Delta u)_i$(mm)	$(\Delta u)_i/h_i$
1	17.140	99.259	25 996	3.818	1/1361
2	14.914	82.119	36 096	2.275	1/1414
3	15.995	67.205	34 014	1.976	1/1973
4	17.284	51.210	33 676	1.521	1/2564
5	18.403	33.926	33 676	1.007	1/3873
6	15.523	15.523	33 676	0.461	1/8459

3. 框架结构内力计算

按式（4-12）计算各柱的分配剪力，然后按式（4-14）计算柱端弯矩。由于结构对称，故只需计算一根边柱和一根中柱的内力，计算过程见表 4-16。表中的反弯点高度比 y 是按式（4-19）确定的，其中标准反弯点高度比 y_n 可查均布荷载作用下的相应值；经计算，1～5 层中柱和边柱的修正值 y_1、y_2、y_3 均为零，柱反弯点高度均无修正。

梁端弯矩按式（4-15）计算，然后由平衡条件求出梁端剪力及柱轴力，计算过程见表 4-17。在图 4-34（b）所示的风荷载作用下，框架左侧的边柱轴力为拉力，中柱轴力为拉力，右侧的两根柱轴力与左侧柱大小相等、方向相反，总拉力与总压力数值相等、符号相反。

在图 4-37（b）所示的风荷载作用下，框架弯矩图见图 4-38，框架梁端剪力及柱轴力图见图 4-39。

4.9.6　竖向荷载作用下框架结构内力分析

1. 计算单元及计算简图

仍取中间框架进行计算。由于楼面荷载均匀分布，因此可取两轴线中线之间的长度为计算单元宽度，如图 4-40 所示。

因梁板为整体现浇，且各区格按双向板考虑，故直接传给横梁的楼面荷载为梯形分布荷载（边梁）或三角形分布荷载（走道梁），计算单元范围内的其余荷载通过纵梁以集中荷载的形式传给框架柱，见图 4-40。另外，因为纵梁轴线与柱轴线不重合，以及悬臂构件在柱轴线上产生力矩等，所以作用在框架上的荷载还有集中力矩，见图 4-41。框架横梁自重以及直接作用在横梁上的填充墙体自重则按均布荷载考虑。竖向荷载作用下框架结构计算简图如图 4-41 所示。

表 4-16　风荷载作用下框架柱端弯矩计算

层次	层高 (m)	V_i (kN)	D_i (N/mm)	边柱						中柱					
				D_{i1}	V_{i1}	$\overline{K}$	y	M_{i1}^{b}	M_{i1}^{u}	D_{i2}	V_{i2}	$\overline{K}$	y	M_{i2}^{b}	M_{i2}^{u}
1	5.2	99.259	25 996	5974	22.810	2.739	0.550	65.237	53.375	7024	26.819	5.629	0.550	76.702	62.756
2	3.9	82.119	36 096	8053	18.321	3.291	0.500	35.726	35.726	9995	22.739	6.761	0.500	44.341	44.341
3	3.9	67.205	34 014	7610	15.036	3.410	0.500	29.320	29.320	9397	18.567	7.006	0.500	36.206	36.206
4	3.9	51.210	33 676	7513	11.425	3.292	0.500	22.279	22.279	9325	14.180	6.764	0.500	27.651	27.651
5	3.9	33.926	33 676	7513	7.569	3.292	0.465	13.726	15.793	9325	9.394	6.764	0.500	18.318	18.318
6	3.9	15.523	33 676	7513	3.463	3.292	0.450	6.078	7.428	9325	4.298	6.764	0.450	7.543	9.219

注　表中剪力 V 的量纲为 kN；弯矩 M 的量纲为 kN·m。

表 4-17　风荷载作用下框架梁端弯矩、剪力及柱轴力计算

层次	边梁				走道梁				柱轴力	
	M_b^l	M_b^r	l	V_b	M_b^l	M_b^r	l	V_b	边柱	中柱
1	89.101	52.156	6.0	−23.543	54.941	54.941	2.4	−45.784	−72.167	−69.999
2	65.046	39.226	6.0	−17.379	41.321	41.321	2.4	−34.434	−48.624	−47.756
3	51.599	31.098	6.0	−13.783	32.759	32.759	2.4	−27.299	−31.245	−30.703
4	36.005	22.387	6.0	−9.732	23.582	23.582	2.4	−19.652	−17.462	−17.187
5	21.871	12.594	6.0	−5.744	13.267	13.267	2.4	−11.056	−7.730	−7.267
6	7.428	4.490	6.0	−1.986	4.729	4.729	2.4	−3.941	−1.986	−1.955

注　1　表中剪力和轴力的量纲为 kN；弯矩的量纲为 kN·m；梁跨度 l 的量纲为 m。

2　梁端弯矩和梁端剪力均以绕杆件顺时针方向为正。

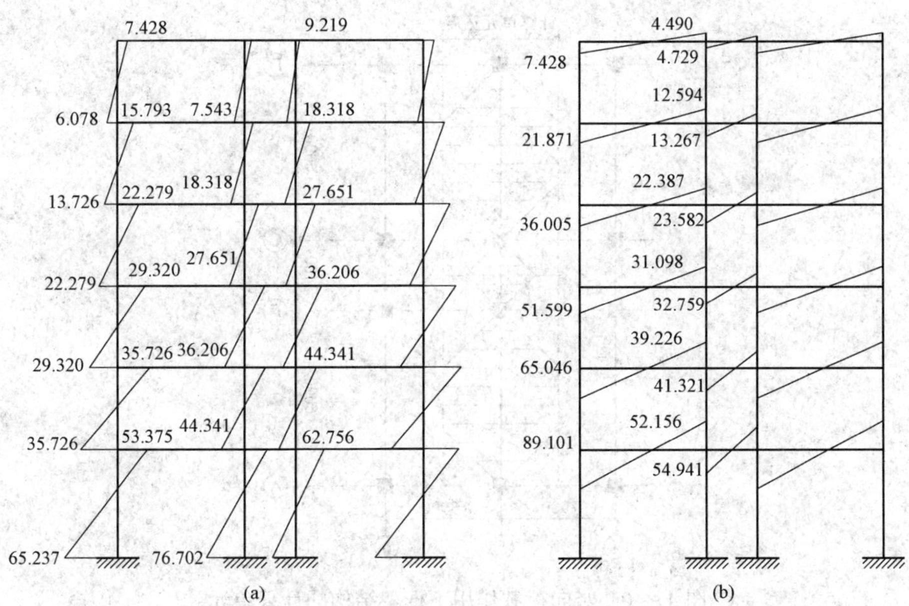

图 4-38　风荷载作用下框架弯矩图（单位：kN·m）

(a) 框架柱；(b) 框架梁

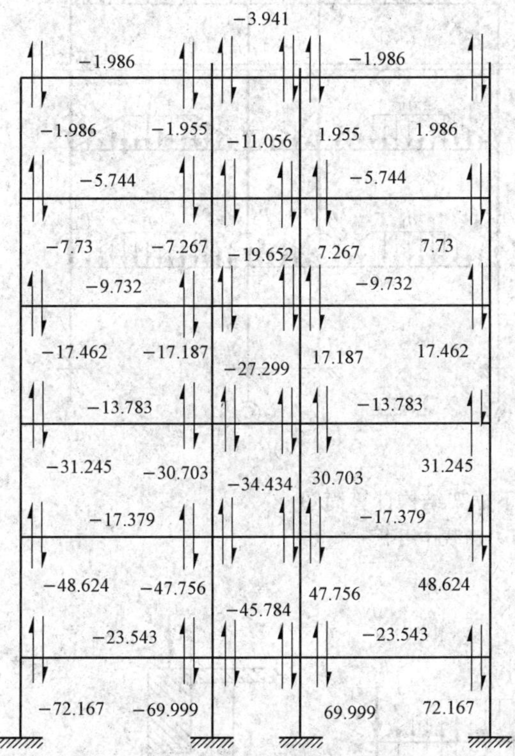

图 4-39　风荷载作用下框架梁端剪力及柱轴力图（单位：kN）

2. 荷载计算

(1) 恒载计算。

1) 屋面恒载。如图 4-42 所示，q_1^0、q_2^0 为横梁自重（扣除板自重），由表 4-12 中有关数据可得

$$q_1^0 = 4.09\text{kN/m}, q_2^0 = 2.863\text{kN/m}$$

q_1、q_2 为板自重传给横梁的梯形和三角形分布荷载峰值，由图 4-40 所示的计算单元可得

$$q_1 = 4.97 \times 3.9 = 19.38\text{kN/m},$$

$$q_2 = 4.97 \times 2.4 = 11.93\text{kN/m}$$

P_1、M_1、P_2、M_2 是通过纵梁传给柱的板自重、纵梁自重、女儿墙（纵墙）自重、挑檐（外挑阳台）等自重所产生的集中荷载和集中力矩。本工程框架结构的外纵梁外侧与柱外侧齐平，内纵梁走道一侧与柱的走道一侧齐平，无挑檐和外挑阳台，故不考虑挑檐和外挑阳台自重产生的集中荷载和集中力矩。

由图 4-40 所示的计算单元，可得

$$A_1 = 1.95^2 \times \frac{1}{2} = 1.90\text{m}^2$$

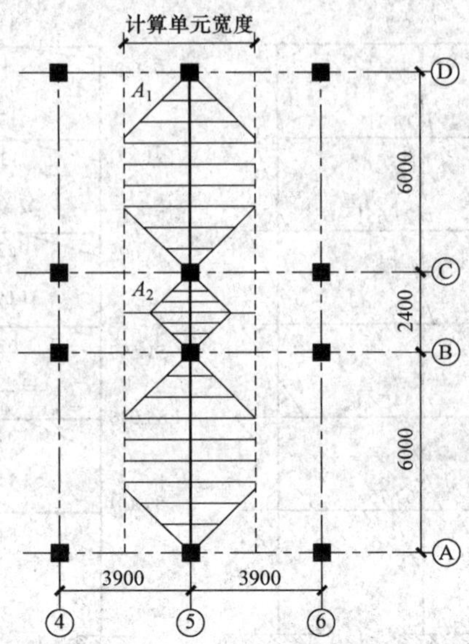

图 4-40 竖向荷载作用下框架结构的计算单元

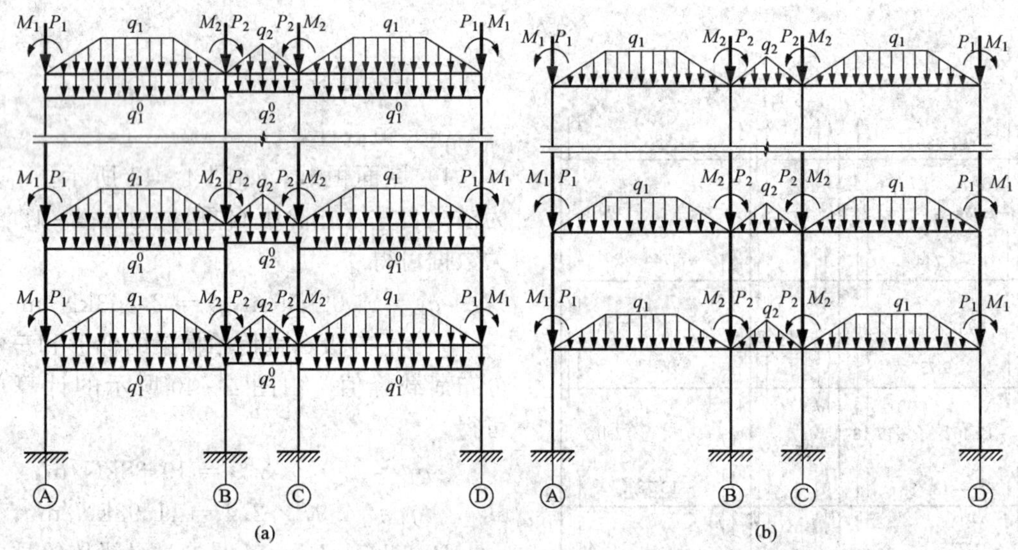

图 4-41 竖向荷载作用下框架结构计算简图

（a）恒载作用下；（b）活载作用下

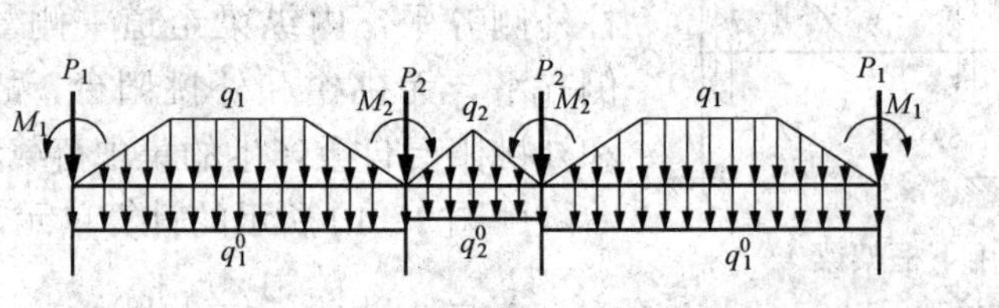

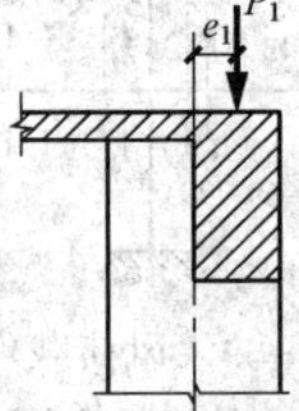

图 4-42 恒载计算简图

$A_2=1.2^2\times\frac{1}{2}+1.2\times0.75=1.62\text{m}^2$

$P_1=4.97\times2\text{A}_1+10.021+5.4\times1.2\times3.9=54.179\text{kN}$

$e_1=\frac{0.3}{2}-\frac{0.2}{2}=0.05\text{m}$

$M_1=P_1\times e_1=2.709\text{kN}\cdot\text{m}$

$P_2=4.97\times2\ (\text{A}_1+\text{A}_2)\ +10.021=45.010\text{kN}$

$e_2=\frac{0.3}{2}-\frac{0.2}{2}=0.05\text{m}$

$M_2=P_2\times e_2=2.251\text{kN}\cdot\text{m}$

2）楼面恒载。

如图 4 - 42 所示，q_1^0、q_2^0 及横梁自重（扣除板自重）与隔墙自重，由表 4 - 12 中有关数据可得

$q_1^0=4.09+3.08\times(3.9-0.6)=14.25\text{kN/m}$

$q_2^0=2.863\text{kN/m}$

$q_1=3.25\times3.9=12.675\text{kN/m}$

$q_2=3.25\times2.4=7.8\text{kN/m}$

（2）活载计算。

如图 4 - 43 所示，q_1、q_2 为板面传给横梁的梯形和三角形分布荷载峰值，同样，由图 4 - 40 所示的计算单元可得屋面活载和楼面活载，结果见表 4 - 18。

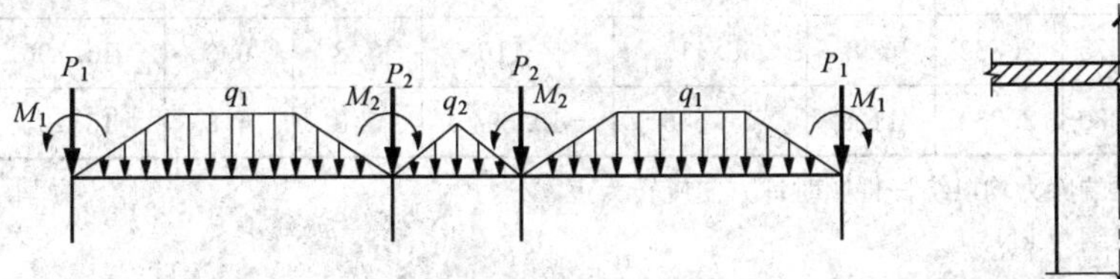

图 4 - 43　活载计算简图

表 4 - 18　各层梁上的竖向荷载标准值

层　次	恒　载								活　载					
	q_1^0	q_2^0	q_1	q_2	P_1	P_2	M_1	M_2	q_1	q_2	P_1	P_2	M_1	M_2
6	4.09	2.863	19.380	11.9	54.179	45.010	2.709	2.251	7.8	4.8	7.6	14.08	0.38	0.704
2～5	14.25	2.863	12.675	7.8	52.125	61.963	2.606	3.098	7.8	6.0	7.6	15.70	0.38	0.785
1	14.25	2.863	12.675	7.8	51.446	61.310	3.858	4.600	7.8	6.0	7.6	15.70	0.57	1.178

注　表中 q_1^0、q_2^0、q_1、q_2的量纲为 kN/m；P_1、P_2的量纲为 kN；M_1、M_2的量纲为 kN・m。

（3）柱变截面处的附加弯矩。本例中 1、2 层边柱变截面处轴线不重合，竖向荷载作用下，2 层柱底传来的轴力将对 1 层柱顶产生附加弯矩。因此，应当计算竖向荷载作用下 1 层 A 柱变截面处的附加弯矩。

竖向荷载作用下，2 层 A 柱的轴力由 2～5 层柱自重、横梁上荷载引起的剪力和集中荷

载 P_1 三部分组成。框架横梁上荷载引起的剪力计算过程见表 4-19。

下面计算恒载和活载作用下 1 层 A 柱变截面处的附加弯矩和节点外力矩：

1）恒载作用下：

$N_{A2}^{底}$=15.904×4+(56.433+72.069×3)+(158.49+174.80×3)=1019.146kN

ΔM_{A1}=1019.146×(0.5/2－0.4/2)=50.597kN·m(逆时针)

1 层 A 柱节点外力矩为

M_{A1}=17.37+50.957=68.327kN·m（逆时针）

2）活载作用下：

$N_{A2}^{底}$=17.28×4+30.24×4=190.08kN

ΔM_A=190.08×(0.5/2－0.4/2)=9.504kN·m（逆时针）

1 层 A 柱节点外力矩为

M_{A1}=3.024+9.504=12.528kN·m（逆时针）

表 4-19 框架梁上荷载引起的剪力

层次	恒载						活载			
	AB 跨		*BC* 跨		*AB* 跨	*BC* 跨	*AB* 跨	*BC* 跨	*AB* 跨	*BC* 跨
	q_1^0	q_1	q_2^0	q_2	$V_A=-V_B$	$V_B=-V_C$	q_1	q_2	$V_A=-V_B$	$V_B=-V_C$
1	14.25	12.675	2.863	7.8	68.417	8.116	7.8	6.0	15.795	3.60
2	14.25	12.675	2.863	7.8	68.417	8.116	7.8	6.0	15.795	3.60
3	14.25	12.675	2.863	7.8	68.417	8.116	7.8	6.0	15.795	3.60
4	14.25	12.675	2.863	7.8	68.417	8.116	7.8	6.0	15.795	3.60
5	14.25	12.675	2.863	7.8	68.417	8.116	7.8	6.0	15.795	3.60
6	4.09	19.380	2.863	11.9	51.515	10.594	7.8	4.8	15.795	2.88

注 1 梁端弯矩和梁端剪力均以绕杆件顺时针方向旋转为正。
2 表中剪力的量纲为 kN。

3. 内力计算

本例中，因结构和荷载均对称，故取对称轴一侧的框架为计算对象，且中间跨梁取为竖向滑动支座，如图 4-44 所示。下面采用弯矩二次分配法计算杆端弯矩。对弯矩、剪力和轴力的符号规定为：杆端弯矩以绕杆件顺时针方向旋转为正，节点弯矩以绕节点逆时针方向旋转为正；杆端剪力以绕杆件顺时针方向旋转为正；柱轴力以受压为正。

（1）计算杆端弯矩分配系数。图 4-44 所示计算简图的中间跨梁跨长为原梁跨长的 1/2，故其线刚度应取图 4-36 中梁线刚度值的 2 倍。下面以第 1 层边节点和中节点为例，说明杆端弯矩分配系数的计算方法，其中 S_A、S_B 分别表示边节点和中节点各杆端的转动刚度之和。

S_A=4×(1.641+1.971+5.4)×10^{10}=4×9.012×10^{10}N·mm/rad

S_B=4×(5.4+1.641+1.971)×10^{10}+5.695×2×10^{10}=47.438×10^{10}N·mm/rad

$\mu_{上柱}^A=\frac{1.641}{9.012}=0.182$，$\mu_{下柱}^A=\frac{1.971}{9.012}=0.219$

$\mu_{右梁}^A=\frac{5.4}{9.012}=0.599$

$\mu_{上柱}^{B}=\frac{4\times 1.641}{47.438}=0.138$，$\mu_{下柱}^{B}=\frac{4\times 1.971}{47.438}=0.167$

$\mu_{左梁}^{B}=\frac{4\times 5.4}{47.438}=0.455$，$\mu_{右梁}^{B}=\frac{2\times 5.695}{47.438}=0.240$

同理，可求得其余各层节点的杆端弯矩分配系数，计算结果见图 4 - 44。

(2) 计算杆件固端弯矩。以第 1 层的边跨梁和中间跨梁为例，说明杆件固端弯矩的计算方法。

1) 恒载作用下固端弯矩计算。

边跨梁的固端弯矩为

$$\begin{aligned}M_{A1}&=-\frac{1}{12}q_1^0 l^2-\frac{1}{12}q_1 l^2(1-2\alpha^2+\alpha^3)\\&=-\frac{1}{12}\times 14.25\times 6.0^2-\frac{1}{12}\times 12.675\times 6.0^2\times\left[1-2\times\left(\frac{1.95}{6.0}\right)^2+\left(\frac{1.95}{6.0}\right)^3\right]\\&=-74.048\text{kN}\cdot\text{m}\end{aligned}$$

中间跨梁的固端弯矩为

$$M_{B1}=-\frac{1}{3}q_2^0 l^2-\frac{5}{24}q_2 l^2=-\frac{1}{3}\times 2.863\times 1.2^2-\frac{5}{24}\times 7.8\times 1.2^2=-3.714\text{kN}\cdot\text{m}$$

2) 活载作用下固端弯矩计算。

$$\begin{aligned}M_{A1}&=-\frac{1}{12}q_1 l^2(1-2\alpha^2+\alpha^3)\\&=-\frac{1}{12}\times 7.8\times 6.0^2\times\left[1-2\times\left(\frac{1.95}{6.0}\right)^2+\left(\frac{1.95}{6.0}\right)^3\right]\\&=-19.258\text{kN}\cdot\text{m}\end{aligned}$$

$$M_{B1}=-\frac{5}{24}q_2 l^2=-\frac{5}{24}\times 6.0\times 1.2^2=-1.80\text{kN}\cdot\text{m}$$

(3) 采用弯矩二次分配法计算杆端弯矩。恒载作用下框架各节点的弯矩分配以及杆端分配弯矩的传递过程见图 4 - 44，最后所得的杆端弯矩应为固端弯矩、分配弯矩和传递弯矩的代数和，不得计入节点力矩（因为节点力矩是外部作用，不是截面内力）。活载作用下框架各节点的弯矩分配与传递过程见图 4 - 45。

梁跨间最大弯矩根据梁两端的杆端弯矩及作用于梁上的荷载，用平衡条件求得，详细计算过程见内力组合相关内容。图 4 - 46 为恒载和活载作用下的框架弯矩图。

(4) 梁端剪力及柱轴力计算。根据作用于梁上的荷载及梁端弯矩，用平衡条件可求得梁端剪力。将柱两侧的梁端剪力、节点集中力及柱轴力叠加，即得柱轴力。下面以第 1 层框架梁、第 6 层框架柱为例说明梁端剪力及柱轴力的计算过程。

1) 梁端剪力计算。

a. 恒载作用下：

梁端弯矩引起的剪力：

AB 跨为

$$V_A=V_B=-(-42.12+57.8)/6.0=-2.613\text{kN}$$

BC 跨为

$$V_B=V_C=-(-13.68+13.68)/2.4=0\text{kN}$$

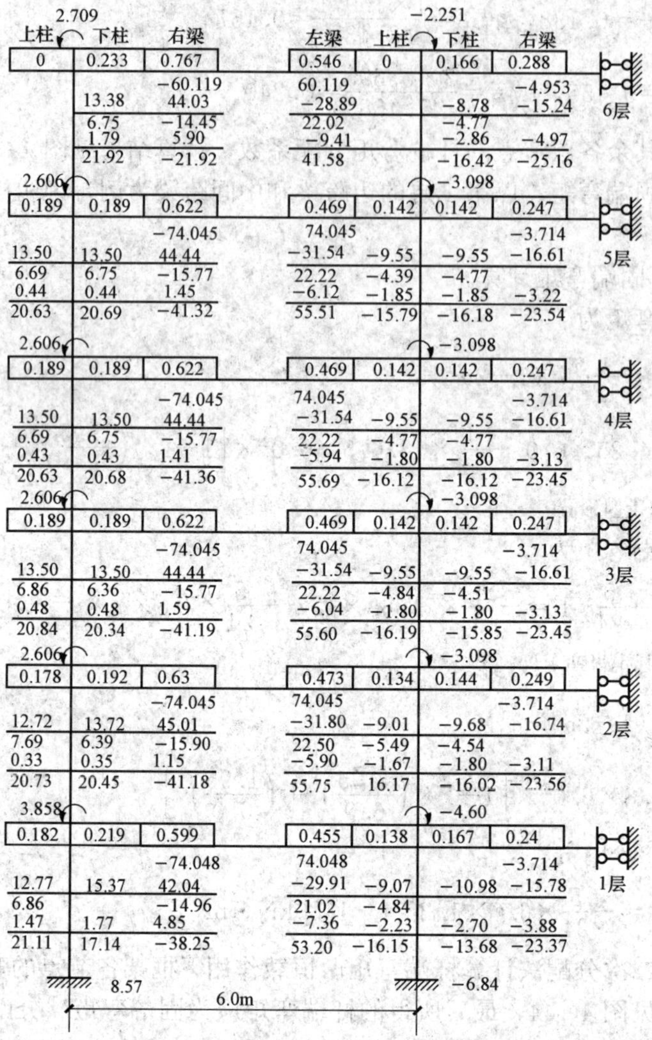

图 4-44　恒载作用下框架弯矩二次分配

梁上荷载引起的剪力：

AB 跨为

$$V_A=-V_B=\frac{1}{2}\times 14.25\times 6.0+\frac{1}{2}\times\left(12.675\times 2.1+\frac{1}{2}\times 12.675\times 3.9\right)$$

$$=68.417\text{kN}$$

BC 跨为

$$V_B=-V_C=\frac{1}{2}\times 2.863\times 2.4+\frac{1}{2}\times\frac{1}{2}\times 7.8\times 2.4=8.116\text{kN}$$

总剪力：

AB 跨为

$$V_A=68.417-2.613=65.804\text{kN}$$

$$V_B=-68.417-2.613=-71.03\text{kN}$$

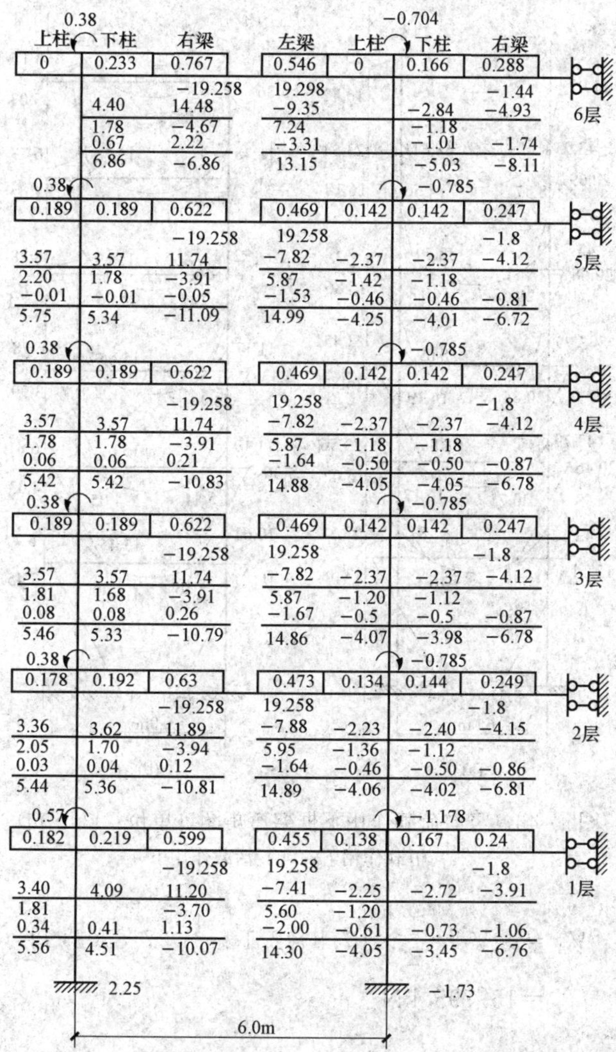

图 4-45　活载作用下框架弯矩二次分配

BC 跨为

$$V_B = V_C = 8.116\text{kN}$$

b. 活载作用下：

梁端弯矩引起的剪力：

AB 跨为

$$V_A = V_B = -(-10.63 + 15.45)/6.0 = -0.803\text{kN}$$

BC 跨为

$$V_B = V_C = -(-6.77 + 6.77)/2.4 = 0\text{kN}$$

梁上荷载引起的剪力：

AB 跨为

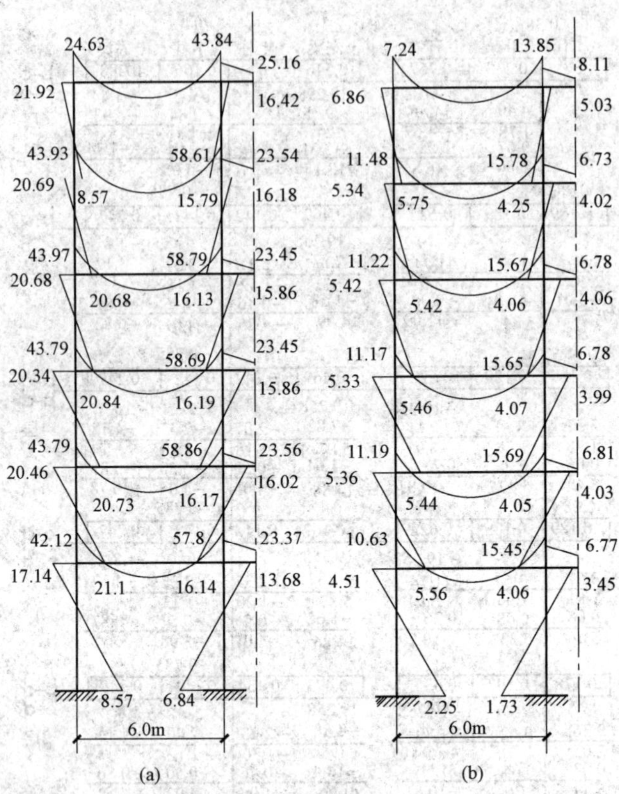

图 4-46 竖向荷载作用下框架弯矩图（单位：kN·m）

（a）恒载作用下；（b）活载作用下

$$V_A=-V_B=\frac{1}{2}\times\left(7.8\times2.1+\frac{1}{2}\times7.8\times3.9\right)$$
$$=15.795\ \text{kN}$$

BC 跨为

$$V_B=-V_C=\frac{1}{2}\times\frac{1}{2}\times6.0\times2.4=3.6\text{kN}$$

总剪力：

AB 跨为

$$V_A=15.795-0.803=14.992\text{kN}$$
$$V_B=-15.795-0.803=-16.598\text{kN}$$

BC 跨为

$$V_B=V_C=3.6\text{kN}$$

2）柱轴力计算。

a. 恒载作用下：

第 6 层 A 柱：

上端的轴力为

$$N_{\text{A}}^{\text{u}}=54.179+48.313=102.492\text{kN}$$

下端的轴力（计入柱的自重）为

$$N_A^b = 102.492 + 17.267 = 119.759\text{kN}$$

第6层B柱：

上端的轴力为

$$N_B^u = 45.010 + 54.717 + 10.594 = 110.321\text{kN}$$

下端的轴力（计入柱的自重）为

$$N_B^b = 110.321 + 17.267 = 127.588\text{kN}$$

b. 活载作用下：

第6层A柱：

$$N_A^u = N_A^b = 7.6 + 14.693 = 22.293\text{kN}$$

第6层B柱：

$$N_B^u = N_B^b = 14.08 + 16.897 + 2.88 = 33.857\text{kN}$$

其余各层梁端剪力及柱轴力的计算过程与计算结果见表4-20～表4-22。恒载与活载作用下梁端剪力及柱轴力见图4-47、图4-48。

表4-20　框架梁端弯矩及弯矩引起的剪力

层次	恒载					活载				
	*AB*跨		*BC*跨	*AB*跨	*BC*跨	*AB*跨		*BC*跨	*AB*跨	*BC*跨
	M_A	M_B^l	$M_B^r=-M_C^l$	$V_A=V_B$	$V_B=V_C$	M_A	M_B^l	$M_B^r=-M_C^l$	$V_A=V_B$	$V_B=V_C$
1	−42.12	57.80	−23.37	−2.613	0	−10.63	15.45	−6.77	−0.803	0
2	−43.79	58.86	−23.56	−2.512	0	−11.19	15.69	−6.81	−0.750	0
3	−43.79	58.69	−23.45	−2.483	0	−11.17	15.65	−6.78	−0.747	0
4	−43.97	58.79	−23.45	−2.470	0	−11.22	15.67	−6.78	−0.742	0
5	−43.93	58.61	−23.54	−2.447	0	−11.48	15.78	−6.73	−0.717	0
6	−24.63	43.84	−25.16	−3.202	0	−7.24	13.85	−8.11	−1.102	0

注　1　梁端弯矩和梁端剪力均以绕杆件顺时针方向旋转为正。

2　表中弯矩的量纲为kN·m，剪力的量纲为kN。

表4-21　恒载作用下梁端剪力及柱轴力

层次	荷载引起的剪力		弯矩引起的剪力		总剪力			柱轴力			
	*AB*跨	*BC*跨	*AB*跨	*BC*跨	*AB*跨		*BC*跨	A柱轴力		B柱轴力	
	$V_A=-V_B$	$V_B=-V_C$	$V_A=V_B$	$V_B=V_C$	V_A	V_B	$V_B=V_C$	$N_{顶}$	$N_{底}$	$N_{顶}$	$N_{底}$
1	68.417	8.116	−2.613	0	65.804	−71.030	8.116	778.333	807.843	901.008	930.518
2	68.417	8.116	−2.512	0	65.905	−70.929	8.116	643.816	661.083	743.285	760.552
3	68.417	8.116	−2.483	0	65.934	−70.900	8.116	508.519	525.786	585.01	602.277
4	68.417	8.116	−2.470	0	65.947	−70.887	8.116	373.193	390.460	426.764	444.031
5	68.417	8.116	−2.447	0	65.970	−70.864	8.116	237.854	255.121	268.531	285.798
6	51.515	10.594	−3.202	0	48.313	−54.717	10.594	102.492	119.759	110.321	127.588

注　1　梁端弯矩和梁端剪力均以绕杆件顺时针方向旋转为正。

2　表中剪力和轴力的量纲为kN。

表 4-22　　活载作用下梁端剪力及柱轴力

层 次	荷载引起的剪力		弯矩引起的剪力		总剪力			柱轴力	
	AB 跨	*BC* 跨	*AB* 跨	*BC* 跨	*AB* 跨		*BC* 跨	A 柱轴力	B 柱轴力
	$V_A=-V_B$	$V_B=-V_C$	$V_A=V_B$	$V_B=V_C$	V_A	V_B	$V_B=V_C$	$N_{顶}=N_{底}$	$N_{顶}=N_{底}$
1	15.795	3.60	−0.803	0	14.992	−16.598	3.60	135.509	213.091
2	15.795	3.60	−0.750	0	15.045	−16.545	3.60	112.917	177.193
3	15.795	3.60	−0.747	0	15.048	−16.542	3.60	90.272	141.348
4	15.795	3.60	−0.742	0	15.053	−16.537	3.60	67.624	105.506
5	15.795	3.60	−0.717	0	15.078	−16.512	3.60	44.971	69.669
6	15.795	2.88	−1.102	0	14.693	−16.897	2.88	22.293	33.857

注 1　梁端弯矩和梁端剪力均以绕杆件顺时针方向旋转为正。

2　表中剪力和轴力的量纲为 kN。

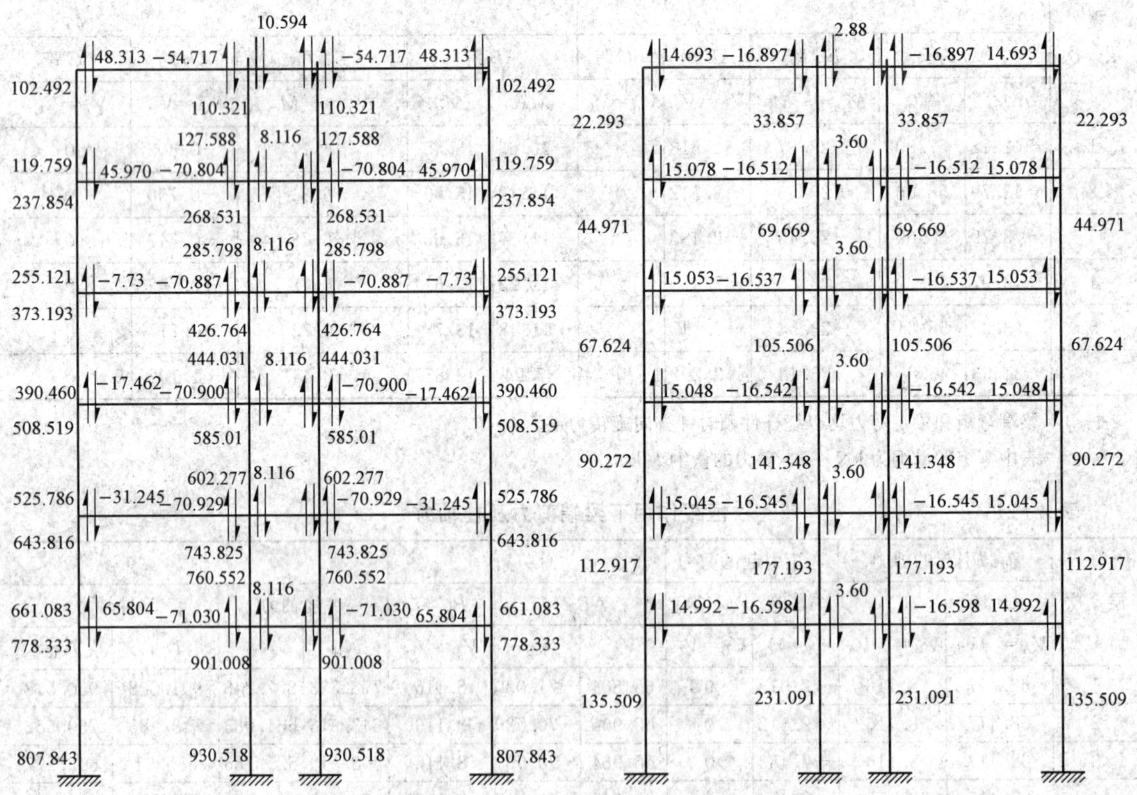

图 4-47　恒载作用下框架梁端剪力及柱轴力图（单位：kN）

图 4-48　活载作用下框架梁端剪力及柱轴力图（单位：kN）

4.9.7　内力组合

本例仅以第1层的梁、柱内力组合为例，详细说明其设计方法和计算步骤，其他层从略。

1. 梁控制截面内力标准值

表4-23是第1层梁在恒载、活载和风荷载标准值作用下，支座中心处及支座边缘处（控制截面）的梁端弯矩值和剪力值，其中支座中心处的弯矩值和剪力值取自表4-17、表4-21、表4-22和图4-46；柱边缘处的弯矩值和剪力值按下述方法计算。

表4-23　框架梁端控制截面内力标准值

截面	恒载内力				活载内力				风载内力			
	支座中心线		支座边缘		支座中心线		支座边缘		支座中心线		支座边缘	
	M	V	M	V	M	V	M	V	M	V	M	V
A	−42.12	65.804	−25.669	62.038	−10.63	14.992	−6.882	14.867	89.101	−23.543	83.215	−23.543
B_l	57.80	−70.030	41.818	−67.659	15.45	−16.598	11.715	−16.497	52.156	−23.543	46.859	−23.543
B_r	−23.37	8.116	−21.544	7.307	−6.77	3.600	−5.960	3.473	54.941	−45.784	44.640	−45.784

注　1　表中弯矩M的量纲为kN·m；剪力V的量纲为kN。
　　2　梁端弯矩和梁端剪力均以绕杆件顺时针方向为正。

在均布荷载作用下：

$$M_b = M - V \times b/2$$
$$V_b = V - q \times b/2$$

式中：q为支座边缘处的分布荷载值。

在三角形荷载作用下：

$$M_b = M - V \times b/2$$
$$V_b = V - q/2 \times b/2$$

在风荷载作用下：

$$M_b = M - V \times b/2$$
$$V_b = V$$

由于本工程1、2层边柱轴线不重合，计算框架梁支座边缘处的内力时，应当考虑1、2层柱截面尺寸改变和轴线不重合引起的截面位置调整。由4.9.2中框架计算简图的确定可知，1层边柱计算轴线至梁支座边缘的距离为0.4/2+0.05=0.25m，1层中柱轴线至梁支座边缘的距离为0.45/2=0.225m。

(1) 恒载作用下。

1层AB跨梁A支座边缘处的内力：

$$M_b = M - V \times b/2 = -42.12 + 65.804 \times 0.25 = -25.669\text{kN}\cdot\text{m}$$
$$V_b = V - q_1^0 \times b/2 - q_1/2 \times b/2$$

$= 65.804 - 14.25 \times 0.25 - 1/2 \times 12.675 \times 0.25/1.95 \times 0.25 = 62.038\text{kN}$

1 层 AB 跨梁 B 支座边缘处的内力：

$M_b = M - V \times b/2 = 57.8 - 71.03 \times 0.225 = 41.818\text{kN} \cdot \text{m}$

$V_b = V - q_1^0 \times b/2 - q_1/2 \times b/2$

$= -71.03 + 14.25 \times 0.225 + 1/2 \times 12.675 \times 0.225/1.95 \times 0.225 = -67.659\text{kN}$

1 层 BC 跨梁 B 支座边缘处的内力：

$M_b = M - V \times b/2 = -23.37 + 8.116 \times 0.225 = -21.544\text{kN} \cdot \text{m}$

$V_b = V - q_1^0 \times b/2 - q_1/2 \times b/2$

$= 8.116 - 2.863 \times 0.225 - 1/2 \times 7.8 \times 0.225/1.2 \times 0.225 = 7.307\text{kN}$

（2）活载作用下。

1 层 AB 跨梁 A 支座边缘处的内力：

$M_b = M - V \times b/2 = -10.63 + 14.992 \times 0.25 = -6.882\text{kN} \cdot \text{m}$

$V_b = V - q/2 \times b/2 = 14.992 - 1/2 \times 7.8 \times 0.25/1.95 \times 0.25 = 14.867\text{kN}$

1 层 AB 跨梁 B 支座边缘处的内力：

$M_b = M - V \times b/2 = 15.45 - 16.598 \times 0.225 = 11.715\text{kN} \cdot \text{m}$

$V_b = V - q/2 \times b/2 = -16.598 + 1/2 \times 7.8 \times 0.225/1.95 \times 0.225 = -16.497\text{kN}$

1 层 BC 跨梁 B 支座边缘处的内力：

$M_b = M - V \times b/2 = -6.77 + 3.6 \times 0.225 = -5.960\text{kN} \cdot \text{m}$

$V_b = V - q/2 \times b/2 = 3.6 - 1/2 \times 6.0 \times 0.225/1.2 \times 0.225 = 3.473\text{kN}$

（3）风荷载作用下。

1 层 AB 跨梁 A 支座边缘处的内力：

$M_b = M - V \times b/2 = 89.101 - 23.543 \times 0.25 = 83.215\text{kN} \cdot \text{m}$

$V_b = V = 23.543\text{kN}$

1 层 AB 跨梁 B 支座边缘处的内力：

$M_b = M - V \times b/2 = 52.156 - 23.543 \times 0.225 = 46.859\text{kN} \cdot \text{m}$

$V_b = V = 23.543\text{kN}$

1 层 BC 跨梁 B 支座边缘处的内力：

$M_b = M - V \times b/2 = 54.941 - 45.784 \times 0.225 = 44.640\text{kN} \cdot \text{m}$

$V_b = V = 45.784\text{kN}$

2. 梁控制截面的内力组合值

梁内力组合按 4.6 节所述方法进行，框架梁端控制截面内力组合值见表 4－24，相应截面的内力标准值取自表 4－23。应当注意，内力组合时，竖向荷载作用下的梁支座截面负弯矩应乘调幅系数 0.8，跨中截面弯矩相应增大（由平衡条件确定）；当风荷载作用下支座截面为正弯矩且与永久荷载效应组合时，永久荷载分项系数取 1.0。

下面以第 1 层框架梁为例，说明在 $1.2S_{Gk}\pm1.4S_{Wk}+0.7\times1.4S_{Qk}$ 组合项中各控制截面内力组合值的计算方法。

左来风（→）作用时，由表 4-23 的有关数据可得各控制截面的弯矩和剪力组合值：

$$M_A=1.2\times0.8M_{Gk}+1.4M_{Wk}+0.7\times1.4M_{Qk}$$
$$=1.2\times0.8\times(-25.669)+1.4\times83.215+0.7\times1.4\times0.8\times(-6.822)$$
$$=86.463\text{kN}\cdot\text{m}$$

（下部受拉）

$$M_{Bl}=1.2\times0.8M_{Gk}+1.4M_{Wk}+0.7\times1.4M_{Qk}$$
$$=1.2\times0.8\times41.818+1.4\times46.859+0.7\times1.4\times0.8\times15.45$$
$$=114.932\text{kN}\cdot\text{m}$$

（上部受拉）

$$M_{Br}=1.2\times0.8M_{Gk}+1.4M_{Wk}+0.7\times1.4M_{Qk}$$
$$=1.2\times0.8\times(-21.544)+1.4\times44.640+0.7\times1.4\times0.8\times(-6.77)$$
$$=37.141\text{kN}\cdot\text{m}$$

（下部受拉）

$$V_A=1.2V_{Gk}+1.4V_{Wk}+0.7\times1.4V_{Qk}$$
$$=1.2\times62.038+1.4\times(-23.543)+0.7\times1.4\times14.867$$
$$=56.055\text{kN}$$

$$V_{Bl}=1.2V_{Gk}+1.4V_{Wk}+0.7\times1.4V_{Qk}$$
$$=1.2\times(-67.659)+1.4\times(-23.543)+0.7\times1.4\times(-16.497)$$
$$=-130.318\text{kN}$$

$$V_{Br}=1.2V_{Gk}+1.4V_{Wk}+0.7\times1.4V_{Qk}$$
$$=1.2\times7.037+1.4\times(-45.784)+0.7\times1.4\times3.473$$
$$=-51.926\text{kN}$$

同理，可求出右来风（←）作用时各控制截面的弯矩和剪力组合值。

恒载、活载与风荷载作用下，第 1 层框架梁端控制截面的内力组合值见表 4-24。为了求梁跨间最大弯矩，还应计算第 1 层框架梁支座中心处的内力组合值，见表 4-25。计算得到的跨间控制截面内力组合值见表 4-26。

表 4-24　　第 1 层框架梁端控制截面内力组合值

截　面	恒载内力		活载内力		风荷载内力		$1.2S_{Gk}+1.4S_{Wk}+0.7\times1.4S_{Qk}$		$1.0S_{Gk}+1.4S_{Wk}+0.7\times1.4S_{Qk}$		$1.2S_{Gk}-1.4S_{Wk}+0.7\times1.4S_{Qk}$	
	0.8*M*	*V*	0.8*M*	*V*	*M*	*V*	*M*	*V*	*M*	*V*	*M*	*V*
A	−20.535	62.038	−5.506	14.867	83.215	−23.543	86.463	56.055	90.570	43.647	−146.539	121.975
B_l	33.454	−67.659	9.372	−16.497	46.859	−23.543	114.932	−130.318	108.241	−116.786	−16.273	−64.398
B_r	−17.235	7.307	−4.768	3.473	44.640	−45.784	37.141	−51.926	40.588	−53.387	−87.851	76.270

截　面	$1.0S_{Gk}-1.4S_{Wk}+0.7\times1.4S_{Qk}$		$1.2S_{Gk}+1.4S_{Qk}+0.6\times1.4S_{Wk}$		$1.0S_{Gk}+1.4S_{Qk}+0.6\times1.4S_{Wk}$		$1.2S_{Gk}+1.4S_{Qk}-0.6\times1.4S_{Wk}$		$1.0S_{Gk}+1.4S_{Qk}-0.6\times1.4S_{Wk}$		$1.35S_{Gk}+0.7\times1.4S_{Qk}$	
	M	V	M	V	M	V	M	V	M	V	M	V
A	−142.432	109.568	37.550	75.483	41.657	63.076	−102.251	115.036	−98.144	102.628	−33.118	98.321
B_l	−22.964	−50.866	92.627	−124.063	85.936	−110.531	13.904	−84.510	7.213	−70.979	54.347	−107.507
B_r	−84.404	74.808	10.140	−24.828	13.587	−26.289	−64.855	52.089	−61.408	50.628	−27.940	13.268

注　1　表中弯矩 *M* 的量纲为 kN·m；剪力 *V* 的量纲为 kN。
　　2　梁端弯矩和梁端剪力均以绕杆件顺时针方向为正。

表 4-25　　第 1 层框架梁支座中心处内力组合值

截　面	恒载内力		活载内力		风荷载内力		$1.2S_{Gk}+1.4S_{Wk}+0.7\times1.4S_{Qk}$		$1.0S_{Gk}+1.4S_{Wk}+0.7\times1.4S_{Qk}$		$1.2S_{Gk}-1.4S_{Wk}+0.7\times1.4S_{Qk}$	
	0.8*M*	*V*	0.8*M*	*V*	*M*	*V*	*M*	*V*	*M*	*V*	*M*	*V*
A	−33.696	65.804	−8.504	14.992	89.101	−23.543	75.972	60.697	82.711	47.536	−173.511	126.617
B_l	46.240	−70.030	12.360	−16.598	52.156	−23.543	140.619	−133.262	131.371	−119.256	−5.418	−67.342
B_r	−18.696	8.116	−5.416	3.600	54.941	−45.784	49.175	−50.830	52.914	−52.454	−104.660	77.365

截　面	$1.0S_{Gk}-1.4S_{Wk}+0.7\times1.4S_{Qk}$		$1.2S_{Gk}+1.4S_{Qk}+0.6\times1.4S_{Wk}$		$1.0S_{Gk}+1.4S_{Qk}+0.6\times1.4S_{Wk}$		$1.2S_{Gk}+1.4S_{Qk}-0.6\times1.4S_{Wk}$		$1.0S_{Gk}+1.4S_{Qk}-0.6\times1.4S_{Wk}$		$1.35S_{Gk}+0.7\times1.4S_{Qk}$	
	M	V	M	V	M	V	M	V	M	V	M	V
A	−166.771	113.456	22.504	80.177	29.243	67.017	−127.186	119.730	−120.446	106.569	−53.824	103.528
B_l	−14.666	−53.336	116.603	−127.049	107.355	−113.043	28.981	−87.497	19.733	−73.491	74.537	−110.807
B_r	−100.921	75.742	16.133	−23.679	19.872	−25.303	−76.168	53.238	−72.429	51.615	−30.547	14.485

注　1　表中弯矩 *M* 的量纲为 kN·m；剪力 *V* 的量纲为 kN。
　　2　梁端弯矩和梁端剪力均以绕杆件顺时针方向为正。

表 4-26　第 1 层框架梁跨间控制截面内力组合值

截　面		$1.2S_{Gk}\pm1.4S_{Wk}+0.7\times1.4S_{Qk}$ 或 $1.0S_{Gk}\pm1.4S_{Wk}+0.7\times1.4S_{Qk}$				$1.2S_{Gk}+1.0\times1.4S_{Qk}\pm0.6\times1.4S_{Wk}$ 或 $1.0S_{Gk}+1.0\times1.4S_{Qk}\pm0.6\times1.4S_{Wk}$				$1.35S_{Gk}+0.7\times1.4S_{Qk}$	
		M (→)	V (→)	M (←)	V (←)	M (→)	V (→)	M (←)	V (←)	M	V
支座	A	90.570	38.410	−146.539	175.910	41.657	30.284	−102.251	155.504	33.118	98.321
	B_l	−114.932	143.910	22.964	6.410	−92.627	164.568	13.904	39.348	54.347	107.507
	B_r	40.588	−29.810	−87.851	98.631	13.587	−1.579	−64.855	76.863	27.940	16.172
跨间	AB	121.558	—	24.069	—	61.342	—	45.310	—	71.334	—
	BC	40.588	—	40.588	—	13.587	—	13.587	—	27.940	—

注　1　弯矩 M 的量纲为 kN·m；剪力 V 的量纲为 kN。

2　为了便于截面设计时挑选内力，本表中梁支座和跨中截面的弯矩均以下部受拉时为正（M），上部受拉时为负（$-M$），因此本表中 B_l 支座的弯矩符号与前面的弯矩符号规定（顺时针方向为正）恰好相反。

3　梁端剪力以绕杆件顺时针方向旋转为正。

4　梁跨间无最大正弯矩时，取相应的支座正弯矩作为跨中截面配筋计算的依据。

下面以第 1 层 AB 跨梁为例，说明在 $1.2S_{Gk}\pm1.4S_{Wk}+0.7\times1.4S_{Qk}$ 或 $1.0S_{Gk}\pm1.4S_{Wk}+0.7\times1.4S_{Qk}$ 组合项中，跨间控制截面内力组合值的确定方法。

AB 跨梁跨间最大弯矩值可近似根据梁端截面弯矩组合值及作用在梁上的荷载设计值由平衡条件确定，如图 4-49 所示。

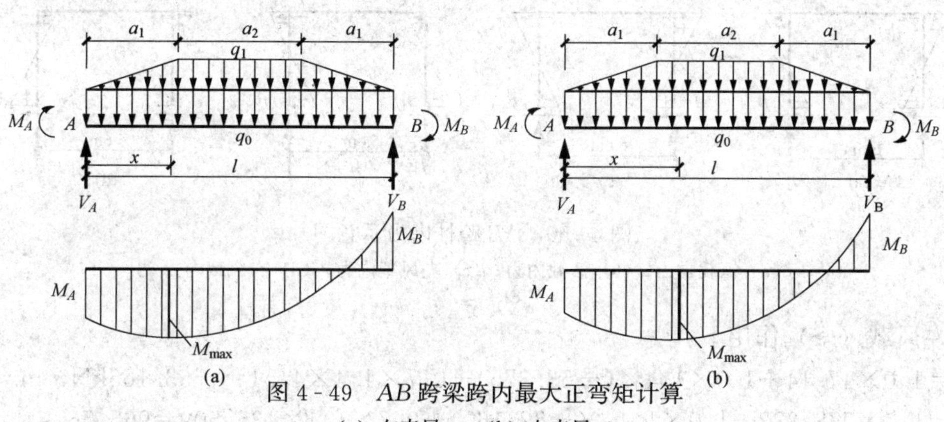

图 4-49　AB 跨梁跨内最大正弯矩计算

(a) 左来风一；(b) 左来风二

左来风（→）作用：

梁上的荷载设计值为

$$q_0 = 1.2\times14.25 = 17.100\text{kN/m}$$

$$q_1 = 1.2\times12.675+0.7\times1.4\times7.8 = 22.854\text{kN/m}$$

梁端弯矩取支座中心线处的弯矩值，故计算跨度为

$$l = 6.0-0.45 = 5.55\text{m}, a_1 = 1.725\text{m}$$

由表 4-23 查得组合项对应的内力为

$$M_A = 90.570\text{kN}\cdot\text{m}, M_B = 114.932\text{kN}\cdot\text{m}, V_A = 38.41\text{kN}$$

如图 4-49（a）所示，假定梁跨间最大弯矩至 A 端的距离为 x，则最大弯矩处的剪力应满足下式要求：

$$V(x)=V_A-q_0x-\frac{q_1}{2a_1}x^2=38.41-17.1x-\frac{22.854}{2\times1.725}x^2=0$$

由此得 $x=1.44\text{m}<1.725\text{m}$，所得 x 有效。

梁跨中最大弯矩为

$$M_{max}=90.570+38.41\times1.44-\frac{1}{2}\times17.1\times1.44^2-\frac{1}{2}\times\left(\frac{22.854}{1.725}\times1.44\right)\times\frac{1.44^2}{3}$$

$$=121.558\text{kN}\cdot\text{m}$$

若计算所得 x 值大于 a_1，则可按图 4-49（b）重新计算。

同样可求出有右风荷载作用时，梁端截面弯矩、剪力及跨中截面弯矩。在考虑风荷载效应的组合项中，BC 跨梁跨中无最大正弯矩，此时取相应的支座正弯矩作为跨中截面下部纵向受力钢筋配筋计算的依据；在“$1.35S_{Gk}+0.7\times1.4S_{Qk}$”组合项中，$BC$ 跨梁跨中为负弯矩。

3. 柱控制截面内力组合值

柱控制截面为其上、下端截面，第 1 层柱控制截面内力组合值见表 4-27。表中的柱端弯矩和柱端剪力均以绕柱端截面顺时针方向旋转为正；柱轴力以受压为正。图 4-50 是 AB 跨柱在恒载、活载、左风及右风作用下的弯矩图以及相应的轴力和剪力的实际方向，内力组合时应根据此图确定内力值的正负号。下面以第 1 层 A 柱上端截面在“$1.2S_{Gk}\pm1.4S_{Wk}+0.7\times1.4S_{Qk}$或$1.0S_{Gk}\pm1.4S_{Wk}+0.7\times1.4S_{Qk}$”组合项时的内力组合为例，说明组合方法。

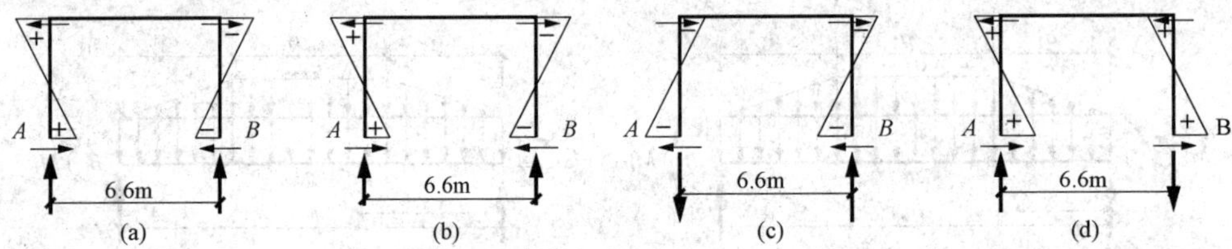

图 4-50 AB 跨柱内力示意图

（a）恒载内力；（b）活载内力；（c）左风载内力；（d）右风载内力

在左风载（→）作用下：

$M=1.0\times17.14+1.0\times1.4\times(-53.375)+0.7\times1.4\times4.51=-53.165\text{kN}\cdot\text{m}$

$N=1.0\times778.333+1.0\times1.4\times(-72.167)+0.7\times1.4\times135.509=965.765\text{kN}$

$V=1.0\times(-4.944)+1.0\times1.4\times(22.827)+0.7\times1.4\times(-1.302)=25.738\text{kN}$

在右风载（←）作用下：

$M=1.2\times17.14-1.0\times1.4\times(-53.375)+0.7\times1.4\times4.51=99.713\text{kN}\cdot\text{m}$

$N=1.2\times778.333-1.0\times1.4\times(-72.167)+0.7\times1.4\times135.509=1167.832\text{kN}$

$V=1.2\times(-4.944)-1.0\times1.4\times(22.827)+0.7\times1.4\times(-1.302)=-39.167\text{kN}$

表 4-27　　**第 1 层柱控制截面内力组合值表**

截面			S_{GK}	S_{QK}	S_{Wk} (→)	$1.35S_{GK}+0.7\times1.4S_{QK}$	$1.2S_{Gk}\pm1.4S_{Wk}+0.7\times1.4S_{Qk}$ 或 $1.0S_{Gk}\pm1.4S_{Wk}+0.7\times1.4S_{Qk}$		$1.2S_{Gk}+1.0\times1.4S_{Qk}\pm0.6\times1.4S_{Wk}$ 或 $1.0S_{Gk}+1.0\times1.4S_{Qk}\pm0.6\times1.4S_{Wk}$		$\|M\|_{max}$ N V	N_{max} M V	N_{min} M V
							→	←	→	←			
A柱	上端	M	17.140	4.510	−53.375	27.559	−53.165	99.713	−21.381	71.717	99.713	71.717	−53.165
		N	778.333	135.509	−72.167	1183.548	965.765	1167.832	1063.092	1184.332	1167.832	1184.332	965.765
		V	−4.944	−1.302	22.827	−7.950	25.738	−39.167	12.408	−26.931	−39.167	−26.931	25.738
	下端	M	8.570	2.260	−65.327	13.784	−80.673	103.957	−43.141	68.323	103.957	68.323	−80.673
		N	807.843	135.509	−72.167	1223.387	1001.177	1203.244	1098.504	1219.744	1203.244	1219.744	1001.177
		V	−4.944	−1.302	22.827	−7.950	25.738	−39.167	12.408	−26.931	−39.167	−26.931	25.738
B柱	上端	M	−13.680	−3.450	−62.756	−21.849	−107.655	70.797	−73.961	34.205	−107.655	34.205	−107.655
		N	901.008	213.091	−69.999	1425.190	1192.040	1388.037	1320.738	1438.336	1192.040	1438.336	1192.040
		V	3.9460	0.996	26.819	6.303	43.258	−32.625	28.658	−17.188	43.258	−17.188	43.258
	下端	M	−6.840	−1.730	−76.702	−10.929	−117.286	98.848	−75.060	55.168	−117.286	55.168	−117.286
		N	930.518	213.091	−69.999	1465.028	1227.452	1423.449	1356.150	1473.748	1227.452	1473.748	1227.452
		V	3.946	0.996	26.819	6.303	43.258	−32.625	28.658	−17.188	43.258	−17.188	43.258

注　1　表中 M 的量纲为 kN·m；N、V 的量纲为 kN。

2　弯矩和剪力均以绕柱端截面顺时针方向旋转为正；轴力以受压为正。

4.9.8 梁、柱截面设计

下面以第 1 层框架为例说明梁、柱截面设计的计算过程。

1. 梁截面设计

材料强度：C30（f_c=14.3N/mm²，f_t=1.43N/mm²）、HRB400 级钢筋（f_y=360N/mm²）、HPB300 级钢筋（f_y=270N/mm²）。

从表 4 - 26 中挑出第 1 层 AB 跨梁跨中及支座截面的最不利内力。

AB 跨：

跨中截面：M=121.558kN·m。

支座截面：M_A=−146.539kN·m，M_{Bl}=−114.932kN·m；V_A=175.91kN，V_{Bl}=143.91kN。

BC 跨：

跨中截面：M=40.588kN·m。

支座截面：M=−87.851kN·m，V=98.631kN。

（1）梁正截面受弯承载力计算。

AB 跨梁：先计算跨中截面。

因梁板现浇，故对正弯矩按 T 形截面计算。h'_f=100mm，h_0=560mm，h'_f/h_0=100/560=0.178>0.1，b'_f 不受此限制；$b+s_n$=3300mm；$l_0/3$=6000/3=2000mm，故取 b'_f=2000mm。

$$\alpha_1 f_c b'_f h'_f(h_0-h'_f/2)=1.0\times14.3\times2000\times100\times(560-100/2)=1458.6\times10^6\,\text{N}\cdot\text{mm}$$
$$=1458.6\text{kN}\cdot\text{m}>121.558\text{kN}\cdot\text{m}$$

故属第一类 T 形截面。

$$\alpha_s=\frac{M}{\alpha_1 f_c b'_f h_0^2}=\frac{121.558\times10^6}{1.0\times14.3\times2000\times560^2}=0.0136$$

$$\xi=1-\sqrt{1-2\alpha_s}=1-\sqrt{1-2\times0.0136}=0.014$$

$$A_s=\alpha_1 f_c b'_f h_0\xi/f_y=1.0\times14.3\times2000\times560\times0.014/360=623\text{mm}^2$$

因 $0.45f_t/f_y$=0.45×1.43/360=0.0018<0.002，$0.002bh$=0.002×300×600=360 mm²<A_s，故满足要求，实配钢筋 4 ⌀ 18（A_s=1018mm²）。

将跨中截面的 2 ⌀ 18 全部伸入支座，作为支座截面负弯矩作用下的受压钢筋（A'_s=509mm²），据此计算支座上部纵向受拉钢筋的数量。

支座 A：

$$M=-146.539\text{kN}\cdot\text{m},\ A'_s=509\text{ mm}^2$$

$$\alpha_s=\frac{M-f'_yA'_s(h_0-a'_s)}{\alpha_1 f_c b h_0^2}=\frac{146.539\times10^6-360\times509\times(560-40)}{1.0\times14.3\times300\times560^2}=0.0381$$

$$\xi=1-\sqrt{1-2\alpha_s}=1-\sqrt{1-2\times0.0381}=0.0389<\xi_b=0.518\text{ 且 }\xi<\frac{2a'_s}{h_0}=0.1429$$

$$A_s=\frac{M}{f_y(h_0-a'_s)}=\frac{146.539\times10^6}{360\times(560-40)}=783\text{mm}^2$$

实配钢筋 4 ⌀ 18（A_s=1018mm²）。

支座 B_l：

M=−114.932kN·m，A'_s=509mm²

$$A_s=\frac{M}{f_y(h_0-a_s')}=\frac{114.932\times10^6}{360\times(560-40)}=614\text{mm}^2$$

实配钢筋 4 Φ 18（A_s=1018mm^2）。

*BC*跨梁：计算方法与上述相同，计算结果如下：

跨中截面：A_s=274mm^2，实际配筋 2 Φ 16（402mm^2）。

支座截面：A_s=660mm^2，实际配筋 4 Φ 18（1018mm^2）。

BC 跨梁支座截面上部钢筋不截断，全部拉通布置，以抵抗跨中截面的负弯矩。

第 1 层框架梁的纵筋配筋结果见表 4-28。

表 4-28　　第 1 层框架梁控制截面纵向钢筋计算结果列表

层次	截面		M (kN·m)	计算配筋		实际配筋	
				A_s'(mm^2)	A_s(mm^2)	A_s'(mm^2)	A_s(mm^2)
1	支座	*A*	−146.539	509	783	2 Φ 18（509）	4 Φ 18（1018）
		B_l	−114.932	509	614	2 Φ 18（509）	4 Φ 18（1018）
		B_r	−87.851	402	660	2 Φ 16（402）	4 Φ 18（1018）
	跨中	*AB*	121.588	—	623	2 Φ 18（509）	4 Φ 18（1018）
		BC	40.588	—	274	2 Φ 18（509）	4 Φ 16（804）

（2）梁斜截面受剪承载力计算。

第 1 层 *AB* 跨梁两端支座截面的剪力值相差较小，所以两端支座截面均按 V=143.91kN 确定箍筋数量。因 h_w/b=560/300=1.87<4，故

$$0.25\beta_c f_c b h_0=0.25\times1.0\times14.3\times300\times560=600.600\text{kN}>V$$

截面尺寸满足要求。

$$0.7 f_t b h_0=0.7\times1.43\times300\times560=168.168\text{kN}>V$$

所以此梁可按构造要求配置箍筋，取 ϕ8@200。

经计算，*BC* 跨梁也是按构造要求配置箍筋，取 ϕ8@200。

第 1 层框架梁的箍筋配筋结果见表 4-29。

表 4-29　　第 1 层框架梁箍筋计算结果列表

层次	构件	V（kN）	$\frac{A_{sv}}{s}$	实际配箍 ρ_{sv}
1	*AB*	168.168	—	ϕ8@200（0.001 68）
	BC	123.123	—	ϕ8@200（0.001 68）

注　表中 s 为箍筋间距。

2. 柱截面设计

（1）柱正截面受压承载力计算。下面以第 1 层 B 轴柱为例说明计算方法。

纵筋选用 HRB400 级钢筋（$f_y=f_y'$=360 N/mm^2），箍筋选用 HPB300 级钢筋（f_y=270N/mm^2），第 1 层混凝土为 C30（f_c=14.3 N/mm^2，f_t=1.43 N/mm^2），取 h_0=410mm。

从 B 轴柱的内力组合（见表 4-27）中选取下列两组内力进行截面配筋计算：

第一组内力：M_2=−117.286kN·m，N=1227.452kN，M_1=−107.655kNm。

第二组内力：M_2=55.168kN·m，N=1473.748kN，M_1=34.205kN·m。

1）对于第一组内力的柱截面配筋计算。

a. 判断构件是否需要考虑附加弯矩。

取 $a_s=a'_s=40\text{mm}$，$h_0=h-a_s=450-40=410\text{mm}$。

杆端弯矩比 $\dfrac{M_1}{M_2}=\dfrac{-107.655}{-117.286}=0.92>0.9$

所以应考虑杆件自身挠曲变形的影响。

b. 计算弯矩设计值。

e_a 取 20mm 和 450/30=15mm 两者中的较大值，即 $e_a=20\text{mm}$。

$$\zeta_c=\frac{0.5f_cA}{N}=\frac{0.5\times14.3\times450\times450}{1227.452\times10^3}=1.179>1.0,$$

取 $\zeta_c=1.0$。

$$C_m=0.7+0.3\frac{M_1}{M_2}=0.975$$

$$\begin{aligned}\eta_s&=1+\frac{1}{1300(M_2/N+e_a)/h_0}\left(\frac{l_c}{h}\right)^2\zeta_c\\&=1+\frac{1}{1300\times[117.286\times10^6/(1227.452\times10^3)+20]/410}\times\left(\frac{5200}{450}\right)^2\times1.0\\&=1.364\end{aligned}$$

$$M=\eta_sM_0=1.364\times117.286=159.978\text{kN}\cdot\text{m}$$

c. 判断偏压类型。

$$e_0=\frac{M}{N}=\frac{159.978\times10^6}{1227.452\times10^3}=130.3\text{mm}$$

$$e_i=e_0+e_a=130.3+20=150.3\text{mm}>0.3h_0=0.3\times410=123\text{mm}$$

故初步判断为大偏心受压构件。

d. 计算 A_s。

$$x=\frac{N}{\alpha_1f_cb}=\frac{1227.452\times10^3}{14.3\times450}=190.746>\xi_bh_0=212.38\text{mm}$$

$$e=e_i+\frac{h}{2}-a_s=150.3+\frac{450}{2}-40=235.3$$

故为对称配筋的小偏心受压柱，按下式近似计算 ξ：

$$\xi=\frac{N-\xi_b\alpha_1f_cbh_0}{\dfrac{Ne-0.43\alpha_1f_cbh_0^2}{(\beta_1-\xi_b)(h_0-a'_s)}+\alpha_1f_cbh_0}+\xi_b$$

上式应满足 $N>\xi_b\alpha_1f_cbh_0$ 和 $Ne>0.43\alpha_1f_cbh_0^2$，否则为构造配筋。对本例而言，$\beta_1=0.8$，$\alpha_1=1.0$，$\xi_b=0.518$，$e=235.3\text{mm}$，则

$\xi_b\alpha_1f_cbh_0=0.518\times1.0\times14.3\times450\times410=1366.665\text{kN}>\text{N}=1227.452\text{kN}$

故按构造配筋。

$$A_{smin}=0.002bh=0.002\times450\times450=405\text{mm}^2$$

实配钢筋 3 ⏀ 18($A_s=A'_s=763\ \text{mm}^2$)。

2）对于第二组内力的柱截面配筋计算。

a. 判断构件是否需要考虑附加弯矩。

取 $a_s=a'_s=40\text{mm}$，则

$$h_0=h-a_s=450-40=410\text{mm}$$

杆端弯矩比 $$\frac{M_1}{M_2}=\frac{34.205}{55.168}=0.62<0.9$$

轴压比 $$\frac{N}{Af_c}=\frac{1473.748\times10^3}{450\times450\times14.3}=0.509<0.9$$

截面回转半径 $$i=\frac{h}{2\sqrt{3}}=\frac{450}{2\sqrt{3}}=129.9\text{mm}$$

长细比 $$\frac{l_c}{i}=\frac{5200}{129.9}=40.03<40.03-12\left(-\frac{M_1}{M_2}\right)=47.47$$

所以不需考虑杆件自身挠曲变形的影响。

b. 计算弯矩设计值。

e_a取 20mm 和 450/30=15mm 两者中的较大值，即 $e_a=20\text{mm}$。

$$M=C_m\eta_{ns}M_2=1.0\times55.168=55.168\text{kN}\cdot\text{m}$$

c. 判断偏压类型。

$$e_0=\frac{M}{N}=\frac{55.168\times10^6}{1473.748\times10^3}=37.43\text{mm}$$

$$e_i=e_0+e_a=37.43+20=57.43\text{mm}<0.3h_0=0.3\times410=123\text{mm}$$

故为小偏心受压构件。

$$e=e_i+\frac{h}{2}-a_s=57.43+\frac{450}{2}-40=242.43\text{mm}$$

d. 计算 A_s。

$$\xi=\frac{N-\xi_b\alpha_1f_cbh_0}{\frac{Ne-0.43\alpha_1f_cbh_0^2}{(\beta_1-\xi_b)(h_0-a'_s)}+\alpha_1f_cbh_0}+\xi_b$$

上式应满足 $N>\xi_b\alpha_1f_cbh_0$ 和 $Ne>0.43\alpha_1f_cbh_0^2$，否则为构造配筋。对本例而言，$\beta_1=0.8$，$\alpha_1=1.0$，$\xi_b=0.518$，$e=242.43\text{mm}$，则

$\xi_b\alpha_1f_cbh_0=0.518\times1.0\times14.3\times450\times410=1366.665\text{kN}<N=1473.748\text{kN}$

$0.43\alpha_1f_cbh_0^2=0.43\times1.0\times14.3\times450\times410^2=465.141\text{kN}\cdot\text{m}$

$Ne=1473.748\times0.2424=357.17\text{kN}\cdot\text{m}$

故按构造配筋。

$$A_{smin}=0.002bh=0.002\times450\times450=405\text{mm}^2$$

实配钢筋 3 ⌀ 18 ($A_s=A'_s=763\text{mm}^2$)。

(2) 柱斜截面受剪承载力计算。由表 4-29 可见，1 层 B 轴柱的最大剪力 $V=43.258\text{kN}$，相应的轴力取 $N=1227.452\text{kN}$。

对于偏心受压柱，按下式计算斜截面受剪承载力

$$V\leqslant V_u=\frac{1.75}{\lambda+1}f_tbh_0+f_{yv}\frac{A_{sv}}{s}h_0+0.07N$$

$$\lambda=\frac{H_n}{2h_0}=\frac{5200-(600+300)/2}{2\times410}=5.79>3\ (\text{取}\ \lambda=3)$$

$N=1473.748\text{kN}>0.3f_cA=0.3\times14.3\times450\times450=868.7\text{kN}$（取 $N=868.7\text{kN}$）

$$\frac{1.75}{\lambda+1}f_t bh_0+0.07N=\frac{1.75}{3+1}\times1.43\times450\times410/1000+0.07\times868.7$$

$$=176.24\text{kN}>V=43.258\text{kN}$$

所以可按构造要求配置箍筋，选 φ8@200。由于1层柱截面高度大于400mm，故采用复合箍筋。1层B轴柱的截面配筋如图4-51所示。

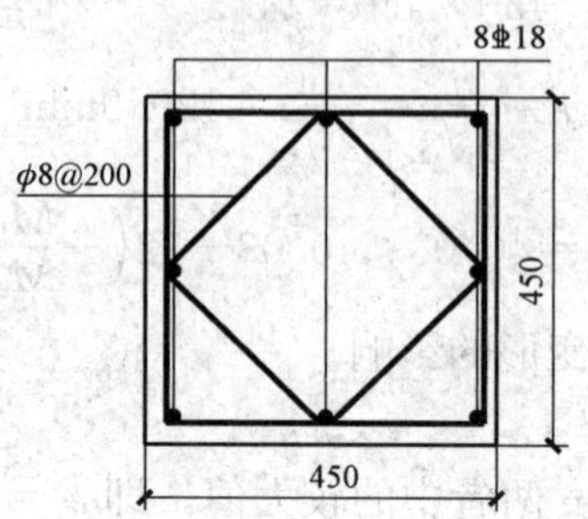

图4-51　1层B轴柱截面配筋图

本章小结

1. 框架结构是多、高层建筑的一种主要结构形式，是由梁和柱通过节点连接而形成的承重结构体系。按其施工方法不同，可分为现浇式、装配式和装配整体式三种。

2. 框架结构设计的主要内容包括结构布置，计算简图的确定，竖向和水平荷载下的内力计算、内力组合、截面配筋计算和构造等。

3. 在框架结构总体布置中，考虑到沉降、温度变化和体型复杂对结构的不利影响，可用沉降缝、伸缩缝和防震缝将结构分成若干独立的部分。

4. 设计计算时，往往把三维框架结构看成两个方向的平面框架：沿建筑物长向的纵向框架和沿建筑物短向的横向框架。纵向框架和横向框架分别承受各自方向上的水平力，而竖向荷载的承重方案有横向框架承重、纵向框架承重和纵、横向框架混合承重。

5. 框架结构上的竖向荷载包括结构自重和楼（屋）面活荷载，一般为分布荷载，有时也有集中荷载。水平荷载包括风荷载和水平地震作用，一般均简化为作用于框架节点的水平集中力。

6. 竖向荷载作用下框架结构的内力可采用弯矩二次分配法近似计算。水平荷载作用下的内力可用 D 值法、反弯点法等近似方法计算。

7. D 值是框架结构层间柱产生单位相对侧移所需施加的水平剪力，可用于框架结构的侧移计算和各柱间的剪力分配。D 值是在考虑框架梁为有限刚度及梁、柱节点有转动的前提下得到的，故比较接近实际情况。

8. 影响柱反弯点高度的主要因素是柱上、下端的约束条件。柱两端的约束刚度不同，相应的柱端转角也不相等，反弯点向转角较大的一端移动，即向约束刚度较小的一端移动。

9. 水平荷载作用下框架结构的侧移一般由两部分组成：由水平力引起的楼层剪力，使梁、柱构件产生弯曲变形，形成框架结构的整体剪切变形；由水平力引起的倾覆力矩，使框架柱产生轴向变形，形成框架结构的整体弯曲变形。当框架结构房屋较高或其高宽比较大时，宜考虑柱轴向变形对框架结构侧移的影响。

10. 适用于框架结构房屋的基础类型有柱下独立基础、条形基础、十字交叉条形基础、筏形基础等。设计时，应综合考虑上部结构的层数、荷载大小和分布、使用要求、地基土的物理力学性质、地下水位以及施工条件等因素，选择合理的基础形式。

11. 当基底反力为线性分布时，可采用倒梁法计算柱下条形基础的内力。其适用条件为：上部结构的整体刚度较好，基础梁高度较大，地基压缩性、柱距和荷载分布都比较均匀。

思考题

1. 钢筋混凝土框架结构按施工方法的不同可分为哪些形式？各有何优缺点？
2. 框架结构的梁、柱截面尺寸如何确定？应考虑哪些因素？
3. 怎样确定框架结构的计算简图？当各层柱截面尺寸不同且轴线不重合时应如何考虑？
4. 框架结构设计中应考虑哪些荷载或作用？风荷载如何计算？
5. D 值的物理意义是什么？具有相同截面的边柱和中柱的 D 值是否相同？具有相同截面及柱高的上层柱与底层柱的 D 值是否相同（假定混凝土弹性模量相同）？
6. 试画出多层多跨框架在水平风荷载作用下的弹性变形曲线。
7. 试分析单层单跨框架结构承受水平荷载作用，当梁、柱的线刚度比由零变到无穷大时，柱反弯点高度是如何变化的？
8. 水平荷载作用下框架结构的侧移由哪两部分组成？各有何特点？
9. 如何确定框架结构梁、柱内力组合的设计值？
10. 框架梁、柱纵筋在节点内的锚固有何要求？
11. 基础类型有哪些？如何选择基础类型？

习　题

1. 试分别用反弯点法和 D 值法计算图 4-52 所示框架结构的内力（弯矩、剪力和轴力）和水平位移。图中在各杆件旁标出了线刚度，其中 $i=2400\text{kN}\cdot\text{m}$。

2. 用 D 值法作图 4-53 所示框架的弯矩图。已知该框架梁、柱为现浇，楼板为预制，柱截面尺寸为 400mm×400mm，顶层梁截面尺寸为 250mm×500mm，楼层梁截面尺寸为 250mm×550mm，走道梁均为 250mm×400mm，混凝土强度等级为 C25。

3. 图 4-54 所示为一柱下钢筋混凝土条形基础，所受外荷载值及位置已知。地基为均匀黏性土，地基承载力特征值 $f_{ak}=165\text{kPa}$，土的重度为 20kN/m^3，基础埋深为 2.1m（由室内地坪算起）。试采用倒梁法计算基础梁的内力，要求确定基础梁高度、梁肋宽度、基础底面尺寸、翼缘板的厚度以及基础梁的配筋（提示：混凝土强度等级、钢筋种类以及图中的 L_1、L_2 自拟）。

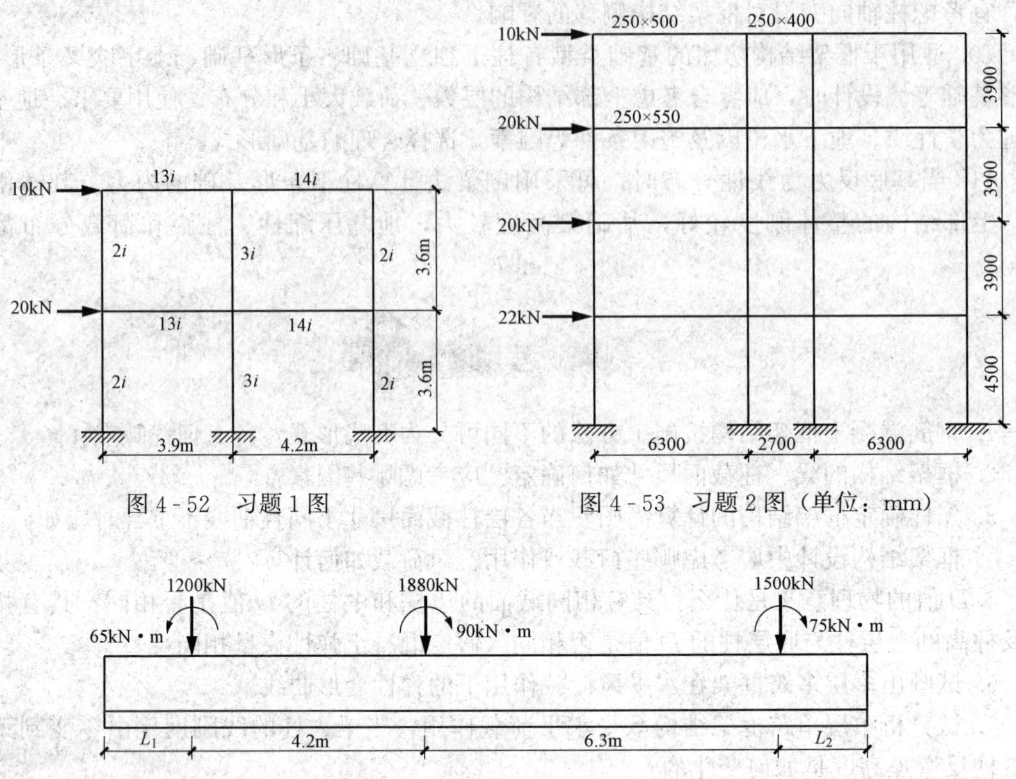

图 4-52　习题 1 图

图 4-53　习题 2 图（单位：mm）

图 4-54　习题 3 图

第5章　高层建筑结构设计概论

5.1 概　　述

高层建筑是相对于一般多层建筑而言的，判定一幢建筑是否为高层建筑，通常以建筑高度和房屋层数为衡量指标。目前，国际上对于高层建筑并没有一个统一的标准和定义，但诸多国家和地区对高层建筑的界定多在10层以上。JGJ 3—2010规定，10层及10层以上或房屋高度大于28m的住宅建筑以及房屋高度大于24m的其他高层民用建筑称为高层建筑。

在结构设计时，高层建筑的高度一般是指从室外地面至檐口或主要屋面的距离，不包括局部突出屋面的楼电梯间、水箱间及构架等高度。

随着高层建筑的迅猛发展，近年来又出现了所谓的超高层建筑。对于超高层建筑目前还没有明确的定义。在日本，20世纪70年代把70m以上的建筑称为超高层建筑，到了80年代又把超高层建筑的标准提高到100m，日本还将30层以上的旅馆、办公楼以及20层以上的住宅规定为超高层建筑。国际上，通常将高度超过100m或层数为30层以上的高层建筑称为超高层建筑。

5.2 高层建筑的发展

高层建筑是随着社会的进步和人们生活的需要而发展起来的，是商业化、工业化和城市化的结果。只有科学技术的进步、轻质高强材料的出现，以及机械化、电气化、计算机科学在建筑工程中的综合应用，才能为高层建筑的发展提供物质基础和技术支持。

美国是世界上高层建筑数量较多且发展较快的国家之一，现代第一幢高层建筑——家庭保险公司大楼（Home Insurance Building）是于1883年建成于美国芝加哥。它地上有11层，高55m，采用铸铁框架承重。1851年电梯系统的发明和1857年自控客用电梯的问世，解决了高层建筑的竖向运输问题，也为建造更高的建筑物创造了条件。1907年在纽约建造了辛尔大楼，该建筑共47层，高187m，为第一幢超过埃及金字塔高度的高层建筑。1931年，在美国纽约曼哈顿建造了著名的帝国大厦（Empire State Building），如图5-1所示。它地上有102层，高381m，是当时世界上最高的高层建筑，并将这一纪录保持了40年。20世纪60年代末至70年代初，美国的高层建筑发展到了顶峰时期，建成了一批具有代表性的建筑物，有些至今仍在世界高层建筑之林中占有一席之地。如建成于1973年的纽约世界贸易中心（World Trade Center）双塔楼，北楼高417m，南楼高415m，均

图5-1　美国帝国大厦全景

为 110 层，采用钢结构。该工程当时在规模和技术方面进行了多项创新，对以后高层建筑结构的设计和建造提供了重要的参考。然而不幸的是，该双塔楼在 2001 年 9 月 11 日的恐怖袭击中被毁。还有建成于 1973 年的美国芝加哥西尔斯（Sears）大厦，总层数为 110 层，高 442m，采用钢-混凝土混合结构体系，曾保持世界最高建筑达 20 年之久。

高层建筑在欧洲、亚洲等世界其他国家和地区也得到了较快的发展，陆续出现了许多高层建筑。如 1975 年波兰华沙建成的 Palace Kulturgi Nauki 大楼，总层数 47 层，高 241m，为当时欧洲最高的建筑。1973 年巴黎建造了 Maine Montparnasse 办公大楼，总层数 64 层，高 229m。日本于 1968 年首次突破建筑高度不得超过 31m 的限制，建成了 36 层、高 147m 的霞关大厦，并于 1978 年在东京建造了 60 层、高 226m 的阳光大厦，之后高度超过 100m 的高层建筑的数量急剧增加。1986 年在澳大利亚首都墨尔本建造了 Rialto 中心大厦，该建筑共 70 层，高 243m，为南半球最高的建筑。在非洲的约翰内斯堡也建造了 Calton 中心大厦，总层数 50 层，高 220m，为非洲大陆最高建筑。

图 5-2　台北 101 大厦外景

20 世纪 90 年代以后，随着亚洲经济的迅速崛起，西太平洋沿岸的新加坡、马来西亚以及中东、台湾等国家和地区陆续建造了高度超过 400m 的高层建筑。如 1996 年在吉隆坡建成的佩特纳斯（Petronas）大厦，共 88 层，高 452m，采用钢-混凝土混合结构承重体系，为当时世界上最高的建筑，这一纪录保持了 7 年。2003 年 10 月在台北竣工的 101 大厦共 101 层，高 508m，是当时世界上最高的高层建筑（见图 5-2），并第一次突破了高度 500m 的高限。2010 年 1 月正式启用的迪拜塔（哈利法塔）高度为 828m，共 162 层，是当今世界的最高建筑。

高层建筑在我国内地起步较晚，在 1949 年以前，国内的高层建筑很少，仅上海、广州、天津等少数城市有高层建筑，且大多数为外国人设计。20 世纪 50 年代，我国开始自行设计并建造高层建筑。当时标志性的建筑物有 1959 年建成的北京民族饭店，地上 12 层，地下 1 层，高 47.4m。1968 年建成的广州宾馆，地上 27 层，地下 1 层，高 88m。1974 年建成的北京饭店东楼，19 层，高 87.15m，为当时北京最高的建筑。1976 年建成的广州白云宾馆，33 层，高 114.05m，突破了总高 100m 的大关，并保持我国最高建筑长达 9 年。20 世纪 80 年代，我国高层建筑的发展进入繁荣期，建筑层数和高度不断提高，建筑功能和造型也越来越复杂。这一时期，北京、广州、深圳、上海等全国 30 多个大中城市建造了一大批高层建筑。进入 20 世纪 90 年代以后，随着我国经济实力的增强，高层建筑的建设也是突飞猛进。1998 年建成的上海金茂大厦，总层数 88 层，高 421m，采用钢一混凝土混合结构体系，是当时全国第一、亚洲第二、世界第三的摩天大楼。已于 2014 年建成的上海中心大厦，地上 118 层，高 632m，是目前内地最高的高层建筑。据不完全统计，我国目前高度超过 150m 的高层建筑有 100 多幢，高度超过 200m 的高层建筑已达 30 多幢。表 5-1 为截至 2012 年 2 月已建成的全球最高的前 10 座高层建筑。

表 5-1　全球最高的前 10 座高层建筑（截至 2012 年 2 月）

序　号	建筑名称	所在城市	层　数	高度（m）	建成年份
1	迪拜塔	迪拜	162	828	2010
2	台北 101	台北	101	508	2003
3	上海环球金融中心	上海	101	492	2008
4	环球贸易广场	香港	118	484	2010
5	佩特纳斯大厦	吉隆坡	88	452	1996
6	紫峰大厦	南京	89	450	2010
7	西尔斯大厦	芝加哥	110	442	1973
8	京基 100	深圳	100	442	2011
9	广州国际金融中心	广州	103	432	2009
10	特朗普国际酒店大厦	芝加哥	98	423	2009

近年来，高层建筑得到了突飞猛进的发展，并呈现出以下发展趋势：

（1）建筑高度还将不断增加，会有更多突破 500m 的高层建筑出现。如日本 2012 年 2 月建成的“天空树”，高 634m。即将竣工的深圳平安国际金融中心，地上 118 层，总高度达 660m。

（2）高层建筑的功能和用途日益多样化。目前的高层建筑多集商业、办公、旅馆、公寓及娱乐功能于一体，体现了建筑功能的个性化和综合化要求，现代信息技术的应用及建筑智能化也成为高层建筑必须具备的条件。

（3）高层建筑结构的新技术必将得到充分发展，包括高强钢材、高强混凝土在内的新型轻质、高强、复合材料将会得到更广泛的应用。高层建筑设计理论及施工技术必将存在创新，新的结构形式也将不断涌现。除了全部采用钢材的钢结构和全部采用钢筋混凝土材料的钢筋混凝土结构外，同时采用两种及两种以上材料做成的组合结构及混合结构体系在近年来也发展较快，具有广阔的应用前景。

5.3　高层建筑结构设计的特点

5.3.1　水平作用成为控制结构设计的主要因素

对于一般多层建筑结构，往往是竖向荷载对结构设计起控制作用。随着房屋层数的增加，虽然竖向荷载仍对结构设计产生重要影响，但水平荷载已成为结构设计的控制因素。例如一根下端固定的悬臂杆件，在竖向荷载作用下主要产生轴向压力，其数值仅与杆件高度的一次方成正比。而在水平荷载作用下，产生的倾覆力矩与杆件高度的三次方成正比。到达一定高度后，内力大幅度增加，并且水平地震作用和风荷载所引起的结构效应还随结构动力特性的不同而发生变化。

在竖向荷载和水平荷载作用下，高层建筑结构底部所产生的轴向力 N［见图 5-3（a）］和倾覆力矩 M［见图 5-3（b）、（c）］与房屋高度 H 存在以下关系：

结构底部的轴向力：

$$N = wH \tag{5-1}$$

结构底部的倾覆力矩：

$$M = \begin{cases} \frac{1}{2}qH^2\text{（水平均布荷载）} \\ \frac{1}{3}q_{\max}H^2\text{（水平倒三角形分布荷载）} \end{cases} \tag{5-2}$$

式中：w、q、$q_{\max}$分别为沿房屋单位高度的竖向荷载、水平均布荷载和水平倒三角形分布荷载的最大值。

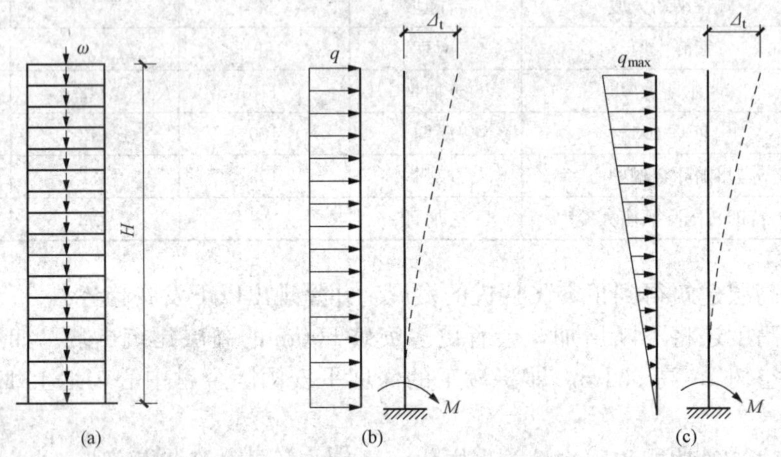

图 5-3　高层建筑结构受力示意图

(a) 竖向荷载作用；(b) 水平均布荷载作用；(c) 水平倒三角形荷载作用

5.3.2　侧移成为结构设计的控制指标

水平荷载作用下，随着建筑高度的增加，结构侧向变形急剧增大。结构顶点侧移 Δ_t 与房屋高度 H 的四次方成正比，即

$$\Delta_t = \begin{cases} \frac{1}{8EI}qH^4\text{（水平均布荷载）} \\ \frac{11}{120EI}q_{\max}H^4\text{（水平倒三角形分布荷载）} \end{cases} \tag{5-3}$$

式中：EI 为建筑物总体抗弯刚度。

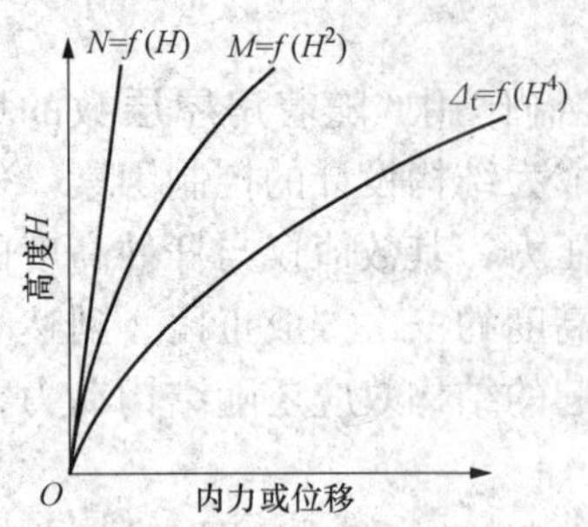

图 5-4　建筑物高度对内力和侧移的影响

图 5-4 给出了结构内力和侧移与房屋高度 H 的关系。由图可知，随着建筑高度的增加，水平侧移增长最快，弯矩次之。因此高层建筑结构设计中，抗侧力结构的设计成为关键。欲使抗侧力结构不仅具有足够的承载力，还具有较大的抗侧移刚度，必须选择可靠的抗侧力结构，将结构水平位移限制在一定的范围内。这是因为过大的水平位移会使人产生不安全感，会使填充墙等非结构构件和主体结构出现裂缝或损坏，造成电梯轨道变形，影响正常使用。过大的侧移还会使结构因 $P-\Delta$ 效应而产生较大的附加内力等。

5.3.3　轴向变形的影响不容忽视

高层建筑由于层数多、轴力大，其竖向结构构件中会产生较大的轴向变形。如框架结构和框架－剪力墙结构中，框架中柱的轴向压力一般大于边柱的轴向压力，中柱的轴向压缩变形会大于边柱的轴向压缩变形。当房屋很高时，中柱和边柱就会产生较大的轴向变形差值，使框架梁的弯矩分布发生较大变化。因此在高层建筑结构设计中，轴向变形的影响必须考虑。图 5-5（a）为未考虑各柱轴向变形差异时框架梁的弯矩分布，图 5-5（b）为考虑各柱轴向变形差异时框架梁的弯矩分布。

此外，随着房屋高度的增大，在水平荷载作用下，整体弯曲在竖向结构体系中也会产生较大的轴向压力和拉力，使一侧的竖向构件产生轴向压缩，另一侧竖向构件产生轴向拉伸，从而引起结构发生水平侧移（见图 5-6），对结构产生重要影响。

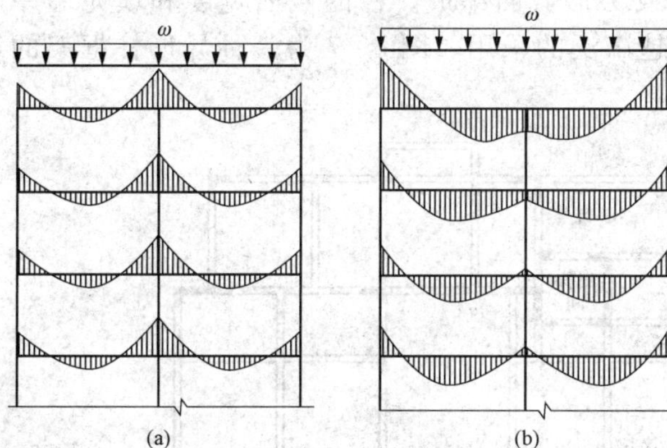

图 5-5　柱轴向变形对高层框架梁弯矩分布的影响

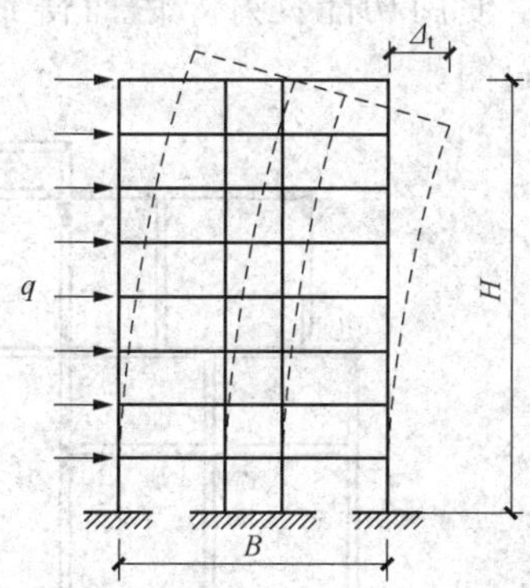

图5-6　竖向构件压缩和拉伸引起的水平侧移

5.3.4　延性是结构设计的重要指标

延性是指结构或构件屈服后，在其承载力保持不变或降低很少的条件下发生塑性变形的能力，通常用延性比 μ 来表示，即

$$\mu=\frac{\Delta_u}{\Delta_y} \tag{5-4}$$

式中：Δ_u、Δ_y分别为结构或构件破坏和屈服时的位移。

延性比大，说明结构或构件的塑性变形能力好，可以耗散较多的地震能量。对于地震区的高层建筑，提高结构延性是提高结构抗震性能、增强结构抗倒塌能力的重要措施之一。在高层框架和剪力墙结构设计中，通过采取合理的总体布置、节点连接、构造措施等，保证结构具有良好的延性，可以确保高层结构体系具有较好的抗震性能。

此外，在高层建筑结构设计中，还应正确选择材料、结构体系以及基础形式等，提高材料利用率、减轻结构自重，并采用合理可行的设计计算方法，这些对于改善结构性能、降低工程造价都是十分必要的。

5.4　高层建筑的结构体系

在高层建筑中，水平荷载是结构上作用的主要荷载，故抵抗水平荷载的结构体系常称为抗侧力结构体系。高层建筑中基本的抗侧力结构单元有框架、剪力墙、筒体等，由它们可以组成各种结构体系。

5.4.1 框架结构体系

框架结构是由梁、柱构件组成的结构。如果整幢房屋均采用这种结构形式，则称为框架结构体系或纯框架结构。

框架结构的优点是建筑平面布置灵活，能获得较大的空间，特别适用于较大的会议室、商场、餐厅、教室等，也可根据需要隔成小房间。框架结构的外墙为非承重构件，可使立面设计灵活多变。如果采用轻质墙体，就可大大降低房屋自重，节省材料。

框架柱的截面多为矩形，且其截面边长一般大于墙厚，室内出现棱角，影响房间的使用功能和建筑观瞻。因此多年来，出现了一种新型框架结构体系——异形柱框架结构体系，其柱截面由L形、T形、十字形或Z形截面组成。柱的截面宽度和填充墙厚度相同，使用功能良好，因而得到了越来越广泛的采用。图5-7为一种异形柱框架的结构平面图。

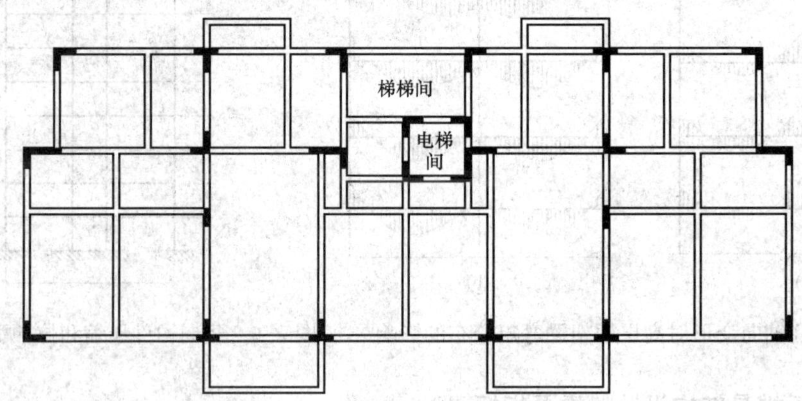

图5-7 异形柱框架结构平面图

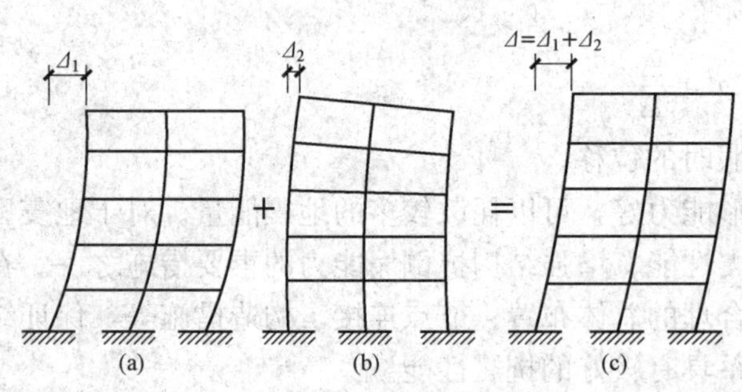

图5-8 框架的侧向变形

框架结构在水平力的作用下会产生内力和变形。其侧移由两部分组成，如图5-8所示：第一部分侧移由梁、柱构件的弯曲变形所引起。框架下部梁、柱的内力较大，层间变形也大，越到上部，层间变形越小，使整个结构呈现出剪切型变形，见图5-8（a）。第二部分侧移由框架柱的轴向变形所引起。水平力的作用使一侧柱拉伸，另一侧柱压缩，使结构出现侧移。这种侧移在上部楼层较大，越到结构底部，层间变形越小，使整个结构呈现弯曲型变形，见图5-8（b）。框架结构的第一部分侧移是主要的，框架整体表现为剪切型变形特征。当框架结构的层数较多时，第二部分侧移的影响应予以考虑。

框架的侧向刚度主要取决于梁、柱的截面尺寸。而梁、柱截面的惯性矩通常较小，因此其侧向刚度较小，侧向变形较大，在地震区，容易引起填充墙等非结构构件的破坏，这就使得框架结构不能建得很高，以 15～20 层以下为宜。

5.4.2　剪力墙结构体系

利用建筑物墙体作为承受竖向荷载和水平荷载的结构，称为剪力墙结构。墙体同时也作为房间围护和分隔的构件。

剪力墙的高度与整个房屋高度相同，高达几十米甚至上百米。受楼板跨度的限制，剪力墙结构的开间一般为 3～8m，适用于住宅、宾馆等建筑。剪力墙在荷载作用下，各截面将产生轴力、弯矩和剪力，并引起侧向变形。当高宽比较大时，剪力墙为一个以受弯为主的悬臂墙，其侧向变形呈弯曲型，即层间位移由下至上逐渐增大，如图 5-9 所示。剪力墙结构的水平承载力和侧向刚度都很大，侧向变形较小，适合于建造较高的高层建筑。但其缺点是结构自重大，建筑平面布置局限性大，不易获得较大的建筑空间。

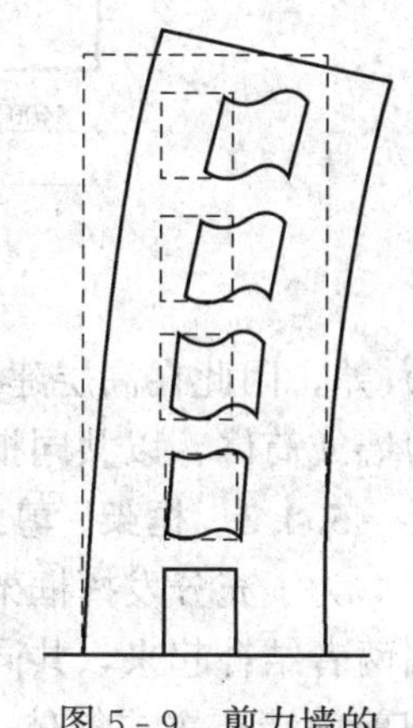

图 5-9　剪力墙的侧移曲线

为了扩大剪力墙结构的应用范围，在城市临街建筑中，可将剪力墙结构房屋的底层或底部几层做成框架，形成框支剪力墙，如图 5-10 所示。框支层空间大，可用作餐厅、商店等，上部剪力墙结构可作为住宅、宾馆等，能够具有良好的使用性能。但是，框支剪力墙的下部为框支柱，与上部剪力墙的刚度相差悬殊，在地震作用下，框支层将产生很大的侧向变形，造成框支柱破坏，甚至引起整栋房屋倒塌。因此，在地震区不允许采用底层或底部若干层全部为框架的框支剪力墙结构。为了改善这种结构的抗震性能，可以采用部分剪力墙落地、部分剪力墙由框架支承的部分框支剪力墙结构。由于有一定数量的剪力墙落地、通过设置转换层将不落地的剪力墙的剪力转移到落地剪力墙，以减小由于框支层刚度和承载力的突然变小造成的对结构抗震性能的不利影响。

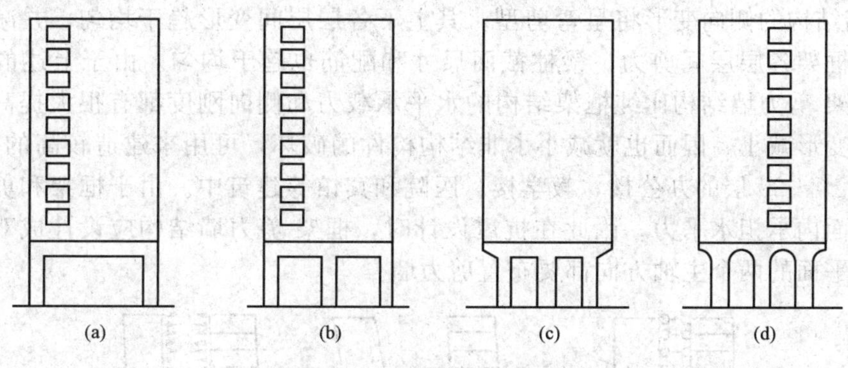

图 5-10　框支剪力墙结构

在底部大空间剪力墙结构中，应采取措施加大底部大空间的刚度，如将剪力墙布置在结构平面的两端或中部，并将落地的纵、横向墙围成筒体，如图 5-11 所示。另外，还应加大落地墙体的厚度，适当提高混凝土的强度等，使整个结构的上、下部侧向刚度差别较小。

多年来，一种被称为短肢剪力墙的结构体系在高层住宅中得到了采用。短肢剪力墙是指墙肢的截面高度与宽度之比为 5～8 的剪力墙。短肢剪力墙结构有利于住宅建筑平面的布置和减轻结构自重，但是由于短肢剪力墙的抗震性能比一般剪力墙（墙肢截面高度与宽度之比

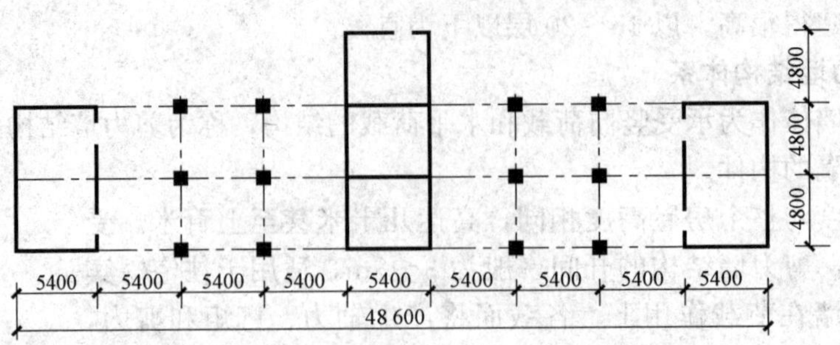

图 5-11　底部大空间剪力墙结构

8）差，因此在高层建筑中不允许采用全部为短肢剪力墙的结构，应设置一定数量的一般剪力墙或筒体，以共同抵抗竖向荷载和水平荷载。

5.4.3　框架-剪力墙结构体系

为了充分发挥框架结构平面布置灵活和剪力墙结构侧向刚度大的特点，可将框架和剪力墙两者结合起来，共同抵抗竖向和水平荷载作用，从而形成了框架-剪力墙结构体系。如果把剪力墙布置成筒体，又可称为框架-筒体结构体系。如果楼盖为无梁楼盖，由楼板与柱组成的框架称为板柱框架，而由板柱框架与剪力墙共同组成的结构，称为板柱-剪力墙结构。

框架-剪力墙结构中，由于剪力墙刚度大，剪力墙将承担大部分水平力（有时可高达总水平力的80%～90%），是抗侧力的主体，整个结构的侧向刚度大大提高，框架则主要承担竖向荷载，同时也承担小部分水平力。

在水平荷载作用下，框架呈剪切型变形，剪力墙则呈弯曲型变形。当两者通过楼板协同工作共同抵抗水平荷载时，框架与剪力墙的变形必须保持协调一致（见图 5-12），因而框架-剪力墙结构的侧向变形将呈弯剪型，其上下各层层间变形趋于均匀，并减小了顶点侧移，同时框架各层层间剪力、梁柱截面尺寸和配筋也趋于均匀。由于上述的受力和变形特点，框架-剪力墙结构比纯框架结构的水平承载力和侧向刚度都有很大提高，在地震作用下层间变形减小，因而也就减小了非结构构件的破坏，可用来建造较高的高层建筑，目前常用于 10～20 层的办公楼、教学楼、医院和宾馆等建筑中。由于框架和剪力墙都只能在自身平面内承担水平力，因此在抗震设计时，框架-剪力墙结构应设计成双向抗侧力体系，结构平面的两个主轴方向都要布置剪力墙。

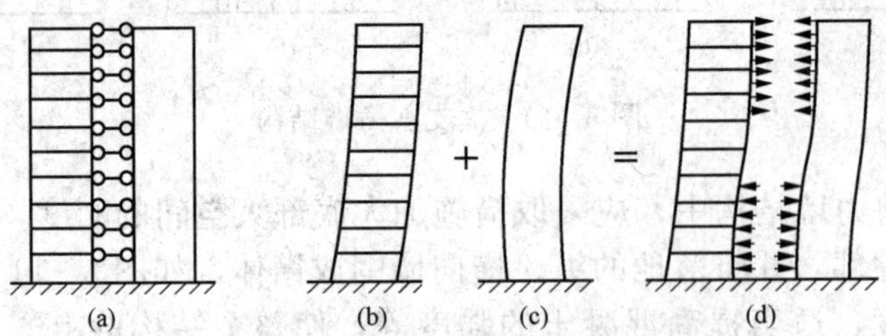

图 5-12　框架-剪力墙的协同工作

框架-剪力墙结构设计的关键是确定剪力墙的数量和位置，剪力墙多一些，结构的侧向刚度就会增大，侧向变形随之减小。但如果剪力墙设置的太多，不但在布置上较为困难，而且也不经济，通常情况下以满足结构的位移限值作为剪力墙数量确定的依据较为合适。剪力墙的布置可以灵活，但宜符合以下要求：

(1) 抗震设计时，剪力墙的布置宜使结构平面各主轴方向的侧向刚度接近。

(2) 剪力墙布置要对称，使结构平面的刚度中心与质量中心尽量接近，以减小水平力作用下结构的扭转效应。

(3) 剪力墙宜贯通建筑物全高，使结构上下刚度比较均匀，避免刚度突变，门窗洞口宜上下对齐、大小相同。

(4) 在建筑物的周边、楼梯间、电梯间、平面形状变化及竖向荷载较大的部位宜均匀布置剪力墙，楼梯间、电梯间、设备竖井宜尽量与靠近的抗侧力结构结合布置。

(5) 平面形状凹凸较大时，宜在凸出部分的端部附近布置剪力墙。

(6) 剪力墙尽可能采用 L 形、T 形、[形或筒形，使一个方向的墙体成为另一个方向墙体的翼墙，增大抗侧和抗扭刚度。

(7) 如果建筑的平面过长，在水平力作用下，楼盖将产生平面内弯曲变形，使框架的侧移增大，水平剪力也将增加，因此规定横向剪力墙沿长方向的间距，宜满足表 5-2 的要求。当这些剪力墙之间的楼盖有较大开洞时，剪力墙的间距应适当减小。此外，纵向剪力墙不宜集中布置在房屋的两尽端。否则会造成对楼盖两端的约束作用，楼盖中部的梁板容易因混凝土收缩和温度变化而出现裂缝。

表 5-2 剪力墙间距 m

楼盖形式	非抗震设计（取较小值）	抗震设防烈度		
		6、7 度（取较小值）	8 度（取较小值）	9 度（取较小值）
现浇	5.0B、60	4.0B、50	3.0B、40	2.0B、30
装配整体	3.5B、50	3.0B、40	2.5B、30	—

注 1 表中 B 为剪力墙之间的楼盖宽度，单位为 m。
2 装配整体式楼盖应设置钢筋混凝土现浇层。
3 现浇层厚度大于 60mm 的叠合楼板可作为现浇板考虑。
4 当房屋端部未布置剪力墙时，第一片剪力墙与房屋端部的距离不宜大于表中剪力墙间距的 1/2。

5.4.4 筒体结构体系

筒体的基本形式有实腹筒、框筒和桁架筒三种。用剪力墙围成的筒体称为实腹筒，如图 5-13 (a) 所示。布置在房屋四周，由密排柱和刚度很大的窗裙梁形成的密柱深梁框架围成的筒体称为框筒，如图 5-13 (b) 所示。如果筒体的四壁是由竖杆和斜杆形成的桁架组成，则称为桁架筒，如图 5-13 (c) 所示。筒中筒结构是上述筒体单元的组合，通常由实腹筒作内部核心筒，框筒或桁架筒作外筒，两个筒共同抵抗水平荷载作用，如图 5-13 (d)所示。

筒体最主要的受力特点是其空间受力性能。在水平荷载作用下，筒体可视为固定于基础上的箱形悬臂构件，它比平面结构具有更大的侧向刚度和水平承载力，并具有很好的抗扭刚度。

1. 框筒结构

框筒结构在水平力作用下横截面上各柱的轴力分布如图 5-14 中实线所示，平面上具有中和轴，分为受拉和受压柱，形成受拉翼缘框架和受压翼缘框架。可以看出，翼缘框架中各柱轴力分布并不均匀（图中虚线表示平均分布时的柱轴力），角柱的轴力大于平均值，远离角柱的各柱轴力小于平均值。在腹板框架中，各柱轴力也不呈直线分布。这种现象称为剪力滞后。框筒中剪力滞后现象愈严重，参与受力的翼缘框架柱愈少，空间受力性能愈弱。设计中应设法减小剪力滞后现象，使各柱尽量受力均匀，这样可大大增加框筒的侧向刚度和水平承载力。

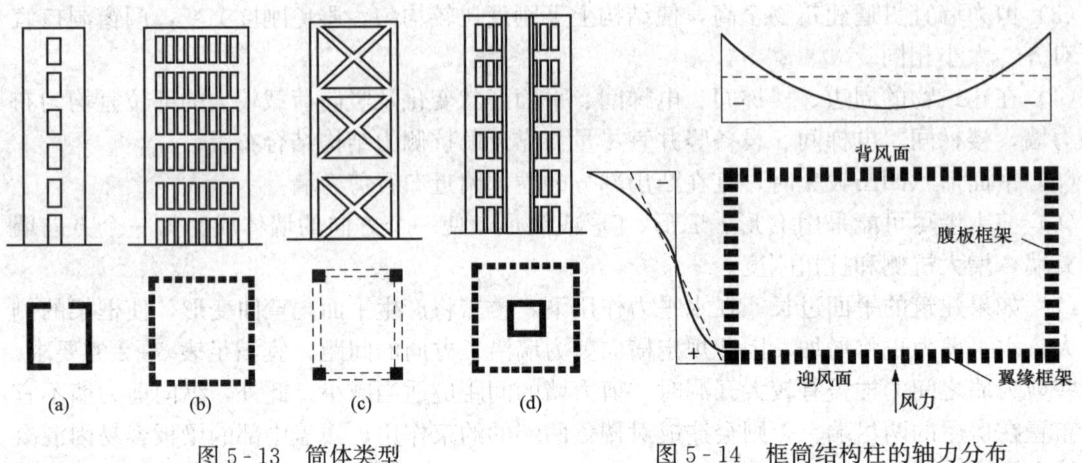

图 5-13　筒体类型　　图 5-14　框筒结构柱的轴力分布

2. 筒中筒结构

筒中筒结构一般用实腹筒做内筒，框筒或桁架筒做外筒。当采用钢结构时，内筒也可由框筒做成。内筒可集中布置电梯、楼梯、竖向管道等。框筒侧向变形以剪切型为主，而内筒（实腹筒）一般以弯曲型变形为主。二者通过楼板联系，共同抵抗水平荷载，其协同工作的原理与框架—剪力墙结构相似。在下部，内筒承担大部分水平剪力，而在上部，水平剪力逐渐转移到外筒上。由于内、外筒的协同工作，结构侧向刚度增大，层间变形减小。因此，筒中筒结构成为 50 层以上高层建筑的主要结构体系。

3. 多筒结构—成束筒

两个以上框筒（或其他筒体）排列在一起成束状，形成空间刚度极大的抗侧力结构，以抵抗水平荷载作用，称为成束筒。成束筒中相邻筒体之间具有共同的筒壁，每个单元筒又能单独形成一个筒体结构。如图 5-15 所示的美国西尔斯（Sears）大厦，是由 9 个框筒组合而成的正方形平面。框筒的每条边都是由间距为 4.57m 的钢柱和桁架梁组成，在 x、y 方向各有 4 个腹板框架和 4 个翼缘框架，这样布置可使腹板框架间隔减小，并减小翼缘框架的剪力滞后现象，使翼缘框架中

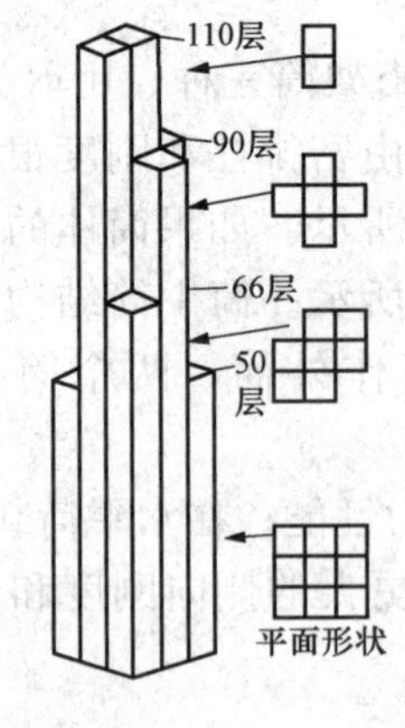

图 5-15　西尔斯大厦的主体结构

各柱所受轴向力比较均匀。成束筒结构的刚度和承载力比筒中筒结构有所提高，沿高度方向还可逐渐减小筒的个数，使得建筑平面尺寸分段减小，结构刚度逐渐变化，同时又不打乱每个框筒中梁、柱和楼板的布置。但是应当注意，这些逐渐减小的筒体结构应对称于建筑物的平面中心。

4. 巨型框架

利用筒体作为柱子，在各筒体之间每隔数层用巨型梁相连，筒体和巨型梁即形成巨型框架，如图5-16所示。巨型梁通常由桁架或几层楼构成，其上可以设置小框架以支承各楼层结构，小框架只承受竖向荷载并将它传给巨型梁，一般不考虑小框架承担水平荷载。由于巨型框架的梁、柱截面很大，抗弯刚度和承载力也很大，因此巨型框架的侧向刚度比一般框架大很多，其数值可根据建筑物高度、巨型柱和巨型梁的刚度确定。

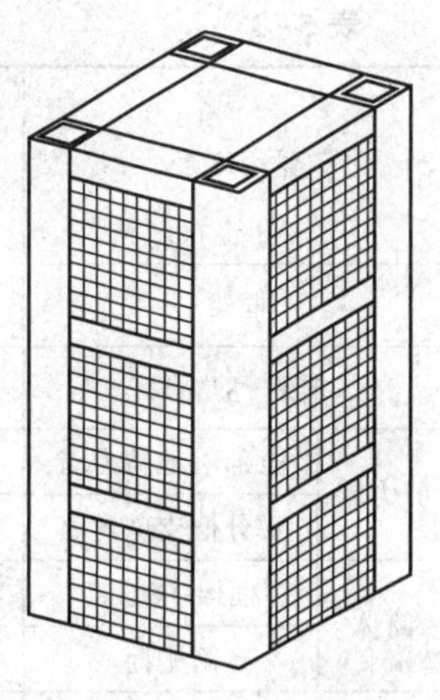

图5-16　巨型框架

巨型框架体系在上、下两层巨型梁之间有比较大的灵活空间，可以布置小框架形成多层房间，也可以形成具有很大空间的中庭，以满足使用功能和建筑需要，一般可用来建造30～150层的高层建筑。

5.4.5　框架-核心筒结构体系

由核心筒与外围柱距较大的框架组成的高层建筑结构称为框架-核心筒结构，如图5-17所示。如果外围框架采用钢框架或型钢混凝土框架，则属于钢-混凝土混合结构的范畴。在这种结构中，筒体主要承担水平荷载，框架主要承担竖向荷载。框架-核心筒结构兼有框架结构与筒体结构两者的优点，建筑平面布置灵活，便于设置大房间，且具有较大的侧向刚度和水平承载力，因此在实际工程中得到了越来越广泛的应用。

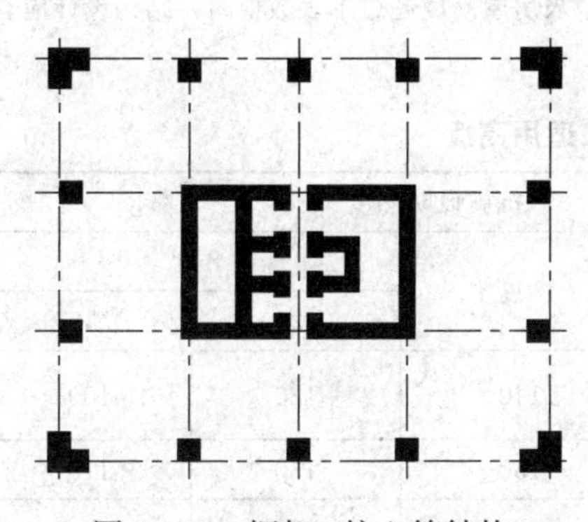

图5-17　框架-核心筒结构

5.5　各种结构体系的适用高度和高宽比

5.5.1　最大适用高度

JGJ 3—2010对各种高层建筑结构体系的最大适用高度做了规定，见表5-3和表5-4。其中A级高度的钢筋混凝土高层建筑是指符合表5-3高度限制的建筑，也是目前数量最多，应用最广泛的常规高层建筑。B级高度的高层建筑是指较高的（高度超过表5-3规定的高度）、设计上有更严格要求的高层建筑，习称超限高层建筑，其最大适用高度应符合表5-4的规定。

表 5-3 **A 级高度钢筋混凝土高层建筑的最大适用高度** m

结构体系		非抗震设计	抗震设防烈度				
			6 度	7 度	8 度		9 度
					0.20g	0.30g	
框架		70	60	50	40	35	—
框架-剪力墙		150	130	120	100	80	50
剪力墙	全部落地剪力墙	150	140	120	100	80	60
	部分框支剪力墙	130	120	100	80	50	不应采用
筒体	框架-核心筒	160	150	130	100	90	70
	筒中筒	200	180	150	120	100	80
板柱-剪力墙		110	80	70	55	40	不应采用

注 1 房屋高度是指自室外地面至房屋主要屋面的高度，不包括突出屋面的电梯机房、水箱、构架等高度。

2 表中框架不含异形柱框架结构。

3 部分框支剪力墙结构是指地面以上有部分框支剪力墙的剪力墙结构。

4 平面和竖向均不规则的高层建筑结构，其最大适用高度宜适当降低。

5 甲类建筑，6、7、8 度时宜按本地区抗震设防烈度提高一度后符合本表的要求，9 度时应做专门研究。

6 框架结构、板柱-剪力墙结构以及 9 度抗震设防的表列其他结构，当房屋高度超过本表数值时，结构设计应有可靠依据，并采取有效的加强措施。

表 5-4 **B 级高度钢筋混凝土高层建筑的最大适用高度** m

结构体系		非抗震设计	抗震设防烈度			
			6 度	7 度	8 度	
					0.20g	0.30g
框架-剪力墙		170	160	140	120	100
剪力墙	全部落地剪力墙	180	170	150	130	110
	部分框支剪力墙	150	140	120	100	80
筒体	框架-核心筒	220	210	180	140	120
	筒中筒	300	280	230	170	150

注 1 房屋高度是指自室外地面至房屋主要屋面的高度，不包括突出屋面的电梯机房、水箱、构架等高度。

2 部分框支剪力墙结构是指地面以上有部分框支剪力墙的剪力墙结构。

3 平面和竖向均不规则的高层建筑结构，其最大适用高度宜适当降低。

4 甲类建筑，6、7 度时宜按本地区设防烈度提高一度后符合本表的要求，8 度时应专门研究。

5 当房屋高度超过表中数值时，结构设计应有可靠依据，并采取有效的加强措施。

5.5.2 最大高宽比

高层建筑中控制侧向位移尤为重要。随着建筑高度的增加，倾覆力矩也将迅速增大，因此建造宽度很小的建筑物是不合适的。JGJ 3—2010 对钢筋混凝土高层建筑结构适用的最大高宽比做了规定，见表 5-5。其目的是控制结构的刚度和侧向位移。当主体结构与裙房相连时，高宽比按裙房以上部分建筑的高度和宽度计算。

表 5-5　钢筋混凝土高层建筑结构适用的最大高宽比

结构体系	非抗震设计	抗震设防烈度		
		6、7 度	8 度	9 度
框架	5	4	3	—
板柱-剪力墙	6	5	4	—
框架-剪力墙、剪力墙	7	6	5	4
框架-核心筒	8	7	6	4
筒中筒	8	8	7	5

5.6　结构的总体布置

在高层建筑的初步设计阶段，除了应根据房屋高度选择合理的结构体系外，还应对结构平面和结构竖向进行合理的总体布置，并综合考虑房屋的使用、建筑美观、结构合理以及便于施工等方面的要求。

5.6.1　结构平面布置

1. 一般原则

结构的平面布置必须考虑有利于抵抗水平荷载和竖向荷载，受力明确，传力直接，力求均匀对称，减小扭转的影响。在地震作用下，建筑平面要力求简单规则，风荷载作用下则可适当放宽。

高层建筑结构平面布置应符合以下规定：

（1）在高层建筑的一个独立结构单元内，宜使结构平面形状简单、规则，结构刚度和承载力分布均匀，不应采用严重不规则的平面布置。

震害经验表明，L 形、T 形平面和其他不规则的建筑物常因扭转而发生破坏，因此结构平面布置力求简单、规则、对称，避免结构刚度不均匀分布，以减小扭转的影响。

（2）高层建筑宜选用风作用效应较小的平面形状，在沿海地区，风荷载成为高层建筑的控制荷载，采用风压较小的平面形状有利于抗风设计。对抗风有利的平面形状是简单、规则的凸平面，如圆形、正多边形、椭圆形、鼓形等平面。对抗风不利的平面是有较多凹、凸的复杂平面形状，如 V 形、Y 形、H 形、弧形等平面。

（3）抗震设计的混凝土高层建筑，其平面宜简单、规则、对称，减少偏心；平面长度不宜过长，L/B 宜符合表 5-6 的要求；平面突出部分的长度 l 不宜过大、宽度 b 不宜过小（见图 5-18），l/B_{max}、l/b 宜符合表 5-6 的要求。建筑平面不宜采用角部重叠或细腰形平面布置。

表 5-6　L、l 的限值

设防烈度	L/B	l/B_{max}	l/b
6、7 度	⩽6.0	⩽0.35	⩽2.0
8、9 度	⩽5.0	⩽0.30	⩽1.5

平面过于狭长的建筑物，在地震时因两端地震波输入有相位差而容易产生不规则振动，

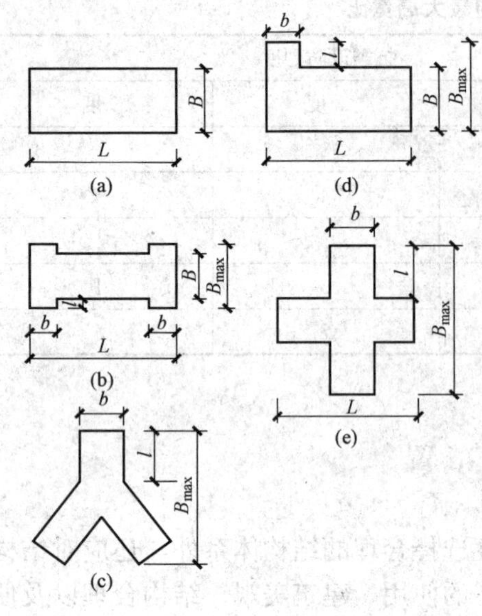

图 5-18　建筑平面

从而造成较大震害，故应对 L/B 值予以限制。在实际工程中，L/B 最好不超过 4（设防烈度为 6、7 度时）或 3（设防烈度为 8、9 度时）。

建筑平面上突出部分长度 l 过大时，突出部分容易产生局部振动而引发凹角处破坏，故应对 l/b 值予以限制。在实际工程中，l/b 最好不要大于 1。

角部重叠和细腰形的平面布置（见图 5-19），因重叠长度太小［见图 5-19（a）］，或采用狭窄的楼板连接［见图 5-19（b）］，在重叠部位和连接楼板处，应力集中现象十分显著，尤其是在凹角部位，因应力集中易使楼板开裂、破坏，故不宜采用这种结构平面方案。如必须采用时，则这些部位应采用增大楼板厚度、增加板内配筋、设置集中配筋的边梁、配置 45°斜向钢筋等方法予以加强［见图 5-19（c）］。

（4）抗震设计的 B 级高度钢筋混凝土高层建筑、混合结构高层建筑及复杂高层建筑，其平面布置应简单、规则，减少偏心。

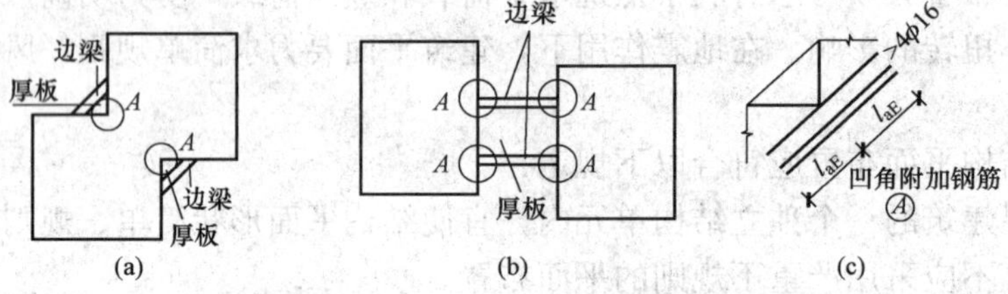

图 5-19　角部重叠和细腰形结构的平面及连接部位楼板的加强

B 级高度钢筋混凝土结构及混合结构的最大适用高度已放松到比较高的程度，复杂高层建筑结构的竖向布置已不规则，对于这些结构的平面布置的规则性应严格要求，因此对于上述结构的平面布置应做到简单、规则、减小偏心。

（5）结构平面布置应减少扭转的影响。

国内外历次大地震震害表明，平面不规则、质量与刚度偏心和抗扭刚度太弱的结构，在地震中会受到严重破坏，国内一些振动台模型的试验结果也表明，扭转效应会导致结构发生严重破坏。因此，结构平面布置应减少扭转的影响，需从以下两个方面加以限制：

1）限制结构平面布置的不规则性，避免由于过大的偏心而导致结构产生较大的扭转效应。在考虑偶然偏心影响的地震作用下的楼层竖向构件的最大水平位移和层间位移：A 级高度高层建筑不宜大于该楼层平均值的 1.2 倍，不应大于该楼层平均值的 1.5 倍；B 级高度高层建筑、超过 A 级高度的混合结构及复杂高层建筑不宜大于该楼层平均值的 1.2 倍，不应大于该楼层平均值的 1.4 倍。

2）结构的抗扭刚度不能太弱，以结构扭转为主的第一自振周期 T_t 与以平动为主的第一自振周期 T_1 之比，A 级高度高层建筑不应大于 0.9，B 级高度高层建筑、超过 A 级高度的混合结构及复杂高层建筑不应大于0.85。

2. 对楼板开洞的限制

当楼板有较大凹入或开有大面积洞口时，被凹口或洞口划分开的各部分之间的连接较为薄弱，在地震中容易相对振动而使削弱部位产生震害，因此对凹入或洞口的大小应加以限制。为此，JGJ 3—2010对高层建筑的楼板做了以下规定：

(1) 当楼板平面比较狭长，有较大的凹入或开洞而使楼板有较大削弱时，应在设计中考虑楼板削弱对结构产生的不利影响，楼板凹入或开洞尺寸不宜大于楼面宽度的50%；楼板开洞总面积不宜超过楼面面积的30%；在扣除凹入或开洞后，楼板在任一方向的最小净宽不宜小于5m，且开洞后每一边的楼板净宽不应小于2m。

(2) 卄字形、井字形等外伸长度较大的建筑，当中央部分楼、电梯间使楼板有较大削弱时，应加强楼板以及连接部位墙体的构造措施，必要时还可在外伸段凹槽处设置连接梁或连接板。

(3) 楼板开大洞削弱后，宜采用以下构造措施予以加强：①加厚洞口附近楼板，提高楼板的配筋率，采用双层双向配筋；②洞口边缘设置边梁、暗梁；③在楼板洞口角部集中配置斜向钢筋。

3. 变形缝的设置

在一般房屋结构的总体布置中，考虑到温度变化、混凝土收缩、地基沉降和体型复杂对房屋结构的不利影响，常用伸缩缝、沉降缝或防震缝将房屋分成若干个独立的部分，从而消除或减少温度应力、沉降差和体型复杂对结构造成的不利影响。但在高层建筑中，常常由于建筑使用要求和立面效果考虑，以及防水处理困难等，希望少设或不设缝，特别是在地震区，由于缝将房屋分成几个独立的部分，地震时常因相互碰撞造成震害。因此在高层建筑中，目前总的趋势是避免设缝，并从总体布置或构造上采取相应措施以减少温度变化、地基沉降或体型复杂引起的问题。

(1) 伸缩缝。结构受热时膨胀，受冷时则收缩，而且房屋的长度越长，楼板沿长度方向由温度引起的长度变化就越大。当这种变形受到约束时，就会在结构内部产生应力。由温度变化引起的结构内力称为温度应力，它会使房屋出现裂缝，影响正常使用。在高层建筑中，温度应力造成的危害在房屋的底部数层和顶部数层较为明显。房屋基础埋在地下，混凝土收缩量和温度变化的影响都较小，因而底部数层的温度变形及收缩会受到基础的约束。在房屋顶部，日照直接作用在屋盖上，顶层板的温度变化比下部楼板剧烈，其变形受到下部楼层的约束。中间各楼层在使用期间温度条件接近，变化也接近，温度应力的影响较小。为消除温度和收缩应力对结构造成的危害，JGJ 3—2010规定了高层建筑结构伸缩缝的最大间距，见表5-7。当房屋长度超过表中规定的限制时，宜用伸缩缝将上部结构从顶到基础顶面断开，分成独立的温度区段。

表5-7　伸缩缝的最大间距

结构体系	施工方法	最大间距（m）
框架结构	现浇	55
剪力墙结构	现浇	45

注 1　框架-剪力墙的伸缩缝间距可根据结构的具体布置情况取表中框架结构与剪力墙结构之间的数值。

2　当屋面无保温或隔热措施、混凝土的收缩较大或室内结构因施工外露时间较长时，伸缩缝间距应适当减小。

3　位于气候干燥地区、夏季炎热且暴雨频繁地区的结构，伸缩缝的间距宜适当减小。

当采用下列构造措施和施工措施减小温度和混凝土收缩对结构的影响时，可适当放宽伸缩缝的间距：

1）在房屋的顶层、底层、山墙和纵墙端开间等温度应力较大的部位提高配筋率。

2）在屋顶加强保温隔热措施或设置架空通风双层屋面，减小温度变化对屋盖结构的影响；外墙设置外保温层，减小温度变化对主体结构的影响。

3）施工中每隔30～40m间距留后浇带，带宽为800～1000mm，钢筋采用搭接接头（图5-16），后浇带混凝土宜在45d后浇灌。

4）采用收缩小的水泥，减少水泥用量，在混凝土中加入适宜的外加剂。

5）提高每层楼板的构造配筋率或采用部分预应力混凝土结构。

设置后浇带的作用在于减小混凝土的收缩应力，提高建筑物对温度应力的耐受能力，但不能直接减少温度应力。因此，后浇带应通过建筑物的整个横截面，将全部墙、梁和楼板断开，使两部分混凝土可以自由收缩。在后浇带处板、墙钢筋应采用搭接接头（见图5-20），梁主筋可不断开。后浇带应从结构受力较小部位曲折通过，不宜在同一平面内通过，以免全部钢筋均在同一平面内搭接。一般情况下，后浇带可设在框架梁和楼板的1/3跨处，设在剪力墙洞口上方连梁跨中或内外墙连接处，如图5-21所示。

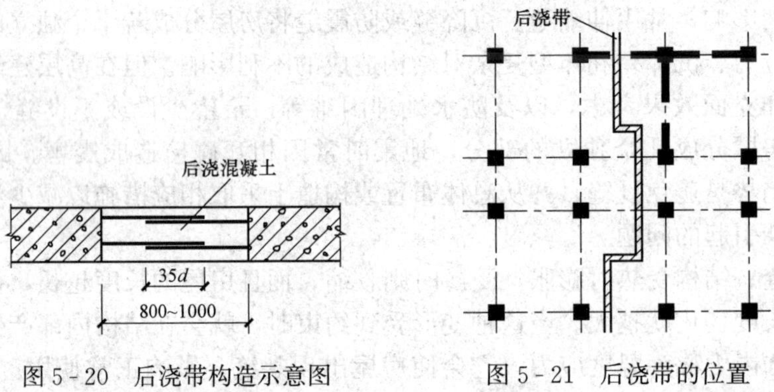

图5-20 后浇带构造示意图　　图5-21 后浇带的位置

（2）沉降缝。许多高层建筑由主体结构和层数不多的裙房组成。裙房和主体结构的高度及重量相差悬殊，会产生相当大的沉降差。可采用沉降缝将结构从顶到基础全部断开，使各部分自由沉降，以避免由沉降差引起结构开裂或破坏。

当采用以下措施时，可将主体结构和裙房之间连为整体而不设沉降缝：

1）采取压缩性小的地基，减少总沉降及沉降差。当土质较好时，可加大埋深，利用天然地基，以减小沉降量；当地基不好时，可采用桩基础，桩支撑在基岩上。

2）主楼与裙房采用不同的基础形式。主楼采用整体刚度较大的箱形基础或筏形基础，降低土压力并加大埋深，减少附加压力；裙房采用埋深较浅的十字交叉形基础等，增加土压力，使主楼与裙房沉降接近。

3）地基承载力较大、沉降计算较为可靠时，主楼与裙房的标高预留沉降差，并先施工主楼，后施工裙房，使两者最终标高一致。

上述后两种情况，施工时应在主体结构与裙房之间预留后浇带，待沉降基本稳定后再连为整体。

(3) 防震缝。当房屋平面复杂、不对称或房屋各部分刚度、高度和重量相差悬殊时，在地震作用下，会造成扭转及复杂的振动形式，在房屋的连接薄弱部位容易造成震害。因此，在下述情况下，应设置防震缝：

1) 房屋的平面长度和突出部分长度超出了表 5-6 的限值而又没有采取加强措施。

2) 房屋各部分结构刚度或荷载相差较大或各部分采用不同材料和不同结构体系。

3) 房屋各部分有较大错层。

凡是设缝的地方，均应考虑防震缝两侧房屋在地震作用下发生碰撞而引发震害。防震缝必须留有足够的宽度，其净宽原则上应大于两侧结构允许的水平位移之和。高层建筑混凝土结构当必须设置防震缝时，应符合下列要求：

1) 防震缝的最小宽度应符合下列要求：

a. 框架结构房屋，高度不超过 15m 的部分可取 70mm；超过 15m 的部分，抗震设防烈度 6、7、8、9 度相应每增加高度 5、4、3、2m，宜加宽 20mm。

b. 框架-剪力墙结构房屋可按第 1) 项规定数值的 70%采用，剪力墙结构房屋可按第 1) 项规定数值的 50%采用，但两者均不宜小于 70mm。

2) 防震缝两侧结构体系不同时，防震缝宽度应按不利的结构类型确定；防震缝两侧的房屋高度不同时，防震缝宽度应按较低的房屋高度确定。

3) 当相邻结构的基础存在较大沉降差时，宜增大防震缝的宽度。

4) 防震缝宜沿房屋全高设置；地下室、基础可不设防震缝，但在与上部防震缝对应处应加强构造和连接。

5) 结构单元之间或主楼与裙房之间如无可靠措施，不应采用牛腿托梁的做法设置防震缝。

5.6.2　结构竖向布置

抗震设防的高层建筑，其承载力和刚度沿房屋高度的变化宜均匀、连续，不应突变。但是在实际工程中，往往由于建筑需要或使用要求，出现一些竖向不规则建筑，这些建筑由于抗侧力结构（框架、剪力墙或筒体等）沿竖向布置的突然改变或结构竖向体型发生突变（如顶部内收形成塔楼或采用外挑楼层），使结构的抗震性能降低。因此，设计中应尽量避免将高层建筑设计为竖向不规则建筑。高层建筑的竖向布置应符合下列要求：

(1) 高层建筑的竖向体型宜规则、均匀，避免有过大的外挑或内收，结构的侧向刚度宜下大上小，逐渐均匀变化，不应采用竖向布置严重不规则的结构，以避免某些楼层的变形过分集中，出现严重破坏，甚至倒塌。

(2) 抗震设计的高层建筑结构，其楼层侧向刚度不宜小于相邻上部楼层侧向刚度的 70%或其上相邻三层侧向刚度平均值的 80%；否则水平地震作用下结构的变形会集中于侧向刚度小的下部楼层而形成刚度柔软层（见图 5-22），出现严重震坏。

(3) 抗侧力结构层间受剪承载力的突变将导致薄弱层出现严重破坏甚至倒塌。为防止结构出现薄弱层，A 级高度高层建筑的楼层层间抗侧力结构的受剪承载力不宜小于其上一层受剪承载力的 80%，不应小于其上一层受剪承载力的 65%；B 级高度高层建筑的楼层层间抗侧力结构的受剪承载力不宜小于其上一层受剪承载力的 75%。

(4) 抗震设计时，结构竖向抗侧力构件宜上下连续贯通，以避免形成薄弱层或竖向不规则结构。

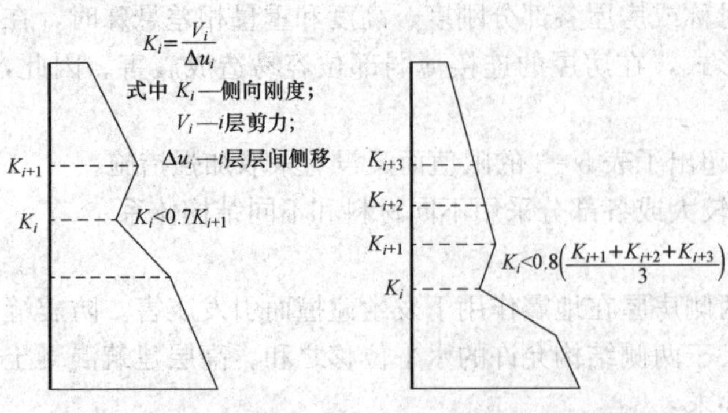

图 5-22　沿竖向存在柔软层、侧向刚度不规则

（5）研究表明，当结构上部楼层相对于下部楼层收进时，收进的部位越高，收进后的水平尺寸越小，其高振型地震反应越明显；当结构上部楼层相对于下部楼层外挑时，结构的扭转效应和竖向地震作用效应明显。因此抗震设计时，当结构上部楼层收进部位到室外地面的高度 H_1 与房屋高度 H 之比大于 0.2 时，上部楼层收进后的水平尺寸 B_1 不宜小于下部楼层水平尺寸 B 的 0.75 倍，见图 5-23（a）、（b）。当结构上部楼层相对于下部楼层外挑时，下部楼层的水平尺寸 B 不宜小于上部楼层水平尺寸 B_1 的 0.9 倍，且水平外挑尺寸 a 不宜大于 4m，见图 5-23（c）、（d）。

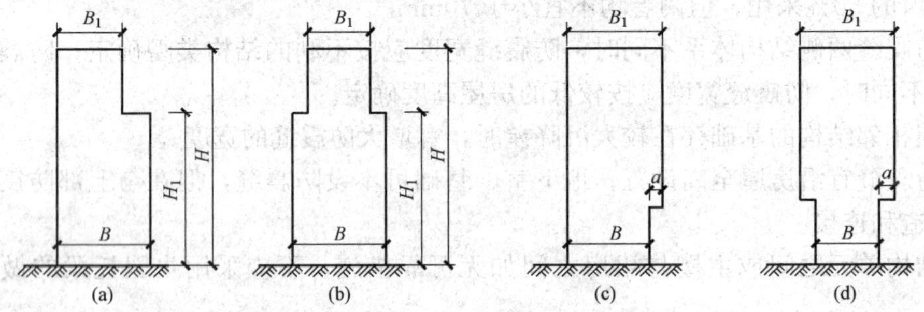

图 5-23　结构竖向收进和外挑示意

（6）结构顶层取消部分墙、柱形成空旷房间时，其楼层侧向刚度和承载力可能与其下部楼层相差较多，是不利于抗震的结构，应进行弹塑性动力时程分析计算，并采取有效的构造措施，如柱子箍筋应全长加密配置，大跨屋面构件要考虑竖向地震产生的不利影响等。

（7）高层建筑宜设地下室。震害调查表明，有地下室的高层建筑破坏较轻，而且有地下室对提高地基的承载力有利。

5.7 楼 盖 结 构

5.7.1 楼盖结构选型

在高层建筑中，楼盖应具有较大的水平刚度，以保证建筑物的空间整体性和水平力的有效传递。因此，房屋高度超过 50m 时，框架-剪力墙结构、筒体结构及复杂高层建筑结构应采用现浇楼盖结构，剪力墙结构和框架结构宜采用现浇楼盖结构。房屋高度不超过 50m 时，8、9 度抗震设计时宜采用现浇楼盖结构；6、7 度抗震设计时可采用装配整体式楼盖，但应符合有关构造要求，以保证其整体工作。

5.7.2 楼盖的构造要求

（1）房屋高度不超过 50m 且为非抗震设计和 6、7 度抗震设计时，可以采用装配整体式楼盖，且应符合下列要求：

1）无现浇叠合层的预制板，板端搁置在梁上的长度不宜小于50mm。

2）预制板板端宜预留胡子筋，其长度不宜小于100mm。

3）预制空心板孔端应有堵头，堵头深度不宜小于60mm，并应采用强度等级不低于C20的混凝土浇灌密实。

4）楼盖的预制板板缝上缘宽度不宜小于40mm，板缝大于40mm时，应在板缝内配置钢筋，并宜贯通整个结构单元。现浇板板缝、板缝梁的混凝土强度等级宜高于预制板的混凝土强度等级。

5）楼盖每层宜设置钢筋混凝土现浇层。现浇层厚度不应小于50mm，并应双向配置直径不小于6mm、间距不大于200mm的钢筋网，钢筋应锚固在梁或剪力墙内。

(2) 房屋的顶层、结构转换层、大底盘多塔楼结构的底盘顶层、平面复杂或开洞过大的楼层、作为上部结构嵌固部位的地下室楼层，其楼盖受力复杂，对整体性的要求更高，因此应采用现浇楼盖结构。一般楼层现浇楼板厚度不应小于80mm，当板内预埋暗管时不宜小于100mm；顶层楼板厚度不宜小于120mm，宜双层双向配筋；转换层楼板厚度不宜小于180mm，应双层双向配筋，且每层每个方向的配筋率不宜小于0.25%，楼板中钢筋应锚固在边梁或墙体内；落地剪力墙和筒体外周围的楼板不宜开洞。楼板边缘和较大洞口周边应设置边梁，其宽度不宜小于板厚的2倍，纵向钢筋配筋率不应小于1.0%，钢筋接头宜采用机械连接或焊接。与转换层相邻楼层的楼板也应适当加强。普通地下室顶板厚度不宜小于160mm；作为上部结构嵌固部位的地下室楼层的顶部楼盖应采用梁板结构，楼板厚度不宜小于180mm，应采用双层双向配筋，且每层每方向的配筋率不宜小于0.25%。

(3) 现浇预应力混凝土楼板厚度可按跨度的1/50～1/45采用，且不宜小于150mm。

(4) 现浇预应力混凝土板设计中应采取措施防止或减少主体结构对楼板施加预应力的阻碍作用。如采用板边留缝以张拉和锚固预应力钢筋，或在板中部预留后浇带，待张拉并锚固预应力钢筋后再浇注混凝土。

5.8　基础形式及埋置深度

高层建筑高度大、重量大，在水平荷载作用下产生较大的倾覆力矩和剪力，因此要求高层建筑的基础必须具有足够的承载力、刚度和稳定性，能对上部结构构成可靠的嵌固作用，防止建筑物发生倾覆和滑移，尽量避免由地基不均匀沉降引起的倾覆。

箱形基础和筏形基础是高层建筑中常用的基础形式，其整体性好，刚度大，调节地基不均匀沉降的能力强。当地质条件好，荷载较小，且能满足地基承载力和变形要求时，也可采用交叉梁基础或其他基础形式；当地基承载力或变形不能满足设计要求时，可采用桩基或复合地基。桩基可将荷载传至较深的基岩或坚硬土层上，并可避免开挖大量土方。震害调查表明，对于软弱的场地土，采用桩基常常可以减少震害。如果天然地基可以满足承载力和沉降差的要求时，则采用天然地基比较经济，地下部分可用做地下室。

高层建筑的基础应有一定的埋置深度，埋置深度可从室外地坪算至基础底面。在确定基础的埋置深度时，应考虑建筑物的高度、体型、地基土质、抗震设防烈度等因素。当采用一般天然地基或复合地基时，埋置深度可取建筑物高度的1/15；当采用桩基础时，埋置深度可取房屋高度的 1/18，但桩长不计在内；当建筑物采用岩石地基或采用有效措施时，在满足地基承载力、稳定性要求及基础底面与地基之间不出现零应力区（高宽比大于 4 的高层建筑）或零应力区面积不超过基础底面面积的 15%（高宽比不大于 4 的高层建筑）时，基础埋置深度可不受上述条件的限制。当地基可能产生滑移时，应采取有效的抗滑移措施。

高层建筑基础的混凝土强度等级不宜低于 C30。

本章小结

(1) 高层建筑是相对于多层建筑而言的，通常以建筑高度和层数作为衡量指标。JGJ 3—2010 规定，10 层及 10 层以上或房屋高度大于 28m 的住宅建筑以及房屋高度大于 24m 的其他高层民用建筑称为高层建筑。

(2) 与多层建筑结构相比，高层建筑结构受水平作用的影响更为显著，因此其抗侧力结构的设计成为关键。抗侧力结构应具有足够的承载力和刚度，考虑抗震设计时还应保证结构和构件具有较好的延性。同时，轴向变形的影响不容忽视。

(3) 高层建筑有框架结构、剪力墙结构、框架-剪力墙结构和筒体结构等多种结构形式。在水平荷载作用下，其受力特点不同，可根据需要选用不同的抗侧力结构体系。

(4) 高层建筑结构平面布置的基本原则是尽量避免结构扭转和局部应力集中，平面宜简单、规则、对称，刚心与质心或形心重合。刚度和承载力分布应均匀，不应采用严重不规则的平面布置。

(5) 高层建筑结构竖向布置的基本原则是要求结构的侧向刚度和承载力自下而上逐渐减小，变化均匀、连续，不应突变。不应采用竖向布置严重不规则结构，以避免出现柔软层或薄弱层。

(6) 高层建筑的楼盖结构应具有良好的平面内刚度和整体性，保证各抗侧力结构协同工作。一般情况下宜选用现浇楼盖结构或装配整体式楼盖结构。

(7) 高层建筑一般宜采用承载力高、整体性好和刚度大的箱形基础或筏形基础，基础应具有一定的埋置深度。

思考题

1. 高层建筑结构有哪些主要的结构体系？其受力特点和应用范围是什么？

2. 高层建筑结构平面布置的一般原则是什么？结构平面布置应符合哪些要求？

3. 伸缩缝、沉降缝和防震缝各在什么情况下设置？各种缝的特点及对它们的要求是什么？

4. 框架-剪力墙结构与框架-筒体结构有何异同？框架-筒体结构与框筒结构有何区别？

5. 高层建筑的楼盖如何选型？有哪些构造要求？

6. 如何选择高层建筑的基础形式？基础埋深如何确定？

附录A 民用建筑楼面均布活荷载标准值及其组合值、频遇值和准永久值系数

项次	类别	标准值（kN/m²）	组合值系数 ψ_c	频遇值系数 ψ_f	准永久值系数 ψ_q
1	（1）住宅、宿舍、旅馆、办公楼、医院病房、托儿所、幼儿园。	2.0	0.7	0.5	0.4
	（2）试验室、阅览室、会议室、医院门诊室	2.0	0.7	0.6	0.5
2	教室、食堂、餐厅、一般资料档案室	2.5	0.7	0.6	0.5
3	（1）礼堂、剧场、影院、有固定座位的看台。	3.0	0.7	0.5	0.3
	（2）公共洗衣房	3.0	0.7	0.6	0.5
4	（1）商店、展览厅、车站、港口、机场大厅及其旅客等候车室。	3.5	0.7	0.6	0.5
	（2）无固定座位的看台	3.5	0.7	0.5	0.3
5	（1）健身房、演出舞台。	4.0	0.7	0.6	0.5
	（2）运动场、舞厅	4.0	0.7	0.6	0.3
6	（1）书库、档案室、储藏室。	5.0	0.9	0.9	0.8
	（2）密集柜书库	12.0			
7	通风机房、电梯机房	7.0	0.9	0.9	0.8
8	汽车通道及停车库：				
	（1）单向板楼盖（板跨不小于2m）和双向板楼盖（板跨不小于3m×3m）：				
	1）客车；	4.0	0.7	0.7	0.6
	2）消防车。	35.0	0.7	0.7	0.6
	（2）双向板楼盖（板跨不小于6m×6m）和无梁楼盖（柱网尺寸不小于6m×6m）：				
	1）客车；	2.5	0.7	0.7	0.6
	2）消防车	20.0	0.7	0.5	0.0
9	厨房：				
	（1）餐厅。	4.0	0.7	0.7	0.7
	（2）其他	2.0	0.7	0.6	0.5
10	浴室、卫生间、盥洗室	2.5	0.7	0.6	0.5
11	走廊、门厅：				
	（1）宿舍、旅馆、医院病房、托儿所、幼儿园、住宅。	2.0	0.7	0.5	0.4
	（2）办公楼、餐厅、医院门诊部。	2.5	0.7	0.6	0.5
	（3）教学楼及其他可能出现人员密集的情况	3.5	0.7	0.5	0.3

续表

项次	类别	标准值 (kN/m^2)	组合值系数 ψ_c	频遇值系数 ψ_f	准永久值系数 ψ_q
12	楼梯： (1) 多层住宅。 (2) 其他	 2.0 3.5	 0.7 0.7	 0.5 0.5	 0.4 0.3
13	阳台： (1) 可能出现人员密集的情况。 (2) 其他	 3.5 2.5	 0.7 0.7	 0.6 0.6	 0.5 0.5

注 1 本表所给各项活动活荷载适用于一般使用条件，当使用荷载较大、情况特殊或有专门要求时，应按实际情况采用。

2 第 6 项书库活荷载，当书架高度大于 2m 时，还应按每米书架高度不小于 2.5kN/m^{2}确定。

3 第 8 项中的客车活荷载只适用于停放载人少于 9 人的客车；消防车活荷载适用于满载总重为 300kN 大型车辆；当不符合本表要求时，应将车轮的局部荷载按结构效应的等效原则换算为等效均布荷载。

4 第 8 项消防车活荷载，当双向板楼盖板跨介于 3m×3m～6m×6m 之间时，应按跨度线性插值确定。

5 第 12 项楼梯活荷载，对于预制楼梯踏步平板，还应按 1.5kN 集中荷载验算。

6 本表各项荷载不包括隔墙自重和二次装修荷载。对于固定隔墙的自重应按永久荷载考虑，当隔墙位置可灵活自由布置时，非固定隔墙的自重应取不小于 1/3 的每延米长墙重（kN/m）作为楼面活荷载的附加值（kN/m^2）计入，附加值不小于 1.0 kN/m^2。

附录 B　等截面等跨连续梁在常用荷载作用下的内力系数

(1) 在均布及三角形荷载作用下

$M=$ 表中系数 $\times ql^2$　　　　$V=$ 表中系数 $\times ql$

(2) 在集中荷载作用下

$M=$ 表中系数 $\times Pl$　　　　$V=$ 表中系数 $\times P$

(3) 内力正负号规定

M:使截面上部受压、下部受拉为正

V:对邻近截面所产生的力矩沿顺时针方向者为正

附表 B-1　　　　**两　跨　梁**

荷载图	跨内最大弯矩		支座弯矩	剪力		
	M_1	M_2	M_3	V_A	V_B 左 V_B 右	V_C
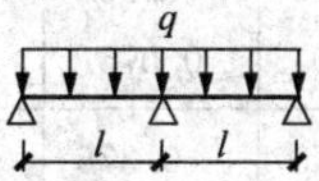	0.070	0.070	−0.125	0.375	−0.625 0.625	−0.375
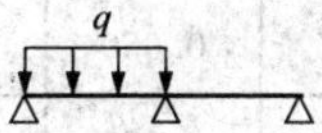	0.096	—	−0.063	0.437	−0.563 0.063	0.063
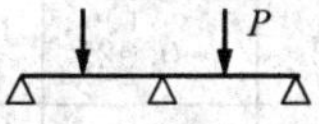	0.156	0.156	−0.188	0.312	−0.688 0.688	−0.312
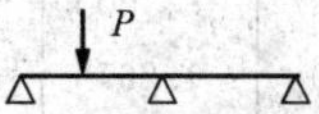	0.203	—	−0.094	0.406	−0.594 0.094	0.094
	0.222	0.222	−0.333	0.667	−1.333 1.333	−0.667
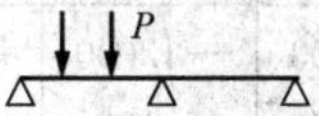	0.278	—	−0.167	0.833	−1.167 0.167	0.167

附表 B-2 三　跨　梁

荷载图	跨内最大弯矩		支座弯矩		剪力			
	M_1	M_2	M_B	M_C	V_A	V_B左 V_B右	V_C左 V_C右	V_D
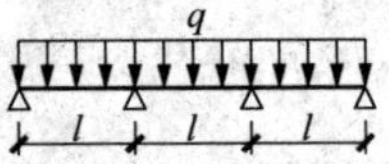	0.080	0.025	−0.100	−0.100	0.400	−0.600 0.500	−0.050 0.600	−0.400
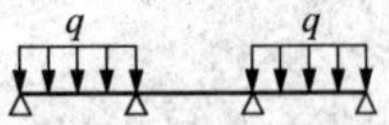	0.101	—	−0.050	−0.050	0.450	−0.550 0	0 0.550	−0.450
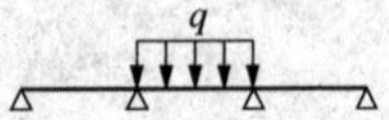	—	0.075	−0.050	−0.050	−0.050	−0.050 0.500	−0.500 0.050	0.050
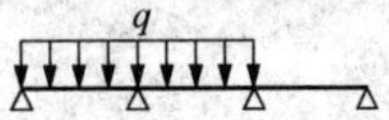	0.073	0.054	−0.117	−0.033	0.383	−0.617 0.583	−0.417 0.033	0.033
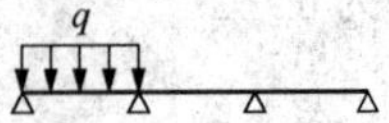	0.094	—	−0.067	0.017	0.433	−0.567 0.083	−0.083 0.017	−0.017
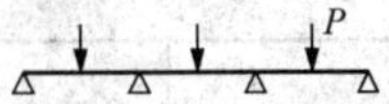	0.175	0.100	−0.150	−0.150	0.350	−0.650 0.500	−0.500 0.650	−0.350
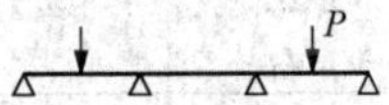	0.213	—	−0.075	−0.075	0.425	−0.575 0	0 0.575	−0.425
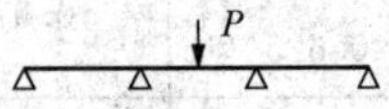	—	0.175	−0.075	−0.075	−0.075	−0.750 0.500	−0.500 0.075	0.075
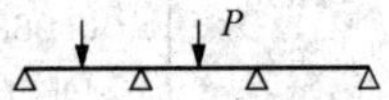	0.162	0.137	−0.175	−0.050	0.325	−0.675 0.625	−0.375 0.050	0.050
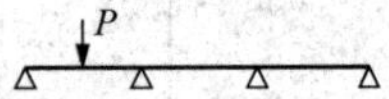	0.200	—	−0.100	0.025	0.400	−0.600 0.125	0.125 −0.025	−0.025
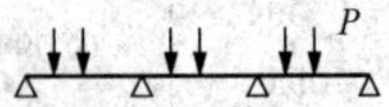	0.244	0.067	−0.267	−0.267	0.733	−1.267 1.000	−1.000 1.267	−0.733
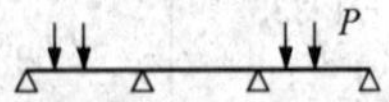	0.289	—	−0.133	−0.133	0.866	−1.134 0	0 1.134	−0.866
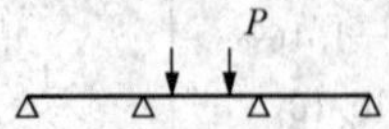	—	0.200	−0.133	−0.133	−0.133	−0.133 1.000	−1.000 0.133	0.133
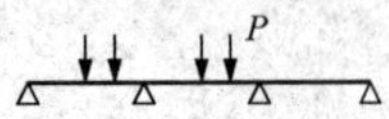	0.229	0.170	−0.311	−0.089	0.689	−1.311 1.222	−0.778 0.089	0.089
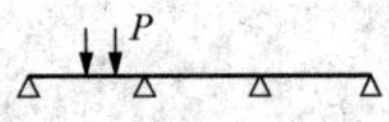	0.274	—	−0.178	0.044	0.822	−1.178 0.222	0.222 −0.044	−0.044

附表 B-3 四 跨 梁

荷载图	跨内最大弯矩				支座弯矩			剪力				
	M_1	M_2	M_3	M_4	M_B	M_C	M_D	V_A	V_B左 V_B右	V_C左 V_C右	V_D左 V_D右	V_D
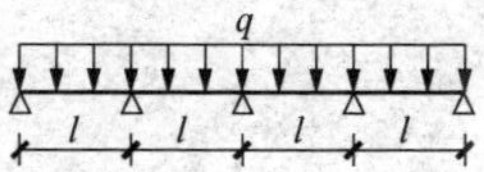	0.077	0.036	0.036	0.077	−0.107	−0.071	−0.107	0.393	−0.607 0.536	−0.464 0.464	−0.536 0.607	−0.393
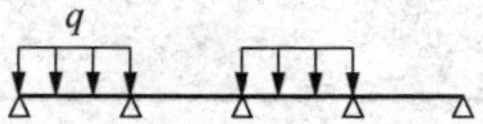	0.100	—	−0.081	—	−0.054	−0.036	−0.054	0.446	−0.554 0.018	0.018 0.482	−0.518 0.054	0.054
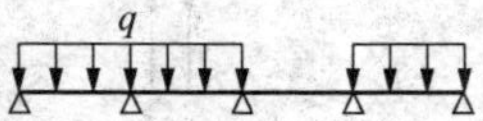	0.072	0.061	—	0.098	−0.121	−0.018	−0.058	0.380	−0.620 0.603	−0.397 0.040	−0.040 0.558	−0.442
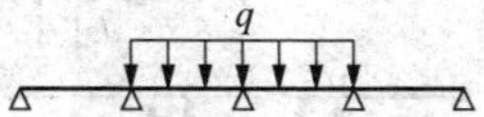	—	0.056	0.056	—	−0.036	−0.107	−0.036	−0.036	−0.036 0.429	−0.571 0.571	−0.429 0.036	0.036
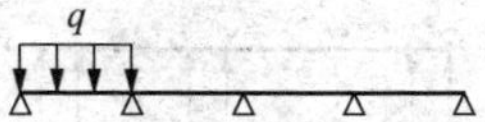	0.094	—	—	—	−0.067	0.018	−0.004	0.433	−0.567 0.085	0.085 −0.022	−0.022 0.004	0.004
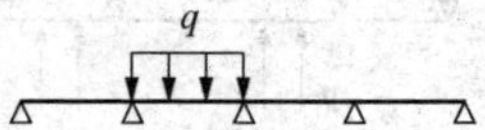	—	0.074	—	—	−0.049	−0.054	0.013	−0.049	−0.049 0.496	−0.504 0.067	0.067 −0.013	−0.013
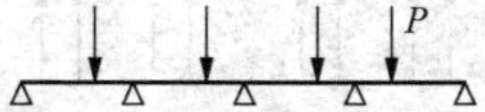	0.169	0.116	0.116	0.169	−0.161	−0.107	−0.161	0.339	−0.661 0.554	−0.446 0.446	−0.554 0.661	−0.339
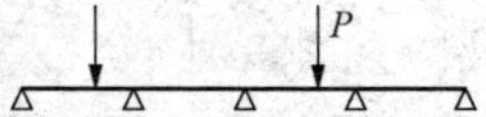	0.210	—	0.183	—	−0.080	−0.054	−0.080	0.420	−0.580 0.027	0.027 0.473	−0.527 0.080	0.08
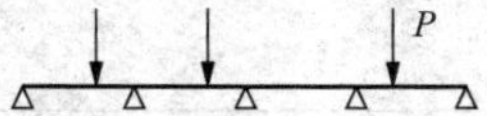	0.159	0.146	—	0.206	−0.181	−0.027	−0.087	0.319	−0.681 0.654	−0.346 −0.060	−0.060 0.587	−0.413
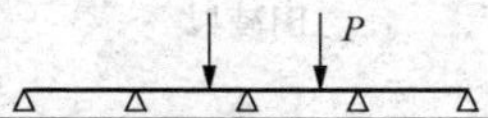	—	0.142	0.142	—	−0.054	−0.161	−0.054	−0.054	−0.054 0.393	−0.607 −0.607	−0.393 0.054	0.054
	0.200	—	—	—	−0.100	0.027	−0.007	0.4	−0.600 0.127	0.127 −0.033	−0.033 0.007	0.007

续表

荷载图	跨内最大弯矩				支座弯矩			剪力				
	M_1	M_2	M_3	M_4	M_B	M_C	M_D	V_A	V_B左 V_B右	V_C左 V_C右	V_D左 V_D右	V_D
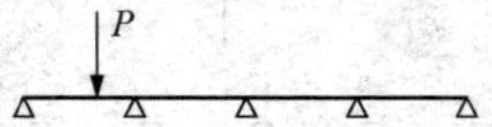	—	0.173	—	—	−0.074	−0.08	0.02	−0.074	−0.074 0.493	−0.507 0.100	0.100 −0.020	−0.020
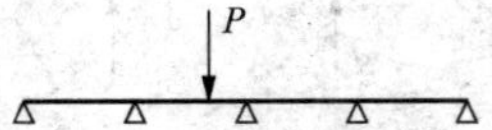	0.238	0.111	0.111	0.238	−0.286	−0.191	−0.286	0.714	−1.286 1.095	−0.905 0.905	−1.095 1.286	−0.714
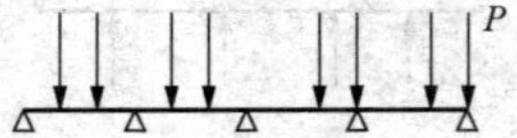	0.286	—	0.222	—	−0.143	−0.095	−0.143	0.857	−1.143 0.048	0.048 0.952	−1.048 0.143	0.143
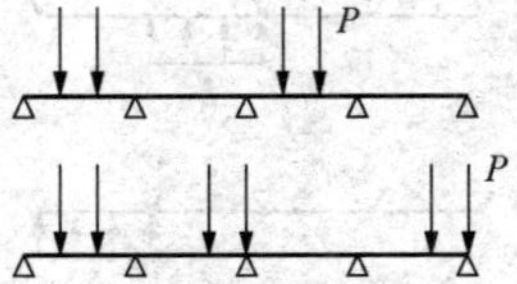	0.226	0.194	—	0.282	−0.321	−0.048	−0.155	0.679	−0.321 0.174	−0.726 −0.107	−0.107 1.155	−0.845
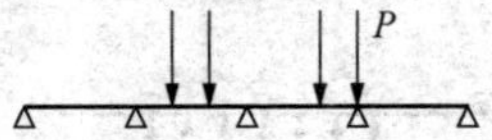	—	0.175	0.175	—	−0.095	−0.286	−0.095	−0.095	−0.095 0.810	−1.190 1.190	−0.810 0.095	0.095
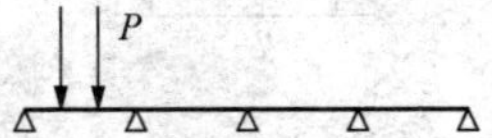	0.274	—	—	—	−0.178	0.048	−0.012	0.822	−1.178 0.226	0.226 −0.060	−0.060 0.012	0.012
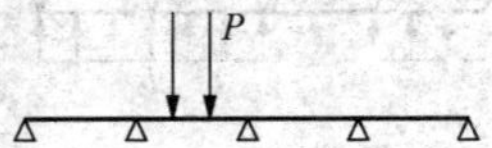	—	0.198	—	—	−0.131	−0.143	0.036	−0.131	−0.131 0.988	−1.012 0.178	0.178 −0.036	−0.036

附表 B-4

五　跨　梁

荷载图	跨内最大弯矩			支座弯矩				剪力					
	M_1	M_2	M_3	M_B	M_C	M_D	M_E	V_A	$V_{B左}$ $V_{B右}$	$V_{C左}$ $V_{C右}$	$V_{D左}$ $V_{D右}$	$V_{E左}$ $V_{E右}$	V_F
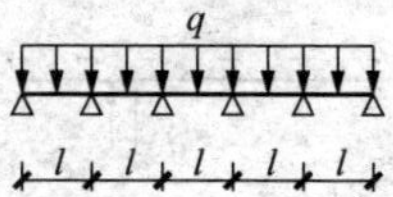	0.078	0.033	0.046	−0.105	−0.079	−0.079	−0.105	0.394	−0.606 0.526	−0.474 0.500	−0.500 0.474	−0.526 0.606	−0.394
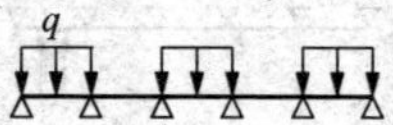	0.100	—	0.085	−0.053	−0.040	−0.040	−0.053	0.447	−0.553 0.013	0.013 0.500	−0.500 −0.013	−0.013 0.553	−0.447
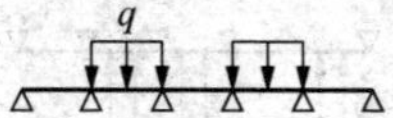	—	0.079	—	−0.053	−0.040	−0.040	−0.053	−0.053	−0.053 0.513	−0.487 0	0 0.487	−0.513 0.053	0.053
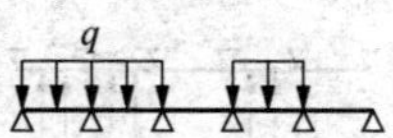	0.073	0.059**/0.078	—	−0.119	−0.022	−0.044	−0.051	0.38	−0.620 0.598	−0.402 −0.023	−0.023 0.493	−0.507 0.052	0.052
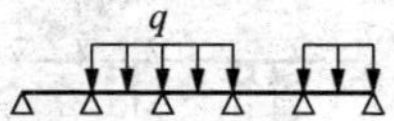	—*/0.098	0.055	0.064	−0.035	−0.111	−0.021	−0.057	−0.035	−0.035 0.424	−0.576 0.591	−0.409 −0.037	−0.037 0.557	−0.443
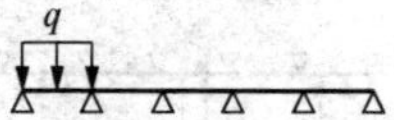	0.094	—	—	−0.067	0.018	−0.005	0.001	0.433	−0.567 0.085	0.085 −0.023	−0.023 0.006	0.006 −0.001	−0.001
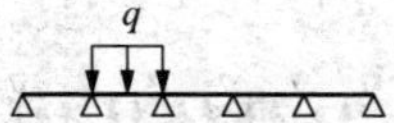	—	0.074	—	−0.049	−0.054	0.014	−0.004	−0.049	−0.049 0.495	−0.505 0.068	0.068 −0.018	−0.018 0.004	0.004
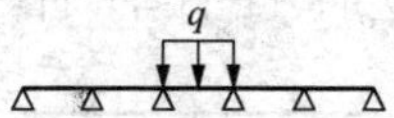	—	—	0.072	0.013	−0.053	−0.053	0.013	0.013	0.013 −0.066	−0.066 0.500	−0.500 0.066	0.066 −0.013	−0.013
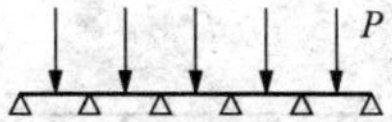	0.171	0.112	0.132	−0.158	−0.118	−0.118	−0.158	0.342	−0.658 0.540	−0.460 0.500	−0.500 0.460	−0.540 0.658	−0.342
	0.211	—	0.191	−0.079	−0.059	−0.059	−0.079	0.421	−0.579 0.020	0.020 0.500	−0.500 −0.020	−0.020 0.579	−0.421
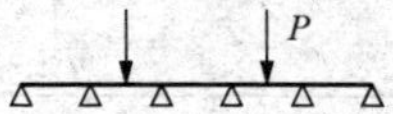	—	0.181	—	−0.079	−0.059	−0.059	−0.079	−0.079	−0.079 0.520	−0.480 0	0 0.480	−0.520 0.079	0.079
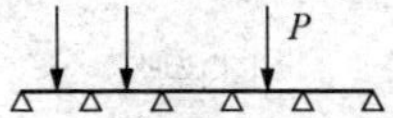	0.160	0.144**/0.178	—	−0.179	−0.032	−0.066	−0.077	0.321	−0.679 0.647	−0.353 −0.034	−0.034 0.489	−0.511 0.077	0.077
	—*/0.207	0.140	0.151	−0.052	−0.167	−0.031	−0.086	−0.052	−0.052 0.385	−0.615 0.637	−0.363 −0.056	−0.056 0.586	−0.414

续表

荷载图	跨内最大弯矩			支座弯矩				剪力					
	M_1	M_2	M_3	M_B	M_C	M_D	M_E	V_A	$V_{B左}$ $V_{B右}$	$V_{C左}$ $V_{C右}$	$V_{D左}$ $V_{D右}$	$V_{E左}$ $V_{E右}$	V_F
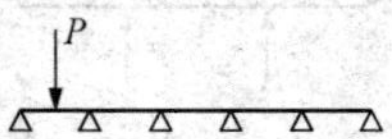	0.200	—	—	−0.1	0.027	−0.007	0.002	0.4	−0.600 0.127	0.127 −0.034	−0.034 0.009	0.009 −0.002	−0.002
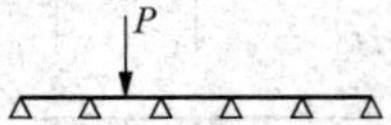	—	0.173	—	−0.073	−0.081	0.022	−0.005	−0.073	−0.073 0.493	−0.507 0.102	0.102 −0.027	−0.027 0.005	0.005
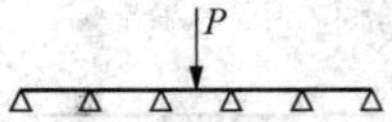	—	—	0.171	0.02	−0.079	−0.079	0.020	0.020	0.020 −0.099	−0.099 0.500	−0.500 0.099	0.099 −0.020	−0.02
	0.240	0.100	0.122	−0.281	−0.211	−0.211	−0.281	0.719	−1.281 1.070	−0.930 1.000	−1.000 0.930	−1.070 1.281	−0.719
	0.287	—	0.228	−0.140	−0.105	−0.105	−0.14	0.86	−1.140 0.035	0.035 1.000	−1.000 −0.035	−0.035 1.140	−0.86
	—	0.216	—	−0.140	−0.105	−0.105	−0.14	−0.14	−0.140 1.035	−0.965 0	0.000 0.965	−1.035 0.140	0.14
	0.227	0.189**/0.209	—	−0.319	−0.057	−0.188	−0.137	0.681	−1.319 1.262	−0.738 −0.061	−0.061 0.981	−1.019 0.137	0.137
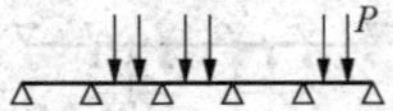	—*/0.282	0.172	0.198	−0.093	−0.297	−0.054	−0.153	−0.093	−0.093 0.796	−1.204 1.243	−0.757 −0.099	−0.099 1.153	−0.847
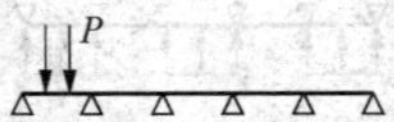	0.274	—	—	−0.179	0.048	−0.013	0.003	0.821	−1.179 0.227	0.227 −0.061	−0.061 0.016	0.016 −0.003	−0.003
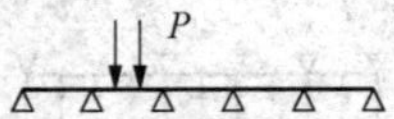	—	0.198	—	−0.131	−0.144	0.038	−0.01	−0.131	−0.131 0.987	−1.013 0.182	0.182 −0.048	−0.048 0.010	0.01
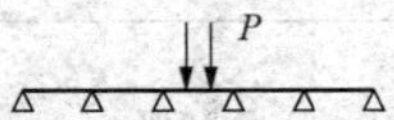	—	—	0.193	0.035	−0.140	−0.140	0.035	0.035	0.035 −0.175	−0.175 1.000	−1.000 0.175	0.175 −0.035	−0.035

* 分子及分母分别为 M_1' 及 M_5 的弯矩系数。

** 分子及分母分别为 M_2 及 M_4 的弯矩系数。

附录C　双向板计算系数

符号说明：

B_c——板的抗弯刚度，$B_c=\frac{Eh^3}{12(1-\mu^2)}$；

E——混凝土弹性模量；

h——板厚；

μ——混凝土泊桑比；

f、f_{max}——板中心点的挠度和最大挠度；

m_x、m_{xmax}——平行于 l_x 方向板中心点单位板宽内的弯矩和板跨内最大弯矩；

m_x'——固定边中点沿 l_x 方向单位板宽内的弯矩；

m_y'——固定边中点沿 l_y 方向单位板宽内的弯矩。

- - - - - - - - - 代表简支边

⊥⊥⊥⊥⊥⊥ 代表固定边

正负号的规定：

弯矩——使板的受荷面受压者为正

挠度——变位与荷载方向相同者为正

附表C-1　**四边简支双向板计算系数**

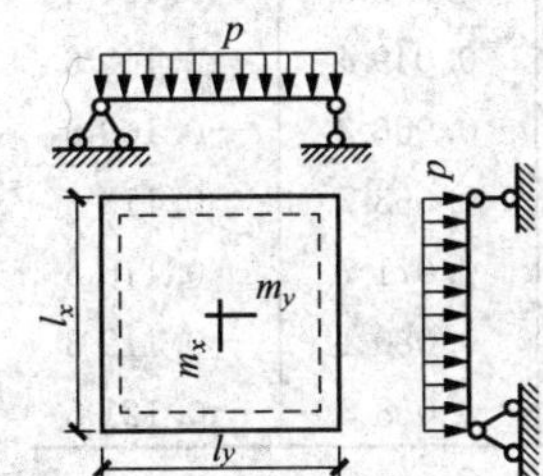

挠度＝表中系数×$\frac{pl^4}{B_c}$

$\mu=0$，弯矩＝表中系数×pl^2

式中 l 取用 l_x 和 l_y 中的较小者

l_x/l_y	f	m_x	m_y	l_x/l_y	f	m_x	m_y
0.50	0.010 13	0.096 5	0.017 4	0.80	0.006 03	0.056 1	0.033 4
0.55	0.009 40	0.089 2	0.021 0	0.85	0.005 47	0.050 6	0.034 8
0.60	0.008 67	0.082 0	0.024 2	0.90	0.004 96	0.045 6	0.035 3
0.65	0.007 96	0.075 0	0.027 1	0.95	0.004 49	0.041 0	0.036 4
0.70	0.007 27	0.068 3	0.029 6	1.00	0.004 06	0.036 8	0.036 8
0.75	0.006 63	0.062 0	0.031 7				

附表 C-2 三边简支一边固定双向板计算系数

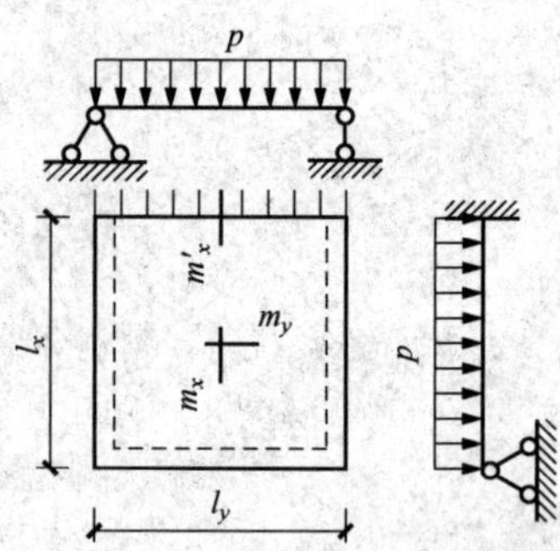

挠度＝表中系数×$\frac{pl^4}{B_c}$

μ=0，弯矩＝表中系数×pl^2

式中 l 取用 l_x 和 l_y 中的较小者

l_x/l_y	l_y/l_x	f	f_{max}	m_x	m_{xmax}	m_y	m_{ymax}	m'_x
0.50		0.004 88	0.005 04	0.058 3	0.064 6	0.006 0	0.006 3	−0.121 2
0.55		0.004 71	0.004 92	0.056 3	0.061 8	0.008 1	0.008 7	−0.118 7
0.60		0.004 53	0.004 72	0.053 9	0.058 9	0.010 4	0.011 1	−0.115 8
0.65		0.004 32	0.004 48	0.051 3	0.055 9	0.012 6	0.013 3	−0.112 4
0.70		0.004 10	0.004 22	0.048 5	0.052 9	0.014 8	0.015 4	−0.108 7
0.75		0.003 88	0.003 99	0.045 7	0.049 6	0.016 8	0.017 4	−0.104 8
0.80		0.003 65	0.003 76	0.042 8	0.046 3	0.018 7	0.019 3	−0.100 7
0.85		0.003 43	0.003 52	0.040 0	0.043 1	0.020 4	0.021 1	−0.096 5
0.90		0.003 21	0.003 29	0.037 2	0.040 0	0.021 9	0.022 6	−0.092 2
0.95		0.002 99	0.003 06	0.034 5	0.036 9	0.023 2	0.023 9	−0.088 0
1.00	1.00	0.002 79	0.002 85	0.031 9	0.034 0	0.024 3	0.024 9	−0.083 9
	0.95	0.003 16	0.003 24	0.032 4	0.034 5	0.028 0	0.028 7	−0.088 2
	0.90	0.003 60	0.003 68	0.032 8	0.034 7	0.032 2	0.033 0	−0.092 6
	0.85	0.004 09	0.004 17	0.032 9	0.034 7	0.037 0	0.037 8	−0.097 0
	0.80	0.004 64	0.004 73	0.032 6	0.034 3	0.042 4	0.043 3	−0.101 4
	0.75	0.005 26	0.005 36	0.031 9	0.033 5	0.048 5	0.049 4	−0.105 6
	0.70	0.005 95	0.006 05	0.030 8	0.032 3	0.055 3	0.056 2	−0.109 6
	0.65	0.006 70	0.006 80	0.029 1	0.030 6	0.062 7	0.063 7	−0.113 3
	0.60	0.007 52	0.007 62	0.026 8	0.028 9	0.070 7	0.071 7	−0.116 6
	0.55	0.008 38	0.008 48	0.023 9	0.027 1	0.079 2	0.080 1	−0.119 3
	0.50	0.009 27	0.009 35	0.020 5	0.024 9	0.088 0	0.088 8	−0.121 5

附表 C-3 **两对边简支两对边固定双向板计算系数**

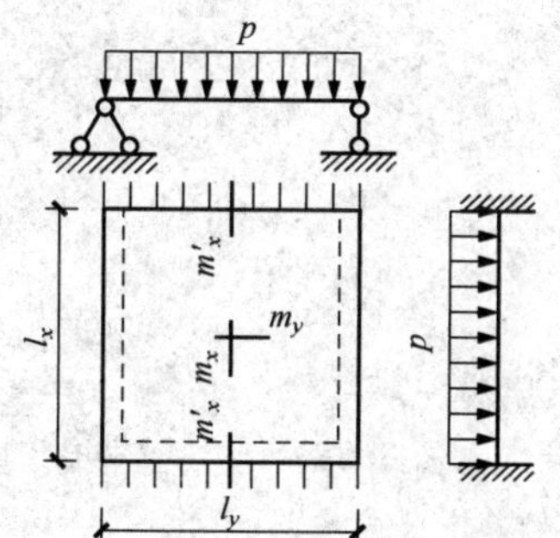

挠度＝表中系数×$\dfrac{pl^4}{B_c}$

$\mu=0$，弯矩＝表中系数×pl^2

式中 l 取用 l_x 和 l_y 中的较小者

l_x/l_y	l_y/l_x	f	m_x	m_y	m'_x
0.50		0.002 61	0.041 6	0.001 7	−0.084 3
0.55		0.002 59	0.041 0	0.002 8	−0.084 0
0.60		0.002 55	0.040 2	0.004 2	−0.083 4
0.65		0.002 50	0.039 2	0.005 7	−0.082 6
0.70		0.002 43	0.037 9	0.007 2	−0.081 4
0.75		0.002 36	0.036 6	0.008 8	−0.079 9
0.80		0.002 28	0.035 1	0.010 3	−0.078 2
0.85		0.002 20	0.033 5	0.011 8	−0.076 3
0.90		0.002 11	0.031 9	0.013 3	−0.074 3
0.95		0.002 01	0.030 2	0.014 6	−0.072 1
1.00	1.00	0.001 92	0.028 5	0.015 8	−0.069 8
	0.95	0.002 23	0.029 6	0.018 9	−0.074 6
	0.90	0.002 60	0.030 6	0.022 4	−0.079 7
	0.85	0.003 03	0.031 4	0.026 6	−0.085 0
	0.80	0.003 54	0.031 9	0.031 6	−0.090 4
	0.75	0.004 13	0.032 1	0.037 4	−0.095 9
	0.70	0.004 82	0.031 8	0.044 1	−0.101 3
	0.65	0.005 60	0.030 8	0.051 8	−0.106 6
	0.60	0.006 47	0.029 2	0.060 4	−0.111 4
	0.55	0.007 43	0.026 7	0.069 8	−0.115 6
	0.50	0.008 44	0.023 4	0.079 8	−0.119 1

附表 C-4 **两邻边简支两邻边固定双向板计算系数**

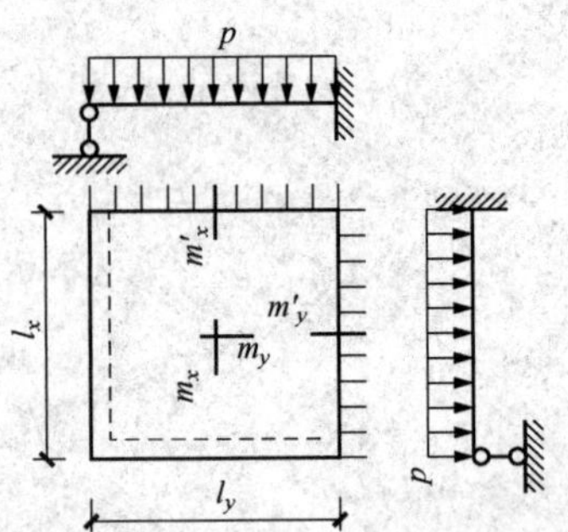

挠度＝表中系数×$\frac{pl^4}{B_c}$

$\mu=0$，弯矩＝表中系数×pl^2

式中 l 取用 l_x 和 l_y 中的较小者

l_x/l_y	f	f_{max}	m_x	m_{xmax}	m_y	m_{ymax}	m'_x	m'_y
0.50	0.004 68	0.004 71	0.055 9	0.056 2	0.007 9	0.013 5	−0.117 9	−0.078 6
0.55	0.004 45	0.004 54	0.052 9	0.053 0	0.010 4	0.015 3	−0.114 0	−0.078 5
0.60	0.004 19	0.004 29	0.049 6	0.049 8	0.012 9	0.016 9	−0.109 5	−0.078 2
0.65	0.003 91	0.003 99	0.046 1	0.046 5	0.015 1	0.018 3	−0.104 5	−0.077 7
0.70	0.003 63	0.003 68	0.042 6	0.043 2	0.017 2	0.019 5	−0.099 2	−0.077 0
0.75	0.003 35	0.003 40	0.039 0	0.039 6	0.018 9	0.020 6	−0.093 8	−0.076 0
0.80	0.003 08	0.003 13	0.035 6	0.036 1	0.020 4	0.021 8	−0.088 3	−0.074 8
0.85	0.003 81	0.002 86	0.032 2	0.032 8	0.021 5	0.022 9	−0.082 9	−0.073 3
0.90	0.002 56	0.002 61	0.029 1	0.029 7	0.022 4	0.023 8	−0.077 6	−0.071 6
0.95	0.002 32	0.002 37	0.026 1	0.026 7	0.023 0	0.024 4	−0.072 6	−0.069 8
1.00	0.002 10	0.002 15	0.023 4	0.024 0	0.023 4	0.024 9	−0.066 7	−0.067 7

附表 C-5　　**三边固定一边简支双向板计算系数**

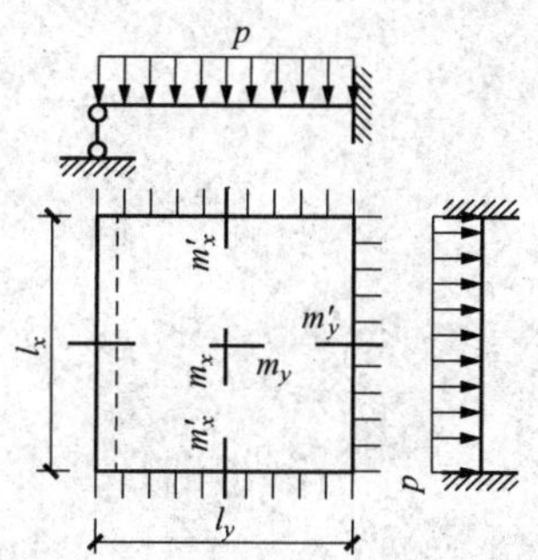

挠度＝表中系数×$\frac{pl^4}{B_c}$

$\mu=0$，弯矩＝表中系数×pl^2

式中 l 取用 l_x 和 l_y 中的较小者

l_x/l_y	l_y/l_x	f	f_{max}	m_x	$m_{x\max}$	m_y	$m_{y\max}$	m'_x	m'_y
0.50		0.002 57	0.002 58	0.040 8	0.040 9	0.002 8	0.008 9	−0.083 6	−0.056 9
0.55		0.002 52	0.002 55	0.039 8	0.039 9	0.004 2	0.009 3	−0.082 7	−0.057 0
0.60		0.002 45	0.002 49	0.038 4	0.038 6	0.005 9	0.010 5	−0.081 4	−0.057 1
0.65		0.002 37	0.002 40	0.036 8	0.037 1	0.007 6	0.011 6	−0.079 6	−0.057 2
0.70		0.002 27	0.002 29	0.035 0	0.035 4	0.009 3	0.012 7	−0.077 4	−0.057 2
0.75		0.002 16	0.002 19	0.033 1	0.033 5	0.010 9	0.013 7	−0.075 0	−0.057 2
0.80		0.002 05	0.002 08	0.031 0	0.031 4	0.012 4	0.014 7	−0.072 2	−0.057 0
0.85		0.001 93	0.001 96	0.028 9	0.029 3	0.013 8	0.015 5	−0.069 3	−0.056 7
0.90		0.001 81	0.001 84	0.026 8	0.027 3	0.015 9	0.016 3	−0.066 3	−0.056 3
0.95		0.001 69	0.001 72	0.024 7	0.025 2	0.016 0	0.017 2	−0.063 1	−0.055 8
1.00	1.00	0.001 57	0.001 60	0.022 7	0.023 1	0.016 8	0.018 0	−0.060 0	−0.055 0
	0.95	0.001 78	0.001 82	0.022 9	0.023 4	0.019 4	0.020 7	−0.062 9	−0.059 9
	0.90	0.002 01	0.002 06	0.022 8	0.012 34	0.022 3	0.023 8	−0.065 6	−0.065 3
	0.85	0.002 27	0.002 33	0.022 5	0.023 1	0.025 5	0.027 3	−0.068 3	−0.071 1
	0.80	0.002 56	0.002 62	0.021 9	0.022 4	0.029 0	0.031 1	−0.070 7	−0.077 2
	0.75	0.002 86	0.002 94	0.020 8	0.021 4	0.032 9	0.035 4	−0.072 9	−0.083 7
	0.70	0.003 19	0.003 27	0.019 4	0.020 0	0.037 0	0.040 0	−0.074 8	−0.090 3
	0.65	0.003 52	0.003 65	0.017 5	0.018 2	0.041 2	0.044 6	−0.076 2	−0.097 0
	0.60	0.003 86	0.004 03	0.015 3	0.016 0	0.045 4	0.049 3	−0.077 3	−0.103 3
	0.55	0.004 19	0.004 37	0.012 7	0.013 3	0.049 6	0.054 1	−0.078 0	−0.109 3
	0.50	0.004 49	0.004 63	0.009 9	0.010 3	0.053 4	0.058 8	−0.078 4	−0.114 6

附表 C-6 **四边固定双向板计算系数**

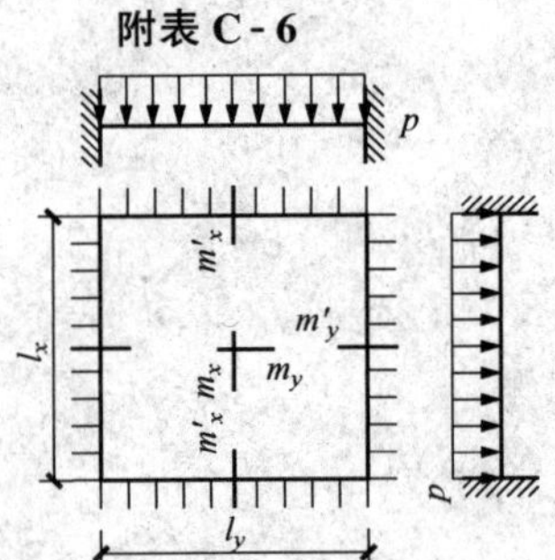

挠度＝表中系数×$\frac{pl^4}{B_c}$

μ=0，弯矩＝表中系数×pl^2

式中 l 取用 l_x 和 l_y 中的较小者

l_x/l_y	f	m_x	m_y	m'_x	m'_y
0.50	0.002 53	0.040 0	0.003 8	−0.082 9	−0.057 0
0.55	0.002 46	0.038 5	0.005 6	−0.081 4	−0.057 1
0.60	0.002 36	0.036 7	0.007 6	−0.079 3	−0.057 1
0.65	0.002 24	0.034 5	0.009 5	−0.076 6	−0.057 1
0.70	0.002 11	0.032 1	0.011 3	−0.073 5	−0.056 9
0.75	0.001 97	0.029 6	0.013 0	−0.070 1	−0.056 5
0.80	0.001 82	0.027 1	0.014 4	−0.066 4	−0.055 9
0.85	0.001 68	0.024 6	0.015 6	−0.062 6	−0.055 1
0.90	0.001 53	0.022 1	0.016 5	−0.058 8	−0.054 1
0.95	0.001 40	0.019 8	0.017 2	−0.055 0	−0.052 8
1.00	0.001 27	0.017 6	0.017 6	−0.051 3	−0.051 3

附录D　钢筋混凝土结构伸缩缝最大间距

m

结构类别		室内或土中	露　天
排架结构	装配式	100	70
框架结构	装配式	75	50
	现浇式	55	35
剪力墙结构	装配式	65	40
	现浇式	45	30
挡土墙、地下室墙壁等类结构	装配式	40	30
	现浇式	30	20

注　1　装配整体式结构房屋的伸缩缝间距，可根据结构的具体情况取表中装配式结构与现浇式结构之间的数值。

2　框架-剪力墙结构或框架-核心筒结构房屋的伸缩缝间距可根据结构的具体布置情况取表中框架结构与剪力墙结构之间的数值。

3　当屋面无保温或隔热措施时，框架结构、剪力墙结构的伸缩缝间距宜按表中露天栏的数值取用。

4　现浇挑檐、雨罩等外露结构的伸缩缝间距不宜大于12m。

附录E　吊车的工作级别

序　号	起重机的类别	起重机的使用情况	使用等级	载荷状态	整机工作级别
1	人力驱动起重机（含手动葫芦起重机）	很少使用	U_2	Q1	A1
2	车间装配用起重机	较少使用	U_3	Q2	A3
3（a）	电站用起重机	很少使用	U_2	Q2	A2
3（b）	维修用起重机	较少使用	U_2	Q2	A3
4（a）	车间用起重机（含车间用电动葫芦起重机）	较少使用	U_3	Q2	A3
4（b）	车间用起重机（含车间用电动葫芦起重机）	不频繁较轻载使用	U_4	Q2	A4
4（c）	较繁忙车间用起重机（含车间用电动葫芦起重机）	不频繁中等载荷使用	U_5	Q2	A5
5（a）	货场用吊钩起重机（含货场电动葫芦起重机）	较少使用	U_4	Q1	A3
5（b）	货场用抓斗或电磁盘起重机	较频繁中等载荷使用	U_5	Q3	A6
6（a）	废料场吊钩起重机	较少使用	U_4	Q1	A3
6（b）	废料场抓斗或电磁盘起重机	较频繁中等载荷使用	U_5	Q3	A6
7	桥式抓斗卸船机	频繁重载使用	U_7	Q3	A8
8（a）	集装箱搬运起重机	较频繁中等载荷使用	U_5	Q3	A6
8（b）	岸边集装箱起重机	较频繁重载使用	U_6	Q3	A7
9	冶金用起重机				
9（a）	换轧辊起重机	很少使用	U_3	Q1	A2
9（b）	料箱起重机	频繁重载使用	U_7	Q3	A8
9（c）	加热炉起重机	频繁重载使用	U_7	Q3	A8
9（d）	炉前兑铁水铸造起重机	较频繁重载使用	U_6～U_7	Q3～Q4	A7～A8
9（e）	炉后出钢水铸造起重机	较频繁重载使用	U_4～U_5	Q4	A6～A7
9（f）	板坯搬运起重机	较频繁重载使用	U_6	Q3	A7
9（g）	冶金流程线上的专用起重机	频繁重载使用	U_7	Q3	A8
9（h）	冶金流程线外用的起重机	较频繁中等载荷使用	U_6	Q2	A6
10	铸工车间用起重机	不频繁中等载荷使用	U_4	Q3	A5
11	锻造起重机	较频繁重载使用	U_6	Q3	A7
12	淬火起重机	较频繁中等载荷使用	U_5	Q3	A6
13	装卸桥	较频繁重载使用	U_5	Q4	A7

附录F　风荷载特征值

风压高度变化系数应根据地面粗糙度类别按附表F-1确定。地面粗糙度应分为四类：A类指近海海面和海岛、海岸、湖岸及沙漠地区；B类指田野、乡村、丛林、丘陵以及房屋比较稀疏的乡镇和城市郊区；C类指有密集建筑群的城市市区；D类指有密集建筑群且房屋较高的城市市区。部分建筑的风荷载体型系数见附表F-2，封闭式矩形平面房屋的局部体型系数见附表F-3，阵风系数见附表F-4。

附表F-1　风压高度变化系数 μ_z

离地面或海平面高度（m）	地面粗糙度类别			
	A	B	C	D
5	1.09	1.00	0.65	0.51
10	1.28	1.00	0.65	0.51
15	1.42	1.13	0.65	0.51
20	1.52	1.23	0.74	0.51
30	1.67	1.39	0.88	0.51
40	1.79	1.52	1.00	0.60
50	1.89	1.62	1.10	0.69
60	1.97	1.71	1.20	0.77
70	2.05	1.79	1.28	0.84
80	2.12	1.87	1.36	0.91
90	2.18	1.93	1.43	0.98
100	2.23	2.00	1.50	1.04
150	2.46	2.25	1.79	1.33
200	2.64	2.46	2.03	1.58
250	2.78	2.63	2.24	1.81
300	2.91	2.77	2.43	2.02
350	2.91	2.91	2.60	2.22
400	2.91	2.91	2.76	2.40
450	2.91	2.91	2.91	2.58
500	2.91	2.91	2.91	2.74
≥550	2.91	2.91	2.91	2.91

附表 F-2　　部分建筑的风荷载体型系数

项次	类别	体型及体型系数 μ_s
1	封闭式双坡屋面	α：≤15°，μ_s：−0.6；α：30°，μ_s：0；α：≥60°，μ_s：+0.8 中间值按插入法计算
2	封闭式带天窗双坡屋面	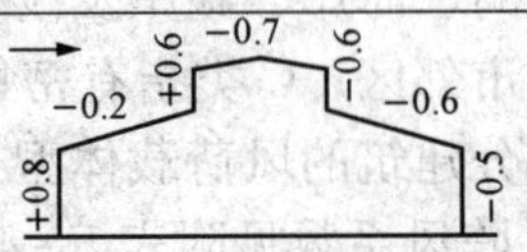 带天窗的拱形屋面可按本图采用
3	封闭式双跨双坡屋面	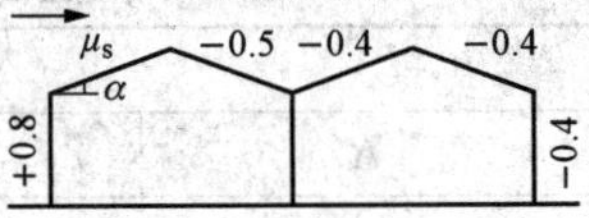 迎风坡面的 μ_s 按第1项采用
4	封闭式不等高不等跨的双跨双坡屋面	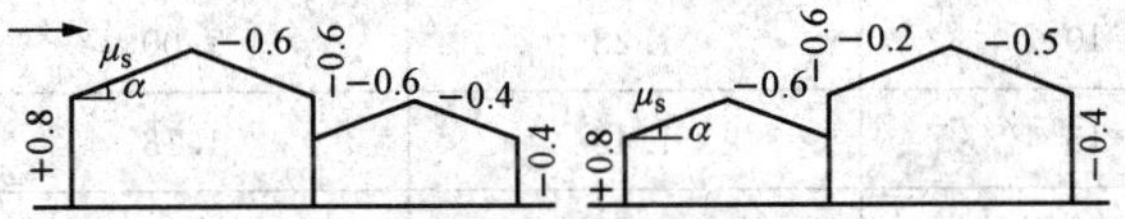 迎风坡面的 μ_s 按第1项采用
5	封闭式房屋和构筑物	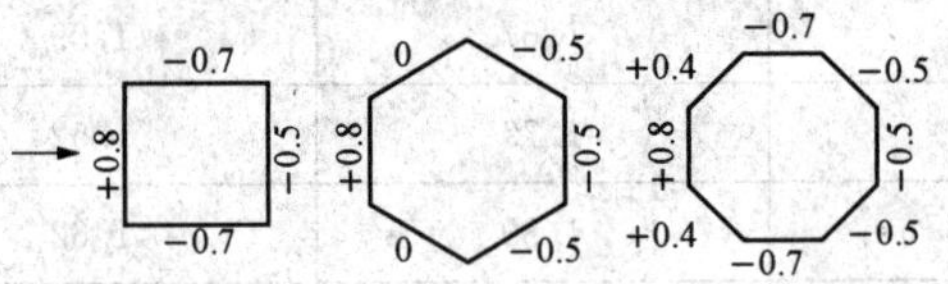 (a) 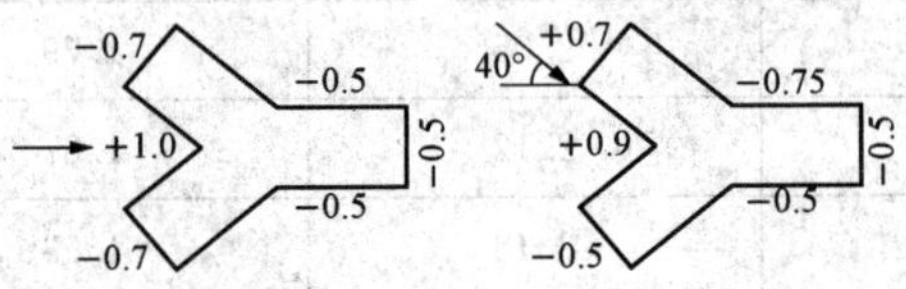 正多边形（包括矩形）平面；(b) Y形平面； (c) L形平面；(d) [形平面；(e) 十字形平面；(f) 截角三角形平面

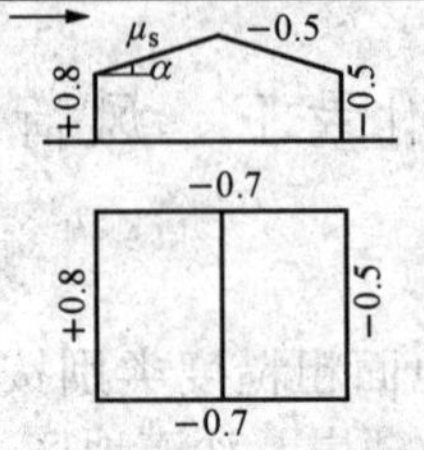

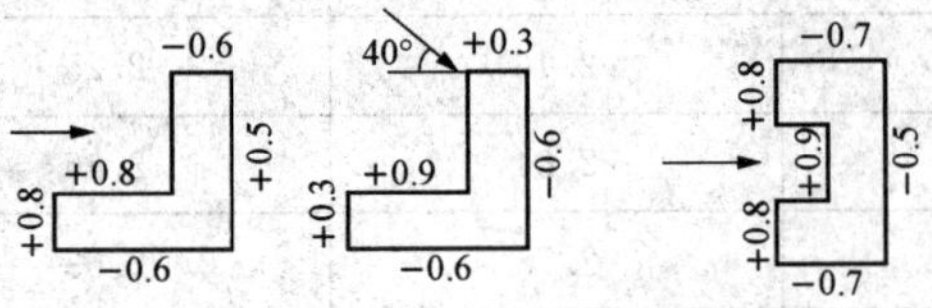

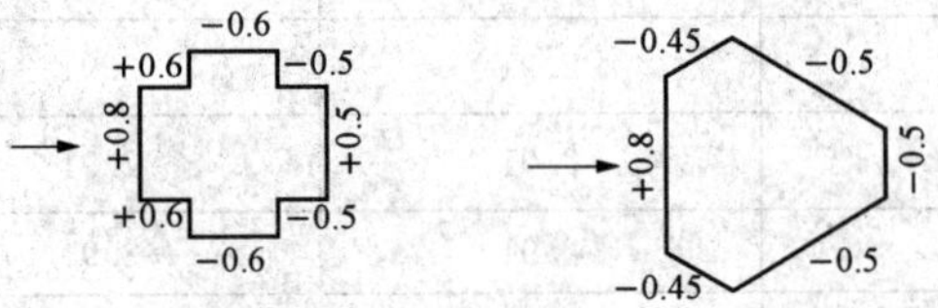

附表 F-3　　封闭式矩形平面房屋的局部体型系数

<table>
<tr><th>项次</th><th>类　别</th><th>体型及局部体型系数</th><th>备　注</th></tr>
<tr><td>1</td><td>封闭式矩形平面房屋的墙面</td><td> 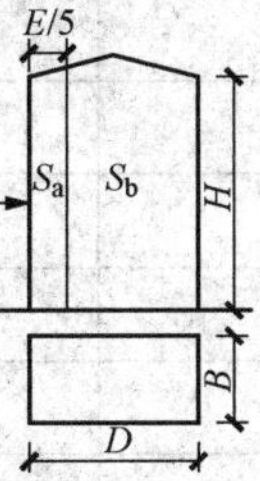
<table>
<tr><td colspan="2">迎风面</td><td>1.0</td></tr>
<tr><td rowspan="2">侧面</td><td>S_a</td><td>−1.4</td></tr>
<tr><td>S_b</td><td>−1.0</td></tr>
<tr><td colspan="2">背风面</td><td>−0.6</td></tr>
</table>
</td><td>E 应取 $2H$ 和迎风宽度 B 中的较小者</td></tr>
<tr><td>2</td><td>封闭式矩形平面房屋的双坡屋面</td><td> 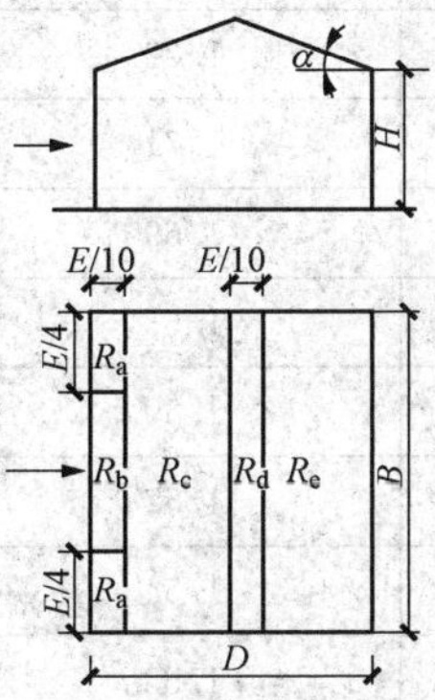
<table>
<tr><td colspan="2">α</td><td>≤5°</td><td>15°</td><td>30°</td><td>≥45°</td></tr>
<tr><td rowspan="2">R_a</td><td>$H/D \leqslant 0.5$</td><td>−1.8
0.0</td><td>−1.5
−0.2</td><td rowspan="2">−1.5
+0.7</td><td rowspan="2">0.0
+0.7</td></tr>
<tr><td>$H/D \leqslant 1.0$</td><td>−2.0
0.0</td><td>−2.0
+0.2</td></tr>
<tr><td colspan="2">R_b</td><td>−1.8
0.0</td><td>−1.5
+0.2</td><td>−1.5
+0.7</td><td>0.0
+0.7</td></tr>
<tr><td colspan="2">R_c</td><td>−1.2
0.0</td><td>−0.6
+0.2</td><td>−0.3
+0.4</td><td>0.0
+0.6</td></tr>
<tr><td colspan="2">R_d</td><td>−0.6
+0.2</td><td>−1.5
0.0</td><td>−0.5
0.0</td><td>−0.3
0.0</td></tr>
<tr><td colspan="2">R_e</td><td>−0.6
0.0</td><td>−0.4
0.0</td><td>−0.4
0.0</td><td>−0.2
0.0</td></tr>
</table>
</td><td>(1) E 应取 $2H$ 和迎风宽度 B 中的较小者。
(2) 中间值可按线性插值法计算(应对相同符号项插值)。
(3) 同时给出两个值的区域应分别考虑正、负风压的作用。
(4) 风沿纵轴吹来时，靠近山墙的屋面可参照表中 $\alpha \leqslant 5°$ 时的 R_a 和 R_b 取值</td></tr>
<tr><td>3</td><td>封闭式矩形平面房屋的单坡屋面</td><td> 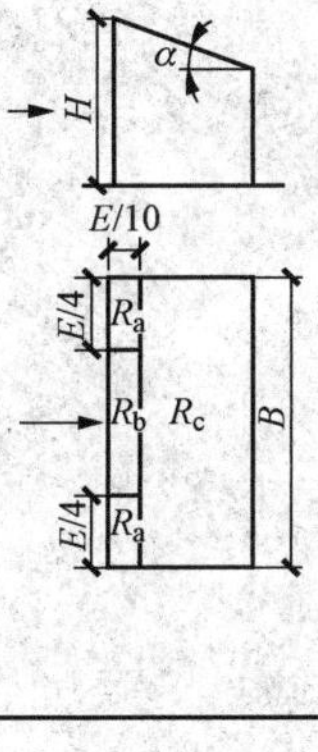
<table>
<tr><td>α</td><td>≤5°</td><td>15°</td><td>30°</td><td>≥45°</td></tr>
<tr><td>R_a</td><td>−2.0</td><td>−2.5</td><td>−2.3</td><td>−1.2</td></tr>
<tr><td>R_b</td><td>−2.0</td><td>−2.0</td><td>−1.5</td><td>−0.5</td></tr>
<tr><td>R_c</td><td>−1.2</td><td>−1.2</td><td>−0.8</td><td>−0.5</td></tr>
</table>
</td><td>(1) E 应取 $2H$ 和迎风宽度 B 中的较小者。
(2) 中间值可按线性插值法计算。
(3) 迎风坡面可参考第 2 项取值</td></tr>
</table>

附表 F-4 **阵风系数 β_{gz}**

离地面高度（m）	地面粗糙度类别			
	A	B	C	D
5	1.65	1.70	2.05	2.40
10	1.60	1.70	2.05	2.40
15	1.57	1.66	2.05	2.40
20	1.55	1.63	1.99	2.40
30	1.53	1.59	1.90	2.40
40	1.51	1.57	1.85	2.29
50	1.49	1.55	1.81	2.20
60	1.48	1.54	1.78	2.14
70	1.48	1.52	1.75	2.09
80	1.47	1.51	1.73	2.04
90	1.46	1.50	1.71	2.01
100	1.46	1.50	1.69	1.98
150	1.43	1.47	1.63	1.87
200	1.42	1.45	1.59	1.79
250	1.41	1.43	1.57	1.74
300	1.40	1.42	1.54	1.70
350	1.40	1.41	1.53	1.67
400	1.40	1.41	1.51	1.64
450	1.40	1.41	1.50	1.62
500	1.40	1.41	1.50	1.60
550	1.40	1.41	1.50	1.59

附录G　I形截面柱的力学特征

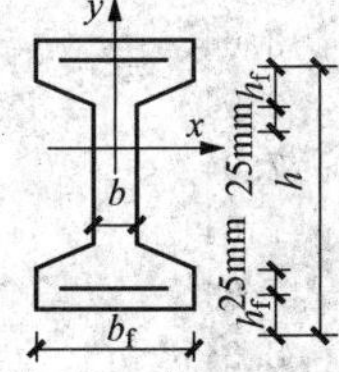

A——截面面积；

I_x——对 x 轴的惯性矩，mm^4；

I_y——对 y 轴的惯性矩，mm^4；

g——每米长的自重，kN/m。

截面尺寸	A（$\times10^2mm^2$）	I_x（$\times10^8mm^4$）	I_y（$\times10^8mm^4$）	g（kN/m）
I300×400×60×60	588	12.68	3.31	1.47
I300×400×60×80	684	14.01	4.20	1.71
I300×500×60×60	648	22.30	3.33	1.62
I300×500×60×80	744	25.00	4.22	1.86
I300×600×60×60	708	35.16	3.35	1.77
I300×600×60×80	804	39.71	4.24	2.01
I300×600×80×80	887	40.90	4.34	2.22
I350×400×60×60	660	14.66	5.23	1.65
I350×400×60×80	776	16.27	6.65	1.94
I350×400×80×80	819	16.43	6.70	2.05
I350×500×60×60	720	25.64	5.25	1.80
I350×500×60×80	836	28.91	6.67	2.09
I350×500×80×80	899	29.43	6.74	2.25
I350×600×60×60	780	40.24	5.26	1.95
I350×600×60×80	896	45.73	6.69	2.24
I350×600×80×80	979	46.92	6.79	2.45
I350×700×80×80	1059	69.31	6.83	2.65
I350×800×80×80	1139	97.00	6.87	2.85
I400×400×60×60	733	16.64	7.78	1.83
I400×400×60×80	869	18.52	9.91	2.17
I400×400×80×80	912	18.68	9.96	2.28
I400×400×100×100	1075	19.99	12.15	2.69
I400×500×60×60	793	28.99	7.80	1.98
I400×500×60×80	929	32.81	9.92	2.32
I400×500×80×80	992	33.33	10.00	2.48
I400×500×100×100	1175	36.47	12.23	2.94
I400×600×60×60	853	45.31	7.82	2.13
I400×600×60×80	989	51.75	9.94	2.47
I400×600×80×80	1072	52.94	10.04	2.68
I400×600×100×100	1275	58.76	11.84	3.19
I400×700×60×80	1049	77.11	9.38	2.62
I400×700×80×80	1152	77.91	10.09	2.88
I400×700×100×100	1375	87.47	11.93	3.44
I400×800×80×80	1232	108.64	10.13	3.08

续表

截面尺寸	A（$\times10^2\text{mm}^2$）	I_x（$\times10^8\text{mm}^4$）	I_y（$\times10^8\text{mm}^4$）	g（kN/m）
I400×800×100×100	1475	123.14	12.48	3.69
I400×800×100×150	1775	143.80	17.26	4.44
I400×900×100×150	1875	195.38	17.34	4.69
I400×1000×100×150	1975	256.34	17.43	4.94
I400×1100×120×150	2230	334.94	18.03	5.58
I500×400×120×100	1335	24.97	23.69	3.34
I500×500×120×100	1455	45.50	23.83	3.64
I500×600×120×100	1575	73.30	23.98	3.94
I500×1000×120×200	2815	356.37	44.17	7.04
I500×1200×120×200	3055	572.45	44.45	7.64
I500×1300×120×200	3175	703.10	44.60	7.94
I500×1400×120×200	3295	849.64	44.74	8.24
I500×1500×120×200	3415	1012.65	44.89	8.54
I500×1600×120×200	3535	1192.73	45.03	8.84
I600×1800×150×250	5063	2127.91	96.50	12.66
I600×2000×150×250	5363	2785.72	97.07	13.41

注 I为工形截面 $b_f\times h\times b\times h_f$（$h_f$ 为翼缘高度）。

附录 H　框架柱反弯点高度比

附表 H-1　**均布水平荷载下各层柱标准反弯点高度比 y_n**

m	n	$\overline{K}$													
		0.1	0.2	0.3	0.4	0.5	0.6	0.7	0.8	0.9	1.0	2.0	3.0	4.0	5.0
1	1	0.80	0.75	0.70	0.65	0.65	0.60	0.60	0.60	0.60	0.55	0.55	0.55	0.55	0.55
2	2	0.45	0.40	0.35	0.35	0.35	0.35	0.40	0.40	0.40	0.40	0.45	0.45	0.45	0.45
	1	0.95	0.80	0.75	0.70	0.65	0.65	0.65	0.60	0.60	0.60	0.55	0.55	0.55	0.50
3	3	0.15	0.20	0.20	0.25	0.30	0.30	0.30	0.35	0.35	0.35	0.40	0.45	0.45	0.45
	2	0.55	0.50	0.45	0.45	0.45	0.45	0.45	0.45	0.45	0.45	0.45	0.50	0.50	0.50
	1	1.00	0.85	0.80	0.75	0.70	0.70	0.65	0.65	0.65	0.60	0.55	0.55	0.55	0.55
4	4	−0.05	0.05	0.15	0.20	0.25	0.30	0.30	0.35	0.35	0.35	0.40	0.45	0.45	0.45
	3	0.25	0.30	0.30	0.35	0.35	0.40	0.40	0.40	0.40	0.45	0.45	0.50	0.50	0.50
	2	0.65	0.55	0.50	0.50	0.45	0.45	0.45	0.45	0.45	0.45	0.50	0.50	0.50	0.50
	1	1.10	0.90	0.80	0.75	0.70	0.70	0.65	0.65	0.65	0.60	0.55	0.55	0.55	0.55
5	5	−0.20	0.00	0.15	0.20	0.25	0.30	0.30	0.30	0.35	0.35	0.40	0.45	0.45	0.45
	4	0.10	0.20	0.25	0.30	0.35	0.35	0.40	0.40	0.40	0.40	0.45	0.45	0.50	0.50
	3	0.40	0.40	0.40	0.40	0.40	0.45	0.45	0.45	0.45	0.45	0.50	0.50	0.50	0.50
	2	0.65	0.55	0.50	0.50	0.50	0.50	0.50	0.50	0.50	0.50	0.50	0.50	0.50	0.50
	1	1.20	0.95	0.80	0.75	0.75	0.70	0.70	0.65	0.65	0.65	0.55	0.55	0.55	0.55
6	6	−0.30	0.00	0.10	0.20	0.25	0.25	0.30	0.30	0.35	0.35	0.40	0.45	0.45	0.45
	5	0.00	0.20	0.25	0.30	0.35	0.35	0.40	0.40	0.40	0.40	0.45	0.45	0.50	0.50
	4	0.20	0.30	0.35	0.35	0.40	0.40	0.40	0.45	0.45	0.45	0.45	0.50	0.50	0.50
	3	0.40	0.40	0.40	0.45	0.45	0.45	0.45	0.45	0.45	0.45	0.50	0.50	0.50	0.50
	2	0.70	0.60	0.55	0.50	0.50	0.50	0.50	0.50	0.50	0.50	0.50	0.50	0.50	0.50
	1	1.20	0.95	0.85	0.80	0.75	0.70	0.70	0.65	0.65	0.65	0.55	0.55	0.55	0.55
7	7	−0.35	−0.05	0.10	0.20	0.20	0.25	0.30	0.30	0.35	0.35	0.40	0.45	0.45	0.45
	6	−0.10	0.15	0.25	0.30	0.35	0.35	0.35	0.40	0.40	0.40	0.45	0.45	0.50	0.50
	5	0.10	0.25	0.30	0.35	0.40	0.40	0.40	0.45	0.45	0.45	0.50	0.50	0.50	0.50
	4	0.30	0.35	0.40	0.40	0.40	0.45	0.45	0.45	0.45	0.45	0.50	0.50	0.50	0.50
	3	0.50	0.45	0.45	0.45	0.45	0.45	0.45	0.45	0.45	0.45	0.50	0.50	0.50	0.50
	2	0.75	0.60	0.55	0.50	0.50	0.50	0.50	0.50	0.50	0.50	0.50	0.50	0.50	0.50
	1	1.20	0.95	0.85	0.80	0.75	0.70	0.70	0.65	0.65	0.65	0.55	0.55	0.55	0.55
8	8	−0.35	−0.15	0.10	0.10	0.25	0.25	0.30	0.30	0.35	0.35	0.40	0.45	0.45	0.45
	7	−0.10	0.15	0.25	0.30	0.35	0.35	0.40	0.40	0.40	0.40	0.45	0.50	0.50	0.50
	6	0.05	0.25	0.30	0.35	0.40	0.40	0.40	0.45	0.45	0.45	0.45	0.50	0.50	0.50
	5	0.20	0.30	0.35	0.40	0.40	0.45	0.45	0.45	0.45	0.45	0.50	0.50	0.50	0.50
	4	0.35	0.40	0.40	0.45	0.45	0.45	0.45	0.45	0.45	0.45	0.50	0.50	0.50	0.50
	3	0.50	0.45	0.45	0.45	0.45	0.45	0.45	0.45	0.50	0.50	0.50	0.50	0.50	0.50
	2	0.75	0.60	0.55	0.55	0.50	0.50	0.50	0.50	0.50	0.50	0.50	0.50	0.50	0.50
	1	1.20	1.00	0.85	0.80	0.75	0.70	0.70	0.65	0.65	0.65	0.55	0.55	0.55	0.55

续表

m	n	$\overline{K}$													
		0.1	0.2	0.3	0.4	0.5	0.6	0.7	0.8	0.9	1.0	2.0	3.0	4.0	5.0
9	9	−0.40	−0.05	0.10	0.20	0.25	0.25	0.30	0.30	0.35	0.35	0.45	0.45	0.45	0.45
	8	−0.15	0.15	0.25	0.30	0.35	0.35	0.35	0.40	0.40	0.40	0.45	0.45	0.50	0.50
	7	0.05	0.25	0.30	0.35	0.40	0.40	0.40	0.45	0.45	0.45	0.45	0.50	0.50	0.50
	6	0.15	0.30	0.35	0.40	0.40	0.45	0.45	0.45	0.45	0.45	0.50	0.50	0.50	0.50
	5	0.25	0.35	0.40	0.40	0.45	0.45	0.45	0.45	0.45	0.45	0.50	0.50	0.50	0.50
	4	0.40	0.40	0.40	0.45	0.45	0.45	0.45	0.45	0.45	0.45	0.50	0.50	0.50	0.50
	3	0.55	0.45	0.45	0.45	0.45	0.45	0.45	0.45	0.50	0.50	0.50	0.50	0.50	0.50
	2	0.80	0.65	0.55	0.55	0.50	0.50	0.50	0.50	0.50	0.50	0.50	0.50	0.50	0.50
	1	1.20	1.00	0.85	0.80	0.75	0.70	0.70	0.65	0.65	0.65	0.55	0.55	0.55	0.55
10	10	−0.40	−0.05	0.10	0.20	0.25	0.30	0.30	0.30	0.30	0.35	0.40	0.45	0.45	0.45
	9	−0.15	0.15	0.25	0.30	0.35	0.35	0.40	0.40	0.40	0.40	0.45	0.45	0.50	0.50
	8	−0.00	0.25	0.30	0.35	0.40	0.40	0.40	0.45	0.45	0.45	0.45	0.50	0.50	0.50
	7	−0.10	0.30	0.35	0.40	0.40	0.40	0.45	0.45	0.45	0.45	0.50	0.50	0.50	0.50
	6	0.20	0.35	0.40	0.40	0.45	0.45	0.45	0.45	0.45	0.45	0.50	0.50	0.50	0.50
	5	0.30	0.40	0.40	0.45	0.45	0.45	0.45	0.45	0.45	0.50	0.50	0.50	0.50	0.50
	4	0.40	0.40	0.45	0.45	0.45	0.45	0.45	0.45	0.45	0.50	0.50	0.50	0.50	0.50
	3	0.55	0.50	0.45	0.45	0.45	0.50	0.50	0.50	0.50	0.50	0.50	0.50	0.50	0.50
	2	0.80	0.65	0.55	0.55	0.55	0.50	0.50	0.50	0.50	0.50	0.50	0.50	0.50	0.50
	1	1.30	1.00	0.85	0.80	0.75	0.70	0.70	0.65	0.65	0.65	0.60	0.55	0.55	0.55
11	11	−0.40	0.05	0.10	0.20	0.25	0.30	0.30	0.30	0.35	0.35	0.40	0.45	0.45	0.45
	10	−0.15	0.15	0.25	0.30	0.35	0.35	0.40	0.40	0.40	0.40	0.45	0.45	0.50	0.50
	9	0.00	0.25	0.30	0.35	0.40	0.40	0.40	0.45	0.45	0.45	0.45	0.50	0.50	0.50
	8	0.10	0.30	0.35	0.40	0.40	0.45	0.45	0.45	0.45	0.45	0.50	0.50	0.50	0.50
	7	0.20	0.35	0.40	0.45	0.45	0.45	0.45	0.45	0.45	0.45	0.50	0.50	0.50	0.50
	6	0.25	0.35	0.40	0.45	0.45	0.45	0.45	0.45	0.45	0.45	0.50	0.50	0.50	0.50
	5	0.35	0.40	0.40	0.45	0.45	0.45	0.45	0.45	0.45	0.50	0.50	0.50	0.50	0.50
	4	0.40	0.45	0.45	0.45	0.45	0.45	0.45	0.50	0.50	0.50	0.50	0.50	0.50	0.50
	3	0.55	0.50	0.50	0.50	0.50	0.50	0.50	0.50	0.50	0.50	0.50	0.50	0.50	0.50
	2	0.80	0.65	0.60	0.55	0.55	0.50	0.50	0.50	0.50	0.50	0.50	0.50	0.50	0.50
	1	1.30	1.00	0.85	0.80	0.75	0.70	0.70	0.65	0.65	0.65	0.60	0.55	0.55	0.55
12及以上	自上1	−0.40	−0.05	0.10	0.20	0.25	0.30	0.30	0.30	0.35	0.35	0.40	0.45	0.45	0.45
	2	−0.15	0.15	0.25	0.30	0.35	0.35	0.40	0.40	0.40	0.40	0.45	0.45	0.50	0.50
	3	0.00	0.25	0.30	0.35	0.40	0.40	0.40	0.45	0.45	0.45	0.50	0.50	0.50	0.50
	4	0.10	0.30	0.35	0.40	0.40	0.45	0.45	0.45	0.45	0.45	0.50	0.50	0.50	0.50
	5	0.20	0.35	0.40	0.40	0.45	0.45	0.45	0.45	0.45	0.45	0.50	0.50	0.50	0.50
	6	0.25	0.35	0.40	0.45	0.45	0.45	0.45	0.45	0.45	0.45	0.50	0.50	0.50	0.50
	7	0.30	0.40	0.40	0.45	0.45	0.45	0.45	0.45	0.50	0.50	0.50	0.50	0.50	0.50
	8	0.35	0.40	0.45	0.45	0.45	0.45	0.45	0.50	0.50	0.50	0.50	0.50	0.50	0.50
	中间	0.40	0.40	0.45	0.45	0.45	0.45	0.50	0.50	0.50	0.50	0.50	0.50	0.50	0.50
	4	0.45	0.45	0.45	0.45	0.50	0.50	0.50	0.50	0.50	0.50	0.50	0.50	0.50	0.50
	3	0.60	0.50	0.50	0.50	0.50	0.50	0.50	0.50	0.50	0.50	0.50	0.50	0.50	0.50
	2	0.80	0.65	0.60	0.55	0.55	0.50	0.50	0.50	0.50	0.50	0.50	0.50	0.50	0.50
	自下1	1.30	1.00	0.85	0.80	0.75	0.70	0.70	0.65	0.65	0.55	0.55	0.55	0.55	0.55

附表 H-2　　倒三角形分布水平荷载下各层柱标准反弯点高度比 y_n

m	n	$\overline{K}$													
		0.1	0.2	0.3	0.4	0.5	0.6	0.7	0.8	0.9	1.0	2.0	3.0	4.0	5.0
1	1	0.80	0.75	0.70	0.65	0.65	0.60	0.60	0.60	0.60	0.55	0.55	0.55	0.55	0.55
2	2	0.50	0.45	0.40	0.40	0.40	0.40	0.40	0.40	0.40	0.45	0.45	0.45	0.45	0.50
	1	1.00	0.85	0.75	0.70	0.70	0.65	0.65	0.65	0.60	0.60	0.55	0.55	0.55	0.55
3	3	0.25	0.25	0.25	0.30	0.30	0.35	0.35	0.35	0.40	0.40	0.45	0.45	0.45	0.50
	2	0.60	0.50	0.50	0.50	0.50	0.45	0.45	0.45	0.45	0.45	0.50	0.50	0.50	0.50
	1	1.15	0.90	0.80	0.75	0.75	0.70	0.70	0.65	0.65	0.65	0.60	0.55	0.55	0.55
4	4	0.10	0.15	0.20	0.25	0.30	0.30	0.35	0.35	0.35	0.40	0.45	0.45	0.45	0.45
	3	0.35	0.35	0.35	0.40	0.40	0.40	0.40	0.45	0.45	0.45	0.45	0.50	0.50	0.50
	2	0.70	0.60	0.55	0.50	0.50	0.50	0.50	0.50	0.50	0.50	0.50	0.50	0.50	0.50
	1	1.20	0.95	0.85	0.80	0.75	0.70	0.70	0.70	0.65	0.65	0.55	0.55	0.55	0.50
5	5	−0.05	0.10	0.20	0.25	0.30	0.30	0.35	0.35	0.35	0.35	0.40	0.45	0.45	0.45
	4	0.20	0.25	0.35	0.35	0.40	0.40	0.40	0.40	0.40	0.45	0.45	0.50	0.50	0.50
	3	0.45	0.40	0.45	0.45	0.45	0.45	0.45	0.45	0.45	0.45	0.50	0.50	0.50	0.50
	2	0.75	0.60	0.55	0.55	0.50	0.50	0.50	0.60	0.50	0.50	0.50	0.50	0.50	0.50
	1	1.30	1.00	0.85	0.80	0.75	0.70	0.70	0.65	0.65	0.65	0.65	0.55	0.55	0.55
6	6	−0.15	0.05	0.15	0.20	0.25	0.30	0.30	0.35	0.35	0.35	0.40	0.45	0.45	0.45
	5	0.10	0.25	0.30	0.35	0.35	0.40	0.40	0.40	0.45	0.45	0.45	0.50	0.50	0.50
	4	0.30	0.35	0.40	0.40	0.45	0.45	0.45	0.45	0.45	0.45	0.50	0.50	0.50	0.50
	3	0.50	0.45	0.45	0.45	0.45	0.45	0.45	0.45	0.45	0.50	0.50	0.50	0.50	0.50
	2	0.80	0.65	0.55	0.55	0.55	0.55	0.50	0.50	0.50	0.50	0.50	0.50	0.50	0.50
	1	1.30	1.00	0.85	0.80	0.75	0.70	0.70	0.65	0.65	0.65	0.60	0.55	0.55	0.55
7	7	−0.20	0.05	0.15	0.20	0.25	0.30	0.30	0.35	0.35	0.35	0.45	0.45	0.45	0.45
	6	0.05	0.20	0.30	0.35	0.35	0.40	0.40	0.40	0.40	0.45	0.45	0.50	0.50	0.50
	5	0.20	0.30	0.35	0.40	0.40	0.45	0.45	0.45	0.45	0.45	0.50	0.50	0.50	0.50
	4	0.35	0.40	0.40	0.45	0.45	0.45	0.45	0.45	0.45	0.45	0.50	0.50	0.50	0.50
	3	0.55	0.50	0.50	0.50	0.50	0.50	0.50	0.50	0.50	0.50	0.50	0.50	0.50	0.50
	2	0.80	0.65	0.60	0.55	0.55	0.55	0.50	0.50	0.50	0.50	0.50	0.50	0.50	0.50
	1	1.30	1.00	0.90	0.80	0.75	0.70	0.70	0.70	0.65	0.65	0.60	0.55	0.55	0.55
8	8	−0.20	0.05	0.15	0.20	0.25	0.30	0.30	0.35	0.35	0.35	0.45	0.45	0.45	0.45
	7	0.00	0.20	0.30	0.35	0.35	0.40	0.40	0.40	0.40	0.45	0.45	0.50	0.50	0.50
	6	0.15	0.30	0.35	0.40	0.40	0.45	0.45	0.45	0.45	0.45	0.50	0.50	0.50	0.50
	5	0.30	0.45	0.40	0.45	0.45	0.45	0.45	0.45	0.45	0.45	0.50	0.50	0.50	0.50
	4	0.40	0.45	0.45	0.45	0.45	0.45	0.45	0.50	0.50	0.50	0.50	0.50	0.50	0.50
	3	0.60	0.50	0.50	0.50	0.50	0.50	0.50	0.50	0.50	0.50	0.50	0.50	0.50	0.50
	2	0.85	0.65	0.60	0.55	0.55	0.55	0.50	0.50	0.50	0.50	0.50	0.50	0.50	0.50
	1	1.30	1.00	0.90	0.80	0.75	0.70	0.70	0.70	0.65	0.65	0.60	0.55	0.55	0.55
9	9	−0.25	0.00	0.15	0.20	0.25	0.30	0.30	0.35	0.35	0.40	0.45	0.45	0.45	0.45
	8	0.00	0.20	0.30	0.35	0.35	0.40	0.40	0.40	0.40	0.45	0.45	0.50	0.50	0.50
	7	0.15	0.30	0.35	0.40	0.40	0.45	0.45	0.45	0.45	0.45	0.50	0.50	0.50	0.50
	6	0.25	0.35	0.40	0.40	0.45	0.45	0.45	0.45	0.45	0.50	0.50	0.50	0.50	0.50
	5	0.35	0.40	0.45	0.45	0.45	0.45	0.45	0.45	0.50	0.50	0.50	0.50	0.50	0.50
	4	0.45	0.45	0.45	0.45	0.45	0.50	0.50	0.50	0.50	0.50	0.50	0.50	0.50	0.50
	3	0.65	0.50	0.50	0.50	0.50	0.50	0.50	0.50	0.50	0.50	0.50	0.50	0.50	0.50
	2	0.80	0.65	0.65	0.55	0.55	0.55	0.55	0.50	0.50	0.50	0.50	0.50	0.50	0.50
	1	1.35	1.00	1.00	0.80	0.75	0.75	0.70	0.70	0.65	0.65	0.60	0.55	0.55	0.55

续表

m	n	$\overline{K}$													
		0.1	0.2	0.3	0.4	0.5	0.6	0.7	0.8	0.9	1.0	2.0	3.0	4.0	5.0
10	10	−0.25	0.00	0.15	0.20	0.25	0.30	0.30	0.35	0.35	0.40	0.45	0.45	0.45	0.45
	9	−0.05	0.20	0.30	0.35	0.35	0.40	0.40	0.40	0.40	0.45	0.45	0.50	0.50	0.50
	8	0.10	0.30	0.35	0.40	0.40	0.40	0.45	0.45	0.45	0.45	0.50	0.50	0.50	0.50
	7	0.20	0.35	0.40	0.40	0.45	0.45	0.45	0.45	0.45	0.50	0.50	0.50	0.50	0.50
	6	0.30	0.40	0.40	0.45	0.45	0.45	0.45	0.45	0.45	0.50	0.50	0.50	0.50	0.50
	5	0.40	0.45	0.45	0.45	0.45	0.45	0.45	0.50	0.50	0.50	0.50	0.50	0.50	0.50
	4	0.50	0.45	0.45	0.45	0.50	0.50	0.50	0.50	0.50	0.50	0.50	0.50	0.50	0.50
	3	0.60	0.55	0.50	0.50	0.50	0.50	0.50	0.50	0.50	0.50	0.50	0.50	0.50	0.50
	2	0.85	0.65	0.60	0.55	0.55	0.55	0.55	0.50	0.50	0.50	0.50	0.50	0.50	0.50
	1	1.35	1.00	0.90	0.80	0.75	0.75	0.70	0.70	0.65	0.65	0.60	0.55	0.55	0.55
11	11	−0.25	0.00	0.15	0.20	0.25	0.30	0.30	0.30	0.35	0.35	0.45	0.45	0.45	0.45
	10	−0.05	0.20	0.25	0.30	0.35	0.40	0.40	0.40	0.40	0.45	0.45	0.50	0.50	0.50
	9	0.10	0.30	0.35	0.40	0.40	0.40	0.45	0.45	0.45	0.45	0.50	0.50	0.50	0.50
	8	0.20	0.35	0.40	0.40	0.45	0.45	0.45	0.45	0.45	0.45	0.50	0.50	0.50	0.50
	7	0.25	0.40	0.40	0.45	0.45	0.45	0.45	0.45	0.45	0.50	0.50	0.50	0.50	0.50
	6	0.35	0.40	0.45	0.45	0.45	0.45	0.45	0.50	0.50	0.50	0.50	0.50	0.50	0.50
	5	0.40	0.44	0.45	0.45	0.45	0.50	0.50	0.50	0.50	0.50	0.50	0.50	0.50	0.50
	4	0.50	0.50	0.50	0.50	0.50	0.50	0.50	0.50	0.50	0.50	0.50	0.50	0.50	0.50
	3	0.65	0.55	0.50	0.50	0.50	0.50	0.50	0.50	0.50	0.50	0.50	0.50	0.50	0.50
	2	0.85	0.65	0.60	0.55	0.55	0.55	0.55	0.50	0.50	0.50	0.50	0.50	0.50	0.50
	1	1.35	1.00	0.90	0.80	0.75	0.75	0.70	0.70	0.65	0.65	0.60	0.55	0.55	0.55
12及以上	自上1	−0.30	0.00	0.15	0.20	0.25	0.30	0.30	0.30	0.35	0.35	0.40	0.45	0.45	0.45
	2	−0.10	0.20	0.25	0.30	0.35	0.40	0.40	0.40	0.40	0.40	0.45	0.45	0.45	0.50
	3	0.05	0.25	0.35	0.40	0.40	0.40	0.45	0.45	0.45	0.45	0.45	0.50	0.50	0.50
	4	0.15	0.30	0.40	0.40	0.45	0.45	0.45	0.45	0.45	0.45	0.45	0.50	0.50	0.50
	5	0.25	0.30	0.40	0.45	0.45	0.45	0.45	0.45	0.45	0.45	0.50	0.50	0.50	0.50
	6	0.30	0.40	0.40	0.45	0.45	0.45	0.45	0.50	0.50	0.50	0.50	0.50	0.50	0.50
	7	0.35	0.40	0.40	0.45	0.45	0.45	0.50	0.50	0.50	0.50	0.50	0.50	0.50	0.50
	8	0.35	0.45	0.45	0.45	0.50	0.50	0.50	0.50	0.50	0.50	0.50	0.50	0.50	0.50
	中间	0.45	0.45	0.45	0.50	0.50	0.50	0.50	0.50	0.50	0.50	0.50	0.50	0.50	0.50
	4	0.55	0.50	0.50	0.50	0.50	0.50	0.50	0.50	0.50	0.50	0.50	0.50	0.50	0.50
	3	0.65	0.55	0.50	0.50	0.50	0.50	0.50	0.50	0.50	0.50	0.50	0.50	0.50	0.50
	2	0.70	0.70	0.60	0.55	0.55	0.55	0.55	0.50	0.50	0.50	0.50	0.50	0.50	0.50
	自下1	1.35	1.05	0.90	0.80	0.75	0.70	0.70	0.70	0.65	0.65	0.60	0.55	0.55	0.55

附表 H-3　　顶点集中水平荷载作用下各层柱标准反弯点高度比 y_n

m	n	$\overline{K}$													
		0.1	0.2	0.3	0.4	0.5	0.6	0.7	0.8	0.9	1.0	2.0	3.0	4.0	5.0
1	1	0.80	0.75	0.70	0.65	0.65	0.60	0.60	0.60	0.60	0.55	0.55	0.55	0.55	0.55
2	2	0.55	0.50	0.45	0.45	0.45	0.45	0.45	0.45	0.45	0.45	0.45	0.50	0.50	0.50
	1	1.15	0.95	0.85	0.80	0.75	0.70	0.70	0.65	0.65	0.65	0.60	0.55	0.55	0.55
3	3	0.40	0.40	0.40	0.40	0.40	0.40	0.40	0.45	0.45	0.45	0.45	0.50	0.50	0.50
	2	0.75	0.60	0.55	0.55	0.55	0.50	0.50	0.50	0.50	0.50	0.50	0.50	0.50	0.50
	1	1.30	1.00	0.90	0.80	0.75	0.70	0.70	0.70	0.65	0.65	0.60	0.55	0.55	0.55
4	4	0.35	0.35	0.35	0.40	0.40	0.40	0.40	0.45	0.45	0.45	0.45	0.50	0.50	0.50
	3	0.60	0.50	0.50	0.50	0.50	0.50	0.50	0.50	0.50	0.50	0.50	0.50	0.50	0.50
	2	0.85	0.65	0.60	0.55	0.55	0.55	0.55	0.55	0.50	0.50	0.50	0.50	0.50	0.50
	1	1.35	1.05	0.90	0.80	0.75	0.75	0.70	0.70	0.65	0.65	0.60	0.55	0.55	0.55
5	5	0.30	0.35	0.35	0.40	0.40	0.40	0.40	0.45	0.45	0.45	0.45	0.50	0.50	0.50
	4	0.50	0.45	0.45	0.50	0.50	0.50	0.50	0.50	0.50	0.50	0.50	0.50	0.50	0.50
	3	0.65	0.55	0.50	0.50	0.50	0.50	0.50	0.50	0.50	0.50	0.50	0.50	0.50	0.50
	2	0.90	0.70	0.60	0.55	0.55	0.55	0.55	0.55	0.50	0.50	0.50	0.50	0.50	0.50
	1	1.40	1.05	0.90	0.80	0.75	0.75	0.70	0.70	0.65	0.65	0.60	0.55	0.55	0.55
6	6	0.30	0.35	0.35	0.40	0.40	0.40	0.40	0.45	0.45	0.45	0.45	0.50	0.50	0.50
	5	0.45	0.45	0.45	0.45	0.50	0.50	0.50	0.50	0.50	0.50	0.50	0.50	0.50	0.50
	4	0.55	0.50	0.50	0.50	0.50	0.50	0.50	0.50	0.50	0.50	0.50	0.50	0.50	0.50
	3	0.65	0.55	0.55	0.50	0.50	0.50	0.50	0.50	0.50	0.50	0.50	0.50	0.50	0.50
	2	0.90	0.70	0.60	0.60	0.55	0.55	0.55	0.55	0.50	0.50	0.50	0.50	0.50	0.50
	1	1.40	1.05	0.90	0.80	0.75	0.75	0.70	0.70	0.65	0.65	0.60	0.55	0.55	0.55
7	7	0.30	0.35	0.35	0.40	0.40	0.40	0.40	0.45	0.45	0.45	0.45	0.50	0.50	0.50
	6	0.40	0.45	0.45	0.45	0.50	0.50	0.50	0.50	0.50	0.50	0.50	0.50	0.50	0.50
	5	0.50	0.50	0.50	0.50	0.50	0.50	0.50	0.50	0.50	0.50	0.50	0.50	0.50	0.50
	4	0.55	0.50	0.50	0.50	0.50	0.50	0.50	0.50	0.50	0.50	0.50	0.50	0.50	0.50
	3	0.70	0.55	0.55	0.50	0.50	0.50	0.50	0.50	0.50	0.50	0.50	0.50	0.50	0.50
	2	0.90	0.70	0.60	0.60	0.55	0.55	0.55	0.55	0.50	0.50	0.50	0.50	0.50	0.50
	1	1.40	1.05	0.90	0.80	0.75	0.75	0.70	0.70	0.65	0.65	0.60	0.55	0.55	0.55
8	8	0.30	0.35	0.35	0.40	0.40	0.40	0.40	0.45	0.45	0.45	0.45	0.50	0.50	0.50
	7	0.40	0.40	0.45	0.45	0.50	0.50	0.50	0.50	0.50	0.50	0.50	0.50	0.50	0.50
	6	0.45	0.50	0.50	0.50	0.50	0.50	0.50	0.50	0.50	0.50	0.50	0.50	0.50	0.50
	5	0.50	0.50	0.50	0.50	0.50	0.50	0.50	0.50	0.50	0.50	0.50	0.50	0.50	0.50
	4	0.60	0.50	0.50	0.50	0.50	0.50	0.50	0.50	0.50	0.50	0.50	0.50	0.50	0.50
	3	0.70	0.55	0.55	0.50	0.50	0.50	0.50	0.50	0.50	0.50	0.50	0.50	0.50	0.50
	2	0.90	0.70	0.60	0.60	0.55	0.55	0.55	0.55	0.50	0.50	0.50	0.50	0.50	0.50
	1	1.40	1.05	0.90	0.80	0.75	0.75	0.70	0.70	0.65	0.65	0.60	0.55	0.55	0.55
9	9	0.25	0.35	0.35	0.40	0.40	0.40	0.40	0.45	0.45	0.45	0.45	0.50	0.50	0.50
	8	0.40	0.45	0.45	0.45	0.50	0.50	0.50	0.50	0.50	0.50	0.50	0.50	0.50	0.50
	7	0.45	0.50	0.50	0.50	0.50	0.50	0.50	0.50	0.50	0.50	0.50	0.50	0.50	0.50
	6	0.50	0.50	0.50	0.50	0.50	0.50	0.50	0.50	0.50	0.50	0.50	0.50	0.50	0.50
	5	0.55	0.50	0.50	0.50	0.50	0.50	0.50	0.50	0.50	0.50	0.50	0.50	0.50	0.50
	4	0.60	0.50	0.50	0.50	0.50	0.50	0.50	0.50	0.50	0.50	0.50	0.50	0.50	0.50
	3	0.70	0.55	0.50	0.50	0.50	0.50	0.50	0.50	0.50	0.50	0.50	0.50	0.50	0.50
	2	0.90	0.70	0.60	0.60	0.50	0.50	0.50	0.50	0.50	0.50	0.50	0.50	0.50	0.50
	1	1.40	1.05	0.90	0.80	0.75	0.75	0.70	0.70	0.65	0.60	0.60	0.55	0.55	0.55

续表

m	n	$\overline{K}$													
		0.1	0.2	0.3	0.4	0.5	0.6	0.7	0.8	0.9	1.0	2.0	3.0	4.0	5.0
10	10	0.25	0.35	0.35	0.40	0.40	0.40	0.40	0.45	0.45	0.45	0.45	0.50	0.50	0.50
	9	0.40	0.45	0.45	0.45	0.50	0.50	0.50	0.50	0.50	0.50	0.50	0.50	0.50	0.50
	8	0.45	0.50	0.50	0.50	0.50	0.50	0.50	0.50	0.50	0.50	0.50	0.50	0.50	0.50
	7	0.50	0.55	0.50	0.50	0.50	0.50	0.50	0.50	0.50	0.50	0.50	0.50	0.50	0.50
	6	0.50	0.50	0.50	0.50	0.50	0.50	0.50	0.50	0.50	0.50	0.50	0.50	0.50	0.50
	5	0.55	0.50	0.50	0.50	0.50	0.50	0.50	0.50	0.50	0.50	0.50	0.50	0.50	0.50
	4	0.60	0.50	0.50	0.50	0.50	0.50	0.50	0.50	0.50	0.50	0.50	0.50	0.50	0.50
	3	0.70	0.55	0.55	0.50	0.50	0.50	0.50	0.50	0.50	0.50	0.50	0.50	0.50	0.50
	2	0.90	0.70	0.60	0.60	0.55	0.55	0.55	0.55	0.50	0.50	0.50	0.50	0.50	0.50
	1	1.40	1.05	0.90	0.80	0.75	0.75	0.70	0.70	0.65	0.65	0.60	0.55	0.55	0.50
11	11	0.25	0.35	0.35	0.40	0.40	0.40	0.40	0.45	0.45	0.45	0.45	0.50	0.50	0.50
	10	0.40	0.45	0.45	0.45	0.50	0.50	0.50	0.50	0.50	0.50	0.50	0.50	0.50	0.50
	9	0.45	0.50	0.50	0.50	0.50	0.50	0.50	0.50	0.50	0.50	0.50	0.50	0.50	0.50
	8	0.50	0.50	0.50	0.50	0.50	0.50	0.50	0.50	0.50	0.50	0.50	0.50	0.50	0.50
	7	0.50	0.50	0.50	0.50	0.50	0.50	0.50	0.50	0.50	0.50	0.50	0.50	0.50	0.50
	6	0.50	0.50	0.50	0.50	0.50	0.50	0.50	0.50	0.50	0.50	0.50	0.50	0.50	0.50
	5	0.55	0.50	0.50	0.50	0.50	0.50	0.50	0.50	0.50	0.50	0.50	0.50	0.50	0.50
	4	0.60	0.50	0.50	0.50	0.50	0.50	0.50	0.50	0.50	0.50	0.50	0.50	0.50	0.50
	3	0.70	0.55	0.55	0.50	0.50	0.50	0.50	0.50	0.50	0.50	0.50	0.50	0.50	0.50
	2	0.90	0.70	0.60	0.60	0.55	0.55	0.55	0.55	0.50	0.50	0.50	0.50	0.50	0.50
	1	1.40	1.05	0.90	0.80	0.75	0.75	0.70	0.70	0.65	0.65	0.60	0.55	0.55	0.60
12	12	0.25	0.35	0.35	0.40	0.40	0.40	0.40	0.45	0.45	0.45	0.45	0.50	0.50	0.50
	11	0.40	0.45	0.45	0.45	0.50	0.50	0.50	0.50	0.50	0.50	0.50	0.50	0.50	0.50
	10	0.45	0.50	0.50	0.50	0.50	0.50	0.50	0.50	0.50	0.50	0.50	0.50	0.50	0.50
	9	0.50	0.50	0.50	0.50	0.50	0.50	0.50	0.50	0.50	0.50	0.50	0.50	0.50	0.50
	8	0.50	0.50	0.50	0.50	0.50	0.50	0.50	0.50	0.50	0.50	0.50	0.50	0.50	0.50
	7	0.50	0.50	0.50	0.50	0.50	0.50	0.50	0.50	0.50	0.50	0.50	0.50	0.50	0.50
	6	0.50	0.50	0.50	0.50	0.50	0.50	0.50	0.50	0.50	0.50	0.50	0.50	0.50	0.50
	5	0.55	0.50	0.50	0.50	0.50	0.50	0.50	0.50	0.50	0.50	0.50	0.50	0.50	0.50
	4	0.60	0.50	0.50	0.50	0.50	0.50	0.50	0.50	0.50	0.50	0.50	0.50	0.50	0.50
	3	0.70	0.55	0.50	0.50	0.50	0.50	0.50	0.50	0.50	0.50	0.50	0.50	0.50	0.50
	2	0.90	0.70	0.60	0.60	0.55	0.55	0.50	0.50	0.50	0.50	0.50	0.50	0.50	0.50
	1	1.40	1.05	0.90	0.80	0.75	0.75	0.70	0.65	0.65	0.65	0.60	0.55	0.55	0.55

附表 H-4　　上、下层梁相对线刚度变化的修正值 y_1

α_1	$\overline{K}$													
	0.1	0.2	0.3	0.4	0.5	0.6	0.7	0.8	0.9	1.0	2.0	3.0	4.0	5.0
0.4	0.55	0.40	0.30	0.25	0.20	0.20	0.20	0.15	0.15	0.15	0.05	0.05	0.05	0.05
0.5	0.45	0.30	0.20	0.20	0.20	0.15	0.15	0.10	0.10	0.10	0.05	0.05	0.05	0.05
0.6	0.30	0.20	0.15	0.15	0.10	0.10	0.10	0.10	0.05	0.05	0.05	0.05	0.00	0.00
0.7	0.20	0.15	0.10	0.10	0.10	0.05	0.05	0.05	0.05	0.05	0.05	0.00	0.00	0.00
0.8	0.15	0.10	0.05	0.05	0.05	0.05	0.05	0.05	0.05	0.00	0.00	0.00	0.00	0.00
0.9	0.05	0.05	0.05	0.05	0.00	0.00	0.00	0.00	0.00	0.00	0.00	0.00	0.00	0.00

注　对底层柱不考虑 α_1 值，不作此项修正。

附表 H-5　　上、下层层高不同的修正值 y_2 和 y_3

m	n	$\overline{K}$													
		0.1	0.2	0.3	0.4	0.5	0.6	0.7	0.8	0.9	1.0	2.0	3.0	4.0	5.0
2.0		0.25	0.15	0.15	0.10	0.10	0.10	0.10	0.10	0.05	0.05	0.05	0.05	0.0	0.0
1.8		0.20	0.15	0.10	0.10	0.10	0.05	0.05	0.05	0.05	0.05	0.05	0.0	0.0	0.0
1.6	0.4	0.15	0.10	0.10	0.05	0.05	0.05	0.05	0.05	0.05	0.05	0.0	0.0	0.0	0.0
1.4	0.6	0.10	0.05	0.05	0.05	0.05	0.05	0.05	0.05	0.05	0.0	0.0	0.0	0.0	0.0
1.2	0.8	0.05	0.05	0.05	0.0	0.0	0.0	0.0	0.0	0.0	0.0	0.0	0.0	0.0	0.0
1.0	1.0	0.0	0.0	0.0	0.0	0.0	0.0	0.0	0.0	0.0	0.0	0.0	0.0	0.0	0.0
0.8	1.2	−0.05	−0.05	−0.05	0.0	0.0	0.0	0.0	0.0	0.0	0.0	0.0	0.0	0.0	0.0
0.6	1.4	−0.10	−0.05	−0.05	−0.05	−0.05	−0.05	−0.05	−0.05	−0.05	0.0	0.0	0.0	0.0	0.0
0.4	1.6	−0.15	−0.10	−0.10	−0.05	−0.05	−0.05	−0.05	−0.05	−0.05	−0.05	0.0	0.0	0.0	0.0
	1.8	−0.20	−0.15	−0.10	−0.10	−0.10	−0.05	−0.05	−0.05	−0.05	−0.05	−0.05	0.0	0.0	0.0
	2.0	−0.25	−0.15	−0.15	−0.10	−0.10	−0.10	−0.10	−0.10	−0.05	−0.05	−0.05	−0.05	0.0	0.0

注　1　y_2 为上层层高变化的修正值，按照 α_2 求得，上层较高时为正值，但对于最上层 y_2 可不考虑。

2　y_3 为下层层高变化的修正值，按照 α_3 求得，对于最下层 y_3 可不考虑。

参 考 文 献

[1] 梁兴文，史庆轩．混凝土结构设计原理．2 版．北京：中国建筑工业出版社，2011.
[2] 梁兴文，史庆轩．混凝土结构设计．北京：中国建筑工业出版社，2013.
[3] 周克荣，顾祥林，苏小卒．混凝土结构设计．上海：同济大学出版社，2001.
[4] 沈蒲生，梁兴文，等．混凝土结构设计原理．4 版．北京：高等教育出版社，2012.
[5] 罗福午．单层工业厂房设计．2 版．北京：清华大学出版社，1990.
[6] 丁大钧．现代混凝土结构学．北京：中国建筑工业出版社，2000.
[7] Park. R，Pauley. T. Reinforced Concrete Structures. John Wiley&Sons. New York，1975.
[8] Kenneth Leer. Reinforced Concrete Design. McGraw - Hill Book Company，1982.
[9] Stuart S. J. Moy. Plastic Methods for Steel and Concrete Structures. The Macmillan Press LTD，1981.
[10] 吕志涛，孟少平．现代预应力设计．北京：中国建筑工业出版社，1998.
[11] 程文瀼，李爱群．混凝土楼盖设计．北京：中国建筑工业出版社，1998.
[12] 滕智明．钢筋混凝土基本构件．北京：清华大学出版社．1987.
[13] 滕智明．混凝土结构及砌体结构学习指导．北京：清华大学出版社，1994.
[14] 包世华，方鄂华．高层建筑结构设计．2 版．北京：清华大学出版社，1990.
[15] 张相庭．工程抗风设计计算手册．北京：中国建筑工业出版社，1998.
[16] 高等学校土木工程专业指导委员会．高等学校土木工程专业本科教育培养目标和培养方案及课程教学大纲．北京：中国建筑工业出版社，2002.
[17] 东南大学，同济大学，天津大学．混凝土结构与砌体结构设计．4 版．北京：中国建筑工业出版社，2008.
[18] 包世华．新编高层建筑结构．北京：中国水利水电出版社，2001.
[19] 方鄂华，钱稼茹，叶列平．高层建筑结构设计．北京：中国建筑工业出版社，2003.
[20] 刘大海，杨翠如．高楼钢结构设计．北京：中国建筑工业出版社，2003.
[21] 李国胜．《高层建筑混凝土结构技术规程》JGJ 3—2010 解读与应用．北京：中国建筑工业出版社，2013.